U0326077

上帝掷骰子吗？

量子物理史话

History of QUANTUM PHYSICS

曹天元 著

北京联合出版公司
Beijing United Publishing Co.,Ltd.

Catalog 目录

Preface 序

如果要评选物理学发展史上最伟大的那些年代，那么有两个时期是一定会入选的：17世纪末和20世纪初。前者以牛顿《自然哲学之数学原理》的出版为标志，宣告了近代经典物理学的正式创立；而后者则为我们带来了相对论和量子论，并彻底推翻和重建了整个物理学体系。所不同的是，今天当我们再次谈论起牛顿的时代，心中更多的已经只是对那段光辉岁月的怀旧和祭奠。而相对论和量子论却至今仍然深深地影响和困扰着我们，就像两颗青涩的橄榄，嚼得越久，反而愈加滋味无穷。

我在这里要给大家讲的是量子论的故事。这个故事更像一个传奇，由一个不起眼的线索开始，曲径通幽，渐渐地落英缤纷，乱花迷眼。正在没头绪处时，突然间峰回路转，天地开阔，如河出伏流，一泻汪洋，但还未来得及一览美景，转眼间却又大起大落，误入白云深处不知归路……量子力学的发展史是物理学上最激动人心的篇章，我们会看到物理大厦在狂风暴雨下轰然坍塌，却又在熊熊烈焰中得到了洗礼和重生。我们会看到最革命的思潮席卷大地，带来了让人惊骇的电闪雷鸣，同时却又展现出震撼人心的美丽。我们会看到科学如何在荆棘和沼泽中艰难地走来，却更加坚定了对胜利的信念。

量子理论是一个极为复杂而又难解的谜题。她像一个神秘的少女，我们天天与她相见，却始终无法猜透她的内心世界。今天，我们的现代文明，从电脑到激光，从核能到生物技术，几乎没有哪个领域不依赖量子论。但量子论究竟带给了我们什么？这个问题却至今依然难以回答。在自然哲学观上，量子论带给了我们前所未有的冲击和震撼，甚至改变了整个物理世界的基本思想。它的观念是如此地革命，乃至最不保守的科学家都在潜意识里对它怀有深深的惧意。现代文明的繁盛是理性的胜利，而量子论无疑是理性的最高成就。但是它被赋予的力量太过强大，以致连它的创造者本身都难以驾驭，连量子论的奠基人之一玻尔（Niels Bohr）都要说："如果谁不为量子论而感到困惑，那他就是没有理解量子论。"

掐指算来，量子概念的诞生已经有一个多世纪，但不可思议的是，它的一些基本思想却至今不为普通的大众所熟知。那么，就让我们再次回到那个伟大的年代，回顾那场史诗般壮丽的革命吧。我们将沿着量子论当年走过的道路展开这次探险，我们将和20世纪最伟大的物理天才们同行，去亲身体验一下他们当年曾经历过的那些困惑、激动、恐惧、狂喜和震惊。这将注定是一次奇妙的旅程，我们将穿越幽深的森林和广袤的沙漠，飞越迷雾重重的峡谷和惊涛骇浪的狂潮。你也许会感到眩晕，可是请千万跟紧我的步伐，不要随意观光而掉队，否则很有可能陷入沼泽中无法自拔。请记住我的警告。

不过现在已经没时间考虑那么多了。请大家坐好，系好安全带，我们的旅程开始了。

Golden Age

黄金时代

Golden Age

History *of* Quantum Physics

Part. 1

我们的故事要从1887年的德国小城——卡尔斯鲁厄（Karlsruhe）讲起。美丽的莱茵河从阿尔卑斯山区缓缓流下，在山谷中辗转向北，把南方温暖湿润的风带到这片土地上。它本应是法、德两国之间的一段天然边界，但16年前，雄才大略的俾斯麦通过一场漂亮的战争击败了拿破仑三世，攫取了河对岸的阿尔萨斯和洛林，也留下了法国人的眼泪和我们课本中震撼人心的《最后一课》的故事。和阿尔萨斯隔河相望的是巴登邦，神秘的黑森林从这里延展开去，孕育着德国古老的传说和格林兄弟那奇妙的灵感。卡尔斯鲁厄就安静地躺在森林与大河之间，无数辐射状的道路如蛛网般收聚，指向市中心那座著名的18世纪的宫殿。这是一座安静祥和的城市，据说，它的名字本身就是由城市的建造者卡尔（Karl）和“安静”（Ruhe）一词所组成。对于科学家来说，这里实在是一个远离尘世喧嚣，可以安心做研究的好地方。

现在，海因里希·鲁道夫·赫兹（Heinrich Rudolf Hertz）就站在卡尔斯鲁厄大学的一间实验室里，专心致志地摆弄他的仪器。那时候，赫兹刚刚30岁，新婚燕尔，也许不会想到他将在科学史上成为和他的老师亥姆霍兹（Hermann von Helmholtz）一样鼎鼎有名的人物，不会想到他将和汽车大王卡尔·本茨（Karl Benz）一起成为这个小城的骄傲。现在他的心思，只是完完全全地倾注在他的那套装置上。

赫兹给他的装置拍了照片，不过在19世纪80年代，照相的网目铜版印刷

赫兹的装置
Schleiermacher
1901

技术还刚刚发明不久，尚未普及，以致连最好的科学杂志如《物理学纪事》（*Annalen der Physik*）都没能把它们印在论文里面。但是我们今天已经知道，赫兹的装置是很简单的：它的主要部分是一个电火花发生器，有两个大铜球作为电容，并通过铜棒连接到两个相隔很近的小铜球上。导线从两个小球上伸展出去，缠绕在一个大感应线圈的两端，然后又连接到一个梅丁格电池上，将这套古怪的装置连成了一个整体。

赫兹全神贯注地注视着那两个几乎紧挨在一起的小铜球，然后合上了电路开关。顿时，电的魔力开始在这个简单的系统里展现出来：无形的电流穿过装置里的感应线圈，开始对铜球电容进行充电。赫兹冷冷地注视着他的装置，在心里面想象着电容两端电压不断上升的情形。在电学的领域攻读了那么久，赫兹对自己的知识是有充分信心的。他知道，当电压上升到2万伏左右，两个小球之间的空气就会被击穿，电荷就可以从中穿过，往来于两个大铜球之间，从而形成一个高频的振荡回路（LC回路）。但是，他现在想要观察的不是这个。

果然，过了一会儿，随着细微的“啪”的一声，一束美丽的蓝色电花爆开在两个铜球之间，整个系统形成了一个完整的回路，细小的电流束在空气中不停地扭动，绽放出幽幽的荧光来。火花稍纵即逝，因为每一次的振荡都

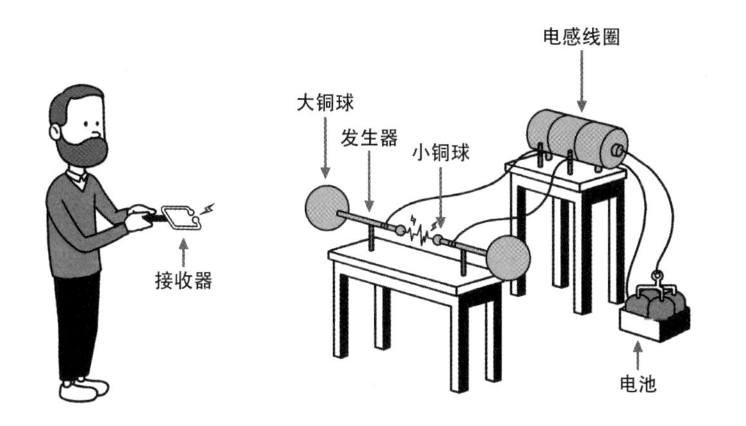

伴随着少许能量的损失，使得电容两端的电压很快又降到击穿值以下。于是这个怪物养精蓄锐，继续充电，直到再次恢复饱满的精力，开始另一场火花表演为止。

赫兹更加紧张了。他跑到窗口，将所有的窗帘都拉上，同时又关掉了实验室的灯，让自己处在一片黑暗之中。这样一来，那些火花就显得格外醒目而刺眼。赫兹揉了揉眼睛，让它们更为习惯于黑暗的环境。他盯着那串间歇的电火花，还有电火花旁边的空气，心里面想象了一幅又一幅的图景。他不是要看这个装置如何产生火花短路，他这个实验的目的，是为了求证那虚无缥缈的“电磁波”的存在。那是一种什么样的东西啊，它看不见，摸不着，到那时为止谁也没有见过、验证过它的存在。可是，赫兹对此是坚信不疑的，因为它是麦克斯韦（Maxwell）理论的一个预言，而麦克斯韦理论……哦，它在数学上简直完美得像一个奇迹！仿佛是上帝之手写下的一首诗歌。这样的理论，很难想象它是错误的。赫兹吸了一口气，又笑了：不管理论怎样无懈可击，它毕竟还是要通过实验来验证的呀。他站在那里看了一会儿，在心里面又推想了几遍，终于确定自己的实验无误：如果麦克斯韦是对的话，那么每当发生器火花放电的时候，在两个铜球之间就应该产生一个振荡的电场，同时引发一个向外传播的电磁波。赫兹转过头去，在不远处，放着

赫兹
Heinrich Rudolf Hertz
1857—1894

两个开口的长方形铜环，在接口处也各镶了一个小铜球，那是电磁波的接收器。如果麦克斯韦的电磁波真的存在的话，那么它就会飞越空间，到达接收器，在那里感生一个振荡的电动势，从而在接收器的开口处也同样激发出电火花来。

实验室里面静悄悄的，赫兹一动不动地站在那里，仿佛他的眼睛已经看见那无形的电磁波在空间穿越。当发生器上产生火花放电的时候，接收器是否也同时感生出火花来呢？赫兹睁大了双眼，他的心跳得快极了。铜环接收器突然显得有点异样，赫兹简直忍不住要大叫一声，他把自己的鼻子凑到铜环的前面，明明白白地看见似乎有微弱的火花在两个铜球之间的空气里跃过。是幻觉，还是心理作用？不，都不是。一次，两次，三次，赫兹看清楚了：虽然它一闪即逝，但上帝啊，千真万确，真的有火花正从接收器的两个小球之间穿过，而整个接收器却是一个隔离的系统，既没有连接电池，也没有任何的能量来源。赫兹不断地重复着放电过程，每一次，火花都听话地从接收器上被激发出来，在赫兹看来，世上简直没有什么能比它更加美丽了。

良久良久，终于赫兹揉了揉眼睛，直起腰来：现在一切都清楚了，电磁波真真实实地存在于空间之中，正是它激发了接收器上的电火花。他胜利了，成功地解决了这个8年前由柏林普鲁士科学院提出悬赏的问题[1]；同时，麦克斯韦的理论也胜利了，物理学的一个新高峰——电磁理论终于被建立起来。伟大的法拉第（Michael Faraday）为它打下了地基，伟大的麦克斯韦建造了它的主体，而今天，他——伟大的赫兹——为这座大厦封了顶。

赫兹小心地把接收器移到不同的位置，电磁波的表现和理论预测的分毫不差。根据实验数据，赫兹得出了电磁波的波长，把它乘以电路的振荡频率，就可以计算出电磁波的前进速度。这个数值在可容许的误差内恰好等于30万公里/秒，也就是光速。麦克斯韦惊人的预言得到了证实：原来电磁波一点都不神秘，我们平时见到的光就是电磁波的一种，只不过普通光的频率正好落在某一个范围内，而能够为我们的眼睛所感觉到罢了。

无论从哪一个意义上来说，这都是一个了不起的发现。古老的光学终于可以被完全包容于新兴的电磁学里面，而"光是电磁波的一种"的论断，也终于为争论已久的光本性的问题下了一个似乎是不可推翻的定论（我们马上就要去看看这场旷日持久的精彩大战）。电磁波的反射、衍射和干涉实验很快就做出来了，这些实验进一步地证实了电磁波和光波的一致性，无疑是电磁理论的一个巨大成就。

赫兹的名字终于可以被闪光地镌刻在科学史的名人堂里。虽然他英年早逝，还不到37岁就离开了这个奇妙的世界，然而，就在那一年，一位在伦巴底度假的20岁意大利青年读到了他的关于电磁波的论文。两年后，这个青年已经在公开场合进行无线电的通信表演，不久他的公司成立，并成功地拿到了专利证书。到了1901年，赫兹死后的第7年，无线电报已经可以穿越大西洋，实现两地的实时通信了。这个来自意大利的年轻人就是古格列尔莫·马可尼（Guglielmo Marconi），与此同时俄国的波波夫（Aleksandr Popov）也在无线通信领域做出了同样的贡献。他们掀起了一

[1] 不过显然赫兹没有领到奖金。由于问题太难而无人挑战，这个悬赏于1882年就失效了。

场革命的风暴，把整个人类带进了一个崭新的“信息时代”。如果赫兹身后有知，他又将会作何感想呢？

但仍然觉得赫兹只会对此置之一笑。他是那种纯粹的科学家，把对真理的追求当作人生最大的价值。恐怕就算他想到了电磁波的商业前景，也会不屑去把它付诸实践的吧？也许，在美丽的森林和湖泊间散步，思考自然的终极奥秘；在秋天落叶的校园里，和学生探讨学术问题，这才是他真正的人生吧？今天，他的名字已经成为“频率”这个物理量的单位，被每个人不断地提起，可是，说不定他还会嫌我们打扰他的安宁呢。

无疑，赫兹就是这样一个淡泊名利的人。1887年10月，基尔霍夫（Gustav Robert Kirchhoff）在柏林去世，亥姆霍兹强烈地推荐赫兹成为那个教授职位的继任者，但赫兹拒绝了。也许在赫兹看来，柏林的喧嚣并不适合他。亥姆霍兹理解自己学生的想法，写信勉励他说：“一个希望与众多科学问题搏斗的人最好还是远离大都市。”

只是赫兹却没有想到，他的这个决定在冥冥中忽然改变了许多事情。他并不知道，自己已经在电磁波的实验中亲手种下了一个幽灵的种子，而顶替他去柏林任教的那个人，则会在一个命中注定的时刻把这个幽灵从沉睡中唤醒过来。在那之后，一切都改变了，在未来的30年间，一些非常奇妙的事情会不断地发生，彻底地重塑整个物理学的面貌。一场革命的序幕已经在不知不觉中悄悄拉开，而我们的宇宙，也即将经受一场暴风雨般的洗礼，从而变得更加神秘莫测、光怪陆离、震撼人心。

但是，我们还是不要着急，一步一步地走，耐心地把这个故事从头讲完。

Part. 2

上次我们说到，1887年，赫兹的实验证实了电磁波的存在，也证实了光其实是电磁波的一种，两者具有共同的波的特性。这就为光的本性之争画上了一个似乎已经是不可更改的句号。

说到这里，我们的故事要先回一回头，穿越时空去回顾一下有关于光的这场大战。这也许是物理史上持续时间最长，程度最激烈的一场论战。它不仅贯穿于光学发展的全过程，还使整个物理学都发生了翻天覆地的变化，在历史上烧灼下了永不磨灭的烙印。

光，是每个人见得最多的东西（“见得最多”在这里用得真是一点也不错）。自古以来，它就理所当然地被认为是这个宇宙最原始的事物之一。在远古的神话中，往往是“一道亮光”劈开了混沌和黑暗，于是世界开始了运转。光在人们的心目中，永远代表着生命、活力和希望，更由此演绎开了数不尽的故事与传说。从古埃及的阿蒙（也叫拉Ra），到中国的祝融；从北欧的巴尔德（Balder），到希腊的阿波罗；从凯尔特人的鲁（Lugh），到拜火教徒的阿胡拉·玛兹达（Ahura Mazda），这些代表光明的神祇总是格外受到崇拜。哪怕在《圣经》里，神要创造世界，首先要创造的也仍然是光，可见它在这个宇宙中所占的独一无二的地位。

可是，光究竟是一种什么东西呢？虽然我们每天都要与它打交道，但普通人似乎很少会去认真地考虑这个问题。如果仔细地想一想，我们会发现光实在是一个奇妙的事物，它看得见，却摸不着，没有气味也没有重量。我们一按电灯开关，它似乎就凭空地被创生出来，一下子充满整个空间。这一切，都是如何发生的呢？

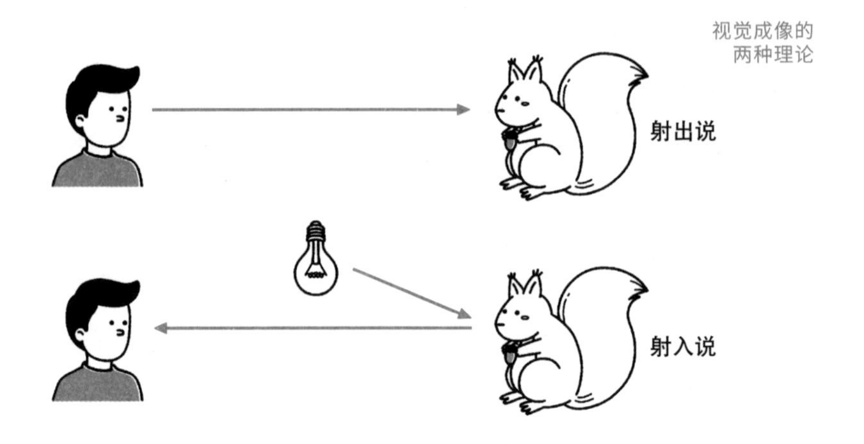

有一个事情是肯定的：我们之所以能够看见东西，那是因为光在其中作用的结果，但人们对具体的作用机制则在很长一段时间内都迷惑不解。在古希腊时代，人们猜想，光是一种从我们的眼睛里发射出去的东西，当它到达某样事物的时候，这样事物就被我们“看见”了。比如恩培多克勒（Empedocles）就认为世界是由水、火、气、土四大元素组成的，而人的眼睛是女神阿芙洛狄忒（Aphrodite）用火点燃的。当火元素（也就是光，古时候往往光、火不分）从人的眼睛里喷出到达物体时，我们就得以看见事物。

但显而易见，单单用这种解释是不够的。如果光只是从我们的眼睛出发，那么只要我们睁开眼睛，就应该能看见。但每个人都知道，有些时候，我们即使睁着眼睛也仍然看不见东西（比如在黑暗的环境中）。为了解决这个困难，人们引进了复杂得多的假设。比如柏拉图（Plato）认为有三种不同的光，分别来源于眼睛、被看到的物体以及光源本身，而视觉是三者综合作用的结果。

这种假设无疑是太复杂了。到了罗马时代，伟大的学者卢克莱修（Lucretius）在其不朽著作《物性论》中提出，光是从光源直接到达人的眼睛的，但是他的观点却始终不为人们所接受。对光成像的正确认识直到公元1000年左右才被著名的伊斯兰科学家阿尔—哈桑（Al-Haytham，也拼作

Alhazen）所最终归纳成型：原来我们之所以能够看到物体，只是由于光从物体上反射进我们眼睛里的结果[2]。哈桑从多方面有力地论证了这一点，包括研究了光进入眼球时的折射效果以及著名的小孔成像实验。他那阿拉伯语的著作后来被翻译并介绍到西方，并为罗杰尔·培根（Roger Bacon）所发扬光大，这给现代光学的建立打下了基础。

关于光在运动中的一些性质，人们也很早就开始研究了。基于光总是走直线的假定，欧几里得（Euclid）在《反射光学》（*Catoptrica*）一书里面就研究了光的反射问题。托勒密（Ptolemy）、哈桑和开普勒（Johannes Kepler）都对光的折射做了研究，而荷兰物理学家斯涅尔（Willebrord Snell）则在他们的工作基础上于1621年总结出了光的折射定律。最后，光的种种性质终于被有“业余数学之王”之称的费马（Pierre de Fermat）归结为一个简单的法则，那就是“光总是走最短的路线”。光学作为一门物理学科终于被正式确立起来。

但是，当人们已经对光的种种行为了如指掌的时候，我们最基本的问题却依然没有得到解决，那就是：“光在本质上到底是一种什么东西？”这个问题看起来似乎并没有那么难以回答，没有人会想到，对于这个问题的探究居然会那样地旷日持久，而这一探索的过程，对物理学的影响竟然会是那么地深远和重大，其意义超过当时任何一个人的想象。

古希腊时代的人们总是倾向于把光看成一种非常细小的粒子流，换句话说，光是由一粒粒非常小的“光原子”组成的。这种观点一方面十分符合当时流行的元素说，另一方面古代的人们除了粒子之外对别的物质形式也了解得不是很多。这种理论，我们把它称之为光的“微粒说”。微粒说从直观上来看是很有道理的，首先它就可以很好地解释为什么光总是沿着直线前进，为什么会严格而经典地反射，甚至折射现象也可以由粒子流在不同介质里的

▶ [2] 在他之前，毕达哥拉斯等人也已经有过类似的想法，不过比较原始粗糙。

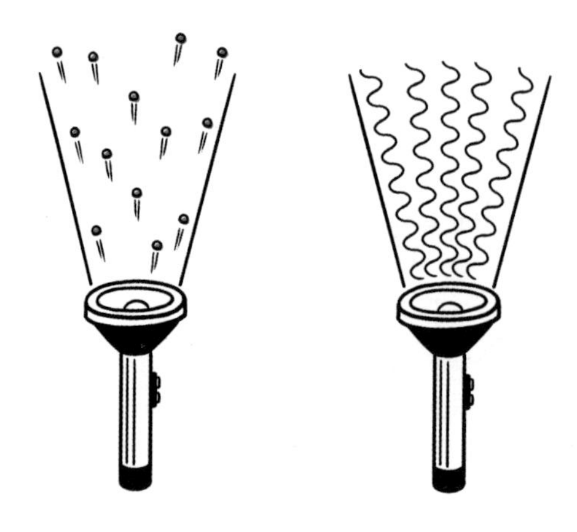

光的微粒说
和波动说

速度变化而得到解释。但是粒子说也有一些显而易见的困难：比如人们当时很难说清为什么两道光束相互碰撞的时候不会互相弹开，人们也无法得知，这些细小的光粒子在点上灯火之前是隐藏在何处的，它们的数量是不是可以无限多，等等。

当黑暗的中世纪过去之后，人们对自然世界有了进一步的认识。波动现象被深入地了解和研究，声音是一种波动的认识也进一步深入人心。人们开始怀疑：既然声音是一种波，为什么光不能够也是波呢？17世纪初，笛卡儿（René Descartes）在他《方法论》的三个附录之一《折光学》中率先提出了这样的可能：光是一种压力，在媒质里传播。不久后，意大利的一位数学教授格里马第（Francesco Maria Grimaldi）做了一个实验，他让一束光穿过两个小孔后照到暗室里的屏幕上，发现在投影的边缘有一种明暗条纹的图像。格里马第马上联想起了水波的衍射（这个大家在中学物理的插图上应该都见过），于是提出：光可能是一种类似水波的波动，这就是最早的光波动说。

波动说认为，光不是一种物质粒子，而是由于介质的振动而产生的一种波。我们想象一下足球场上观众掀起的“人浪”：虽然每个观众只是简单地站起和坐下，并没有四处乱跑，但那个“浪头”却实实在在地环绕全场运动着，这个“浪头”就是一种波。池塘里的水波也是同样的道理，它不是一种实际的传递，而是沿途的水面上下振动的结果。如果光也是波动的话，我们就容易解释投影里的明暗条纹，也容易解释光束可以互相穿过互不干扰。关于直线传播和反射的问题，人们后来认识到光的波长是极短的，在大多数情况下，光的行为就如同经典粒子一样，而衍射实验则更加证明了这一点。但是波动说有一个基本的难题：既然波本身是介质的振动，那它必须在某种介质中才能够传递，比如声音可以沿着空气、水乃至固体前进，但在真空里就无法传播。为了容易理解这一点，大家只要这样想：要是球场里空无一人，那“人浪”自然也就无从谈起。

而光则不然，它似乎不需要任何媒介就可以任意地前进。举一个简单的例子：星光可以从遥远的星系出发，穿过几乎是真空的太空来到地球而为我们所见，这对波动说来说显然是非常不利的。但是波动说巧妙地摆脱了这个难题：它假设了一种看不见摸不着的介质来实现光的传播，这种介质有一个十分响亮而让人印象深刻的名字，叫作“以太”（Aether）。

就在这样一种奇妙的气氛中，光的波动说登上了历史舞台。我们很快就会看到，这个新生力量似乎是微粒说的前世冤家，它命中注定要与后者开展一场长达数个世纪之久的战争。它们两个的命运始终互相纠缠在一起，如果没有了对方，谁也不能说自己还是完整的。到了后来，它们简直就是为了对手而存在着。这出精彩的戏剧从一开始的伏笔，经过两个起落，到达令人眼花缭乱的高潮。而最后绝妙的结局则更让我们相信，它们的对话几乎是一种可遇而不可求的缘分。17世纪中期，正是科学的黎明将要到来之前那最后的黑暗，谁也无法预见，这两朵小火花即将要引发一场熊熊大火。

饭后闲话：说说“以太”

正如我们在上面所看到的，以太最初是作为光波媒介的假设而提出的。

但“以太”一词的由来则早在古希腊：亚里士多德（Aristotle）在《论天》一书里阐述了他对天体的认识。他认为日月星辰围绕着地球运转，但其组成却不同于地上的四大元素：水、火、气、土。天上的事物应该是完美无缺的，它们只能由一种更为纯洁的元素所构成，这就是亚里士多德所谓的“第五元素”以太（希腊文的 αηθηρ）。而自从这个概念被借用到科学里来之后，以太在历史上的地位可以说是相当微妙的。一方面，它曾经扮演过如此重要的角色，以至成为整个物理学的基础；另一方面，当它荣耀不再时，也曾受尽嘲笑。虽然它不甘心地再三挣扎，改头换面，赋予自己新的意义，却仍然逃脱不了最终被抛弃的命运，甚至有段时间几乎成了伪科学的专用词。

但无论怎样，以太的概念在科学史上还是占有一席之地的。它曾经代表的光媒以及绝对参考系，虽然已经退出了舞台中央，但毕竟曾经担负过历史的使命。直到今天，每当提起这个名字，似乎仍然能够唤起我们对那段黄金岁月的怀念。它就像是一张泛黄的照片，记载了一个贵族光荣的过去。今天，以太作为另外一种概念用来命名一种网络协议（以太网 Ethernet），生活在 e 时代的我们每每看到这个词的时候，是不是也会生出几许慨叹？

当路过以太的墓碑时，还是让我们脱帽，向它致敬。

Part. 3

上次说到，关于光本质上究竟是什么的问题，在17世纪中期有了两种可能的假设：微粒说和波动说。

然而在一开始的时候，双方的武装都是非常薄弱的。微粒说固然有悠久的历史，但它手中的力量十分有限。光的直线传播问题和反射、折射问题本来是它的传统领地，但波动方面军在发展了自己的理论后，迅速就在这两个战场上与微粒平分秋色。波动论作为一种新兴的理论，格里马第的光衍射实验是它发家的最大法宝，但它却拖着一个沉重的包袱，就是光以太的假设。这个凭空想象出来的媒介，将在很长一段时间里成为波动军队的累赘。

两支力量起初并没有发生什么武装冲突。在笛卡儿的《方法论》那里，它们还依然心平气和地站在一起供大家检阅。导致历史上"第一次波粒战争"爆发的导火索是波义耳（Robert Boyle，中学里学过波马定律的朋友一定还记得这个令你头疼的爱尔兰人）在1663年提出的一个理论：他认为我们看到的各种颜色，其实并不是物体本身的属性，而是光照上去才产生的效果。这个论调本身并没有关系到微粒波动什么事，但却引起了对颜色属性的激烈争论。

在格里马第的眼里，颜色的不同，是因为光波频率的不同而引起的。他的实验引起了罗伯特·胡克（Robert Hooke）的兴趣。胡克本来是波义耳的实验助手，当时是英国皇家学会的会员（FRS），同时也兼任实验管理员。他重复了格里马第的工作，并仔细观察了光在肥皂泡里映射出的色彩以及光通过薄云母片产生的光辉。根据他的判断，光必定是某种快速的脉冲，于是他在1665年出版的《显微术》（*Micrographia*）一书中明确地支持波动说。《显微术》是一本划时代的伟大著作，它很快为胡克赢得了世界性的学术声誉，波动说由于这位大将的加入，似乎也在一时占了上风。

然而不知是偶然，还是冥冥之中自有安排，一件似乎无关紧要的事情改变了整个战局的发展。

1672年年初，一位叫作艾萨克·牛顿（Isaac Newton）的年轻人因为制造了一台杰出的望远镜而当选为皇家学会的会员。牛顿当时才29岁，年轻气盛，正准备在光学和仪器方面大展拳脚。我们知道，牛顿早在当年乡

牛顿在做色散实验
原画John Houston
1870

下老家躲避瘟疫的时候，就已经在光学领域做出了深刻的思考。在写给学会秘书奥尔登伯格（Henry Oldenburg）的信里，牛顿再一次介绍了他那关于光和色的理论，其内容是关于他所做的光的色散实验。2月8日，此信在皇家学会被宣读，这也可以说是初来乍到的牛顿向皇家学会提交的第一篇论文。它在发表后受到了广泛关注，评论者除了胡克之外，还包括惠更斯、帕迪斯（I.G.Pardies），以及牛顿后来的两个眼中钉——弗莱姆斯蒂德（John Flamsteed）和莱布尼兹（Gottfried Leibniz）。

色散实验是牛顿所做的有名的实验之一。实验的情景在一些科普读物里被渲染得令人印象深刻：炎热难忍的夏天，牛顿却戴着厚重的假发待在一间小屋里。窗户全都被封死了，所有的窗帘也被拉上，屋子里面又闷又热，一片漆黑，只有一束亮光从一个特意留出的小孔射进来。牛顿不顾身上汗如雨下，全神贯注地在屋里走来走去，并不时地把手里的一个三棱镜插进那个小孔里。每当三棱镜被插进去的时候，原来的那束白光就不见了，而在屋里的墙上映射出一条长长的彩色宽带：颜色从红一直到紫。这当然是一种简单得过分的描述，不过正是凭借这个实验，牛顿得出了白色光是由七彩光混合而成的结论。

然而在牛顿的理论里，光的复合和分解被比喻成不同颜色微粒的混合

光的色散

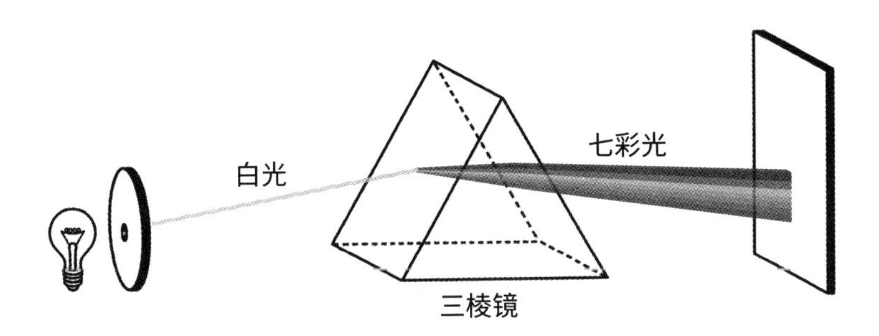

和分开。他的文章被交给一个三人评议会审阅，胡克和波义耳正是这个评议会的成员，胡克对此观点进行了激烈的抨击。胡克声称，牛顿论文中正确的部分（也就是色彩的复合）是窃取了他1665年的思想，而牛顿“原创”的微粒说则不值一提，仅仅是“假说”而已。这个批评虽然不能说全无道理，但很可能只是胡克想给牛顿一个下马威。作为当时在光学和仪器方面独一无二的权威，胡克显然没把牛顿这个毛头小伙放在眼里，他后来承认说，自己只花了3～4小时来阅读牛顿的文章。不过胡克显然没有意识到，这次的对手是那样与众不同。

牛顿大概有生以来都没受过这样直截了当的批评。他勃然大怒，花了整整四个月时间写了一篇洋洋洒洒的长文，在每一点上都进行了反驳。胡克惨遭炮轰，他的名字出现在第一句里，出现在最后一句里，中间更是出现了25次以上。韦斯特福尔（R.S.Westfall）在那本名扬四海的牛顿传记《决不停止》（*Never at Rest*）中描述道：“（牛顿）实际上用胡克的名字穿起了一首叠句诗。”而且越到后来，用词越是尖刻难听。就这样，胡克大言不惭在前，牛顿恶语相讥于后，两个人都格外敏感且心胸狭窄，最终不可避免地成为对方毕生的死敌。牛顿的狂怒并没有就此平息，他对每一个批评都报以挑衅性的回复，包括用词谨慎的惠更斯在内。他撤回了所有原本准备在皇家学会发表的文章，到了1673年3月，他甚至在一封信里威胁说准备退出学会。最后，牛顿中断与外界的通信，让自己在剑桥与世隔绝。

其实在此之前，牛顿的观点还是在微粒和波动之间有所摇摆的，并没有完全否认波动说。1665年，当胡克发表他的观点时，牛顿还刚刚从剑桥三一学院毕业，也许还在苹果树前面思考他的万有引力问题呢。在牛顿最初的理论中，微粒只是一个临时的假设而已，根本不是主要论点。即使在胡克最初的批评之后，牛顿也还是做出了一定的妥协，给波动说提出了一些非常重要的改进意见。但在此之后，牛顿与胡克的关系进一步恶化，他最终开始一面倒地支持微粒说。这究竟是因为报复心理，还是因为科学精神，今天已经无法得知了，想来两方面都有吧。至少我们知道牛顿的性格是以小气和斤斤计较而闻名的，这从以后他和莱布尼兹关于微积分发明的争论中也可见一斑。

不过，一方面因为胡克的名气，另一方面也因为牛顿的注意力更多地转移到了别的方面，牛顿暂时仍然没有正式地全面论证微粒说（只是在几篇论文中反驳了胡克）。而胡克被牛顿激烈的言辞吓了一跳，也没有再咬住不放[3]。在胡克的文稿中我们可以发现一些反驳意见，其中描述的一个实验几乎就是150年后菲涅尔实验的原型。不过这封信很可能并没有寄出，即使牛顿读到了，也显然没有为此而改变任何看法。在牛顿和胡克都暂时沉寂下去的时候，波动方面军在另一个国家开始了他们的现代化进程——用理论来装备自己。荷兰物理学家惠更斯（Christiaan Huygens）登上舞台，成为波动说的主将。

惠更斯是数学理论方面的天才，他继承了胡克的思想，认为光是一种在以太里传播的纵波，并引入了“波前”等概念，成功地证明和推导了光的反射和折射定律。他的波动理论虽然还十分粗略，但取得的成就却是杰

▶ [3]实际上两人相安无事的时间并不长，到了1675年他们又在光的问题上大吵了一架。

出的。当时随着光学研究的不断深入，新的战场不断被开辟。1669年，丹麦的巴塞林那斯（E.Bartholinus）发现当光通过方解石晶体时，会出现双折射现象。而到了1675年，牛顿在皇家学会报告说，如果让光通过一块大曲率凸透镜照射到光学平玻璃板上，会在透镜与玻璃平板接触处出现一组彩色的同心环条纹，也就是著名的“牛顿环”（对图像和摄影有兴趣的朋友一定知道）。惠更斯将他的理论应用于这些新发现上面，发现他的波动军队可以轻易地占领这些新辟的阵地，只需要做小小的改制即可（比如引进椭圆波的概念）。1690年，惠更斯的著作《光论》（*Traite de la Lumiere*）出版，标志着波动说在这个阶段到达了一个兴盛的顶点。

但不幸的是，波动方面军暂时的得势看来注定要成为昙花一现的泡沫，因为在他们的对手那里站着一个光芒四射的伟大人物——艾萨克·牛顿先生（而且很快就要被冠上爵士的头衔）。这位科学巨人——不管他是出于什么理由——已经决定要给予波动说的军队以毫不留情的致命打击。牛顿对胡克恨之入骨，只要胡克还在皇家学会一天，他就基本不去那里开会。胡克终于在1703年众叛亲离地死去了——所有的人都松了一口气。这也为牛顿不久后顺理成章地当选为皇家学会主席铺平了道路，他今后将用铁腕手段统治这个协会长达24年之久。

胡克死后第二年，也就是1704年，牛顿终于出版了他的皇皇巨著《光学》（*Opticks*）。在时间上这是一次精心的战术安排，其实这本书早就完成了。牛顿在介绍中写道：“为了避免在这些事情上引起争论，我推迟了这本书的付梓时间。而且要不是朋友们一再要求，还将继续推迟下去。”任谁都看得出胡克在其中扮演的角色。

《光学》是一本划时代的作品，几乎是可以与《原理》并列的伟大杰作，在之后整整100年内，它都被奉为不可动摇的金科玉律。牛顿在其中详尽地阐述了光的色彩叠合与分散，从粒子的角度解释了薄膜透光、牛顿环以及衍射实验中发现的种种现象。他驳斥了波动理论，质疑如果光和声音同样是波，为什么光无法像声音那样绕开障碍物前进。他也对双折射现象进行了研究，提出了许多用波动理论无法解释的问题。而粒子方面的基本困难，牛顿则以他的天才加以解决。他从波动对手那里吸收了许多东西，比如将波的一些有用的概念如振动、周期等引入微粒论，从而很好地解答了牛顿环的难题。同时，牛顿把微粒说和他的力学体系结合在了一起，使得这个理论顿时呈现出无与伦比的力量。

这完全是一次摧枯拉朽般的打击。那时的牛顿已经不再是那个可以被人随便质疑的青年。那时的牛顿，已经是出版了《数学原理》的牛顿，已经是发明了微积分的牛顿。那个时候，他已经是国会议员、造币局局长、皇家学会主席，已经成为科学史上神话般的人物。在世界各地，人们对他的力学体系顶礼膜拜，仿佛得到了上帝的启示。而波动说则群龙无首（惠更斯也早于1695年去世），这支失去了领袖的军队还没有来得及在领土上建造几座坚固一点的堡垒，就遭到了毁灭性的打击。他们惊恐万状，溃不成军，几乎在一夜之间丧失了所有的阵地。这一方面是因为波动自己的防御工事有不足之处，它的理论仍然不够完善，另一方面也实在是因为对手的实力过于强大——牛顿作为光学界的泰斗，他的才华和权威是不容置疑的[4]。第一次波粒战争就这样以波动的惨败而告终，战争的结果是微粒说牢牢占据了物理界的主流。波动被迫转入地下，在长达整整一个世纪的时间里都抬不起头来。然而，它却仍然没有被消灭，惠更斯等人所做的开创性工作使得它仍然具有顽强的生命力，默默潜伏着以待东山再起。

饭后闲话：胡克与牛顿

胡克与牛顿在历史上也算是一对欢喜冤家。两个人都在力学、光学、

[4]丹皮尔在《科学史》里说牛顿只是把粒子的假设放在书后的问题（Query）里，并没有下结论，所以不能把粒子说的统治归结到牛顿的权威头上，这似乎说不过去。不谈牛顿一向的态度和行文中明显的倾向，就算在《光学》正文里，也有多处暗含了粒子的假设。

仪器等方面有着伟大的贡献。两人互相启发，但也无须讳言，他们之间存在着不少激烈争论，以致互相仇视。除了关于光本性的争论之外，他们之间还有一个争执，就是万有引力的平方反比定律（ISL）究竟是谁发明的问题，这在科学史上也是一个著名的公案。

胡克在力学与行星运动方面花了多年心血，提出过许多深刻的洞见。1679—1680 年，胡克与牛顿进行了一系列的通信，讨论了引力问题。牛顿虽然早年就已经在此领域取得过一些进展，但不知是荒废多年还是怎么回事，这次却是大失水准，他竟然把引力看作不随距离而变化的常量，并认为物体下落是一个圆螺线。胡克纠正了他的错误，并在 1 月 6 日的信中假设引力大小是与距离的平方成反比的，虽然说得比较模糊[5]。胡克把牛顿的错误捅到了皇家学会那里，这使得牛顿大为光火，他认定胡克是存心炫耀，并有意让他出洋相。于是乎两人间波粒的旧怨未愈，引力的新仇又起，成为终生的对手[6]。

胡克与牛顿的这次通信是科学史上极为重要的话题。牛顿后来虽然打死也不肯承认胡克对其有所帮助，但多数科学史家都认为胡克在这里给牛顿提供了关键性的启发：没有胡克的纠正，牛顿会一直错误地以为行星运动是在两个平衡力——向心力和离心力——同时作用下进行的。到了 1684 年，胡克和牛顿分别试图证明平方反比的引力必然导致椭圆轨道（也就是 ISL 定律）。胡克吹嘘说他证明了，但从未拿出结果；牛顿也说他早就证明过——同样没有任何证据。不过几个月后，牛顿重写了一份手稿，也就是著名的《论运动》（*De Motu*），这成为后来《原理》的前身。

《原理》发表后，胡克要求牛顿承认他对于平方反比定律发现的优先权，

[5] 原文是“...my supposition is that the Attraction always is in a duplicate proportion to the Distance from the Center Reciprocal”。当然，牛顿十多年前就已经有了类似的概念，但两人当时都无法给出（椭圆）运动轨道的证明，不能算作“发现了平方反比定律”。

[6] 近来，科学史家们更倾向于认为，胡克并非有意难为牛顿。胡克是以皇家学会的名义与牛顿通信的，而讨论问题并在学会朗读交流结果本来就是他当时的本职工作。胡克后来仍旧不断地与牛顿写信讨论，完全不知道对手已经怒不可遏（可见Koyré和Inwood的论述）。

胡克
Robert Hooke
1635—1703

据称是胡克的画像。胡克的原始画像全部遗失了，只有这幅Mary Beale的作品据说画的是胡克，但仍有争议。2003年，为纪念胡克逝世300周年，曾举行了一次对其画像的征集活动。

在前言里提及一下。牛顿再次狂怒。他暴跳如雷，从《原理》里面删掉了绝大多数有关胡克的引用，剩下不多的，用词也从“非常尊敬的胡克先生”变成了简单的“胡克”两个字。他是如此怒气冲天，甚至拒绝出版《原理》第三卷。在牛顿眼中，胡克完全是个江湖骗子，靠猜想和碰运气来沽名钓誉。许多科学史家也曾以为胡克猜想的成分居多，不过，加州大学桑塔克鲁兹分校的 Mchael Nauenberg 教授从胡克的一幅最近披露的图稿中得出结论：胡克在这个问题上的认识要比人们传统认为的深刻得多，他所采用的几何证明手法和牛顿后来在《原理》中所使用的类似，所差的只是胡克不懂微积分而已[7]。ISL 定律的发明权仍应归于牛顿，可是胡克显然在其中占有重要，甚至关键的地位。

应该说胡克也是一位伟大的科学家。他曾帮助波义耳发现波义耳定律，用自己的显微镜发现了植物的细胞，《显微术》更是 17 世纪最伟大的著作之一。他是杰出的建筑设计师和规划师，亲自主持了 1666 年伦敦大火后的城市重建工作，如今伦敦城中的许多著名古迹，都是从他手中留下的。在地质学方面，胡克的工作（尤其是对化石的观测）影响了这个学科整整 30

[7]见Nauenberg1994年、1998年以及他2003年在胡克纪念会议上的报告。

年。他发明和制造的仪器（如显微镜、空气唧筒、发条摆钟、轮形气压表等）在当时无与伦比。他所发现的弹性定律是力学最重要的定律之一。在那个时代，胡克在力学和光学方面是仅次于牛顿的伟大科学家，可是他似乎永远生活在牛顿的阴影里。而今天的中学生只有从课本里的胡克定律（弹性定律）才知道胡克的名字。胡克的晚年相当悲惨，他双目失明，几乎被所有人抛弃（其侄女兼情人死了多年），1688 年之后，胡克就再没从皇家学会领过工资。他变得愤世嫉俗，字里行间充满了挖苦。胡克死后连一张画像也没有留下来，据说是因为他"太丑了"，但也有学者言之凿凿地声称，正是牛顿利用职权有意毁弃了胡克的遗物，作为对他最后的报复。

从 20 世纪 90 年代中期开始，胡克逐渐迎来了翻身的日子，他的名字突然成为科学史界最热的话题之一。2003 年是胡克逝世 300 周年，科技史学者云集于胡克毕业的牛津和他生前任教的格雷夏姆（Gresham）纪念这位科学家。许多人都呼吁，胡克的科学贡献应当为更多的世人所知。

Part. 4

上次说到，在微粒与波动的第一次交锋中，以牛顿为首的微粒说战胜了波动说，取得了在物理界被普遍公认的地位。

转眼间，近一个世纪过去了。牛顿体系的地位已经是如此崇高，令人不禁有一种目眩的感觉。而他所提倡的光是一种粒子的观念也已经深入人心，以至人们几乎都忘了当年它那对手的存在。

然而，1773年的6月13日，英国米尔沃顿（Milverton）的一个教徒的家庭里诞生了一个男孩，其被取名为托马斯·杨（Thomas Young）。这个未来反叛派领袖的成长史是一个典型的天才历程：他2岁的时候就能够阅读各种经典，6岁时开始学习拉丁文，14岁就用拉丁文写过一篇自传，到了16岁时他已经能够说10种语言。在语言上的天赋使得杨日后得以破译埃及罗塞塔碑上的许多神秘的古埃及象形文字，并为埃及学的正式创立做出了突出的贡献（当然，埃及学的主要奠基者还是商博良）。不过对于我们的史话来说更为重要的是，杨对自然科学也产生了浓厚的兴趣，他学习了牛顿的《数学原理》以及拉瓦锡的《化学纲要》等科学著作，为将来的成就打下了坚实的基础。

杨19岁的时候，受到他那当医生的叔父的影响，决定去伦敦学习医学。在以后的日子里，他先后去了爱丁堡和哥廷根大学攻读，最后还是回到剑桥的伊曼纽尔学院终结他的学业。在他还是学生的时候，杨研究了人体眼睛的构造，开始接触光学上的一些基本问题，并最终形成了光是波动的想法。杨的这个认识，源于波动中所谓的“干涉”现象。

我们都知道，普通的物质是具有累加性的，一滴水加上一滴水一定是两滴水，而不会一起消失。但是波动就不同了，一列普通的波，有着波的高峰和波的谷底，如果两列波相遇，当它们正好都处在高峰时，那么叠加起来的这个波就会达到两倍的峰值；如果都处在低谷时，叠加的结果就会是两倍深的谷底。但是，等等，如果正好一列波在它的高峰，另一列波在它的谷底呢?

答案是它们会互相抵消。如果两列波在这样的情况下相遇（物理上叫作“反相”），那么在它们重叠的地方将会波平如镜，既没有高峰，也没有谷底。这就像一个人把你往左边拉，另一个人用相同的力气把你往右边拉，结果是你会站在原地不动。

托马斯·杨在研究牛顿环的明暗条纹的时候，被这个关于波动的想法给深深打动了。为什么会形成一明一暗的条纹呢？一个想法渐渐地在杨的脑海

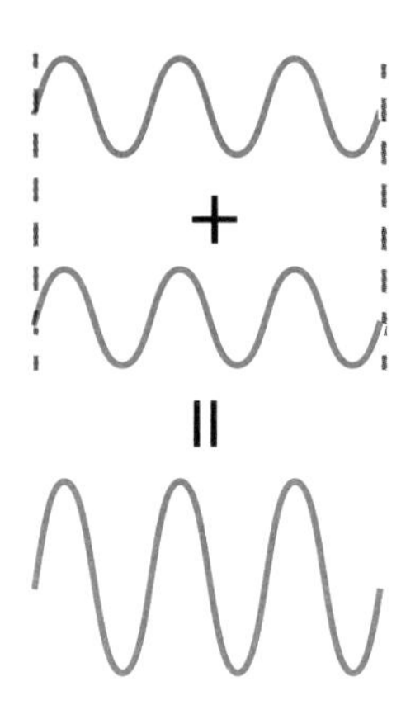

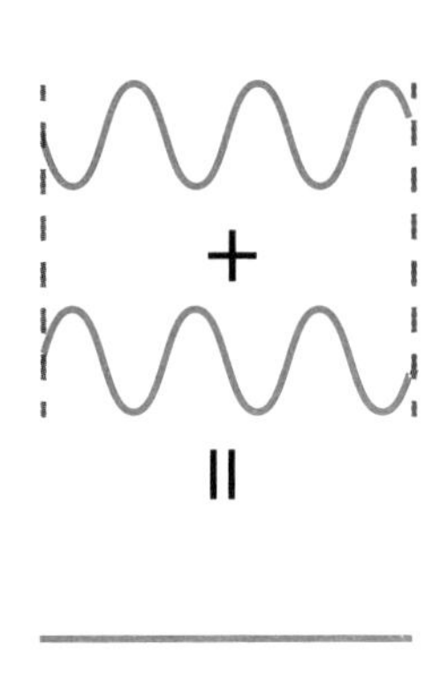

波的叠加

里成形：用波来解释不是很简单吗？明亮的地方，那是因为两道光正好是“同相”的，它们的波峰和波谷正好相互增强，结果造成了两倍光亮的效果（就好像有两个人同时在左边或者右边拉你）；而黑暗的那些条纹，则一定是两道光处于“反相”，它们的波峰、波谷相对，正好互相抵消了（就好像两个人同时往两边拉你）。这一大胆而富于想象的见解使杨激动不已，他马上着手进行了一系列的实验，并于1801年和1803年分别发表论文报告，阐述了如何用光波的干涉效应来解释牛顿环和衍射现象，甚至通过他的实验数据，计算出了光的波长应该在1/60000～1/36000英寸。

1807年，杨总结出版了他的《自然哲学讲义》，里面综合整理了他在光学方面的工作，并第一次描述了他那个名扬四海的实验：光的双缝干涉。后来的历史证明，这个实验完全可以跻身于物理学史上最经典的前五个实验之列。而在今天，它更是理所当然地出现在每一本中学物理的教科书上。

杨的实验手段极其简单：把一支蜡烛放在一张开了一个小孔的纸前面，这样就形成了一个点光源（从一个点发出的光源）。现在在纸后面再放一张纸，不同的是第二张纸上开了两道平行的狭缝。从小孔中射出的光穿过两道狭缝投到屏幕上，就会形成一系列明暗交替的条纹，这就是现在

光的双缝干涉

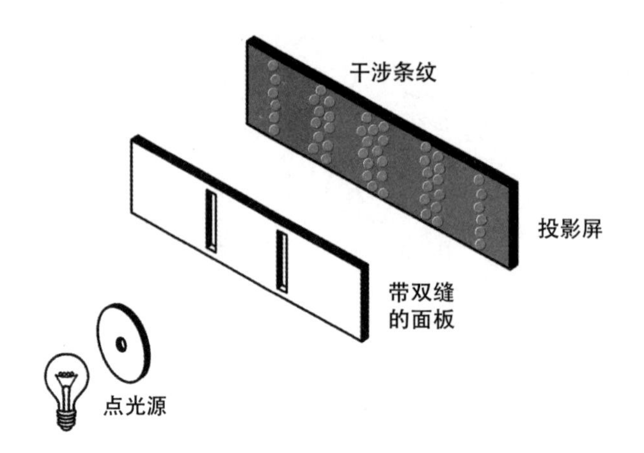

众人皆知的干涉条纹[8]。

杨的著作点燃了革命的导火索，物理史上的“第二次波粒战争”开始了。波动方面军在经过了百年的沉寂之后，终于又回到了历史舞台。但它当时的日子并不好过，在微粒大军仍然一统天下的年代，波动的士兵们衣衫褴褛，缺少后援，只能靠游击战来引起人们对它的注意。杨的论文开始受尽了权威们的嘲笑和讽刺，被攻击为“荒唐”和“不合逻辑”，在近20年间竟然无人问津。杨为了反驳专门撰写了论文，但却无处发表，只好印成小册子，据说发行后“只卖出了一本”。

不过，虽然高傲的微粒仍然沉醉在牛顿时代的光芒中，一开始并不把起义的波动叛乱分子放在眼里。但它很快就发现，这些反叛者虽然人数不怎么多，服装并不那么整齐，但是它们的武器今非昔比。在受到了几次沉重的打击后，干涉条纹这门波动大炮的杀伤力终于惊动整个微粒军团。这个简单巧妙的实验所揭示出来的现象证据确凿，几乎无法反驳。无论微粒怎么努力，也无法躲开对手的无情轰炸：它就是难以说明两道光叠加在一起怎么会反而造成黑暗。而波动的理由却是简单而直接的：两条缝距离屏

▶ [8] 我在这里描述的是较大众化的版本。杨最早的实验是用一张卡片把光束分割成两半以达到同样效果，实际上并未用到“双缝”。

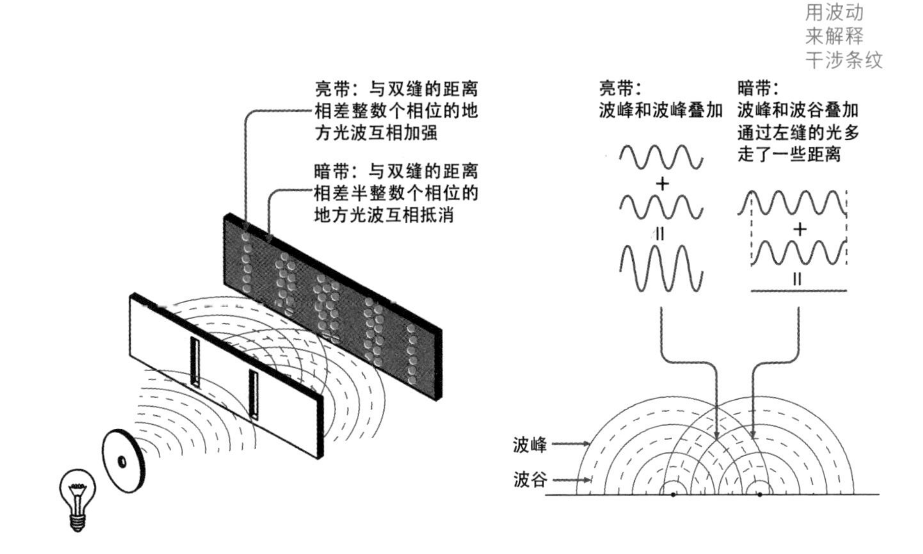

幕上某点的距离会有所不同。当这个距离差是波长的整数倍时，两列光波正好互相加强，就在此形成亮带。反之，当距离差刚好造成半个波长的相位差时，两列波就正好互相抵消，这个地方就变成暗带。理论计算出的明暗条纹距离和实验值分毫不差。

在节节败退后，微粒终于发现自己无法抵挡对方的进攻，于是它采取了以攻代守的战略。许多对波动说不利的实验证据被提出来以证明波动说的矛盾，其中最为知名的就是马吕斯（Étienne Louis Malus）在1809年发现的偏振现象，这一现象和已知的波动论有抵触的地方。两大对手开始相持不下，但是各自都没有放弃自己获胜的信心。杨在给马吕斯的信里说："……您的实验只是证明了我的理论有不足之处，但没有证明它是虚假的。"

决定性的时刻在1819年到来了。最后的决战起源于1818年法国科学院的一个悬赏征文竞赛，竞赛的题目是利用精密的实验确定光的衍射效应以及推导光线通过物体附近时的运动情况。竞赛评委会由许多知名科学家组成，其中有比奥（J.B.Biot）、拉普拉斯（Pierre Simon de Laplace）和泊松（S.D.Poission），都是积极的微粒说拥护者。从这个评委会的本意来说，他们或许是希望通过微粒说的理论来解释光的衍射以及运动，以打击波动理论。

但是戏剧性的情况出现了：一个不知名的法国年轻工程师——菲涅尔（Augustin Fresnel，当时他才31岁）向评委会提交了一篇论文。在这篇论文里，菲涅尔采用了光是一种波动的观点，并以严密的数学推理，极为圆满地解释了光的衍射问题。他的体系洋洋洒洒，天衣无缝，完美无缺，令评委会成员为之深深惊叹。泊松并不相信这一结论，对它进行了仔细的审查，结果发现当把这个理论应用于圆盘衍射的时候，在阴影中间将会出现一个亮斑。这在泊松看来是十分荒谬的，影子中间怎么会出现亮斑呢？这差点使得菲涅尔的论文中途夭折。但菲涅尔的同事、评委之一的阿拉果（François Arago）在关键时刻坚持要进行实验检测，结果发现真的有一个亮点如同奇迹一般地出现在圆盘阴影的正中心，位置亮度和理论符合得相当完美。

菲涅尔理论的这个胜利成了第二次波粒战争的决定性事件。他获得了那一届的科学奖（Grand Prix），同时一跃成为可以和牛顿、惠更斯比肩的光学界传奇人物。圆盘阴影正中的亮点（后来被误导性地称作“泊松亮斑”）成了波动军手中威力不下于干涉条纹的重武器，给了微粒势力以致命的一击，起义者的烽火很快就燃遍了光学的所有领域。但是，光的偏振问题却仍旧没有得到解决，微粒依然躲在这个掩体后面负隅顽抗，不停地向波动开火。为此，菲涅尔不久后又做出了一个石破天惊的决定：他革命性地假设光是一种横波（也就是类似水波那样，振子做相对传播方向垂直运动的波），而不像从胡克以来大家所一直认为的那样，是一种纵波（类似弹簧波，振子做相对传播方向水平运动的波）。1821年，菲涅尔发表了题为《关于偏振光线的相互作用》的论文，用横波理论成功地解释了偏振现象，攻克了战役中最难以征服的据点。

大反攻的日子已经到来。微粒说在偏振问题上失守后，已经捉襟见

圆盘衍射与泊松亮斑

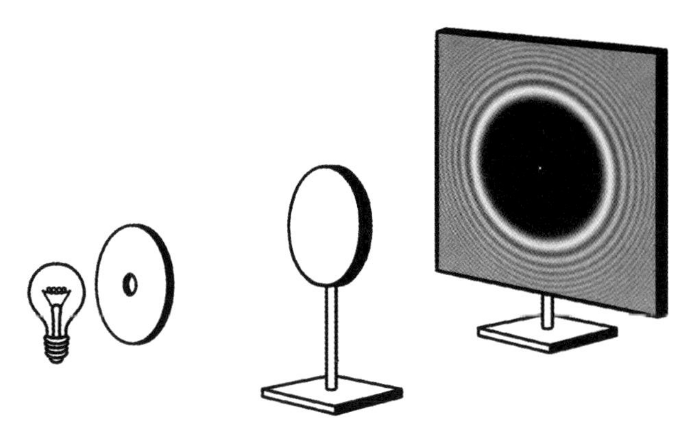

肘，节节败退。到了19世纪中期，微粒说挽回战局的唯一希望就是光速在水中的测定结果了。因为根据粒子论，这个速度应该比真空中的光速要快，而根据波动论，这个速度则应该比真空中要慢才对。

然而不幸的微粒军团在经历了1819年的莫斯科严冬之后，又于1850年遭遇了它的滑铁卢。这一年的5月6日，傅科（Jean-Bernard-Léon Foucault，他后来以“傅科摆”实验而闻名）向法国科学院提交了他关于光速测量实验的报告。在准确地得出光在真空中的速度之后，他又进行了水中光速的测量，发现这个值小于真空中的速度，只有前者的3/4。这一结果彻底宣判了微粒说的死刑，波动论终于在100多年后革命成功，推翻了微粒王朝，登上了物理学统治地位的宝座。在胜利者盛大的加冕典礼中，第二次波粒战争随着微粒的战败而尘埃落定。

但菲涅尔的横波理论却留给波动一个尖锐的难题，就是以太的问题。光是一种横波的事实已经十分清楚，它的传播速度也得到了精确测量，这个数值达到了30万公里/秒，是一个惊人的高速。通过传统的波动论，我们不难得出它的传播媒介的性质：这种媒介必定是一种异常坚硬的固体！它比最硬的物质金刚石还要硬不知多少倍。然而事实是从来就没有任何人能够看到或者摸到这种“以太”，也没有实验测定到它的存在。星光穿越几亿亿公里的以太来到地球，然而这些坚硬无比的以太却不能阻挡任何一颗行星或者彗星的运动，哪怕是灰尘也不行！

波动对此的解释是以太是一种刚性的粒子，但它却是如此稀薄，以致物质在穿过它们时几乎不受任何阻力，“就像风穿过一小片丛林”（托马斯·杨语）。以太在真空中也是绝对静止的，只有在透明物体中，可以部分地被拖曳（菲涅尔的“部分拖曳假说”）。

这个观点其实是十分牵强的，但是波动说并没有为此困惑多久，因为更加激动人心的胜利很快就到来了。伟大的麦克斯韦于1856年、1861年和1865年发表了三篇关于电磁理论的论文，这是一份开天辟地的工作，他在牛顿力学的大厦上又完整地建立起了另一座巨构，而且其辉煌灿烂绝不亚于前者。麦克斯韦的理论预言，光其实只是电磁波的一种。这段文字是他在1861年的第二篇论文《论物理力线》里面特地用斜体字写下的。而我们在本章的一开始已经看到，这个预言是怎样由赫兹在1887年用实验予以证实的。波动说突然发现，它已经不仅仅是光领域的统治者，而且业已成为整个电磁王国的最高司令官。波动的光辉到达了顶点，只要站在大地上，它的力量就像古希腊神话中的巨人那样，是无穷无尽而不可战胜的。而它所依靠的大地，就是麦克斯韦不朽的电磁理论。

饭后闲话：阿拉果的遗憾

阿拉果一向是光波动说的捍卫者，他和菲涅尔在光学上其实是长期合作的。菲涅尔的参赛得到了阿拉果的热情鼓励，而菲涅尔关于光是横波的思想，最初也是源于托马斯·杨写给阿拉果的一封信。他和菲涅尔共同做出了对于相互垂直的两束偏振光线的相干性的研究，明确了来自同一光源但偏振面相互垂直的两支光束，不能发生干涉。但在双折射和偏振现象上，菲涅尔显然更具有勇气和革命精神。在两人完成了《关于偏振光线的相互作用》这篇论文后，菲涅尔指出只有假设光是一种横波，才能完满地解释这些现象，并给出了推导。然而阿拉果对此抱有怀疑态度，认为菲涅尔走得太远了。他坦率地向菲涅尔表示，自己没有勇气发表这个观点，并拒绝在这部分论文后面署上自己的名字。于是最终菲涅尔以自己一个人的名义提交了这部分内容，引起了科学界的震动。

这大概是阿拉果一生中最大的遗憾，他本有机会和菲涅尔一样成为在科学史上大名鼎鼎的人物。当时的菲涅尔虽然崭露头角，毕竟还是无名小辈，而他在学界却已经声名显赫，被选入法兰西研究院时，得票甚至超过了著名的泊松。其实在光波动说方面，阿拉果做出了许多杰出的贡献，不在菲涅尔之下，许多成果还是两人互相启发而出的。在菲涅尔面临泊松的质问时，阿拉果仍然站在了菲涅尔一边，正是他的实验证实了泊松光斑的存在，使得波动说取得了最后的胜利。但关键时候的迟疑，却最终使得他失去了“物理光学之父”的称号。这一桂冠如今戴在菲涅尔的头上。

Part. 5

上次说到，随着麦克斯韦的理论为赫兹的实验所证实，光的波动说终于成为一个板上钉钉的事实。

波动现在是如此地强大。凭借着麦氏理论的力量，它已经彻底地将微粒打倒，并且很快就开疆拓土，建立起一个空前的大帝国。不久后，它的领土就横跨整个电磁波的频段，从微波到X射线，从紫外线到红外线，从γ射线到无线电波……普通光线只是它统治下的一个小小的国家罢了。波动君临天下，振长策而御宇内，普天之下莫非王土。而可怜的微粒早已销声匿迹，似乎永远也无法翻身了。

赫兹的实验也同时标志着经典物理的顶峰。物理学的大厦从来都没有这样地金碧辉煌，令人叹为观止。牛顿的力学体系已经是如此雄伟壮观，现在麦克斯韦在它之上又构建起了同等规模的另一幢建筑，它的光辉灿烂让人几乎不敢仰视。电磁理论在数学上完美得难以置信，麦克斯韦最初的理论后来经赫兹等人的整理，提炼出一个极其优美的核心，也就是著名的麦氏方程组。它刚一问世，就被世人惊为天物，其表现出的简洁、深刻、对称使得每一个科学家都陶醉其中。后来玻尔兹曼（Ludwig Boltzmann）情不自禁地引用歌德的诗句说："难道是上帝写的这些吗？"一直到今天，麦氏方程组仍然被公认为科学美的典范，许多伟大的科学家都为它的魅力折服，并受它深深的影响，有着对于科学美的坚定信仰，甚至认为，对于一个科学理论来说，简洁优美要比实验数据的准确来得更为重要。无论从哪个意义上说，电磁论都是一种伟大的理论。罗杰·彭罗斯（Roger Penrose）在他的名著《皇帝新脑》（*The Emperor's New Mind*）一书里毫不犹豫地将它和牛顿力学、相对论和量子论并列，称之为"Superb"的理论。

物理学征服了世界。在19世纪末，它的力量控制着一切人们所知的现象。古老的牛顿力学城堡历经岁月磨砺、风吹雨打而始终屹立不倒，反而更加凸显出它的伟大和坚固来。从天上的行星到地上的石块，万物都毕恭毕敬地遵循着它制定的规则运行。1846年，海王星的发现，更是它所取得的最伟大的胜利之一。在光学方面，波动已经统一了天下，新的电磁理论更把它的光荣扩大到了整个电磁世界。在热方面，热力学三大定律已经基本建立（第三定律已经有了雏形），而在克劳修斯（Rudolph Clausius）、范德瓦尔斯（J.D. Van der Waals）、麦克斯韦、玻尔兹曼和吉布斯（Josiah Willard Gibbs）等天才的努力下，分子运动论和统计热力学也被成功地建立起来了。更令人惊奇的是，这一切都彼此相符而互相

麦克斯韦
James Clerk Maxwell
1831—1879

包容，形成了一个经典物理的大同盟。经典力学、经典电动力学和经典热力学（加上统计力学）形成了物理世界的三大支柱。它们紧紧地结合在一起，构筑起一座华丽而雄伟的殿堂。

这是一段伟大而光荣的日子，是经典物理的黄金时代。科学的力量似乎从来都没有这样地强大，这样地令人神往。人们也许终于可以相信，上帝造物的奥秘被他们完全掌握了，再也没有遗漏的地方。从当时来看，我们也许的确是有资格这样骄傲的，因为所知道的一切物理现象，几乎都可以在现成的理论里得到解释。力、热、光、电、磁……一切的一切，都在人们的控制之中，而且所用的居然都是同一种手法。它是如此地行之有效，以致物理学家们开始相信，这个世界所有的基本原理都已经被发现了，物理学已经尽善尽美，它走到了自己的极限和尽头，再也不可能有任何突破性的进展了。如果说还有什么要做的事情，那就是做一些细节上的修正和补充，更加精确地测量一些常数值罢了。人们开始倾向于认为：物理学已经终结，所有的问题都可以用这个集大成的体系来解决，而不会再有任何真正激动人心的发现了。一位著名的科学家说："物理学的未来，将只有在小数点第六位后面去寻找[9]。"普朗克的导师甚至劝他不要再浪费时间去研究这个已经高度成熟的体系。

19世纪末的物理学天空中闪烁着金色的光芒，象征着经典物理帝国的全盛时代。这样的伟大时期在科学史上是空前的，或许也将是绝后的。然而，这个统一的强大帝国却注定了只能昙花一现。喧嚣一时的繁盛，终究要像泡沫那样破灭凋零。

今天回头来看，赫兹1887年电磁波实验的意义应该是复杂而深远的[10]。它一方面彻底建立了电磁场论，为经典物理的繁荣添加了浓重的一笔；另一方面却同时又埋藏下了促使经典物理自身毁灭的武器，孕育出了革命的种子。

我们还是回到我们故事的第一部分那里去：在卡尔斯鲁厄大学的那间实验室里，赫兹铜环接收器的缺口之间不停地爆发着电火花，明白无误地昭示着电磁波的存在。但这个火花很暗淡，不容易观察，于是赫兹把它隔离在一个黑暗的环境里。为了使效果尽善尽美，他甚至把发生器产生的那些火花光芒也隔离开来，不让它们干扰接收器。

这个时候，奇怪的现象发生了：当没有光照射到接收器的时候，接收器电火花所能跨越的最大空间距离就一下子缩小了。换句话说，没有光照时，我们的两个小球必须靠得更近才能产生火花。假如我们重新让光（特别是高频光）照射接收器，则电火花的出现就又变得容易起来。

赫兹对这个奇怪的现象百思不得其解，不过他忠实地把它记录了下来，并写成一篇论文，题为《论紫外光在放电中产生的效应》。这是一个神秘的谜题，可是赫兹没有在这上面做更多的探询与思考。他的论文虽然发表，但在当时并没有引起太多人的注意。那时候，学者们在为电磁场理论的成功而欢欣鼓舞，马可尼们在为了一个巨大的商机而激动不已，没有人想到这篇论文的真正意义。连赫兹自己也不知道，他已经亲手触摸到了

▶ [9] 据说这话是开尔文勋爵说的，不过实际上麦克斯韦在此之前也说过类似的话，虽然他本人对这种看法是持反对态度的。

■ [10] 当然，准确地说，是他于1886－1888年进行的一系列实验。

“量子”这个还在沉睡的幽灵，虽然还没能将其唤醒，却已经给刚刚到达繁盛的电磁场论安排了一个可怕的诅咒。

不过，也许量子的概念太过爆炸性，太过革命性，命运在冥冥中规定了它必须在新的世纪中才可以出现，而把怀旧和经典留给了旧世纪吧。只是可惜赫兹走得太早，没能亲眼看到它的诞生，没能目睹它究竟将要给这个世界带来什么样的变化。

终于，经典物理还没有来得及多多体味一下自己的盛世，一连串意想不到的事情在19世纪的最后几年连续发生了，仿佛是一个不祥的预兆。

1895年，伦琴（Wilhelm Konrad Rontgen）发现了X射线。

1896年，贝克勒尔（Antoine Herni Becquerel）发现了铀元素的放射现象。

1897年，居里夫人（Marie Curie）和她的丈夫皮埃尔·居里研究了放射性，并发现了更多的放射性元素：钍、钋、镭。

1897年，J.J.汤姆逊（Joseph John Thomson）在研究了阴极射线后认为它是一种带负电的粒子流。电子被发现了。

1899年，卢瑟福（Ernest Rutherford）发现了元素的嬗变现象。

如此多的新发现接连涌现，令人一时间眼花缭乱。每一个人都开始感觉到了一种不安，似乎有什么重大的事件即将发生。物理学这座大厦依然耸立，看上去依然那么雄伟、那么牢不可破，但气氛却突然变得异常凝重起来，一种山雨欲来的压抑感在人们心中扩散。新的世纪很快就要来到，人们不知道即将发生什么，历史将要何去何从。眺望天边，人们隐约可以看到两朵小小的乌云，小得那样不起眼。没人知道，它们即将带来一场狂风暴雨，将旧世界的一切从大地上彻底抹去。而我们，也即将冲进这暴风雨的中心，去看一看那场天崩地坼的革命。

但是，在暴风雨到来之前，还是让我们抬头再看一眼黄金时代的天空，作为最后的怀念。金色的光芒照耀在我们的脸上，把一切都染上了神圣的色彩。经典物理学的大厦在它的辉映下，是那样庄严雄伟，溢彩流光，令人不禁想起神话中宙斯和众神在奥林匹斯山上那亘古不变的宫殿。谁又会想到，这震撼人心的壮丽，却是斜阳投射在庞大帝国土地上最后的余晖。

Dark Clouds

乌 云

Dark Clouds

History *of* Quantum Physics

Part. 1

1900年的4月27日，伦敦的天气还有一些阴冷。马路边的咖啡店里，人们兴致勃勃地谈论着当时正在巴黎举办的万国博览会。街上的报童在大声叫卖报纸，那上面正在讨论中国义和团运动最新的局势进展以及各国在北京使馆人员的状况。一位绅士彬彬有礼地扶着贵妇人上了马车，赶去听普契尼的歌剧《波希米亚人》。两位老太太羡慕地望着马车远去，对贵妇帽子的式样大为赞叹。但不久后，她们就找到了新的话题，开始对拉塞尔伯爵的离婚案评头论足起来。看来，即使是新世纪的到来，也不能改变这个城市古老而传统的生活方式。

相比之下，在阿尔伯马尔街皇家研究所（Royal Institution, Albemarle Street）举行的报告会就没有多少人注意了。伦敦的上流社会好像已经把他们对科学的热情在汉弗来·戴维爵士（Sir Humphry Davy）那里倾注得一干二净，以致在其后几十年的时间里都表现得格外漠然。不过，对科学界来说，这可是一件大事。欧洲有名的科学家都赶来这里，聆听这位德高望重，然而却以顽固出名的老头子——开尔文男爵（Lord Kelvin，本名William Thomson）的发言。

开尔文的这篇演讲名为《在热和光动力理论上空的19世纪乌云》。当时已经76岁，白发苍苍的他用那特有的爱尔兰口音开始了发言，他的第一段话是这么说的：

“动力学理论断言，热和光都是运动的方式。但现在这一理论的优美

开尔文
Lord Kelvin
1824—1907
(Annan 1902)

性和明晰性却被两朵乌云遮蔽，显得黯然失色了……”（The beauty and clearness of the dynamical theory, which asserts heat and light to be modes of motion, is at present obscured by two clouds...)

这个“乌云”的比喻后来变得如此出名，以至几乎在每一本关于物理史的书籍中都被反复地引用，成为一种模式化的陈述。联系到当时人们对物理学大一统的乐观情绪，许多时候这个表述又变成了“在物理学阳光灿烂的天空中飘浮着两朵小乌云”。这两朵著名的乌云，分别指的是经典物理在光以太和麦克斯韦－玻尔兹曼能量均分学说上遇到的难题。再具体一些，指的就是人们在迈克尔逊－莫雷实验和黑体辐射研究中的困境。

我们首先简单地讲讲第一朵乌云，即迈克尔逊－莫雷实验（Michelson-Morley Experiment）。这个实验的用意在于探测光以太对于地球的漂移速度。在人们当时的观念里，以太代表了一个绝对静止的参考系，而地球穿过以太在空间中运动，就相当于一艘船在高速行驶，迎面会吹来强烈的“以太风”。迈克尔逊在1881年进行了一个实验，想测出这个相对速度，但结果并不十分令人满意。于是他和另外一位物理学家莫雷合作，在1886年安排了第二次实验。这可能是当时物理史上进行过的最精密的实验了：他们动用了最新的干涉仪，为了提高系统的灵敏度和稳定性，

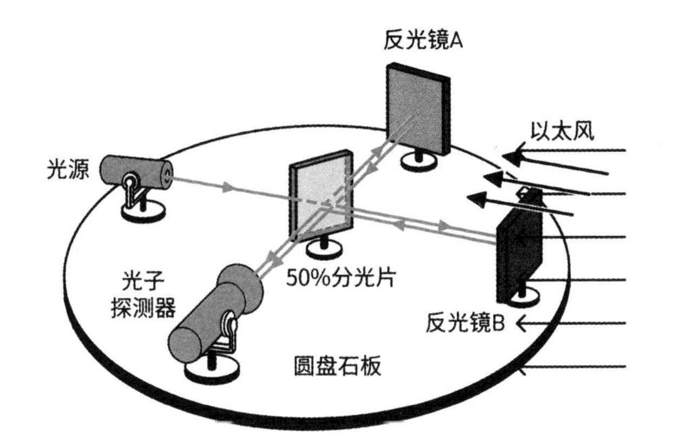

迈克尔逊—莫雷实验简图

迈克尔逊—莫雷实验：如果地球和以太存在相对运动，则两束光返回的时间会有微小差别，但实验中并未发现任何时间差。

他们甚至多方筹措弄来了一块大石板，把它放在一个水银槽上，这样就把干扰的因素降到了最低。

然而实验结果却让他们震惊且失望无比：两束光线根本就没有表现出任何的时间差。以太似乎对穿越其中的光线毫无影响。迈克尔逊和莫雷不甘心地一连观测了四天，本来甚至想连续观测一年以确定地球绕太阳运行四季对以太风造成的差别，但因为这个否定的结果是如此清晰而不容置疑，这个计划也被无奈地取消了。

迈克尔逊－莫雷实验是物理史上最有名的“失败的实验”。它当时在物理界引起了轰动，因为“以太”这个概念作为绝对运动的代表，是经典物理学和经典时空观的基础。而这根支撑着经典物理学大厦的梁柱竟然被一个实验的结果而无情地否定，那马上就意味着整个物理世界的轰然崩塌。不过，那时候再悲观的人也不认为刚刚取得了伟大胜利，到达光辉顶峰的经典物理学会莫名其妙地就这样倒台，所以人们还是提出了许多折中的办法：爱尔兰物理学家费兹杰惹（George FitzGerald）和荷兰物理学家洛伦兹（Hendrik Antoon Lorentz）分别独立地提出了一种假说，认为物体在运动的方向上会发生长度的收缩，从而使得以太的相对运动速度无法被测量到。这些假说虽然使得“以太”的概念得以继续保留，但业已对它的意义提出了强烈的质问。因为很难想象，一个只具有理论意义的“假设物理量”究竟有多少存在的必要。果不其然，当相对论被提出后，“以太”的概念终于光荣退休，成为一个历史名词，不过那是后话了。

开尔文所说的“第一朵乌云”就是在这个意义上提出来的。不过他认为长度收缩的假设无论如何已经使人们“摆脱了困境”，所要做的只是修改现有理论以更好地使以太和物质的相互作用得以自洽罢了。这朵乌云最终是会消失的。

至于“第二朵乌云”，指的是黑体辐射实验和理论的不一致。它是我们故事的一条主线，所以我们会在后面的章节里仔细地探讨这个问题。在开尔文发表演讲的时候，这个问题仍然没有任何能够得到解决的迹象，不过开尔文对此的态度倒也是乐观的，因为他本人并不相信玻尔兹曼的能量均分学说，他认为要驱散这朵乌云，最好的办法就是否定玻尔兹曼的学说。而且说老实话，玻尔兹曼的分子运动理论在当时的确还有着巨大的争议，以致这位罕见的天才苦闷不堪，精神出现了问题。当年玻尔兹曼自杀未成，但他在6年后的一片小森林里还是亲手结束了自己的生命，留下了一个科学史上的大悲剧。

年迈的开尔文站在讲台上，台下的听众对他的发言给予热烈的掌声。然而当时他们中间却没有一个人（包括开尔文自己）会了解，这两朵小乌云对于物理学来说究竟意味着什么。他们绝对无法想象，正是这两朵不起眼的乌云马上就要给这个世界带来一场前所未有的狂风暴雨、电闪雷鸣，并引发可怕的大火和洪水，彻底摧毁现在的繁华美丽。旧世界的一切将被彻底地荡涤干净，曾经以为可以高枕无忧的人们将被抛弃到荒野中，不得不在痛苦的探索中过上30年艰难潦倒、颠沛流离的生活。他们更无法预见的是，正是这两朵乌云，终究会给物理学带来伟大的新生，在烈火和暴雨中实现涅槃，并重新建造起两幢更加壮观美丽的城堡。

第一朵乌云，最终导致了相对论革命的爆发。

第二朵乌云，最终导致了量子论革命的爆发。

今天看来，开尔文当年的演讲简直像一个神秘的谶言，似乎在冥冥中带有一种宿命的意味。科学在他的预言下转了一个大弯，不过方向却是完全出乎开尔文意料的。如果这位老爵士能够活到今天，读到物理学在新世纪里的发展历史，他是不是会为他当年的一语成谶而深深震惊，在心里面打一个寒战呢？

饭后闲话：伟大的“意外”实验

我们今天来谈谈物理史上的那些著名的“意外”实验。用“意外”这个词，指的是实验未能取得预期的成果，可能在某种程度上，也可以称为“失败”实验吧。

我们在上面已经谈到了迈克尔逊—莫雷实验，这个实验的结果是如此地令人震惊，以致它的实验者在相当一段时期里都不敢相信自己结果的正确性。但正是这个否定的证据，最终使得“光以太”的概念寿终正寝，使相对论的诞生成为可能。这个实验的失败在物理史上却应该说是一个伟大的胜利，科学从来都是只相信事实的。

近代科学历史上，也曾经有过许多类似的具有重大意义的意外实验。也许我们可以从拉瓦锡（Antoine Laurent Lavoisier）谈起。当时的人们普遍相信，物体燃烧是因为有“燃素”离开物体的结果。但是1774年的某一天，拉瓦锡决定测量一下这种“燃素”的具体重量是多少。他用他的天平称量了一块锡的重量，随即点燃它。等金属完完全全地烧成灰烬之后，拉瓦锡小心翼翼地把每一粒灰烬都收集起来，再次称量了它的重量。

结果令当时的所有人瞠目结舌。按照燃素说，燃烧是燃素离开物体的结果，所以显然，燃烧后的灰烬应该比燃烧前要轻。退一万步来讲，就算燃素完全没有重量，也应该一样重。可是拉瓦锡的天平却说，灰烬要比燃烧前的金属重，测量燃素重量成了一个无稽之谈。然而拉瓦锡在吃惊之余，却没有怪罪于自己的天平，而是将怀疑的眼光投向了燃素说这个庞然大物。在他的推动下，近代化学终于在这个体系倒台的轰隆声中建立了起来。

到了1882年，实验上的困难同样困扰了剑桥大学的化学教授瑞利(J.W.S. Rayleigh)。他为了一个课题，需要精确地测量各种气体的比重。然而在氮的问题上，瑞利却遇到了麻烦。事情是这样的，为了保证结果的准确，瑞利采用了两种不同的方法来分离气体。一种是通过化学家们熟知的办法，用氨气来制氮；另一种是从普通空气中，尽量地除去氧、氢、水蒸气等别的气体，这样剩下的就应该是纯氮气了。然而瑞利却苦恼地发现两者的重量并不一致，后者要比前者重了千分之二。

虽然是一个小差别，但对于瑞利这样讲究精确的科学家来说是不能容忍的。为了消除这个差别，他想尽了办法，几乎检查了所有的仪器，重复了几十次实验，但是这个千分之二的差别总是顽固地存在，反而随着每一次测量更加精确起来。这个障碍使得瑞利几乎发疯，在百般无奈下他写信向另一位化学家拉姆塞（William Ramsay）求救。后者敏锐地指出，这个重量差可能是由于空气里混有了一种不易察觉的重气体而造成的。在两者的共同努力下，氩气（Ar）终于被发现了，并最终导致了整个惰性气体族的发现，成为元素周期表存在的一个主要证据。

另一个值得一谈的实验是由1896年的贝克勒尔做出的。当时X射线刚被发现不久，人们对它的来由还不是很清楚。有人提出太阳光照射荧光物质能够产生X射线，于是贝克勒尔对此展开了研究：他选了一种铀的氧化物作为荧光物质，把它放在太阳下暴晒，结果发现它的确使黑纸中的底片感光了。贝克勒尔得出初步结论：阳光照射荧光物质的确能产生X射线。

但是，正当他要进一步研究时，意外的事情发生了。天气转阴，乌云一连几天遮蔽了太阳。贝克勒尔只好把他的全套实验用具，包括底片和铀盐放进了保险箱里。然而到了第五天，天气仍然没有转晴的趋势，贝克勒尔忍不住了，决定把底片冲洗出来再说。铀盐曾受了一点微光的照射，不管如何在底片上应该留下一些模糊的痕迹吧？

然而，在拿到照片时，贝克勒尔的脑中却是一片眩晕。底片曝光得如此彻底，上面的花纹是如此地清晰，甚至比在强烈阳光下都要超出一百倍。这是一个历史性的时刻，元素的放射性第一次被人们发现了，虽然是在一个戏剧性的背景下。贝克勒尔的惊奇，终究打开了通向原子内部的大门，使得人们很快就看到了一个全新的世界。

在量子论的故事后面，我们会看到更多这样的意外。这些意外，为科学史添加了一份绚丽的传奇色彩，也使人们对神秘的自然更加兴致勃勃。那也是科学给我们带来的快乐之一啊。

Part. 2

上次说到，开尔文在20世纪初提到了物理学里的两朵“小乌云”。其中第一朵是指迈克尔逊－莫雷实验令人惊奇的结果，第二朵则是人们在黑体辐射的研究中所遇到的困境。

请诸位做个深呼吸，因为我们的故事终于要进入正轨了。归根结底，这一切的一切，原来都要从那令人困惑的“黑体”开始。

大家都知道，一个物体之所以看上去是白色的，那是因为它反射所有频率的光波；反之，如果看上去是黑色的，那是因为它吸收了所有频率的光波的缘故。物理上定义的“黑体”，指的是那些可以吸收全部外来辐射的物体，比如一个空心的球体，内壁涂上吸收辐射的涂料，外壁开一个小

黑体

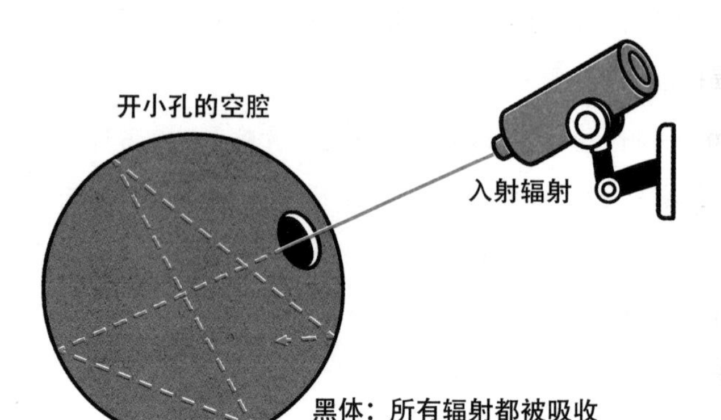

孔。那么，因为从小孔射进球体的光线无法反射出来，这个小孔看上去就是绝对黑色的，即是我们定义的“黑体”。

19世纪末，人们开始对黑体模型的热辐射问题发生兴趣。其实，很早的时候，人们就已经注意到，对不同的物体，热和辐射频率似乎有一定的对应关联。比如金属，有过生活经验的人都知道，要是我们把一块铁放在火上加热，那么到了一定温度的时候，它会变得暗红起来（其实在这之前有不可见的红外线辐射），温度再高些，它会变得橙黄，到了极度高温的时候，如果能想办法不让它汽化了，我们可以看到铁块将呈现蓝白色。也就是说，物体的辐射能量、频率和温度之间有着一定的函数关系（在天文学里，有“红巨星”和“蓝巨星”，前者呈暗红色，温度较低，通常属于老年恒星；而后者的温度极高，是年轻恒星的典范）。

问题是，物体的辐射能量和温度究竟有着怎样的函数关系呢？

最初对于黑体辐射的研究是基于经典热力学的基础之上的，而许多著名的科学家在此之前也已经做了许多准备工作。美国人兰利（Samuel Pierpont Langley）发明的热辐射计是最好的测量工具，配合罗兰凹面光栅，可以得到相当精确的热辐射能量分布曲线。“黑体辐射”这个概念则是由伟大的基尔霍夫提出，并由斯特藩（Josef Stefan）加以总结和研究的。到了19世纪80年代，玻尔兹曼建立了他的热力学理论，种种迹象也表明，这是黑体辐射研究的一个强大理论武器。总而言之，这一切就是威廉·维恩（Wilhelm Wien）准备从理论上推导黑体辐射公式的时候，物理界在这一课题上的一些基本背景。

维恩于1864年1月13日出生于东普鲁士，是当地一个农场主的儿子。在海德堡、哥廷根和柏林大学度过了他的学习生涯并取得博士学位之后，维恩先是回到故乡，继承父业，一本正经地管理起了家庭农场。眼看他从此注定要成为下一代农场主，1890年的一份合同改变了他和整个热力学的命运。德国帝国技术研究所（Physikalisch Technische Reichsanstalt，PTR）邀请他加入作为亥姆霍兹的助手，担任亥姆霍兹实验室的主要研究员。考虑到当时的经济危机，维恩接受了这个合同。就是在柏林的这个实验室里，他准备一展自己在理论和实验物理方面的天赋，彻底解决黑体辐射这个问题。

维恩从经典热力学的思想出发，假设黑体辐射是由一些服从麦克斯韦速率分布的分子发射出来的，然后通过精密的演绎，他终于在1894年提出了他的辐射能量分布定律公式：

$$\rho=b\lambda^{-5}e^{-\frac{a}{\lambda T}}$$

其中ρ表示能量分布的函数，λ是波长，T是绝对温度，a、b是常数。当然，这里只是给大家看一看这个公式的样子，对数学和物理没有研究的朋友们大可以看过就算，不用理会它具体的含义。

这就是著名的维恩分布公式。很快，另一位德国物理学家帕邢（Friedrich Paschen）在兰利的基础上对各种固体的热辐射进行了测量，结果很好地符合了维恩的公式，这使得维恩取得了初步胜利。

然而，维恩却面临着一个基本的难题：他的出发点似乎和公认的现实格格不入，换句话说，他的分子假设使得经典物理学家们十分不舒服。因为辐射是电磁波，而大家已经都知道，电磁波是一种波动。用经典粒子的方法分析，似乎让人感到隐隐地有些不对劲，有一种南辕北辙的味道。

果然，维恩在帝国技术研究所（PTR）的同事很快就做出了另外一个实验。卢梅尔（Otto Richard Lummer）和普林舍姆（Ernst Pringsheim）于1899年报告，当把黑体加热到1000多K的高温时，测到的短波长范围内的曲线和维恩公式符合得很好，但在长波方面，实验和理论出现了偏差。很快，PTR的另两位成员鲁本斯（Heinrich Rubens）和库尔班（Ferdinand Kurlbaum）扩大了波长的测量范围，再次肯定了这个偏差，并得出结论：能量密度在长波范围内应该和绝对温度成正比，而不是维恩所预言的那样，当波长趋向无穷大时，能量密度和温度无关。在19世纪的最末几年，PTR这个由西门子和亥姆霍兹所创办的机构似乎成为热力学领域内最引人注目的地方，这里的这群理论与实验物理学家，似乎正在揭开一个物理内最大的秘密。

维恩定律在长波内的失效引起了英国物理学家瑞利（还记得上次我们闲话里的那位苦苦探究氮气重量，并最终发现了惰性气体的爵士吗？）的注意，他试图修改公式以适应ρ和T在高温长波下成正比这一实验结论。瑞利的做法是抛弃玻尔兹曼的分子运动假设，简单地从经典的麦克斯韦理论出发，最终他也得出了自己的公式。后来，另一位物理学家金斯（James H. Jeans）计算出了公式里的常数，最后他们得到的公式形式如下：

$$\rho = \frac{8\pi \upsilon^2}{c^3} kT$$

这就是我们今天所说的瑞利—金斯（Rayleigh-Jeans）公式，其中v是频率，k是玻尔兹曼常数，c是光速。同样，没有兴趣的朋友可以不必理会它的具体含义，这对于我们的故事没有影响。

这样一来，就从理论上证明了ρ和T在高温长波范围内成正比的实验结果。但是，也许就像俗话所说的那样，瑞利—金斯公式是一个拆东墙补西墙的典型。因为非常具有讽刺意味的是，它在长波方面虽然符合了实验数据，但在短波方面的失败却是显而易见的。当波长λ趋于0，也就是频率ν趋向无穷大时，我们从上面的公式可以明显地看出：能量将无限制地呈指数式增长。这样一来，黑体在它的短波，也就是高频段就将释放出无穷大的能量来！

这个戏剧性的事件无疑是荒谬的，因为谁也没见过任何物体在任何温度下这样地释放能量辐射（如果真是这样的话，那么我们何必辛辛苦苦地去造什么原子弹）。该推论后来被奥地利物理学家埃仑费斯特（Paul Ehrenfest）加上了一个耸人听闻的、十分适合在科幻小说里出现的称呼，叫作“紫外灾变”（ultraviolet catastrophe）。显然，瑞利—金斯公式也无法给出正确的黑体辐射分布。

我们在这里遇到的是一个相当微妙而尴尬的处境。我们的手里现在有两套公式，但不幸的是，它们分别只有在短波和长波的范围内才能起作用。这的确让人们非常郁闷，就像你有两套衣服，其中的一套上装十分得体，但裤腿太长；另一套的裤子倒是合适了，但上装却小得无法穿上身。最要命的是，这两套衣服根本没办法合在一起穿，因为两个公式推导的出发点是截然不同的！

正如我们描述的那样，在黑体问题上，如果我们从粒子的角度出发去推导，就得到适用于短波的维恩公式。如果从经典的电磁波的角度去推导，就得到适用于长波的瑞利—金斯公式。长波还是短波，那就是个问题。

这个难题就这样困扰着物理学家们，有一种黑色幽默的意味。当开尔文在台上描述这“第二朵乌云”的时候，人们并不知道这个问题最后将得到一种怎么样的解答。

然而，毕竟新世纪的钟声已经敲响，物理学的伟大革命就要到来。就在这个时候，我们故事里的第一个主角，一个留着小胡子，略微有些谢顶的德国人——马克斯·普朗克登上了舞台，物理学全新的一幕终于拉开了。

Part. 3

上次说到，在黑体问题的研究上，我们有了两套公式。可惜，一套只能对长波有效，而另一套只对短波有效。正当人们为这个难题头痛不已的时候，马克斯·普朗克登上了历史舞台。命中注定，这个名字将要光照整个20世纪物理史。

普朗克（Max Karl Ernst Ludwig Planck）于1858年4月23日出生于德国基尔（Kiel）一个书香门第。他的祖父和两位曾祖父都是神学教授，他的父亲则是一位著名的法学教授，曾经参与过普鲁士民法的起草工作。1867年，普朗克一家移居到慕尼黑，小普朗克便在那里上的中学和大学。在俾斯麦的帝国蒸蒸日上的时候，普朗克却保留着古典时期的优良风格，对文学和音乐非常感兴趣，也表现出了非凡的天赋来。

不过，很快他的兴趣便转到了自然方面。在中学的课堂里，他的老师形象地向学生们讲述一位工人如何将砖头搬上房顶，而工人花的力气储存在高处的势能里，一旦砖头掉落下来，能量便又随之释放出来……能量这种神奇的转换与守恒极大地吸引了好奇的普朗克，使得他把目光投向了神秘的自然规律中去，这也成为他一生事业的起点。德意志失去了一位优秀的音乐家，但是失之东隅，收之桑榆，却因此得到了一位开天辟地的科学巨匠。

普朗克
Max Karl Ernst Ludwig Planck
1858—1947

然而，正如我们在前一章里面所说过的那样，当时的理论物理看起来可不是一份十分有前途的工作。普朗克在大学里的导师祖利（Philipp von Jolly）劝他说，物理学的体系已经建立得非常成熟和完整了，没有什么大的发现可以做出了，不必把时间浪费在这个没有多大意义的工作上面。普朗克委婉地表示，他研究物理是出于对自然和理性的兴趣，只是想把现有的东西搞清楚罢了，并不奢望能够做出什么巨大的成就。讽刺的是，从今天看来，这个“很没出息”的表示却成就了物理界重大的突破之一，成就了普朗克一生的名望。我们实在应该为这一决定感到幸运。

1879年，普朗克拿到了慕尼黑大学的博士学位，随后他便先后在基尔大学、慕尼黑大学任教。1887年，基尔霍夫在柏林逝世，他担任的那个教授职位有了空缺。亥姆霍兹本来推荐赫兹继任这一职位，但正如我们在第一章所叙述的那样，赫兹婉拒了这一邀请，他后来去了贝多芬的故乡——波恩，不久后病死在那里。于是幸运之神降临到普朗克的头上，他来到柏林大学[1]，接替了基尔霍夫的职位，成为理论物理研究所的主任。普朗克的研究兴趣本来只是集中于经典热力学领域，但是1896年，他读到了维恩关于黑体辐射的论文，并对

▶ [1] 就是如今的洪堡大学。

此表现出了极大的兴趣。在普朗克看来，维恩公式体现出来的这种物体的内在规律——和物体本身性质无关的绝对规律——代表了某种客观的永恒不变的东西。它独立于人和物质世界而存在，不受外部世界的影响，是科学追求的最崇高的目标。普朗克的这种偏爱正是经典物理学的一种传统和风格，对绝对严格规律的一种崇尚。这种古典而保守的思想经过了牛顿、拉普拉斯和麦克斯韦，带着黄金时代的全部贵族气息，深深渗透在普朗克的骨子里面。然而，这位可敬的老派科学家却没有意识到，自己已经在不知不觉中走到了时代的最前沿，命运在冥冥之中，给他安排了一个离经叛道的角色。

让我们言归正传。在那个风云变幻的世纪之交，普朗克决定彻底解决黑体辐射这个困扰人们多时的问题。他的手上已经有了维恩公式，可惜这个公式只有在短波的范围内才能正确地预言实验结果。另外，虽然普朗克当时不清楚瑞利公式[2]，但他无疑也知道，在长波范围内，ρ和T成简单正比关系这一事实。这是由他的好朋友，PTR的实验物理学家鲁本斯（上一节提到过）在1900年10月7日的中午告诉他的。直到那一天为止，普朗克在这个问题上已经花费了6年的光阴[3]，但是所有的努力都似乎徒劳无功。

现在，请大家肃静，让我们的普朗克先生好好地思考问题。摆在他面前的全部事实，就是我们有两个公式，分别只在一个有限的范围内起作用。但是，如果从根本上去追究那两个公式的推导，却无法发现任何问题。而我们的目的，在于找出一个普遍适用的公式来。

10月的德国已经进入仲秋。天气越来越阴沉，厚厚的云彩堆积在天空中，黑夜一天比一天来得漫长。落叶缤纷，铺满了街道和田野，偶尔吹过凉爽的风，便沙沙作响。白天的柏林热闹而喧嚣，入夜的柏林静谧而庄重，但在这喧嚣和静谧中，却不曾有人想到，一个伟大的历史时刻即将到来。

在柏林大学那间堆满了草稿的办公室里，普朗克为了那两个无法调和的

[2] 实际上，准确来说，瑞利—金斯公式的完整形式是到了1905年才最终总结成型的。

[3] 1894年，在普朗克还没有了解到维恩的工作的时候，他就已经对这一领域开始了考察。

公式而苦思冥想。终于有一天，他决定不再去做那些根本上的假定和推导，不管怎么样，我们先尝试着凑出一个可以满足所有波段的普适公式出来。其他的问题，之后再说吧。

于是，利用数学上的内插法，普朗克开始玩弄起他手上的两个公式来。要做的事情，是让维恩公式的影响在长波的范围里尽量消失，而在短波里“独家”发挥出来。普朗克尝试了几天，终于灵机一动，他无意中凑出了一个公式，看上去似乎正符合要求！在长波的时候，它表现得就像正比关系一样。而在短波的时候，它则退化为维恩公式的原始形式。这就是著名的普朗克黑体公式：

$$\rho=\frac{c_1\lambda^{-5}}{e^{\frac{c_2}{\lambda T}}-1}$$

（其中c_1和c_2为两个常数）[4]

10月19日，普朗克在柏林德国物理学会（Deutschen Physikalischen Gesellschaft）的会议上，把这个新鲜出炉的公式公之于众。当天晚上，鲁本斯就仔细比较了这个公式与实验的结果。结果，让他又惊又喜的是，普朗克的公式大获全胜，在每一个波段里，这个公式给出的数据都十分精确地与实验值相符合。第二天，鲁本斯便把这个结果通知了普朗克本人，在这个彻底的成功面前，普朗克自己都不由得一愣。他没有想到，这个完全是侥幸拼凑出来的经验公式居然有着这样强大的威力。

当然，他也想到，这说明公式的成功绝不仅仅是侥幸而已。这说明，在那个神秘的公式背后，必定隐藏着一些不为人们所知的秘密。必定有某种普适的原则假定支持着这个公式，这才使得它展现出无比强大的力量来。

普朗克再一次注视他的公式，它究竟代表了一个什么样的物理意义呢？

[4] 对于长波，爱好数学的读者只需简单地把 $e^{\frac{c_2}{\lambda T}}$ 按照级数展开一级便可得到正比关系。对于短波，只需忽略那个－1就自然退化为维恩公式。

他发现自己处于一个相当尴尬的地位：知其然，但不知其所以然。是的，他的新公式管用！但为什么呢？它究竟是如何推导出来的呢？这个理论究竟为什么正确，它建立在什么样的基础上，它到底说明了什么？这些却没有一个人可以回答，甚至公式的发现者自己也不知道。

普朗克闭上眼睛，体会着兴奋、焦急、疑惑、激动、失望混杂在一起的那种复杂感情。到那时为止，他在黑体的迷宫中已经磕磕绊绊地摸索了整整6年，现在终于误打误撞地找到了出口。然而回头望去，那座迷宫却依然神秘莫测，大多数人依然深陷其中，茫然地寻找出路，就连普朗克自己，也没有把握能够再次进入其中而不致迷失。的确，他只是侥幸脱身，但对于这座建筑的内部结构却仍然一无所知，这叫普朗克怎能甘心“见好就收”。不，他发誓要彻底征服这个谜题，把那个深埋在公式背后的终极奥秘挖掘出来。他要找到那张最初的设计蓝图，让每一条暗道、每一个密室都变得一目了然。普朗克并不知道他究竟会发现什么，但他模糊地意识到，这里面隐藏的是一个至关重要的东西，它可能关系到整个热力学和电磁学的基础。这个不起眼的公式只是一个线索，它的背后一定牵连着一个沉甸甸的秘密。突然之间，普朗克的第六感告诉他，他生命中最重要的一段时期已经到来了。

多年以后，普朗克在信中说：

“当时，我已经为辐射和物质的问题而奋斗了6年，但一无所获。但我知道，这个问题对于整个物理学至关重要，我也已经找到了确定能量分布的那个公式。所以，不论付出什么代价，我必须找到它在理论上的解释。而我非常清楚，经典物理学是无法解决这个问题的……”[5]

在人生的分水岭上，普朗克终于决定拿出他最大的决心和勇气，来打开面前的这个潘多拉盒子，无论那里面装的是什么。为了解开这个谜团，普朗克颇有一种破釜沉舟的气概。除了热力学的两个定律他认为不可动摇之外，

[5] 见普朗克1931年给R. W. Wood的信。

甚至整个宇宙，他都做好了抛弃的准备。不过，饶是如此，当他终于理解了公式背后所包含的意义之后，他还是惊讶到不敢相信和接受所发现的一切。普朗克当时做梦也没有想到，他的工作绝不仅仅是改变物理学的一些面貌而已。事实上，大半个物理学和整个化学都将被彻底摧毁和重建，一个神话时代即将拉开帷幕。

1900年年末的柏林上空，黑体这朵飘在物理天空中的乌云，内部开始翻滚动荡起来。

饭后闲话：世界科学中心

在我们的史话里，我们已经看见了许许多多的科学伟人，从中我们也可以清晰地看见世界性科学中心的不断迁移。

现代科学创立之初，也就是十七八世纪的时候，英国是毫无争议的世界科学中心（以前是意大利）。牛顿作为一代科学家的代表自不用说，波义耳、胡克，一直到后来的戴维、卡文迪许、道尔顿、法拉第、托马斯·杨，都是世界首屈一指的大科学家。但是很快，这一中心转到了法国。法国的崛起由伯努利（D.Bernoulli）、达朗贝尔（J.R.d'Alembert）、拉瓦锡、拉马克（J.B. Lamarck）等开始，到了安培（A.M. Ampere）、菲涅尔、卡诺（N.Carnot）、拉普拉斯、傅科、泊松、拉格朗日（J.L.Lagrange）的时代，已经在欧洲独领风骚。不过进入19世纪后期，德国开始迎头赶上，涌现出了一大批天才：高斯（C.F.Gauss）、欧姆（G.S.Ohm）、洪堡（Alexander von Humboldt）、沃勒（F.Wohler）、亥姆霍兹、克劳修斯、玻尔兹曼、赫兹、希尔伯特（D.Hilbert）……虽然英国连出了法拉第、麦克斯韦、达尔文这样的伟人，也不足以抢回它当初的地位。到了20世纪初，德国在科学方面的成就到达了高峰，成为世界各地科学家心目中的圣地。柏林、慕尼黑和哥廷根成为当时自然科学当之无愧的世界性中心。我们在以后的史话里，将会看到越来越多德国人的名字。

1918年，德国在第一次世界大战中战败，随即签署了“根本不是和平，而只是20年停战”的《凡尔赛条约》。在这个极为屈辱的条约下，德国损失了14%的本国领土，10%的人口，全部海外殖民地和海外资产，75%的铁矿，超过一半的煤炭，绝大多数的火车头和机动车辆，全国一半的奶牛，1/4的药品和化工制品，90%的战舰，加上当时尚未决定上限的巨额赔款。沉重的赔偿负担使得国内发生了极为可怕的超级通货膨胀。1919年1月，8.9马克可兑1美元，到了1923年年底一路狂泻至4,200,000,000,000马克兑1美元。新建立的魏玛共和国在政治、军事、经济上都几乎濒于残废。

然而，德国的科学却令人惊异地始终保持着世界最高的地位。哪怕大学的资源严重不足，教授的工资甚至不足以养家糊口，哪怕德国科学家在很长时间内被排斥在国际科学界之外：在1919年到1925年举行的275个科学会议中，就有165个没有邀请德国人。尽管如此，德国科学仍然在如此艰难的境地中自强不息。量子力学在此发源，相对论在此壮大，在材料、电气、有机化学、制药以及诸多的工程领域，德国都取得了巨大的成就。美国虽然财大气粗，但它最好的人才——包括奥本海默和鲍林——也不得不远涉重洋，来到哥廷根和慕尼黑留学。在骄傲的德国人眼中看来，科学技术的优势已经不仅仅是战后振兴国家的一种手段，还是维护国家光荣和体现德意志民族尊严的一个重要标志。1918年，普朗克在普鲁士科学院发言时说：“就算敌人剥夺了我们祖国的国防力量，就算危机正在我们眼前发生，甚至还有更严重的危机即将到来，有一样东西是不论国内或国外的敌人都不能从我们手上夺走的，那就是德国科学在世界上的地位……（学院的首要任务）就是维护这个地位，如果有必要的话，不惜一切代价来保卫它。”

不仅仅是自然科学，魏玛共和国期间德国整个的学术文化呈现出一片繁荣景象。海德格尔（Martin Heidegger）在哲学史上的地位无须赘述，马克斯·韦伯（Max Weber）名震整部社会科学史，施密特（Carl Schmitt）

是影响现代宪政最重要的人物之一。心理学方面，格式塔（Gestalt）学派也悄然兴起。在文学上，霍普特曼（Gerhart Hauptmann）和托马斯·曼（Thomas Mann）两位诺贝尔奖得主双星闪耀，雷马克（E.M. Remarque）的《西线无战事》是20世纪有名的作品之一。戏剧、电影和音乐亦都迅速进入黄金时代，风格变得迷人而多样化。德国似乎要把它在政治和经济上所失去的，从科学和文化上赢回来。对于魏玛这样一个始终内外交困，14年间更迭了20多次内阁的政权来说，这样的繁荣也算是一个小小的奇迹，引起了众多历史学家的兴趣。不幸的是，纳粹上台之后，德国的科技地位一落千丈，大批科学家出逃外国，直接造成了美国的崛起，直到今日。

只是不知，下一个霸主又会是谁呢？

Part. 4

上次说到，普朗克在研究黑体的时候，偶尔发现了一个普适公式，但是，他却不知道这个公式背后的物理意义。

为了能够解释他的新公式，普朗克已经决定抛却他心中的一切传统成见。他反复地咀嚼新公式的含义，体会它和原来那两个公式的联系以及不同。我们已经看到了，如果从玻尔兹曼运动粒子的角度来推导辐射定律，就得到维恩的形式，要是从麦克斯韦电磁辐射的角度来推导，就得到瑞利—金斯的形式。那么，新的公式，它究竟是建立在粒子的角度上，还是建立在波的角度上呢？

作为一个传统保守的物理学家，普朗克总是尽可能地试图在理论内部解决问题，而不是颠覆这个理论以求得突破。更何况，他面对的还是有史以来最伟大的麦克斯韦电磁理论。但是，在种种尝试都失败了以后，普朗克发现，他必须接受他一直不喜欢的统计力学立场，从玻尔兹曼的角度来看问题，把熵和概率引入到这个系统里来。

那段日子，是普朗克一生中最忙碌，却又最光辉的日子。20年后，1920年，他在诺贝尔得奖演说中这样回忆道：

“……经过一生中最紧张的几个礼拜的工作，我终于看见了黎明的曙光。一个完全意想不到的景象在我面前呈现出来。”

什么是“完全意想不到的景象”呢？原来普朗克发现，仅仅引入分子运动理论还是不够的。在处理熵和概率的关系时，如果要使我们的新方程成立，就必须做一个假定：假设能量在发射和吸收的时候，不是连续不断，而是分成一份一份的。

为了引起各位读者足够的注意力，我想我应该把上面这段话重复再写一遍，而且必须尽可能地把字体加大加粗：

必须假定，能量在发射和吸收的时候，不是连续不断，而是分成一份一份的。

在了解它的具体意义之前，不妨先了解一个事实：正是这个假定，推翻了自牛顿以来200多年、曾经被认为是坚不可摧的经典世界。这个假定以及它所衍生出的意义，彻底改变了自古以来人们对世界的最根本的认识。盛极一时的帝国，在这句话面前轰然土崩瓦解，坍塌得是如此干干净净，就像爱伦·坡笔下厄舍家那座不祥的庄园。

好，回到我们的故事中来。能量不是连续不断的，这有什么了不起呢？

很了不起。因为它和有史以来一切物理学家的观念截然相反（可能某些伪科学家除外，呵呵）。自从伽利略和牛顿用数学规则驯服了大自然之后，一切自然的过程就都被当成是连续不间断的。如果你的中学物理老师告诉你，一辆小车沿直线从A点行驶到B点，却不经过两点中间的C点，

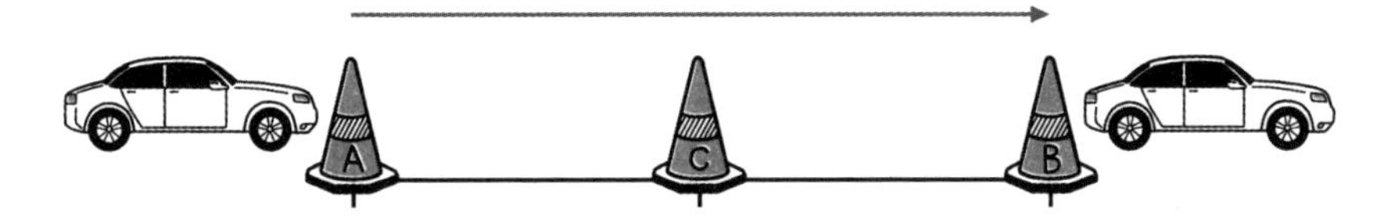

连续性：小车从 A 点行驶到 B 点，一定经过 A 和 B 之间的任意点 C。

你一定会觉得不可思议，甚至开始怀疑该教师是不是和校长有什么裙带关系。自然的连续性是如此地不容置疑，以致几乎很少有人会去怀疑这一点。当预报说气温将从20摄氏度上升到30摄氏度，你会毫不犹豫地判定，在这个过程中气温将在某个时刻到达25摄氏度，到达28摄氏度，到达$29^1/_2$摄氏度，到达$29^3/_4$摄氏度，到达$29^9/_{10}$摄氏度……总之，一切在20摄氏度到30摄氏度的值，只要它在那段区间内，气温肯定会在某个时刻，精确地等于那个值。

对于能量来说，也是这样。当我们说，这个化学反应总共释放出了100焦耳能量的时候，我们每个人都会潜意识地推断出，在反应期间，曾经有某个时刻总体系释放的能量等于50焦耳，等于32.233焦耳，等于3.14159……焦耳。总之，能量的释放是连续的，它总可以在某个时刻达到范围内的任何可能的值。这个观念是如此直接地植入我们的内心深处，显得天经地义一般。

这种连续性、平滑性的假设，是微积分的根本基础。牛顿、麦克斯韦那庞大的体系，便建筑在这个地基之上，度过了百年的风雨。当物理学遇到困难的时候，人们纵有怀疑的目光，也最多盯着那巍巍大厦，追问它是不是在建筑结构上有问题，却从未丝毫怀疑它脚下的土地是否坚实。而现

货币式的量子化传输

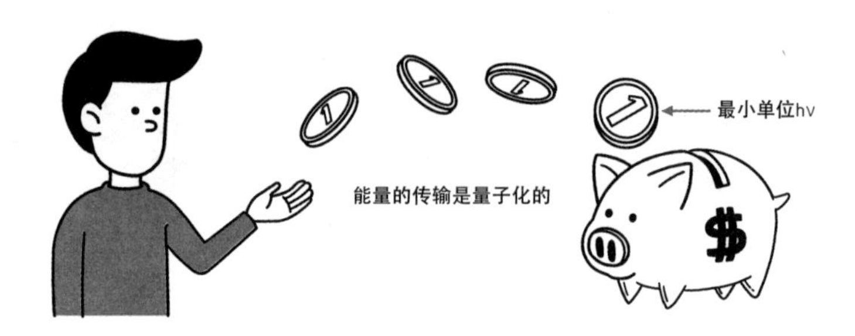

在，普朗克的假设引发了一场大地震，物理学所赖以建立的根本基础开始动摇了。

普朗克的方程倔强地要求，能量必须只有有限个可能态，它不能是无限连续的。在发射的时候，它必须分成有限的一份份，必须有个最小的单位。这就像一个吝啬鬼无比心痛地付账，虽然他尽可能地试图一次少付点钱，但无论如何，他每次最少也得付上1分钱，因为就现钞来说，没有比这个更小的单位了。这个付钱的过程，就是一个不连续的过程。我们无法找到任何时刻，使得付账者正好处于“付了1.005元”这个状态，因为最小的单位就是0.01元，付的账只能这样“一份一份”地发出。我们可以找到他付了1元的时候，也可以找到他付了1.01元的时候，但在这两个状态中间，不存在别的状态，虽然从理论上说，1元和1.01元之间，还存在着无限多个数字。

普朗克发现，能量的传输也必须遵照这种货币式的方法，一次至少要传输一个确定的量，而不可以无限地细分下去。能量的传输，也必须有一个最小的基本单位。能量只能以这个单位为基础一份份地发出，而不能出现半个单位或者四分之一单位这种情况。在两个单位之间，是能量的禁区，我们永远也不会发现，能量的计量会出现小数点以后的数字。

1900年12月14日，人们还在忙活着准备欢度圣诞节。这一天，普朗克在德国物理学会上发表了他的大胆假设。他宣读了那篇名垂青史的《黑体光谱中的能量分布》的论文，其中改变历史的是这段话：

为了找出N个振子具有总能量Un的可能性，我们必须假设Un是不可连续分割的，它只能是一些相同部件的有限总和……

（Die Wahrscheinlichkeit zu finden, dass die N Resonatoren ingesamt Schwingungsenergie Un besitzen, Un nicht als eine unbeschränkt teilbare, sondern als eine ganzen Zahl von endlichen gleichen Teilen aufzufassen...）

这个基本单位，普朗克把它称作“能量子”（Energieelement）。但随后很快，在另一篇论文里，他就改称为“量子”（Elementarquantum），英语就是quantum。这个字来自拉丁文quantus，本来的意思就是“多少”“量”。量子就是能量的最小单位，就是能量里的一分钱，一切能量的传输，都只能以这个量为基本单位来进行。它可以传输一个量子，两个量子，任意整数个量子，但却不能传输$1^1/_2$个量子。那个状态是不允许的，就像你不能用现钱支付$1^1/_2$美分一样。

那么，这个最小单位究竟是多少呢？从普朗克的方程里可以容易地推算出答案：它等于一个常数乘以特定辐射的频率。用一个简明的公式来表示：

$$E = h\upsilon$$

其中，E是单个量子的能量，v是频率。h就是神秘的量子常数，以它的发现者命名，称为“普朗克常数”。它约等于6.626×10^{-27}尔格·秒，也就是6.626×10^{-34}焦耳·秒。这个值，正如我们以后将要看到的那样，原来竟是构成我们整个宇宙最为重要的三个基本物理常数之一（另两个是引力常数G和光速c）。

利用这个简单公式，哪怕小学生也可以做一些基本的计算。比如对于频率为10^{15}赫兹的辐射，对应的量子能量是多少呢？那么就简单地把10^{15}乘以$h=6.6\times10^{-34}$，算出结果等于6.6×10^{-19}焦耳，也就是说，对于频率为10^{15}赫兹的辐射，最小的“量子”是6.6×10^{-19}焦耳，能量必须以此为基本单位来发送。当然，这个值非常小，也就是说量子非常精细，难以察觉。因此由它们组成的能量自然也十分“细密”，以至于我们通常看起来能量的传输就好像是平滑连续的一样。

请各位记住1900年12月14日这个日子，这一天就是量子的诞辰。量子的幽灵从普朗克的方程中脱胎出来，开始在欧洲上空游荡。几年以后，它将爆发出令人惊奇的力量，把一切旧的体系彻底打破，并与联合起来的保守派们进行一场惊天动地的决斗。我们将在以后的章节里看到，这个幽灵是如此地具有革命性和毁坏性，以致它所过之处，最富丽堂皇的宫殿都在瞬间变成了断瓦残垣。物理学构筑起来的精密体系被毫不留情地砸成废铁，千百年来亘古不变的公理被扔进垃圾箱中不得翻身。它所带来的震撼力和冲击力是如此之大，以至于后来它的那些伟大的开创者都惊吓不已，纷纷站到了它的对立面。当然，它也绝不仅仅是一个破坏者，它还是一个前所未有的建设者。科学史上最杰出的天才们参与了它成长中的每一步，赋予了它华丽的性格和无可比拟的力量，人类理性最伟大的构建终将在它的手中诞生。

一场前所未有的革命已经到来，一场最为反叛和彻底的革命，也是最具有传奇和史诗色彩的革命。暴风雨的种子已经在乌云的中心酿成，只等适合的时候，便要催动起史无前例的雷电和风暴，向世人昭示它的存在。而这一切，都是从那个叫作马克斯·普朗克的男人那里开始的。

饭后闲话：连续性和悖论

古希腊有个学派叫作爱利亚派，其创建人名叫巴门尼德（Parmenides）。这位哲人对运动充满了好奇，但在他看来，运动是一种自相矛盾的行为，不可能是真实的，一定是一个假象。为什么呢？因为巴门尼德认为世界上

只有一个唯一的"存在"，既然是唯一的存在，它就不可能有运动。因为除了"存在"就是"非存在"，"存在"怎么可能移动到"非存在"里面去呢？所以他认为"存在"是绝对静止的，而运动是荒谬的，我们所理解的运动只是假象而已。

巴门尼德有个学生，就是大名鼎鼎的芝诺（Zeno）。他为了给他的老师辩护，证明运动是不可能的，编了好几个著名的悖论来说明运动的荒谬性。我们在这里谈谈最有名的一个，也就是"阿喀琉斯追龟辩"，这里面便牵涉时间和空间的连续性问题。

阿喀琉斯（Achilles）是荷马史诗《伊利亚特》里的希腊大英雄，以"捷足"而著称。有一天他碰到一只乌龟，乌龟嘲笑他说："别人都说你厉害，但我看你如果跟我赛跑，还追不上我。"

阿喀琉斯大笑说："这怎么可能。我就算跑得再慢，速度也有你的10倍，哪会追不上你？"

乌龟说："好，那我们假设一下。你离我有100米，你的速度是我的10倍。现在你来追我了，但当你跑到我现在这个位置，也就是跑了100米的时候，我也已经又向前跑了10米。当你再追到这个位置的时候，我又向前跑了1米，你再追1米，我又跑了1/10米……总之，你只能无限地接近我，但你永远也不能追上我。”

阿喀琉斯怎么听怎么有道理，一时丈二和尚摸不着头脑。

这个故事便是有世界声誉的“芝诺悖论”（之一），哲学家们曾经从各种角度多方面地阐述过这个命题。这个命题令人困扰的地方，就在于它采用了一种无限分割空间的办法，使得我们无法跳过这个无限去谈问题。虽然从数学上，我们知道无限次相加可以限制在有限的值里面，但是数学方法的前提已经预设了问题是“可以解决”的，从本质上来说，它只能告诉我们“怎么做”，而不能告诉我们“能不能做到”。

但是，自从量子革命以来，学者们越来越认识到，空间不一定能够这样无限分割下去。在称为“普朗克尺度”的范围内，空间和时间的连续性似乎丧失了，“连续无限次分割”的假设并不是总成立。这样一来，芝诺悖论便不攻自破了。量子论告诉我们，也许“无限分割”的概念只是一种数学上的理想，而不可能在现实中实现。一切都是不连续的，连续性的美好蓝图，说不定只是我们的一种想象。

芝诺还有另一些悖论，我们在史话后面讲到“量子芝诺效应”的时候再详细探讨。

Part. 5

我们的故事说到这里，如果给大家留下这么一个印象，就是量子论天生有着救世主的气质，它一出世就像闪电划破夜空，引起众人的惊叹及欢呼，并摧枯拉朽般地打破旧世界的体系。如果是这样的话，那么笔者表示抱歉，因为事实远非如此。

我们再回过头来看看物理史上的伟大理论：牛顿的体系闪耀着神圣不可侵犯的光辉，从诞生的那刻起便有着一种天上地下唯我独尊的气魄[6]。麦克斯韦的方程组简洁深刻，倾倒众生，被誉为“上帝谱写的诗歌”。爱因斯坦的相对论虽然是平民出身，但骨子里却继承着经典体系的贵族优雅气质，它的光芒稍经发掘便立即照亮了整个时代。这些理论虽然也曾有磨难，但它们最后的成功都是近乎压倒性的，天命所归，不可抗拒。而伟人们的个人天才和魅力，则更加为其抹上了高贵而骄傲的色彩。但量子论却不同，量子论的成长史，更像是一部艰难的探索史，其中的每一步都充满了陷阱、荆棘和迷雾。量子的诞生伴随巨大的阵痛，它的命运注定将要起伏而多舛，甚至直到今天，它还在与反对者们不懈地搏斗。量子论的思想是如此反叛和躁动，以至于它与生俱来地有着一种对抗权贵的平民风格；而它显示出来的潜在力量又是如此地巨大而近乎无法控制，这一切使得所有人都对它怀有深深的惧意。

而在这些怀有戒心的人中间，最有讽刺意味的就属量子的创始人——普朗克自己了。作为一个老派的传统物理学家，普朗克的思想是保守的。虽然在那个决定命运的1900年，他鼓起了最大的勇气提出了量子的革命性假设，但随后他便为这个离经叛道的思想而深深困扰。在黑体问题上，普朗克孤注一掷想要得到一个积极的结果，但最后导出的能量不连续性的图像却使得他大为吃惊和犹豫，变得畏缩不前起来。

如果能量是量子化的，那么麦克斯韦的理论便首当其冲站在应当受质疑的地位，这在普朗克看来是不可思议，不可想象的。事实上，普朗克从来不把这当作一个问题，在他看来，量子的假设并不是一个物理真实，而纯粹是一个为了方便而引入的假设而已。普朗克压根儿也没有想到，自己

[6] 至少在英国是如此。

的理论在历史上将会有着多么重大的意义，当后来的一系列事件把这个意义逐渐揭露给他看时，他简直都不敢相信自己的眼睛，并为此惶恐不安。有人戏称，普朗克就像是童话里的那个渔夫，他亲手把魔鬼从封印的瓶子里放了出来，却反而被这个魔鬼吓了个半死。

有十几年的时间，量子被自己的创造者所抛弃，不得不流浪四方。普朗克不断地告诫人们，在引用普朗克常数h的时候，要尽量小心谨慎，不到万不得已千万不要胡思乱想。这个思想一直要到1915年，当玻尔的模型取得了空前的成功后，才在普朗克的脑海中扭转过来。量子论就像神话中的英雄海格力斯（Hercules），一出生就被抛弃在荒野里，命运更为它安排了重重枷锁。它的所有荣耀，都要靠自己那非凡的力量和一系列艰难的斗争来争取。作为普朗克本人来说，他从一个革命的创始者最终走到了时代的反面，没能在这段振奋人心的历史中起到更多的积极作用，这无疑是十分遗憾的。在他去世前出版的《科学自传》中，普朗克曾回忆过他那企图调和量子论与经典理论的徒劳努力，并承认量子的意义要比那时他所能想象的重要得多。

不过，我们并不能因此而否认普朗克对量子论所做出的伟大而决定性的贡献。有一些观点可能会认为普朗克只是凭借了一个巧合般的猜测，一种胡乱的拼凑，一种纯粹的运气才发现了黑体方程，进而假设了量子的理论。他只是一个幸运儿，碰巧猜到了那个正确的答案而已，而这个答案究竟意味着什么，这个答案的内在价值却不是他能够回答和挖掘的。但是，几乎所有关于普朗克的传记和研究都会告诉我们，虽然普朗克的公式在很大程度上是经验主义的，可一切证据都表明，他已经充分地对这个答案做好了准备。1900年，普朗克在黑体研究方面已经浸淫了6年，做好了一切理论上突破的准备工作。其实在当时，他自己已经很清楚经典的电磁理论无法解释实验结果，必须引入热力学解释。这样一来，辐射能量的不连续性就势必成为一个不可避免的推论。这个概念其实早已在他的脑海中成形，虽然可能普朗克本人没有清楚地意识到这一点，或者不肯承认这一点，但这个思想在他的潜意识中其实已经相当成熟，呼之欲出了。正因为如此，他才能在导出方程后的短短时间里，以最敏锐的直觉指出蕴含在其中的那个无价的假设。普朗克以一种那个时代非常难得的开创性态度来对待黑体的难题，他为后来的人打开了一扇通往全新未知世界的大门。无论从哪个角度看，这样的伟大工作，其意义都是不能低估的。

而普朗克的保守态度也并不偶然：实在是量子的思想太惊人，太过于革命。从量子论的成长历史来看，有着这样一个怪圈：科学巨人们参与了推动它的工作，却最终因为不能接受它惊世骇俗的解释而纷纷站到了保守的一方去。在这个名单上，除了普朗克，更有闪闪发光的瑞利、汤姆逊、爱因斯坦、德布罗意，乃至薛定谔。这些不仅是物理史上伟大的名字，好多还是量子论本身的开创者和关键人物。量子就在同它自身创建者的斗争中成长起来，每一步都迈得艰难而痛苦。我们会在以后的章节中，详细地去观察这些激烈的思想冲击和观念碰撞。不过，正是这样的磨砺，才使得一部量子史话显得如此波澜壮阔，激动人心，也使得量子论本身更加显出它的不朽光辉来。量子论不像牛顿力学或者爱因斯坦相对论，它的身上没有天才的个人标签。相反，是由整整一代精英共同促成了它的光荣。

作为老派科学家的代表，普朗克的科学精神和人格力量无疑是可敬的。在纳粹统治期间，正是由于普朗克的努力，才使得许多犹太裔的科学家得到保护，得以继续工作。但是，量子论这个精灵蹦跳在时代的最前沿，它需要最有锐气的头脑和最富有创见的思想来激活它的灵气。20世纪初，物理学的天空已是黑云压城，每一升空气似乎都在激烈地对流和振荡。一个伟大的时代需要伟大的人物，有史以来最出色和最富有激情的“黄金一代”物理学家便在这乱世的前夕成长起来。

1900年12月14日，普朗克在柏林宣读了他关于黑体辐射的论文，宣告了量子的诞生。那一年他42岁。

就在那一年，一个名叫阿尔伯特·爱因斯坦（Albert Einstein）的青年从苏黎世联邦工业大学（ETH）毕业，正在为将来的生活发愁。他在大学里旷了无穷多的课，以致他的教授闵可夫斯基（H.Minkowski）愤愤地骂他是“懒狗”。没有一个人肯留他在校做理论或者实验方面的工作，一个失业的黯淡前途正等待着这位不修边幅的年轻人。

在丹麦，15岁的尼尔斯·玻尔正在哥本哈根的中学里读书。玻尔有着好动的性格，每次打架或争斗，总是少不了他。学习方面，他在数学和科学方面显示出了非凡的天才，但是他笨拙的口齿和惨不忍睹的作文却是全校有名的笑柄。特别是作文最后的总结（conclusion），往往能使得玻尔头痛半天：在他看来，这种总结只不过是无意义的重复而已。“作文总结难题”困扰玻尔终生，后来有一次他写一篇关于金属的论文，最后干脆总结道："In conclusion, I would like to mention uranium."（总而言之，我想说的是铀。）

埃尔文·薛定谔（Erwin Schrödinger）比玻尔小两岁，当时在维也纳的一所著名的高级中学Akademisches Gymnasium上学。这所中学也是物理前辈玻尔兹曼、著名剧作家施尼茨勒（Arthur Schnitzler）和齐威格（Stefanie Zweig）的母校。对于刚入校的学生来说，拉丁文是最重要的功课，每周要占8小时，而数学和物理只用3小时。不过对薛定谔来说一切都是小菜一碟，他热爱古文、戏剧和历史，每次在班上都是第一。小埃尔文长得非常帅气，穿上礼服和紧身裤，俨然一个翩翩小公子，这也使得他非常受欢迎。

马克斯·波恩（Max Born）和薛定谔有着相似的教育背景，经过了家庭教育、高级中学的过程进入了布雷斯劳大学，这也是当时德国和奥地利中上层家庭的普遍做法。不过相比薛定谔来说，波恩并不怎么喜欢拉丁文，甚至不怎么喜欢代数，尽管他对数学的看法后来在大学里得到了改变。他那时疯狂地喜欢上了天文，梦想着将来成为一个天文学家。

路易斯·德布罗意（Louis de Broglie）当时8岁，正在他那显赫的贵族家庭里接受良好的幼年教育。他对历史表现出浓厚的兴趣，并乐意把自己的时间花在这上面。

沃尔夫冈·恩斯特·泡利（Wolfgang Ernst Pauli）才出生8个月。可怜的小家伙似乎一出世就和科学结缘：他的中间名，也就是Ernst，就是因为他父亲崇拜著名的科学家恩斯特·马赫（Ernst Mach）才给他取的，后者同时也是他的教父。

而再过12个月，维尔兹堡（Würzburg）的一位希腊哲学教师就要喜滋滋地看着他的宝贝儿子小海森堡（Werner Karl Heisenberg）呱呱坠地。稍早前，罗马的一位公务员把他的孩子命名为恩里科·费米（Enrico Fermi）。20个月后，保罗·狄拉克诞生于英国的布里斯托尔港，而汉诺威的帕斯库尔·约尔当（Pascual Jordan）也紧随着来到人间。

好，演员到齐。那么，好戏也该上演了。

Falling Fireball

火流星

Falling Fireball

History of Quantum Physics

Part. 1

在量子初生的那些日子里，物理学的境遇并没有得到明显改善。这个叛逆的小精灵被它的主人所抛弃，不得不在荒野中颠沛流离，积蓄力量以等待让世界震惊的那一天。在这段长达四年多的惨淡岁月里，人们带着一种鸵鸟心态来使用普朗克的公式，却掩耳盗铃般地不去追究那公式背后的意义。然而在他们的头上，浓厚的乌云仍然驱之不散，反而越来越逼人，一场荡涤世界的暴雨终究不可避免。

而预示这种巨变到来的，如同往常一样，是一道劈开天地的闪电。在混沌中，电火花擦出了耀眼的亮光，代表了永恒不变的希望。光和电这两种令神祇也敬畏的力量纠缠在一起，瞬间开辟出一整个新时代。

说到这里，我们还是要不厌其烦地回到第一章的开头，再去看一眼赫兹那个意义非凡的实验。正如我们已经提到过的那样，赫兹接收器上电火花的爆跃，证实了电磁波的存在，但他同时也发现，一旦有光照射到那个缺口上，电火花便会出现得容易一些。

赫兹在论文里对这个现象进行了描述，但没有深究其中的原因。在那个激动人心的伟大时代，要做的事情太多了，而且赫兹英年早逝，他也没有闲暇来追究每一个遇到的问题。但是别人随即在这个方面进行了深入的研究[1]，不久事实就很清楚了。原来是这样的：当光照射到金属上的时

[1] 如W. Hallwachs、J.J. Thomson、P. Lenard等。

光电效应

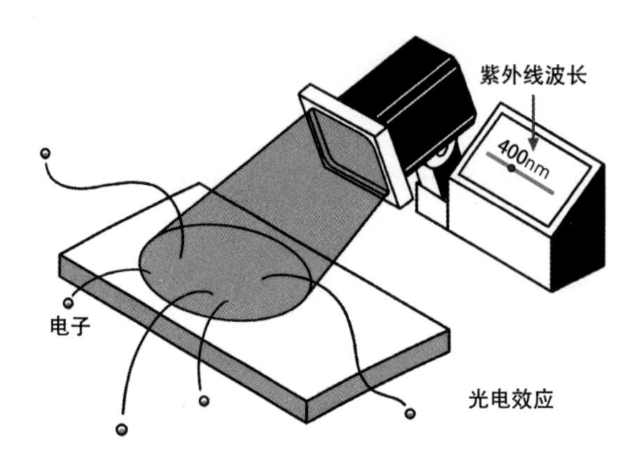

候，会从它的表面打出电子来。原本束缚在金属表面原子里的电子，不知是什么原因，暴露在一定光线之下的时候，便如同惊弓之鸟纷纷往外逃窜，就像见不得光线的吸血鬼家族。对于光与电之间存在的这种饶有趣味的现象，人们给它取了一个名字，叫作“光电效应”（Photoelectric Effect）。

很快，关于光电效应的一系列实验就在各个实验室被验证。虽然在当时来说，这些实验都是非常粗糙和原始的，但种种结果依然都表明了光和电现象之间的一些基本性质。人们不久便知道了两个基本事实：首先，对于某种特定的金属来说，光是否能够从它的表面打击出电子来，这只和光的频率有关。频率高的光线（比如紫外线）便能够打出能量较高的电子，而频率低的光（比如红光、黄光）则一个电子也打不出来。其次，能否打击出电子，和光的强度无关。再弱的紫外线也能够打击出金属表面的电子，而再强的红光也无法做到这一点。增加光线的强度，能够做到的只是增加打击出电子的数量。比如强烈的紫光相对微弱的紫光来说，可以从金属表面打击出更多的电子来。

总而言之，对于特定的金属，能不能打出电子，由光的频率说了算。而打出多少电子，则由光的强度说了算。

有多少只兔子跳出来，只和采用的手法有关？

但科学家们很快就发现，他们陷入了一个巨大的困惑中。因为……这个现象没有道理，它似乎不应该是这样的啊。

我们都已经知道，光是一种波动。对于波动来说，波的强度便代表了它的能量。我们都很容易理解，电子是被某种能量束缚在金属内部的，如果外部给予的能量不够，便不足以将电子打击出来。但是按理说，如果我们增加光波的强度，那便是增加它的能量啊，为什么对于红光来说，再强烈的光线都无法打击出哪怕是一个电子来呢？而频率，频率是什么东西呢？无非是波振动的频繁程度而已。如果频率高的话，便是说波振动得频繁一点，那么按理说频繁振动的光波应该打击出更多数量的电子才对啊。然而所有的实验都指向相反的方向：光的频率，而不是强度，决定它能否从金属表面打出电子来；光的强度，而不是频率，则决定打出电子的数目。这不是开玩笑吗？

想象一个猎人去打兔子，兔子都躲在地下的洞里，轻易不肯出来。猎人知道，对于狡猾的兔子来说，可能单单敲锣打鼓不足以把它吓出来，而一定要采用比如说水淹的手法才行。也就是说，采用何种手法决定了能否把兔子赶出来的问题。再假设本地有一千个兔子洞，那么猎人有多少助手，可以同时向多少洞穴行动这个因素便决定了能够吓出多少只兔子的问题。但是，在实际打猎中，这个猎人突然发现，一切都翻了个个儿，兔子出不出来不在于采用什么手法，而是有多少助手同时下手。如果只对一个兔子洞行动，哪怕天打五雷轰都没有兔子出来。相反，有多少兔子被赶出来，这和我们的人数没关系，而莫名其妙地，只和采用的手法有关系。哪怕我有一千个人同时对一千个兔子洞敲锣打鼓，最多只有一个兔子跳出来。而只要十个人一起灌水，就会有一千只兔子四处乱窜。要是画漫画的话，这个猎人的头上一定会冒出一颗很大的汗珠。

科学家们发现，在光电效应问题上，他们面临着和猎人一样的尴尬处境。麦克斯韦的电磁理论在光电上显得一头雾水，他不断地揉着自己的眼睛，却总是啼笑皆非地发现实验结果和自己的预言正好相反。搞什么鬼，难道上帝无意中把两封信装错了？

问题绝不仅仅是这些。种种迹象都表明，光的频率和打出电子的能量之间有着密切的关系。每一种特定频率的光线，它打出的电子的能量有一个对应的上限。打个比方，如果紫外光可以激发出能量达到20电子伏的电子来，换了紫光可能就最多只有10电子伏。这在波动看来，是非常不可思议的。而且，根据麦克斯韦理论，一个电子被击出，如果是建立在能量吸收上的话，它应该是一个连续的过程，这能量可以累积。也就是说，如果用很弱的光线照射金属的话，电子必须花一定的时间来吸收，才能达到足够的能量从而跳出表面。这样的话，在光照和电子飞出这两者之间就应该存在一个时间差。但是，实验表明，电子的跃出是瞬时的。光一照到金属上，立即就会有电子飞出，哪怕再暗弱的光线，也是一样，区别只是在于飞出电子的数量多少而已。

咄咄怪事。

对于可怜的物理学家们来说，万事总是不遂他们的愿。好不容易有了一个基本上完美的理论，实验却总是要搞出一些怪事来搅乱人们的好梦。这个该死的光电效应正是一个令人丧气和扫兴的东西。高雅而尊贵的麦克斯韦理论在这个小泥塘前面大大地犯难，如何跨越过去而不弄脏自己那华丽的衣裳，着实是一件伤脑筋的事情。

然而，更加不幸的是，人们总是小看眼前的困难。有着洁癖的物理学家们还在苦思冥想着怎样可以把光电现象融入麦克斯韦理论之中而不损害它的完美，他们却不知道这件事情比他们想象的要严重得多。很快人们就会发现，这根本不是袍子干不干净的问题，而是一个牵涉整个物理体系基础的根本性困难。赫兹当年无意安排下的那个神秘的诅咒，现在已经从封印的瓶子里飞出，降临到了麦克斯韦理论的头上。不过在当时，对于物理学家们来说，麦克斯韦的方程组仍然像黄金刻出的《圣经》章句一样，每个字母都显得那样神圣而不可侵犯。没有最天才和最大胆的眼光，又怎能看出它已经末日临头？

可是，无巧不成书。科学史上最天才和最大胆的传奇人物，恰恰生活在那个时代。

1905年，在瑞士的伯尔尼专利局，一位26岁的小公务员，三等技师职称，留着乱蓬蓬头发的年轻人，他的眼睛在光电效应的这个问题上停留了一下。这个人的名字叫作阿尔伯特·爱因斯坦。

于是在一瞬间，闪电划破了夜空。

暴风雨终于要到来了。

Part. 2

位于伯尔尼的瑞士专利局如今是一个高效和现代化的机构，为人们提

爱因斯坦在专利局

爱因斯坦
Albert Einstein
1879—1955

供专利、商标的申请和查询服务。漂亮的建筑和完善的网络体系使得它如同商业大公司一样，呈现出一种典型的现代风格。其实，作为纯粹的科学家来说，一般很少会与专利局打交道，因为科学无国界，也没有专利可以申请。科学的大门，终究是向全世界开放的。

不过对于科学界来说，伯尔尼的专利局却意味着许多。它在现代科学史上的意义，不啻于伊斯兰文化中的麦加城，有一种颇为神圣的光辉在里边。这都是因为在100多年前，这个专利局“很有眼光”地雇用了一位小职员，他的名字就叫作阿尔伯特·爱因斯坦。这个故事再一次告诉我们，小庙里面有时也会出大和尚。

1905年，对爱因斯坦来讲，坏日子总算都已经过去得差不多了。那些个为了工作和生计到处奔波彷徨的日子已经结束，不用再为自己的一无所成而自怨自艾。专利局给他提供了一个稳定的职位和收入，虽然只是三等技师——而他申请的是二等——好歹也是个正式的公务员了。三年前父亲的去世对爱因斯坦是个不小的打击，但他很快从妻子那里得到了安慰和补偿。他的老同学、塞尔维亚姑娘米列娃·玛利奇（Mileva Maric）在第二年（1903）答应嫁给这个常常显得心不在焉的冒失鬼，两人不久便有了一个儿子，取名汉斯[2]。

现在，爱因斯坦每天在他的办公室里工作8小时，摆弄那堆形形色色的专利图纸，然后他赶回家，推着婴儿车到伯尔尼的马路上散步。空闲的时候，他和朋友们聚会，大家兴致勃勃地讨论休谟、斯宾诺莎和莱辛。要是突然心血来潮了，爱因斯坦便拿出他的那把小提琴，给大家表演或是伴奏。当然，更多的时候，他还是钻研最感兴趣的物理问题，陷入沉思后，常常废寝忘食。

1905年是一个相当神秘的年份。在这一年，人类的天才喷薄而出，像江河那般奔涌不息，卷起最震撼人心的美丽浪花，以至今天我们回头去看，都不禁要惊叹激动，为那样的奇迹惊奇不已。这一年，对于人类的智慧来说，实在要算是一个极致的高峰，在那段日子里谱写出来的美妙的科学旋律，直到今天都让我们心醉神驰，不知肉味。而这一切大师作品的创作者，这个攀上天才顶峰的人物，便是我们这位伯尔尼专利局的小公务员。

1905年的一系列奇迹是从3月17日开始的。那一天，爱因斯坦写出了一篇关于辐射的论文[3]，后来发表在《物理学纪事》（*Annalen der Physik*）杂志上，题目叫作“关于光的产生和转化的一个启发性观点”（A Heuristic Interpretation of the Radiation and Transformation of Light）。这篇文章仅仅是爱因斯坦有生以来发表的第6篇正式论文[4]，而就是这篇论文，将给他带来多少人终生梦寐以求的诺贝尔奖，也开创了属于量子论的一个全新时代。

爱因斯坦是从普朗克的量子假设那里出发的。大家都还记得，普朗克假设，黑体在吸收和发射能量的时候，不是连续的，而是要分成“一份一

[2] 很久之后，科学史家们才发现，在汉斯出生之前，其实爱因斯坦和玛利奇还曾生过一个小女儿，名叫丽莎。但由于经济状况捉襟见肘，两人无力抚养这个女儿，不得不把她送了人。寻找丽莎的下落成为科学史界最为关注的话题之一，不过至今我们仍然对她知之甚少。很多人的推测是，丽莎在被送人后不久，就因为热病而去世了。

[3] 正式写完是17日，杂志社收到论文是18日。

[4] 第1篇是1901年发表的关于毛细现象的文章，随后1902年有两篇，1903年和1904年各有一篇。

份”，有一个基本的能量单位在那里。这个单位，被他称作“量子”，其大小则由普朗克常数h来描述。我再一次把量子的计算公式写在下面，供各位复习一遍：

$$E = h\upsilon$$

在这里笔者要停下来稍微交代两句。对于我们这次量子探险之旅的某些队员，特别是那些对数学没有亲切感觉的队员来说，一再遇到公式可能会引起头晕呕吐等不良症状，还请各位多多包涵体谅。史蒂芬·霍金（Stephen Hawking）在他的畅销书《时间简史》里面说，插入任何一个数学公式都会使作品的销量减半，所以他考虑再三，只用了一个公式$E = mc^2$。我们的史话本是戏作，所以不考虑那么多，但就算列出公式，也不强求各位看客理解其数学意义。不过唯有这个E=hv，笔者觉得还是有必要清楚它的含义，这对于整部史话的理解也是有好处的。从科学意义上来说，它也绝不亚于爱因斯坦的那个$E = mc^2$。所以还是不厌其烦地重复一下这个方程的描述：E代表一个量子的能量，h是普朗克常数（6.626×10^{-34}焦耳·秒），v是辐射频率。最后宣布一个好消息：除此之外，读者在后面的旅途中如果对任何其他公式有不适反应，简单地跳过它们就是，这对于故事的整体影响不大。

回到我们的史话中来。1905年，爱因斯坦阅读了普朗克的那些早已被大部分权威和他本人冷落到角落里的论文，量子化的思想深深地打动了他。凭着一种深刻的直觉，他感到，对于光来说，量子化也是一种必然的选择。虽然有天神一般的麦克斯韦理论高高在上，但爱因斯坦叛逆一切，并没有为之止步不前。相反，他倒是认为麦氏理论只能对于一种平均情况有效，而对于瞬间能量的发射、吸收等问题，麦克斯韦理论是与实验相矛盾的。从光电效应中已经可以看出端倪。

让我们再重温一下光电效应和电磁理论的不协调之处：

电磁理论认为，光作为一种波动，它的强度代表了它的能量，增强光的强度应该能够打击出更高能量的电子。但实验表明，增加光的强度只能打击出更多数量的电子，而不能增加电子的能量。要打击出更高能量的电子，则必须提高照射光线的频率。

提高频率，提高频率。爱因斯坦突然灵光一闪：E=hv，提高频率，不正是提高单个量子的能量吗？而更高能量的量子，不正好能够打击出更高能量的电子吗？另外，提高光的强度，只是增加量子的数量罢了，所以相应的结果自然是打击出更多数量的电子！一切在突然之间，显得顺理成章起来[5]。

爱因斯坦写道："……根据这种假设，从一点所发出的光线在不断扩大的空间中传播时，它的能量不是连续分布的，而是由一些数目有限的、局限于空间中某个地点的'能量子'（energy quanta）所组成的。这些能量子是不可分割的，它们只能整份地被吸收或发射。"

组成光的能量的这种最小的基本单位，爱因斯坦后来把它们叫作"光量子"（light quanta）。一直到1926年，美国物理学家刘易斯（G.N.Lewis）才把它换成了今天常用的名词——"光子"（photon）。

从光量子的角度出发，一切变得非常简明易懂了。频率更高的光线，比如紫外光，它的单个量子要比频率低的光线含有更高的能量（E=hv），因此当它的量子作用到金属表面的时候，就能够激发出拥有更高动能的电子来。而量子的能量和光线的强度没有关系，强光只不过包含了更多数量的光量子而已，所以能够激发出更多数量的电子来。但是对于低频光来说，它的每一个量子都不足以激发出电子，那么，含有再多的光量子也无济于事。

我们把光电效应想象为一场有着高昂入场费的拍卖。每个量子是一个顾客，它所携带的能量相当于一个人拥有的资金。要进入拍卖现场，每个人必须先缴纳一定数量的入场费，而在会场内，一个人只能买一件物品。

▶ [5] 对于更严肃的科学史的读者来说，这里需要指出，爱因斯坦的理论和普朗克的理论出发点是非常不同的。爱因斯坦并非从普朗克的黑体公式出发得到他自己的光量子理论，相反他甚至一度认为普朗克的黑体公式与光量子是不相容的，于是刻意使用了不同于普朗克h常数的表达方法。但是量子的概念则的确是从普朗克那里继承的。

一个光量子打击到金属表面的时候，如果它带的“钱”足够（能量足够高），它便有资格进入“拍卖现场”（能够打击出电子来）。至于它能够买到多好的物品（激发出多高能量的电子），那要取决于它付了入场费后还剩下多少钱（剩余多少能量）。频率越高，代表了一个人的钱越多，像紫外线这样的大款，可以在轻易付清入场费后还买得起非常贵的货物，而频率低一点的光线就没那么阔绰了。

但是，一个人有多少资金，和一个“代表团”总共能够买到多少物品是没有关系的。能够买到多少数量的东西，只和“代表团”的人数（光的强度）有关系，而和每一个人有多少钱（单个光子的频率）没关系。如果我有一个500人的代表团，每个人都有足够的钱入场，那么我就能买到500样货品回来，而你一个人再有钱，你也只能买一样东西（因为一个人只能买一样物品，规矩就是这样的）。至于买到的东西有多好，那是另一回事。话又说回来，假如你一个代表团里每个人的钱都太少，以致没人付得起入场费，那么哪怕你人数再多，也是一样东西都买不到的，因为规矩是你只能以个人的身份入场，没有连续性和积累性，大家的钱不能凑在一起使用。

爱因斯坦推导出的方程和我们的拍卖是一个意思：

$$\frac{1}{2}mv^2 = h\upsilon - P$$

$\frac{1}{2}mv^2$是激发出电子的最大动能，也就是我们说的，能买到“多好”的货物。hν是单个量子的能量，也就是你总共有多少钱。P是激发出电子所需要的最小能量，也就是“入场费”。所以这个方程告诉我们的其实很简单：你能买到多好的货物取决于你的总资金减掉入场费用。

这里面关键的假设就是：光以量子的形式吸收能量，没有连续性，不能累积。一个光量子激发出一个对应的电子。于是实验揭示出来的效应的瞬时性难题也迎刃而解：量子作用本来就是瞬时作用，没有积累的说法。

但是，大家从这里面嗅到些什么没有？光量子，光子，光究竟是一种什么东西呢？难道我们不是已经清楚地下了结论，光是一种波动吗？光量子是一个什么概念呢？

仿佛宿命一般，历史在转了一个大圈之后，又回到起点。关于光的本性问题，干戈再起，“第三次波粒战争”一触即发。而这次，导致的后果是全面的世界大战，天翻地覆，一切在毁灭后才得到重生。

饭后闲话：奇迹年

如果站在一个比较高的角度来看历史，一切事物都是遵循特定轨迹的，没有无缘无故的事情，也没有不合常理的发展。在时代浪尖上弄潮的英雄人物，其实都只是适合了那个时代的基本要求，这才得到了属于他们的无上荣耀。

但是，如果站在庐山之中，把我们的目光投射到具体的那个情景中去，我们也能够理解一个伟大人物为时代所带来的光荣和进步。虽然不能说失去了这些伟大人物，人类的发展就会走向歧途，但是也不能否认英雄和天才们为这个世界所做出的巨大贡献。

在科学史上就更是这样。整个科学史可以说就是以天才的名字来点缀的灿烂银河，而有几颗特别明亮的星辰，它们所发射出的光芒穿越了整个宇宙，一直到达时空的尽头。他们的智慧在某一个时期散发出如此绚烂的辉煌，令人叹为观止。一直到今天，我们都无法找出更加适合的字句来加以形容，而只能冠以“奇迹”的名字。

科学史上有两个年份，便符合“奇迹”的称谓，而它们又是和两个天才的名字紧紧相连的。这两年分别是1666年和1905年，那两个天才便是牛顿和爱因斯坦。

1666年，23岁的牛顿为了躲避瘟疫，回到乡下的老家度假。在那段日子里，他一个人独立完成了几项开天辟地的工作，包括发明了微积分（流数），完成了光分解的实验分析，以及对于万有引力定律的开创性思考[6]。在那一年，他为数学、力学和光学三大学科分别打下了基础，而其中的任何一项工作，都足以让他名列有史以来最伟大的科学家之列。很难想象，一个人的思维何以能够在如此短的时间内涌动出如此多的灵感，人们只能用一个拉丁文 annus mirabilis 来表示这一年，也就是“奇迹年”[7]。

1905 年的爱因斯坦也是这样，在专利局里蜗居的他在这一年写了 6 篇论文：3 月 18 日，是我们上面提到过的关于光电效应的文章，成为量子论的奠基石之一。4 月 30 日，关于测量分子大小的论文为他赢得了博士学位。5 月 11 日和后来的 12 月 19 日，两篇关于布朗运动的论文，成为分子论的里程碑。6 月 30 日，题为《论运动物体的电动力学》的论文，这个不起眼的题目后来被加上了一个如雷贯耳的名称，叫作“狭义相对论”，它的意义就不用我多说了。9 月 27 日，关于物体惯性和能量的关系，这是狭义相对论的进一步说明，并且在其中提出了著名的质能方程 $E = mc^2$。

单单这一年的工作，便至少配得上 3 个诺贝尔奖。相对论的意义是否是诺贝尔奖所能评价的，还很难说。而这一切也不过是在专利局的办公室里，一个人用纸和笔完成的而已。的确很难想象，这样的奇迹还会不会再次发生，因为实在是太不可思议了。后来的 1932 年在原子物理领域也可称为“奇迹年”，但荣誉已经不再属于一个人，而是由许多物理学家共同分享。随着科学进一步高度细化，今天已经无法想象，单枪匹马能够在如此短时间内做出如此巨大的贡献。当时的庞加莱（Henri Poincaré）已经被称为数学界的“最后一位全才”，而爱因斯坦的相对论也可能是最后一个富有个人英雄主义传奇色彩的物理理论了吧？这是我们的幸运，还是不幸呢？

为了纪念 1905 年的光辉，人们把 100 年后的 2005 年定为“国际物理年”。我们的史话，也算是对它的一个小小致敬。

[6] 不过，牛顿1666年在引力方面的思想进展是有限的。我们在史话的后面会讨论这个问题。

[7] 当然，许多人会争论说，牛顿在1665年和1666年的成就其实不相上下，所以1665年也是奇迹年。

Part. 3

上次说到，爱因斯坦提出了光量子的假说，用来解释光电效应中无法用电磁理论解释的现象。

然而，光量子的概念却让其他科学家非常不理解。见鬼了，光的问题不是已经被定性了吗？难道光不是已经被包括在麦克斯韦理论之内，作为电磁波的一种被清楚地描述了吗？这个光量子又是怎么一回事呢？

事实上，光量子是一个非常大胆的假设，它是在直接地向经典物理体系挑战。爱因斯坦本人也意识到这一点，在他看来，这可是他最有叛逆性的一篇论文了。在写给好友哈比希特（C.Habicht）的信中，爱因斯坦描述了他划时代的四篇论文，只有在光量子上，他才用了“非常革命”的字眼，而相对论都没有这样的描述。

光量子和传统的电磁波动图像显得格格不入。它其实就是昔日微粒说的一种翻版，假设光是离散的，由一个个小的基本单位所组成的。自托马斯·杨的时代又已经过去了一百年，冥冥中天道循环，当年被打倒在地的霸主以反叛的姿态再次登上舞台，向已经占据了王位的波动说展开挑战。这两个命中注定的对手终于要进行一场最后的决战，从而领悟到各自存在的终极意义：如果没有了你，我独自站在这里，又是为了什么？

不过，光量子的处境和当年起义的波动一样，是非常困难和不为人所接受的。波动如今所占据的地位，甚至要远远超过100年前笼罩在牛顿光环下的微粒王朝。波动的王位，是由麦克斯韦钦点，又有整个电磁王国作为同盟的。这场决战，从一开始就不再局限于光的领地之内，而是整个电磁谱的性质问题。而我们很快将要看到，十几年以后，战争将被扩大，整个物理世界都将被卷入进去，从而形成一场名副其实的世界大战。

当时，对于光量子的态度，连爱因斯坦本人都是非常谨慎的，更不用说那些可敬的老派科学绅士了。一方面，这和经典的电磁图像不相容；另一方面，当时关于光电效应的实验没有一个能够非常明确地证实光量子的正确性。微粒的这次绝地反击，一直要到1915年才真正引起人们的注意，而起因也是非常讽刺的：美国人密立根（R.A.Millikan）想用实验来证实光量子图像是错误的，但是多次反复实验之后，他却啼笑皆非地发现，自己已经在很大程度上证实了爱因斯坦方程的正确性。实验数据相当有说服力地展示，在所有的情况下，光电现象都表现出量子化特征，而不是相反。

如果说密立根的实验只是微粒革命军的一次反围剿成功，其意义还不足以说服所有的物理学家的话，那么1923年，康普顿（Arthur H. Compton）则带领这支军队取得了一场决定性的胜利，把其所潜藏着的惊人力量展现得一览无余。经此一役后，再也没有人怀疑，起来对抗经典波动帝国的，原来是一支实力不相上下的正规军。

这次战役的战场是X射线的地域。康普顿在研究X射线被自由电子散射的时候，发现了一个奇怪的现象：散射出来的X射线分成两个部分，一部分和原来的入射射线波长相同，而另一部分却比原来的射线波长要长，具体的大小和散射角存在函数关系。

如果运用通常的波动理论，散射应该不会改变入射光的波长才对。但是怎么解释多出来的那一部分波长变长的射线呢？康普顿苦苦思索，试图从经典理论中寻找答案，却撞得头破血流。终于有一天，他作了一个破釜沉舟的决定，引入光量子的假设，把X射线看作能量为hv的光子束的集合。这个假定马上让他看到了曙光，眼前豁然开朗：那一部分波长变长的射线是因为光子和电子碰撞所引起的。光子像普通的小球那样，不仅带有能量，还具有冲量，当它和电子相撞，便将自己的能量交换一部分给电子。这样一来光子的能量下降，根据公式E=hv，E下降导致v下降，频率变小，便是波长变大，证明完毕。

在粒子的基础上推导出波长变化和散射角的关系式，和实验符合得丝毫不差。这是一场极为漂亮的歼灭战，波动的力量根本没有任何反击的机会便被缴了械。康普顿总结道：“现在，几乎不用再怀疑伦琴射线（X射线）是一种量子现象了……实验令人信服地表明，辐射量子不仅具有能量，而且具有一定方向的冲量。”

上帝造了光，爱因斯坦指出了什么是光，而康普顿，则第一个在真正意义上“看到”了这光。

“第三次波粒战争”全面爆发了。卷土重来的微粒军团装备了最先进的武器：光电效应和康普顿效应。这两门大炮威力无穷，令波动守军难以抵挡，节节败退。但是，波动方面军近百年苦心经营的阵地毕竟不是那么容易突破的，麦克斯韦理论和整个经典物理体系的强大后援使得它仍然立于不败之地。波动的拥护者们很快便清楚地意识到，不能再后退了，因为身后就是莫斯科！波动理论的全面失守将意味着麦克斯韦电磁体系的崩溃，但至少现在，微粒这一雄心勃勃的计划还难以实现。

波动在稳住了阵脚之后，迅速地重新评估了自己的力量。虽然在光电问题上它无能为力，但当初它赖以建国的那些王牌武器却依然没有生锈和失效，仍然有着强大的杀伤力。微粒的复兴尽管来得迅猛，但终究缺乏深度，它甚至不得不依靠从波动那里缴获来的军火来作战。比如我们已经看到的光电效应，对于光量子理论的验证牵涉频率和波长的测定，而这却仍然要靠光的干涉现象来实现。波动的立国之父托马斯·杨，他的精神是如此伟大，以至在身后百年仍然光耀着波动的战旗，震慑一切反对力量。在每一所中学的实验室里，通过两道狭缝的光仍然不依不饶地显示出明暗相间的干涉条纹来，不容置疑地向世人表明它的波动性。菲涅尔的论文虽然已经在图书馆里蒙上了灰尘，但任何人只要有兴趣，仍然可以重复他的实验，来确认泊松亮斑的存在。麦克斯韦芳华绝代的方程组仍然在每天给出预言，而电磁波也仍然温顺地按照那个优美的预言以30万公里每秒的速度行动，既没有快一点，也没有慢一点。

战局很快就陷入僵持，双方都屯兵于自己得心应手的阵地之内，谁也无力去占领对方的地盘。光子一陷入干涉的沼泽，便显得笨拙而无法自拔；光波一进入光电的丛林，也变得迷茫而不知所措。粒子还是波？在人类文明达到高峰的20世纪，却对宇宙中最古老的现象束手无策。

不过，还是让我们以后再来关注微粒和波动即将爆发的这场戏剧性的总决战。现在，按照这次旅行的时间顺序安排，先让这两支军队对垒一阵子，我们暂时回到故事的主线，也就是20世纪的第一个十年那里去。自从1905年爱因斯坦提出他的光量子概念后，量子这个新生力量终于开始被人逐渐重视，越来越多有关这一课题的论文被发表出来。普朗克的黑体公式和爱因斯坦的光电效应理论只不过是它占领的两个重要前沿阵地，而在许多其他问题，比如晶体的晶格结构，阳极射线的多普勒效应，气体分子的振动，X射线辐射等上面，它也都很快就令人刮目相看。在这样一种微妙的形势下，德国物理学家能斯特（Walther Nernst）敏锐地察觉到，物理学已经来到了一个关键时刻。量子火山的每一次躁动，都使得整个物理学大地在微微颤抖，似乎预示着不久后一次总爆发的来临。也许，“量子”这个不起眼的名词，终究注定要成为一个家喻户晓的名字。

1910年春天，能斯特到布鲁塞尔访问另一位化学家古德施密特（Robert Goldschmidt），并在那里邂逅了一位叫作索尔维（Ernest Solvay）的人。索尔维一直对化学和物理深感兴趣，可惜当年因病错过了大学。他后来发明了一种制造苏打的新方法，并靠此发了财。虽然自己已经错过了投身于科学的青春年华，不过索尔维仍然对此非常关心。他向能斯特提议说，自己可以慷慨解囊，赞助一个全球性的科学会议，让普朗克、洛伦兹、爱因斯坦这样出色的物理学家能够会聚一堂，讨论最前沿的科学问题。能斯特又惊又喜：这不正是一个最好的机会，可以让物理学家们认真地交流一下对量子和辐射问题的看法吗？于是两人一拍即合，能斯特随即为这件事忙碌地张罗起来。

1911年10月30日，第一届索尔维会议正式在比利时布鲁塞尔召开。24位最杰出的物理学家参加了会议，并在量子理论、气体运动理论以及辐射现象等课题上进行了讨论。遗憾的是，会议只有短短5天，物理学家们并没有取得任何突破性的进展。量子究竟意味着什么？理论背后隐藏着什么？普朗克常数h究竟将把我们带向何方？没有人确切地知道答案。爱因斯坦在会后写给洛伦兹的信里说：“‘h重症’看上去更加病入膏肓了。”

但不可否认的是，这仍然是量子发展史上的一次重大事件，因为量子问题终于在这次会议之后被推到了历史的最前沿，成为时代潮头上的一个焦点。人们终于发现，他们面对的是一个巨大的、扑朔迷离的难题。不管是光，还是热辐射，经典物理面对的都是一个难以逾越的困境。

在那些出席会议的人中，有一位叫作恩内斯特·卢瑟福（Ernest Rutherford）。他也许不知道，自己回英国后很快就会遇上一位来自丹麦的青年，从而在自己的学生名单上添加一颗最耀眼的超级巨星。也没人注意到大会的一位秘书，来自法国的莫里斯·德布罗意（Maurice de Broglie）公爵。他将把讨论和报告的记录带回家中，而偏巧，他有一位聪明绝顶的弟弟。对于爱因斯坦来说，他更不会想到，这个所谓的“h重症”将成为困扰他终生的最大谜题。1911年的索尔维会议仅仅是一个开始而已，未来还会有更多的索尔维会议，在历史上绘成一幅壮丽而雄奇的画卷，记录下量子论最富有传奇色彩的那一段故事。1911年的这次会议像是一个路标，历史的众多明暗伏线在这里交错汇聚，然后厘清出几条主脉，浩浩荡荡地发展下去。爱因斯坦的朋友贝索（Michele Besso）后来把1911年的会议称为一次“巫师盛会”[8]，也许，这真的是量子魔法师在炫技前所

▶ [8] 见1911年10月23日致爱因斯坦的信件。德文的Hexensabbat，是指中世纪传说中女巫与妖魔每年一度的大聚会。

古德施密特
普朗克
鲁本斯
索末菲
林德曼
M.德布罗意
库德森
哈森诺尔
豪斯特莱
赫尔岑
金斯
能斯特
布里渊
索尔维
洛伦兹
沃伯格
佩林
维恩
居里夫人
卢瑟福
庞加莱
欧内斯
爱因斯坦
朗之万

1911年索尔维会议

念的最后的神奇咒语！

现在，各位观众，就让我们把握住会议留给我们的那条线索，一起去看看量子魔法是怎样影响了实实在在的物质——原子核和电子的。我们的历史长镜头从欧洲大陆转回不列颠岛，来自丹麦的王子粉墨登场。在他的头上，一颗大大的火流星划过这阴云密布的天空，虽然只是一闪即逝，但却在地上点燃了燎原大火，照亮了无边的黑暗。

Part. 4

1911年9月，26岁的丹麦小伙子尼尔斯·玻尔渡过英吉利海峡，踏上了不列颠的土地。年轻的玻尔不会想到，32年后，他还要再一次来到这个岛上，却是藏在一架蚊式轰炸机的弹仓里，面临高空缺氧的考验和随时被丢进大海里的风险，九死一生后才到达目的地。那一次，是丘吉尔首相亲自签署命令，从纳粹的手中转移了这位原子物理界的泰山北斗，使得盟军在原子弹的竞争方面成功地削弱了德国的优势。这也成了玻尔一生中最富有传奇色彩、为人所津津乐道的一段经历。有些故事书甚至绘声绘色地描述说，当飞行员最终打开舱门时，玻尔还茫然不觉，沉浸在专注的物理思考中物我两忘。当然事实上玻尔并没有这样英勇，因为缺氧，他当时已经奄奄一息，差一点就送了命。

不过，我们还是回到1911年，那时玻尔还只是一个有着远大志向和梦想，却默默无闻的青年。他走在剑桥的校园里，想象当年牛顿和麦克斯韦

玻尔
Niels Henrik David Bohr
1885—1962

在这里走过的情形，欢欣鼓舞得像一个孩子。在草草地安定下来之后，玻尔做的第一件事情就是去拜访大名鼎鼎的J.J.汤姆逊，后者是当时极负盛名的物理学家，卡文迪许实验室的负责人，电子的发现者，诺贝尔奖得主。汤姆逊十分热情地接待了玻尔，虽然玻尔的英语烂得可以，但两人还是谈了好一阵子。汤姆逊收下了玻尔的论文，并把它放在自己的办公桌上。

一切看来都十分顺利，但可怜的玻尔并不知道，在漠视学生的论文这一点上，汤姆逊是"恶名昭著"的。事实上，玻尔的论文一直被闲置在桌子上，汤姆逊根本没有看过一个字。另有一种说法是，当时不谙世故的玻尔老实不客气，当面指出了汤姆逊的著作《气体中的导电》里的一些错误，结果惹恼了这位高傲的英国人。不管怎样，剑桥对于玻尔来说，实在不是一个让人激动的地方，他自己的研究也进行得不是十分顺利。总而言之，除了在一个足球队里大显身手之外，这所举世闻名的大学似乎没有什么让玻尔觉得值得一提的事。失望之下，玻尔决定寻求一些改变。一次偶然的机会，玻尔到曼彻斯特拜访他父亲的一位朋友Lorrain Smith，后者将他介绍给了刚从第一届索尔维会议上归来的卢瑟福。

也许是命中注定的缘分，也许是一生难求的巧合，又或许那个"巫师盛会"的魔力还没有完全散尽。总之，玻尔和卢瑟福之间立刻就产生了神秘的化学反应。在促膝长谈之后，两人都觉得相见恨晚，卢瑟福很快就给了玻尔一个实验室的名额，而玻尔也很快就义无反顾地离开剑桥前往曼彻斯特。这座工业城市的天空虽然受到污染，但恩内斯特·卢瑟福的名字却使它看起来那样地金光闪耀。

说起来，卢瑟福也是J.J.汤姆逊的学生。这位出身于新西兰农场的科学家身上保持着农民那勤俭朴实的作风，对他的助手和学生永远是那样热情和关心，提供所有力所能及的帮助。再说，玻尔选择的时机真是再恰当不过了。1912年，那正是一个黎明的曙光就要来临，科学新的一页就要被书写的年份。人们已经站在了通向原子神秘内部世界的门槛上，只等玻尔来迈出这决定性的一步了。

这个故事还要从前一个世纪说起。1897年，J.J.汤姆逊在研究阴极射线的时候，发现了原子中电子的存在。这打破了从古希腊人那里流传下来的“原子不可分割”的理念，明确地向人们展示：原子是可以继续分割的，它有着自己的内部结构。那么，这个结构是怎么样的呢？汤姆逊那时完全缺乏实验证据，他于是展开自己的想象，勾勒出这样的图景：原子呈球状，带正电荷，而带负电荷的电子则一粒粒地“镶嵌”在这个圆球上。这样的一幅画面，史称“葡萄干布丁”模型，电子就像布丁上的葡萄干一样。

但是，1910年，卢瑟福和他的学生们在实验室里进行了一次名垂青史的实验。他们用α粒子（带正电的氦核）来轰击一张极薄的金箔，想通过散射来确认那个“葡萄干布丁”的大小和性质。这时候，极其不可思议的现象出现了：有少数α粒子的散射角度是如此之大，以至超过90度。对这个情况，卢瑟福自己描述得非常形象：“这就像你用十五英寸的炮弹向一张纸轰击，结果这炮弹却被反弹了回来，反而击中了你自己一样。”

卢瑟福发扬了亚里士多德前辈“吾爱吾师，但吾更爱真理”的优良品格，决定修改汤姆逊的葡萄干布丁模型。他认识到，α粒子被反弹回来，必定是因为它们和金箔原子中某种极为坚硬密实的核心发生了碰撞。这个核

两种原子模型

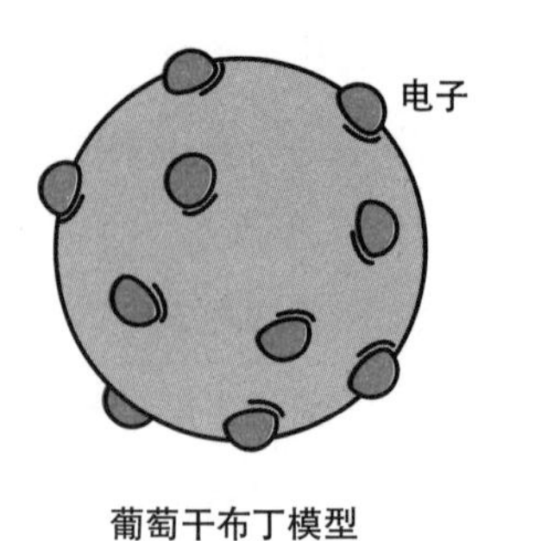

葡萄干布丁模型

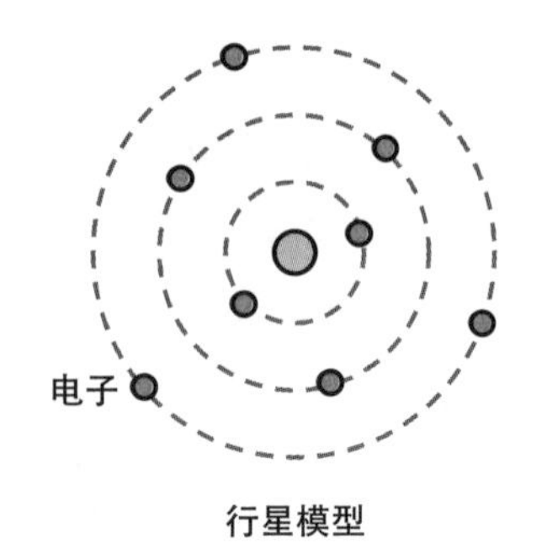

行星模型

心应该是带正电，而且集中了原子的大部分质量。但是，从α粒子只有很少一部分出现大角度散射这一情况来看，那核心占据的地方是很小的，不到原子半径的万分之一。

于是，卢瑟福在次年（1911）发表了他的这个新模型。在他描述的原子图像中，有一个占据了绝大部分质量的“原子核”在原子的中心。而在这原子核的四周，带负电的电子则沿着特定的轨道绕着它运行。这很像一个行星系统（比如太阳系），所以这个模型被理所当然地称为“行星系统”模型。在这里，原子核就像是我们的太阳，而电子则是围绕太阳运行的行星们。

但是，这个看来完美的模型却有着自身难以克服的严重困难。因为物理学家们很快就指出，带负电的电子绕着带正电的原子核运转，这个体系是不稳定的。根据麦克斯韦理论，两者之间会放射出强烈的电磁辐射，从而导致电子一点点地失去自己的能量。作为代价，它便不得不逐渐缩小运行半径，直到最终“坠毁”在原子核上为止，整个过程用时不过一眨眼的工夫。换句话说，就算世界如同卢瑟福描述的那样，也会在转瞬之间因为原子自身的坍缩而毁于一旦。原子核和电子将不可避免地放出辐射并互相中和，然后把卢瑟福和他的实验室，乃至整个英格兰、整个地球、整个宇宙都变成一团混沌。

经典理论中的电子必将坠毁

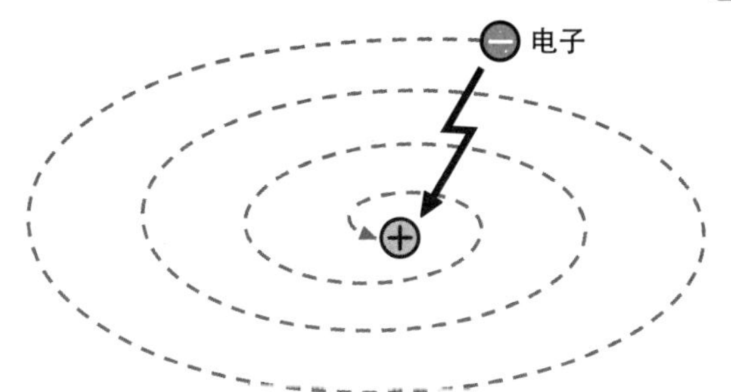

根据经典理论，电子绕原子核转动时，会一边释放电磁辐射，一边朝着原子核坠落。

不过，当然了，虽然理论家们发出如此阴森恐怖的预言，太阳仍然每天照常升起，大家都活得好好的。电子依然快乐地围绕原子打转，没有一点失去能量的预兆。而丹麦的年轻人尼尔斯·玻尔照样安安全全地抵达了曼彻斯特，并开始谱写物理史上属于他的华丽篇章。

玻尔没有因为卢瑟福模型的困难而放弃这一理论，毕竟它有着α粒子散射实验的强力支持。相反，玻尔对电磁理论能否作用于原子这一人们从未涉足过的层面，倒是抱有相当的怀疑成分。曼彻斯特的生活显然要比剑桥令玻尔舒心许多，虽然他和卢瑟福两个人的性格是如此不同：后者是个急性子，永远精力旺；而玻尔则像个害羞的大男孩，说一句话都显得口齿不清，但他们显然是绝妙的一个团队。玻尔的天才在卢瑟福这个老板的领导下被充分地激发出来，很快就在历史上激起壮观的波澜。

1912年7月，玻尔完成了他在原子结构方面的第一篇论文，历史学家们后来常常把它称作“曼彻斯特备忘录”。玻尔在其中已经开始试图把量子的概念结合到卢瑟福模型中去，以解决经典电磁力学所无法解释的难题。但是，一切都只不过是刚刚开始而已，在那片还没有前人涉足的处女地上，玻尔只能一步步地摸索前进。没有人告诉他方向应该在哪里，而他的动力也不过是对卢瑟福模型的坚信和年轻人特有的巨大热情。玻尔当时对原子光谱的问题一无所知，当然也预料不到它后来对原子研究的决定性意义，不过，革命的方向已经确定，没有什么能够改变量子论即将崭露头角这个事实了。

在浓云密布的天空中，出现了一线微光。虽然后来证明那只是一颗流星，但这光芒无疑给已经僵硬而老化的物理世界注入了一种新的生机，一种有着新鲜气息和希望的活力。这光芒点燃了人们手中的火炬，引导他们去寻找真正的永恒的光明。

终于，7月24日，玻尔完成了他在英国的学习，动身返回祖国丹麦。在那里，他可爱的未婚妻玛格丽特正焦急地等待着他，而物理学的未来也即将要向他敞开心扉。在临走前，玻尔把他的论文交给卢瑟福过目，并得到了热切的鼓励。只是，卢瑟福有没有想到，这个青年将在怎样的一个程度上改变人们对世界的终极看法呢？

是的，是的，时机已到。伟大的三部曲即将问世，而真正属于量子的时代，也终于到来。

饭后闲话：诺贝尔奖得主的幼儿园

卢瑟福本人是一位伟大的物理学家，这是毋庸置疑的，但他同时更是一位伟大的物理导师。他以敏锐的眼光去发现人们的天才，又以伟大的人格去关怀他们，把他们的潜力挖掘出来。在卢瑟福身边的那些助手和学生，后来绝大多数都出落得非常出色，其中更包括了为数众多的科学大师。

我们熟悉的尼尔斯·玻尔，20世纪最伟大的物理学家之一，1922年诺贝尔物理奖得主，量子论的奠基人和象征。如本节所描述的那样，他在曼彻斯特跟随过卢瑟福。

保罗·狄拉克，量子论的创始人之一，同样伟大的科学家，1933年诺贝尔物理奖得主。他的主要成就都是在剑桥卡文迪许实验室做出的（那时卢瑟福接替了退休的 J.J. 汤姆逊成为这个实验室的主任）。狄拉克获奖的时候才 31 岁，他对卢瑟福说他不想领这个奖，因为他讨厌在公众中的名声。卢瑟福劝道，如果不领奖的话，那么这个名声可就更响了。

中子的发现者，詹姆斯·查德威克（James Chadwick）在曼彻斯特花了两年时间待在卢瑟福的实验室里。他于 1935 年获得诺贝尔物理奖。

布莱克特（Patrick M.S.Blackett）在“一战”后辞去了海军上尉的职务，进入剑桥跟随卢瑟福学习物理。他后来改进了威尔逊云室，并在宇宙线和核物理方面做出了巨大贡献，为此获得了 1948 年的诺贝尔物理奖。

1932 年，沃尔顿（E.T.S. Walton）和考克劳夫特（John Cockcroft）在卢瑟福的卡文迪许实验室里建造了强大的加速器，并以此来研究原子核的内部结构。这两位卢瑟福的弟子在 1951 年分享了诺贝尔物理奖金。

这个名单可以继续开下去，一直到长得令人无法想象为止：英国人索迪（Frederick Soddy），1921 年获得诺贝尔化学奖。匈牙利人赫维西（George von Hevesy），1943 年获得诺贝尔化学奖。德国人哈恩（Otto Hahn），1944 年获得诺贝尔化学奖。英国人鲍威尔（Cecil Frank Powell），1950 年获得诺贝尔物理奖。美国人贝特（Hans Bethe），1967 年获得诺贝尔物理奖。苏联人卡皮察（P.L.Kapitsa），1978 年获得诺贝尔化学奖。

除去一些稍微疏远的情况外，卢瑟福一生至少培养了 10 位诺贝尔奖得主（还不算他自己本人）。当然，在他的学生中还有一些没有得到诺贝尔奖但同样出色的名字，比如汉斯·盖革（Hans Geiger，他后来以发明了盖革计数器而著名）、亨利·莫塞莱（Henry Moseley，一个被誉为有着无限天才的年轻人，可惜死在了“一战”的战场上）、恩内斯特·马斯登（Ernest Marsden，他和盖革一起做了 α 粒子散射实验，后来被封为爵士）……

卢瑟福的实验室被后人称为“诺贝尔奖得主的幼儿园”。他的头像出现在新西兰货币的最大面值——100 新西兰元上面，作为国家对他最崇高的敬意和纪念。

新西兰货币上的卢瑟福头像

Part. 5

1912年8月1日，玻尔和玛格丽特在离哥本哈根不远的一个小镇上结婚，随后他们前往英国度蜜月。当然，有一个人是万万不能忘记拜访的，那就是玻尔家最好的朋友之一，卢瑟福教授。

虽然是在蜜月期间，原子和量子的图景仍然没有从玻尔的脑海中消失。他和卢瑟福就此再一次认真地交换了看法，并加深了自己的信念。回到丹麦后，他便以百分之二百的热情投入这一工作中去。揭开原子内部的奥秘，这一梦想具有太大的诱惑力，令玻尔完全无法抗拒。

为了能使大家跟得上我们史话的步伐，我们还是再次描述一下当时玻尔面临的处境。卢瑟福的实验展示了一个全新的原子面貌：有一个致密的核心处在原子的中央，而电子则绕着这个中心运行，像是围绕着太阳的行

玻尔一家（右）
和卢瑟福一家（左）

星。然而，这个模型面临着严重的理论困难，因为经典电磁理论预言，这样的体系将会无可避免地释放出辐射能量，并最终导致体系的崩溃。换句话说，卢瑟福的原子是不可能稳定存在超过 1 秒钟的。

玻尔面临着选择：要么放弃卢瑟福模型，要么放弃麦克斯韦和他的伟大理论。玻尔勇气十足地选择了放弃后者。他以一种深刻的洞察力预见到，在原子这样小的层次上，经典理论将不再成立，新的革命性思想必须被引入，这个思想就是普朗克的量子以及他的 h 常数。

应当说这是一个相当困难的任务。如何推翻麦氏理论还在其次，关键是新理论要能够完美地解释原子的一切行为。玻尔在哥本哈根埋头苦干的那个年头，门捷列夫的元素周期律已经被发现了很久，化学键理论也已经被牢固地建立。种种迹象都表明在原子内部，有一种潜在的规律支配着它们的行为，并形成某种特定的模式。原子世界像一座蕴藏了无穷财宝的金字塔，但如何找到进入其内部的通道，却是一个让人头疼不已的难题。

然而，像当年伟大的探险者贝尔佐尼（G.B.Belzoni）一样，玻尔也有着一个探险家所具备的最宝贵的素质：洞察力和直觉。这使得他能够抓住那个不起眼，但却是唯一的稍纵即逝的线索，从而打开那扇通往全新世界的大门。1913 年年初，年轻的丹麦人汉森（Hans Marius Hansen）请教玻尔，在他那量子化的原子模型里如何解释原子的光谱线问题。对于这个问题，玻尔之前并没有太多地考虑过，原子光谱对他来说是陌生和复杂的，成千条谱线和种种奇怪的效应在他看来太杂乱无章，似乎不能从中得出什么有用的信息。然而汉森告诉玻尔，这里面其实是有规律的，比如巴尔末公式就是。他敦促玻尔关心一下巴尔末的工作。

突然间，就像伊翁（Ion）发现了藏在箱子里的绘着戈耳工的麻布，一切都豁然开朗。山重水复疑无路，柳暗花明又一村。在谁也没有想到的地方，量子论得到了决定性的突破。1954 年，玻尔回忆道："当我一看见巴尔末的公式，一切就都清楚不过了。"

要从头回顾光谱学的发展，又得从沃拉斯顿（W.H.Wollaston）和夫琅和费（Joseph Fraunhofer）讲起，一直说到伟大的本生和基尔霍夫，而那势必又是一篇规模宏大的文字。鉴于篇幅，我们只需要简单地了解一下这方面的背景知识，因为本史话原来也没有打算把方方面面都事无巨细地描述完全。概括来说，当时的人们已经知道，任何元素在被加热时都会释放出含有特定波长的光线，比如我们从中学的焰色实验中知道，钠盐放射出明亮的黄光，钾盐则呈紫色，锂是红色，铜是绿色……将这些光线通过分光镜投射到屏幕上，便得到光谱线。各种元素在光谱里一览无余：钠主要表现为一对黄线，锂产生一条明亮的红线和一条较暗的橙线，钾则是一条紫线。总而言之，任何元素都产生特定的唯一谱线。

但是，这些谱线呈现什么规律以及为什么会有这些规律，却是一个大难题。拿氢原子的谱线来说吧，这是最简单的原子谱线了。它就呈现为一组线段，每一条线都代表了一个特定的波长。比如在可见光区间内，氢原子的光谱线依次为（单位纳米）：656，484，434，410，397，388，383，380……这些数据无疑不是杂乱无章的，1885 年，瑞士的一位数学教师巴尔末（Johann Balmer）发现了其中的规律，并总结了一个公式来表示这些波长之间的关系，这就是著名的巴尔末公式。将它的原始形式稍微变换一下，用波长的倒数来表示，则显得更加简单明了：

$$\upsilon = R\left(\frac{1}{2^2} - \frac{1}{n^2}\right)$$

其中 R 是一个常数，称为里德伯（Rydberg）常数。n 是大于 2 的正整数（3，4，5……）。

在很长一段时间里，这是一个十分有用的经验公式。但没有人可以说明，这个公式背后的意义是什么，以及如何从基本理论将它推导出来。不过在玻尔眼里，这无疑是一个晴天霹雳，它像一个火花，瞬间点燃了玻尔的灵感，所有的疑惑在那一刻变得顺理成章。玻尔知道，隐藏在原子里的秘密，终于向他嫣然地展开笑颜。

我们来看一下巴尔末公式，这里面用到了一个变量 n，那是大于 2 的任何正整数。n 可以等于 3，可以等于 4，但不能等于 3.5，这无疑是一种量子化的表述。玻尔深呼了一口气，他的大脑在急速地运转：原子只能放射出波长符合某种量子规律的辐射，这说明了什么呢？我们再回忆一下从普朗克引出的那个经典量子公式：E=hv。频率（波长）是能量的量度，原子只释放特定波长的辐射，说明在原子内部，它只能以特定的量吸收或发射能量。而原子是怎么吸收或者释放能量的呢？这在当时已经有了一定的认识，比如斯塔克（J.Stark）就提出，光谱的谱线是由电子在不同势能的位置之间移动而放射出来的，英国人尼科尔森（J.W.Nicholson）也有着类似的想法。玻尔对这些工作无疑都是了解的。

一个大胆的想法在玻尔的脑中浮现出来：原子内部只能释放特定量的能量，说明电子只能在特定的“势能位置”之间转换。也就是说，电子只能按照某些“确定的”轨道运行，这些轨道必须符合一定的势能条件，从而使得电子在这些轨道间跃迁时，只能释放出符合巴尔末公式的能量来。

我们可以这样来打比方。如果你在中学里好好地听过物理课，你应该知道势能的转化。一个体重 100 公斤的人从 1 米高的台阶上跳下来，他 /

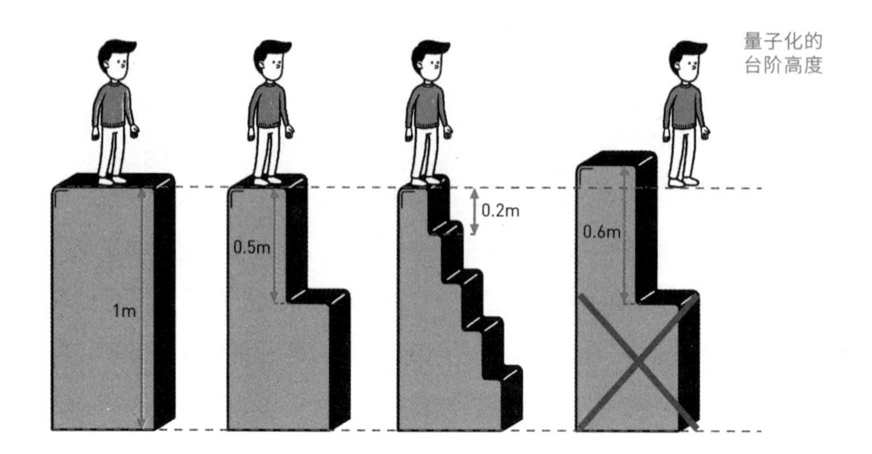

她会获得 1000 焦耳的能量，当然，这些能量会转化为落下时的动能。但如果情况是这样的：我们通过某种方法得知，一个体重 100 公斤的人跳下了若干级高度相同的台阶后，总共释放出了 1000 焦耳的能量，那么我们关于每一级台阶的高度可以说些什么呢？

明显而直接的计算就是，这个人总共下落了 1 米，这就为我们台阶的高度加上了一个严格的限制。如果在平时，我们会承认一级台阶可以有任意的高度，完全看建造者的兴趣。但如果加上我们这个条件，每一级台阶的高度就不再是任意的了。我们可以假设总共只有一级台阶，那么它的高度就是 1 米。或者这个人总共跳了两级台阶，那么每级台阶的高度是 0.5 米。如果跳了 3 次，那么每级就是 1/3 米。如果你是间谍片的爱好者，那么大概你会推测每级台阶高 1/39 米。但无论如何，我们不可能得到这样的结论，即每级台阶高 0.6 米。道理是明显的：高 0.6 米的台阶不符合我们的观测（总共释放了 1000 焦耳能量）。如果只有一级这样的台阶，那么它带来的能量就不够；如果有两级，那么总高度就达到了 1.2 米，导致释放的能量超过了观测值。如果要符合我们的观测，必须假定总共有 $1^2/_3$ 级台阶，而这无疑是荒谬的，因为小孩子都知道，台阶只能有整数级。

在这里，台阶数“必须”是整数，就是我们的量子化条件。这个条件就限制了每级台阶的高度只能是 1 米，或者 1/2 米，或者 1/3 米……而不能是其间的任何一个数字。

原子和电子的故事在道理上基本和这个差不多[9]。我们还记得，在卢瑟福模型里，电子像行星一样绕着原子核运行。当电子离核最近的时候，它的能量最低，可以看成在“平地”上的状态。但是，一旦电子获得了特定的能量，它就获得了动力，向上“攀登”一级或几级台阶，到达一个新的轨道。当然，如果没有了能量的补充，它又将从那个高处的轨道上掉落下来，一直回到“平地”状态为止，同时把当初的能量再次以辐射的形式释放出来。

关键是，我们现在知道，在这一过程中，电子只能释放或吸收特定的能量（由光谱的巴尔末公式给出），而不是连续不断的。玻尔做出了合理的推断：这说明电子所攀登的“台阶”，它们必须符合一定的高度条件，而不能像经典理论所假设的那样，是连续而任意的。连续性被破坏，量子化条件必须成为原子理论的主宰。

玻尔现在清楚了，氢原子的光谱线代表了电子从一级特定的台阶跳跃到另一级台阶所释放的能量。因为观测到的光谱线是量子化的，所以电子的“台阶”（或者轨道）必定也是量子化的，它不能连续而取任意值，而必须分成“底楼”“一楼”“二楼”等。在两层“楼”之间，是电子的禁区，它不可能出现在那里，正如一个人不能悬在两级台阶之间飘浮一样。如果现在电子在“三楼”，它的能量用 W_3 表示，那么当这个电子突发奇想，决定跳到“一楼”（能量 W_1）的期间，它便释放出了 W_3-W_1 的能量。我们要求大家记住的那个公式再一次发挥作用，$W_3-W_1 = h\nu$。所以这一举动的直接结果就是，一条频率为 ν 的谱线出现在该原子的光谱上。

玻尔所有这些思想转化成理论推导和数学表达，并以三篇论文的形式最终发表。这三篇论文（或者也可以说，一篇大论文的三个部分），分

▶ [9] 当然，事实上要复杂得多，在原子里每级“台阶”并不是一样高的。

玻尔原子中的电子跃迁

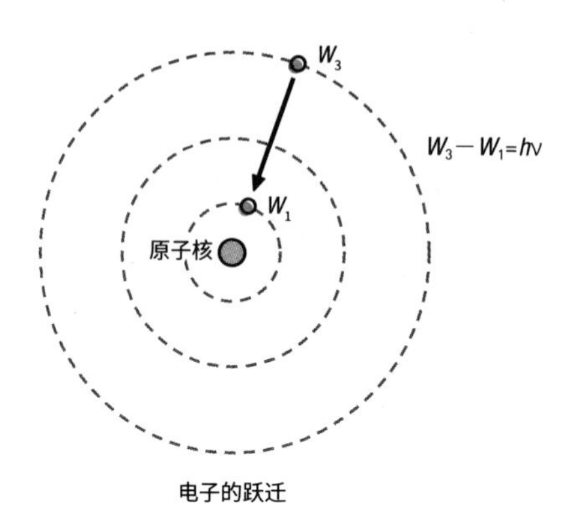

电子的跃迁

别题名为“论原子和分子的构造”（On the Constitution of Atoms and Molecules），“单原子核体系”（Systems Containing Only A Single Nucleus）和“多原子核体系”（Systems Containing Several Nuclei），于1913 年 3 月到 9 月陆续寄给了远在曼彻斯特的卢瑟福，并由后者推荐发表在《哲学杂志》（*Philosophical Magazine*）上。这就是在量子物理历史上划时代的文献，亦即伟大的“三部曲”。

这确确实实是一个新时代的到来。如果把量子力学的发展史分为三部分，1900 年的普朗克宣告了量子的诞生，那么 1913 年的玻尔则宣告它进入了青年时代。一个完整的关于原子的理论体系第一次被建造起来，虽然我们将会看到，这个体系还留有浓重的旧世界的痕迹，但它的意义却是无论如何不能低估的。量子第一次使全世界震惊于它的力量，虽然它的意识还有一半仍在沉睡中，虽然它自己仍然置身于旧的物理大厦之内，但它的怒吼已经无疑使整个旧世界摇摇欲坠，并动摇了延绵几百年的经典物理根基。神话中的巨人已经开始苏醒，那些藏在古老城堡里的贵族，颤抖吧！

Into the Mist

白 云 深 处

Into the Mist

History *of* Quantum Physics

Part. 1

应该说，玻尔关于原子结构的新理论出台后，是并不怎么受到物理学家们欢迎的。这个理论在某些人眼中居然怀有推翻麦克斯韦体系的狂妄意图，本身就是大逆不道的。瑞利爵士（我们前面提到过的瑞利—金斯公式的发现者之一）对此表现得完全不感兴趣，J.J.汤姆逊、玻尔在剑桥的导师，拒绝对此发表评论。另一些不那么德高望重的人就直白多了，比如一位物理学家在课堂上宣布："如果这些要用量子力学才能解释的话，那么我情愿不予解释。"另一些人则声称，要是量子模型是真实的话，他们从此退出物理学界。即使是思想开放的人，比如爱因斯坦和波恩，最初也觉得完全接受这一理论太勉强了些。

但是量子的力量超乎任何人的想象。胜利来得如此之快之迅猛，令玻尔本人都几乎茫然而不知所措。首先，玻尔的推导完全符合巴尔末公式所描述的氢原子谱线，而从$W_2-W_1=h\nu$这个公式，我们可以倒过来推算ν的表述，从而和巴尔末的原始公式 $\tilde{\upsilon}=R(\frac{1}{2^2}-\frac{1}{n^2})$ 对比，计算出里德伯常数R的理论值来。事实上，玻尔的预言和实验值仅相差千分之一，这无疑使得他的理论顿时具有了坚实的基础[1]。

不仅如此，玻尔的模型更预测了一些新的谱线的存在，这些预言都很

[1] 从玻尔理论可以直接推算氢原子的 $R_H=\frac{2\pi m_e e^4}{ch^3}$，氦原子的 $R_{He}=\frac{8\pi^2 m_e e^4}{ch^3}$ ……后者与实验值稍有差异，但正如玻尔随即指出的那样，应该把电子和原子核的质量比也考虑进来，加入修正因子 $\frac{M_{He}}{M_{He}+m_e}$，结果和实验极其精确地吻合，打消了许多人的怀疑。

快为实验物理学家们所证实。而在所谓“皮克林线系”（Pickering line series）的争论中，玻尔更是以强有力的证据取得了决定性的胜利。他的原子体系异常精确地说明了一些氦离子的光谱，准确性相比旧的方程，达到了令人惊叹的地步。而亨利·莫塞莱（我们前面提到过的年轻天才，可惜死在战场上的那位）关于X射线的工作，则进一步证实了原子有核模型的正确。人们现在已经知道，原子的化学性质取决于它的核电荷数，而不是传统认为的原子量。基于玻尔理论的电子壳层模型，也一步一步发展起来。只有几个小困难需要解决，比如人们发现，氢原子的光谱并非一根线，而是可以分裂成许多谱线。这些效应在电磁场的参与下又变得更为古怪和明显（关于这些现象，人们用所谓的“斯塔克效应”和“塞曼效应”来描述）。但是玻尔体系很快就予以了强有力的回击，在争取到爱因斯坦相对论的同盟军以及假设电子具有更多的自由度（量子数）的条件下，玻尔和其他科学家如索末菲（Arnold Sommerfeld）证明，所有的这些现象，都可以顺利地包容在玻尔的量子体系之内。虽然残酷的世界大战已经爆发，但是这丝毫也没有阻挡科学在那个时期前进的伟大步伐。

每一天，新的报告和实验证据都如同雪花一样飞到玻尔的办公桌上。而几乎每一份报告，都在进一步地证实玻尔那量子模型的正确性。当然，伴随着这些报告，铺天盖地而来的还有来自社会各界的祝贺，社交邀请以及各种大学的聘书。玻尔俨然已经成为原子物理方面的带头人。出于对祖国的责任感，他拒绝了卢瑟福为他介绍的在曼彻斯特的职位，虽然无论从财政还是学术上说，那无疑是一个更好的选择。玻尔现在是哥本哈根大学的教授，并决定建造一所专门的研究所用作理论物理方面的进一步研究。这个研究所，正如我们以后将要看到的那样，将会成为欧洲一颗最令人瞩目的明珠。它的魅力将吸引全欧洲最出色的年轻人到此聚集，并发射出更加璀璨的思想光辉。

在这里，我们不妨回顾一下玻尔模型的一些基本特点。它基本上是卢

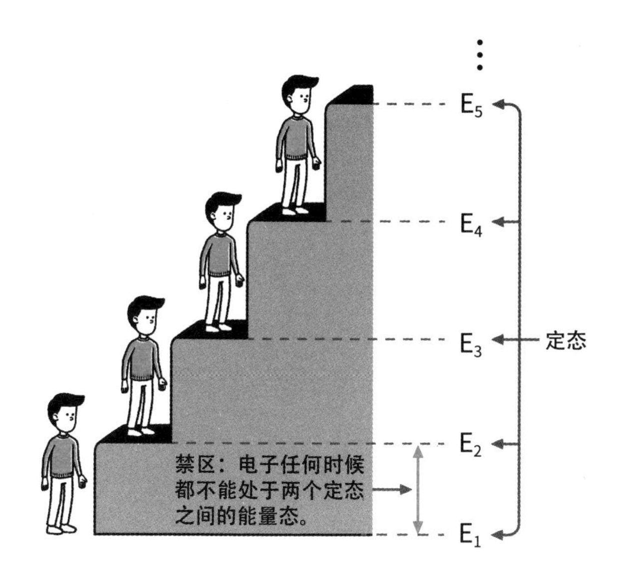

电子的定态和跃迁

瑟福行星模型的一个延续，但是在玻尔模型中，一系列的量子化条件被引入，从而使这个体系有着鲜明的量子化特点。

首先，玻尔假设，电子在围绕原子核运转时，只能处于一些“特定的”能量状态中。这些能量状态是不连续的，称为定态。你可以有E_1，可以有E_2，但是不能取E_1和E_2之间的任何数值。正如我们已经描述过的那样，电子只能处于这些定态中，两个定态之间没有缓冲地带，那里是电子的禁区，电子无法出现在那里。玻尔规定：当电子处在某个定态的时候，它就是稳定的，不会放射出任何形式的辐射而失去能量。这样，就不会出现崩溃问题了。

但是，玻尔也允许电子在不同的能量态之间转换，或者说，跃迁。电子从能量高的E_2状态跃迁到E_1状态，就放射出E_2-E_1的能量来，这些能量以辐射的方式释放，根据我们的基本公式，我们知道这辐射的频率为v，从而使得$E_2-E_1=hv$。反过来，当电子吸收了能量，它也可以从能量低的状态攀升到一个能量较高的状态，其关系还是符合我们的公式。每一个可能的能级，都代表了一个电子的运行轨道，这就好比离地面500公里的卫星和离地面800公里的卫星代表了不同的势能一样。当电子既不放射也不吸收能量的时候，它就稳定地在一条轨道上运动。当它吸收了一定的能量，它就从原先的那个轨道消失，神秘地出现在离核较远的一条能量更高的轨道上。反过来，当它绝望地向着核坠落，就放射出它在高能轨道上所搜刮的能量，一直到落入最低能量的那个定态，也就是所谓的“基态”为止。因为基态的能量是最低的，电子无法再往下跃迁，于是便恢复稳定状态。

我们必须注意的是，这种能量的跃迁是一个量子化的行为，如果电子从E_2跃迁到E_1，这并不表示，电子在这一过程中经历了E_2和E_1两个能量之间的任何状态。如果你还是觉得困惑，那表示连续性的幽灵还在你的脑海中盘旋。事实上，量子像一个高超的魔术师，它在舞台的一端微笑着挥舞着帽子登场，转眼间便出现在舞台的另一边。而在任何时候，它也没有经过舞台的中央部分！

不仅能量是量子化的，甚至连原子在空间中的运动方向都必须加以量子化。在玻尔—索末菲模型中，为了很好地解释塞曼效应和斯塔克效应，我们必须假定电子的轨道平面具有特定的“角度”：其法线要么平行于磁场方向，要么和它垂直。这听上去似乎又是一个奇谈怪论，就好比说一架飞机只能沿着0度经线飞行，而不可以沿着5度、10度、20度经线一样。不过，即使是如此奇怪的结论，也很快得到了实验的证实。两位德国物理学家，奥托·斯特恩（Otto Stern）和沃尔特·盖拉赫（Walther Gerlach）在1922年进行了一次经典实验，即著名的斯特恩—盖拉赫实验，有力地向世人展示了：电子在空间中的运动方向同样是不连续的。

实验的原理很简单：电子绕着原子核运行，就相当于一个微弱的闭合电流，会产生一个微小的磁矩，这就使得原子在磁场中会发生偏转，其方向和电子运行的方向有关。斯特恩和盖拉赫将一束银原子通过一个非均匀磁场，如果电子的运行方向是随意而连续的，那么原子应该随机地向各个方向偏转才是。然而在实验中，两人发现原子束分成有规律的两束，每一束的强度都是原来的一半！很明显，在空间中的电子只有两个特定的角度

斯特恩—盖拉赫实验示意图

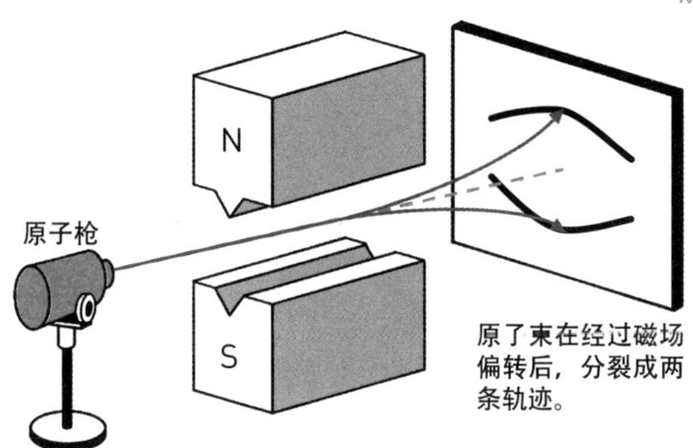

可取，在往上偏转的那束原子里，所有的电子都是“上旋”，在往下的那束原子里，则都是“下旋”。除此之外，电子的运行就不存在任何其他的角度了！这个实验不仅从根本上支持了玻尔的定态轨道原子模型，而且为后来的“电子自旋”铺平了道路，不过我们在史话的后面会再次提到这个话题，如今暂且按下不表。

在经历了这样一场量子化的洗礼后，原子理论以一种全新的形象出现在人们面前，并很快结出累累硕果。根据玻尔模型，人们不久就发现，一个原子的化学性质主要取决于它最外层的电子数量，并由此表现出有规律的周期性来，这就为周期表的存在提供了最好的理论依据。但是人们也曾经十分疑惑，那就是对于拥有众多电子的重元素来说，为什么它的一些电子能够长期地占据外层的电子轨道，而不会失去能量落到靠近原子核的低层轨道上去？这个疑问由年轻的泡利在1925年做出了解答：他发现，没有两个电子能够享有同样的状态，而一层轨道所能够包容的不同状态，其数目是有限的，也就是说，一个轨道有着一定的容量。当电子填满了一个轨道后，其他电子便无法再加入这个轨道。

一个原子就像一幢宿舍，每间房都有一个四位数的门牌号码。底楼只有两间房，分别是1001和1002。而二楼则有8间房，门牌分别是2001、

原子大厦

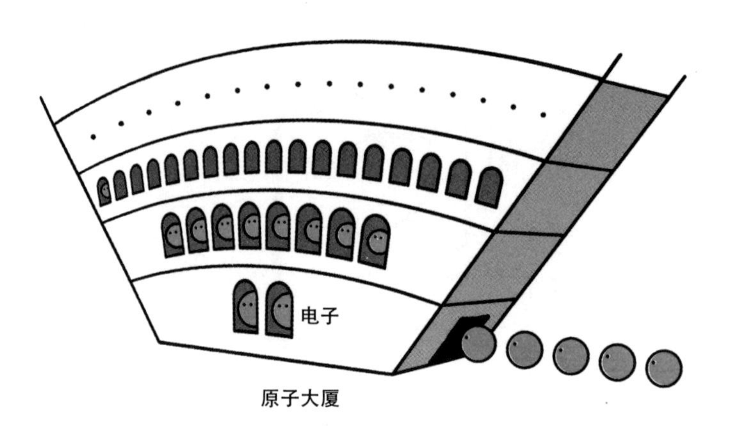

2002、2101、2102、2111、2112、2121和2122。越是高层的楼，它的房间数量就越多，租金也越贵。脾气暴躁的管理员泡利在大门口张贴了一张布告，宣布不能有两个电子房客入住同一间房屋。于是电子们争先恐后地涌入这幢大厦，先到的两位占据了底楼那两个价廉物美的房间，后来者因为底楼已经住满，便不得不退而求其次，开始填充二楼较贵的房间。二楼住满后，又轮到三楼、四楼……一直到租金高得离谱的六楼、七楼、八楼。不幸住在高处的电子虽然入不敷出，却没有办法，因为楼下的便宜房间都住满了，没法搬进去。叫苦不迭的电子们把泡利那蛮横的规定称作“不相容原理”（The Exclusion Principle）。

但是，这一措施的确能够更好地帮助人们理解“原子社会”的一些基本行为准则。比如说，喜欢合群的电子们总是试图让一层楼的每个房间都住满房客。我们设想一座“钠大厦”，在它的三楼，只有一位孤零零的房客住在3001房。而在相邻的“氯大厦”的三楼，则正好只有一间空房没人入住（3122）。出于电子对热闹的向往，钠大厦的那位孤独者顺理成章地决定搬迁到氯大厦中去填满那个空白的房间，而其也受到了那里房客们的热烈欢迎。这一举动也促成了两座大厦的联谊，形成了一个“食盐社区”。而在某些高层大厦里，由于空房间太多，没法找到足够的孤独者来填满一层楼，那么，即使仅仅填满一个侧翼（wing），电子们也表示满意。

所有的这一切，当然都是形象化和笼统的说法。实际情况要复杂得多，比如每一层楼的房间还因为设施的不同分成好几个等级。越高越贵也不是一个普遍原则，比如六楼的一间总统套房就很可能比七楼的普通间贵上许多。但这都不是问题，关键在于玻尔的电子轨道模型非常有说服力地解释了原子的性质和行为，它的预言和实验结果基本上吻合得丝毫不差。在不到两年的时间里，玻尔理论便取得了辉煌的胜利，全世界的物理学家都开始接受玻尔模型，甚至我们那位顽固派——拒绝承认量子实际意义的普朗克——也开始重新审视自己当初那伟大的发现。

谁也没有想到，如此具有伟大意义的一个理论，居然只是历史舞台上的一个匆匆过客。玻尔的原子像一颗耀眼的火流星，在天空中燃烧出一瞬间的惊艳，然后它拖着长长的尾光，划过那浓密的云层，轰然坠毁在遥远的地平线之后。各位读者请在此稍作停留，欣赏一下这难得一见的辉光，然后请调整一下呼吸，因为我们马上又要进入茫茫谲诡的白云深处。

饭后闲话：原子和星系

卢瑟福的模型一出世，便被称为“行星模型”或者“太阳系模型”。这当然是一种形象化的叫法，但不可否认，原子这个极小的体系和太阳系这个极大的体系之间居然的确存在许多相似之处。两者都有一个核心，这个核心占据着微不足道的体积（相对整个体系来说），却集中了99%以上的质量。人们不禁要联想，难道原子本身是一个“小宇宙”？或者，我们的宇宙是由千千万万个“小宇宙”组成的，而它反过来又和千千万万个别的宇宙组成更大的“宇宙”？这不禁令人想起威廉·布莱克（William Blake）那首著名的小诗：

To see a world in a grain of sand. 从一粒细沙看见世界。

And a heaven in a wild flower. 从一朵野花窥视天宸。

Hold infinity in the palm of your hand. 用一只手去把握无限。

And eternity in an hour. 用一刹那来留住永恒。

我们是不是可以“从一粒细沙看见世界”呢？原子和太阳系的类比不能给我们太多的启迪，因为行星之间的实际距离相对电子来说，可要远得多了（当然是从比例上讲）。但是，最近有科学家提出，宇宙的确在不同的尺度上，有着惊人的重复性结构。比如原子和银河系的类比、原子和中子星的类比，它们都在各个方面——半径、周期、振动等——展现出了十分相似的地方。如果你把一个原子放大 10^{17} 倍，它所表现出来的性质就和一个白矮星差不多。如果放大 10^{30} 倍，据说，那就相当于一个银河系。当然，相当于并不是说完全等于，我的意思是，如果原子体系放大 10^{30} 倍，它的各种力学和结构常数就非常接近于我们观测到的银河系。还有人提出，原子应该在高能情况下类比于同样在高能情况下的太阳系。也就是说，原子必须处在非常高的激发态下（大约主量子数达到几百），那时，它的各种结构就相当接近我们的太阳系。

这种观点，即宇宙在各个层次上展现出相似的结构，被称为“分形宇宙”（Fractal Universe）模型。在它看来，哪怕是一个原子，也包含了整个宇宙的某些信息，是一个宇宙的“全息胚”。所谓的“分形”，是混沌动力学里研究的一个饶有兴味的课题，它给我们展现了复杂结构是如何在不同的层面上一再重复。宇宙的演化，是否也遵从某种混沌动力学原则，如今还不得而知，所谓的“分形宇宙”也只是一家之言罢了。在这里当作趣味故事，博大家一笑而已。

Part. 2

上次说到，玻尔提出了他的有轨原子模型，取得了巨大的成功。许多困扰人们多时的难题在这个模型的指引下迎刃而解。在那些日子里，玻尔理论的兴起似乎为整个阴暗的物理天空带来了绚丽的光辉，让人们以为看见了极乐世界的美景。不幸的是，这一虚假的泡沫式繁荣没能持续太多的时候。旧的物理世界固然已经在种种冲击下变得疮痍满目，玻尔原子模型那仓促兴建的宫殿也没能抵挡住更猛烈的革命冲击，不久后便在混乱中被付之一炬，只留下些断瓦残垣，到今日供我们凭吊。最初的暴雨已经过去，大地一片苍凉，天空中仍然浓云密布。残阳似血，在天际投射出余晖，把这废墟染成金红一片，衬托出一种更为沉重的气氛，预示着更大的一场风暴的来临。

无可否认，玻尔理论的成就是巨大的，而且非常深入人心，玻尔本人为此在1922年获得了诺贝尔奖。但是，这仍然不能解决它和旧体系之间的深刻矛盾。麦克斯韦的方程可不管玻尔轨道的成功与否，它仍然还是一如既往地庄严宣布：电子围绕着原子核运动，必定释放出电磁辐射来。对此，玻尔也感到深深的无奈，他还没有能力与麦克斯韦彻底决裂，义无反顾地去推翻整个经典电磁体系，用一句流行的话来说，“封建残余力量还很强大哪”。作为妥协，玻尔转头试图将他的原子体系和麦氏理论调和起来，建立一种两种理论之间的联系。他力图向世人证明，两种体系都是正确的，但都只在各自适用的范围内才能成立。当我们的眼光从原子范围逐渐放大到平常的世界时，量子效应便逐渐消失，经典的电磁理论得以再次取代h常数成为世界的主宰。然而，在这个过程中，无论何时，两种体系都存在一个确定的对应状态。这就是他在1918年发表的所谓“对应原理”（The Correspondence Principle）。

不是所有的科学家都认同对应原理，甚至有人开玩笑地说，对应原理是一根“只能在哥本哈根起作用的魔棒”。客观地说，对应原理本身具有着丰富的含义，直到今天还对我们有着借鉴作用，但是也无可否认，这种与经典体系“暧昧不清”的关系是玻尔理论的一个致命的先天不足。玻尔王朝的衰败似乎在它诞生的那一天就注定了，因为它引导的是一场不彻底的革命：虽然以革命者的面貌出现，却最终还要依赖于传统电磁理论势力的支持。这个理论，虽然借用了新生量子的无穷力量，它的基础却仍然建立在脆弱的旧地基上。量子化的思想，在玻尔理论里只是一支雇佣军，它更像是被强迫附加上去的，而不是整个理论的出发点和基础。

比如，玻尔假设，电子只能具有量子化的能级和轨道，但为什么呢？为什么电子必须是量子化的？它的理论基础是什么？玻尔在这上面语焉不详，顾左右而言他。当然，苛刻的经验主义者会争辩说，电子之所以是量子化的，因为实验观测到它们就是量子化的，不需要任何其他的理由。但无论如何，如果一个理论的基本公设令人觉得不太安稳，这个理论的前景也就不那么乐观了。在对待玻尔量子假设的态度上，科学家无疑地联想起了欧几里得的第五公设（这个公设说，过线外一点只能有一条直线与已知直线平行。人们后来证明这个公设并不是无可争议的）。无疑，它最好能够从一些更为基本的公设所导出，这些更基本的公设，应该成为整个理论的奠基石，而不仅仅是华丽的装饰。

后来的历史学家们在评论玻尔的理论时，总是会用到“半经典半量子”，或者“旧瓶装新酒”之类的词语。它就像一位变脸大师，当电子围绕着单一轨道运转时，它表现出经典力学的面孔，一旦发生轨道变化，立即又转为量子化的样子。虽然有着技巧高超的对应原理的支持，这种两面派做法也还是为人所质疑。不过，这些问题还都不是关键，关键是，玻尔

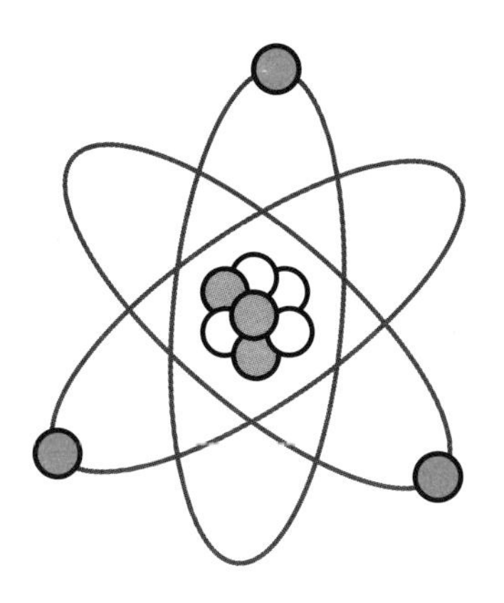

玻尔原子标志

大军在取得一连串重大胜利后，终于发现自己已经到了强弩之末，有一些坚固的堡垒无论如何是攻不下来了。

比如我们都已经知道的原子谱线分裂的问题，虽然在索末菲等人的努力下，玻尔模型解释了磁场下的塞曼效应和电场下的斯塔克效应。但是，大自然总是有无穷的变化令人头痛。科学家们很早就发现了谱线在弱磁场下的一种复杂分裂，称作“反常塞曼效应”（Anomalous Zeeman Effect）。这种现象要求引进值为1/2的量子数，玻尔的理论对之无可奈何，只能一声叹息。这个难题困扰着许多最出色的科学家，简直令他们抓狂得寝食难安。据说，泡利在到玻尔家访问时，就曾经对玻尔夫人的问好回以暴躁的抱怨：“我当然不好！我不能理解反常塞曼效应！”还有一次，有人看见泡利一个人愁眉苦脸地坐在哥本哈根的公园里，于是上前问候。泡利哇哇大喊道：“当然了，当你想到反常塞曼效应的时候，你还能高兴得起来吗？”

这个问题，一直要到泡利提出他的“不相容原理”后，才算最终解决。

另外，玻尔理论沮丧地发现，自己的力量仅限于只有一个电子的原子模型。对于氢原子、氘原子，或者电离的氦原子来说，它给出的说法是令人信服的。但对于哪怕只有两个核外电子的普通氦原子，它就表现得无能

泡利
Wolfgang Ernst Pauli
1900—1958

为力。准确来说，在所有拥有两个或两个以上电子的模型中，玻尔理论所给出的计算结果都不啻是一场灾难，甚至对于一个电子的原子来说，玻尔能够说清的，也只不过是谱线的频率罢了，至于谱线的强度、宽度或者偏振问题，玻尔还是只能耸耸肩，用他那大舌头的口音说声抱歉。

在氢分子的战场上，玻尔理论同样战败。

为了解决所有这些困难，玻尔、兰德（Alfred Landé）、泡利、克喇默斯（Hendrik A. Kramers）等人做了大量努力，引进了一个又一个新的假定，建立了一个又一个新模型，有些甚至违反了玻尔和索末菲的理论本身。到了1923年，惨淡经营的玻尔理论虽然勉强还算能解决问题，并获得了人们的普遍认同，但它已经像一件打满了补丁的袍子，需要从根本上予以一次彻底变革。哥廷根的那帮充满朝气的年轻人开始拒绝这个补丁累累的系统，希望重新寻求一个更强大、更完美的理论，从而把量子的思想从本质上根植到物理学里面去，以结束现在这样苟且的寄居生活。

玻尔体系的衰落和它的兴盛一样迅猛，越来越多的人开始关注原子世界，并做出更多的实验观测。每一天，人们都可以拿到新的资料，刺激他们的热情，去揭开这个神秘王国的面貌。在哥本哈根和哥廷根，物理天才们兴致勃勃地谈论着原子核、电子和量子，一页页写满了公式和字母的手

玻尔研究所

稿承载着灵感和创意，交织成一个大时代到来的序幕。青山遮不住，毕竟东流去。时代的步伐迈得如此之快，使得脚步蹒跚的玻尔原子终于力不从心，从历史舞台中退出，消失在漫漫黄尘中，只留下一个名字让我们时时回味。

如果把1925－1926年海森堡和薛定谔的开创性工作视为玻尔体系的寿终正寝的话，这个理论总共大约兴盛了13年。它让人们看到了量子在物理世界里的伟大意义，并第一次利用它的力量去揭开原子内部的神秘面纱。然而，正如我们已经看到的那样，玻尔的革命是一次不彻底的革命，量子的假设没有在他的体系里得到根本的地位，而似乎只是一个调和经典理论和现实矛盾的附庸。玻尔理论没法解释，为什么电子有着离散的能级和量子化的行为，它只知其然，而不知其所以然。玻尔在量子论和经典理论之间采取了折中主义的路线，这使得他的原子总是带着一种半新不旧的色彩，最终因为无法克服的困难而崩溃。玻尔的有轨原子放射出那样强烈的光芒，却在转眼间划过夜空，复又坠落到黑暗和混沌中去。它是那样地来去匆匆，以至人们都还来不及在衣带上打一个结，许一些美丽的愿望。

但是，它的伟大意义却不因为其短暂的生命而有任何褪色。是它挖掘出了量子的力量，为未来的开拓者铺平了道路；是它承前启后，有力地推动了整个物理学的脚步。玻尔模型至今仍然是相当好的近似，它的一些思想仍然为今人所借鉴和学习。它描绘的原子图景虽然过时，却是如此形象而生动，直到今天仍然是大众心中的标准样式，甚至代表了科学的形象。比如我们应该能够回忆，直到20世纪80年代末，在中国的大街上还是随处可见那个代表了“科学”的图形：三个电子沿着椭圆轨道围绕着原子核运行。这个图案到了90年代终于消失了，想来总算有人意识到了问题。

在玻尔体系内部，也已经蕴藏了随机性和确定性的矛盾。就玻尔理论而言，如何判断一个电子在何时何地发生自动跃迁是不可能的，它更像是一个随机的过程。1919年，应普朗克的邀请，玻尔访问了战后的柏林。在那里，普朗克和爱因斯坦热情地接待了他，量子力学的三大巨头就几个物理问题展开了讨论。玻尔认为，电子在轨道间的跃迁似乎是不可预测的，是一个自发的随机过程，至少从理论上没办法得出一个电子具体的跃迁条件。爱因斯坦大摇其头，认为任何物理过程都是确定和可预测的。这已经埋下了两人日后那场旷日持久争论的种子。

当然，我们可敬的尼尔斯·玻尔先生也不会因为旧量子论的垮台而退出物理舞台。正相反，关于他的精彩故事才刚刚开始。他还要在物理的第一线战斗很长时间，直到逝世为止。1921年9月，玻尔在哥本哈根的研究所终于落成，36岁的玻尔成了这个研究所的所长。他的人格魅力很快就像磁场一样吸引了各地才华横溢的年轻人，并很快把这里变成了全欧洲的一个学术中心。赫维西、弗里西（O. Frisch）、弗兰克（J. Franck）、克喇默斯、克莱恩、泡利、狄拉克、海森堡、约尔当、达尔文（C. Darwin）、乌仑贝克、古兹密特、莫特（N. Mott）、朗道（L. Landau）、兰德、鲍林（L. Pauling）、盖莫夫（G. Gamov）……人们向这里涌来，充分地感受这里的自由气氛和玻尔的关怀，并形成一种富有激情、活力、乐观态度和进取心的学术精神，也就是后人所称道的“哥本哈根精神”。在弹丸小国丹麦，出现了一个物理学界眼中的圣地，这个地方将深远地影响量子力学的未来，还有我们根本的世界观和思维方式。

Part. 3

当玻尔的原子还在泥潭中深陷苦于无法自拔的时候，新的革命已经在酝酿之中。这一次，革命者并非来自穷苦的无产阶级大众，而是出自一个显赫的法国贵族家庭。路易斯·维克托·皮雷·雷蒙·德布罗意王子（Prince Louis Victor Pierre Raymond de Broglie）将为他那荣耀的家族历史增添一份新的光辉。

“王子”（Prince，也有翻译为“公子”的）这个爵位并非我们通常所理解的，是国王的儿子。事实上在爵位表里，它的排名并不算高，而且似乎不见于英语世界。大致说来，它的地位要比“子爵”（Viscount）略低，而比“男爵”（Baron）略高。不过这只是因为路易斯在家中并非老大而已，德布罗意家族的历史悠久，他的祖先中出了许许多多的将军、元帅、部长，曾经忠诚地在路易十四、路易十五、路易十六的麾下效劳。他们参加过波兰王位继承战争（1733—1735）、奥地利王位继承战争（1740—1748）、七年战争（1756—1763）、美国独立战争（1775—1782）、法国大革命（1789）、二月革命（1848），接受过弗兰西斯二世（Francis II，神圣罗马帝国皇帝，后来退位成为奥地利皇帝弗兰西斯一世）以及路易·腓力（Louis Philippe，法国国王，史称奥尔良公爵）的册封，家族继承着最高世袭身份的头衔：公爵（法文Duc，相当于英语的Duke）。路易斯·德布罗意的哥哥——莫里斯·德布罗意便是第六代德布罗

德布罗意
Louis de Broglie
1892—1987

意公爵。1960年，当莫里斯去世以后，路易斯终于从他哥哥那里继承了这个光荣称号，成为第七位Duc de Broglie。

当然，在那之前，路易斯还是顶着王子的爵号。小路易斯对历史学表现出浓厚的兴趣，他的祖父——Jacques Victor Albert, Duc de Broglie，不但是一位政治家，曾于1873—1874年担任过法国总理，同时也是一位出色的历史学家，尤其精于晚罗马史，写出过著作《罗马教廷史》（*Histoire de l'église et de l'empire romain*）。小路易斯在祖父的熏陶下，决定进入巴黎大学攻读历史。18岁那年（1910），他从大学毕业，却没有在历史学领域进行更多的研究，因为他的兴趣已经强烈地转向物理方面。他的哥哥莫里斯·德布罗意（第六代德布罗意公爵）是一位著名的射线物理学家。正如我们已经提到过的那样，莫里斯参加了1911年的布鲁塞尔第一届索尔维“巫师”会议，并把会议记录带回了家。小路易斯阅读了这些令人激动的科学进展和最新思想，他对科学的热情被完全地激发出来，并立志把一生奉献给这一伟大的事业。

转投物理后不久，第一次世界大战爆发了。德布罗意应征入伍，获得了一个无线电技术人员的工作。大部分时间里，他负责在埃菲尔铁塔上架设无线电台。他比可怜的亨利·莫塞莱要幸运许多，能够在大战之后毫发无伤，继续进入大学学习物理。他的博士导师便是著名的保罗·朗之万（Paul Langevin）。

各位读者，我必须在这里插上几句话，因为我们已经在不知不觉中来到了一个命运攸关的时刻。回头望去，玻尔原子的耀眼光芒已经消失在遥远的天际，同时也带走了我们唯一的火把和路标。现在，我们又一次失去了前进的方向，周围野径交错，迷雾湿衣。在接下来的旅途中，大家必须小心翼翼地紧跟我们的步伐，不然会有迷路掉队的危险。史话讲到这里，我希望各位已经欣赏到了不少令人心驰神往的风光美景，也许大家曾经在某些问题上彷徨困惑过一阵子，但总的来说，道路还不算太过崎岖坎坷。然而，必须提醒大家的是，在这之后，我们将进入一个完完全全的奇幻世界。这个世界光怪陆离，和我们平常所感知认同的迥然不同。在这个新世界里，所有的图像和概念都显得疯狂而不理性，显得更像是爱丽丝梦中的奇境，而不是踏踏实实的土地。许多名词是如此稀奇古怪，以致只有借助数学工具才能把握它们的真实意义。当然，笔者将一如既往地试图用最浅白的语言将它们表述出来，但是各位仍然有必要事先做好心理准备，因为量子革命的潮水很快就要铺天盖地地狂啸而来了。这一切来得是那样汹涌澎湃，以致很难分清主次线索，为了不至于使大家摸不着头绪，我将尽量把一个主题阐述完整再转向下一个。那些希望把握时间感的读者应该留意具体的年代和时间。

好了，闲话少说，我们的话题回到德布罗意身上。他一直在思考一个问题，就是如何能够在玻尔的原子模型里面自然地引进一个周期的概念，以符合观测到的现实。原本，这个条件是强加在电子上面的量子化模式：电子的轨道是不连续的。可是，为什么必须如此呢？在这个问题上，玻尔只是态度强硬地做了硬性规定，而没有解释理由。在他的威名震慑下，电子虽然乖乖听话，但总有点不那么心甘情愿的感觉。德布罗意想，是时候把电子解放出来，让它们自己做主了。

20世纪初的法国，很少有科学家投入量子领域的研究中，但老布里渊

（Louis Marcel Brillouin，他的儿子小布里渊Léon Nicolas Brillouin也是一位物理名家）是一个例外。1919－1922年，布里渊发表了一系列关于玻尔原子的论文，试图解释只存在分立的定态轨道这样一个事实。在老布里渊看来，这是因为电子在运动的时候会激发周围的“以太”，这些被振荡的以太形成一种波动，它们互相干涉，在绝大部分地方抵消掉了，因此电子不能出现在那里。

德布罗意读过布里渊的文章后，若有所思：干涉抵消的说法是可能的，但“以太”就不令人信服了。我们可敬的老以太，37年前的迈克尔逊—莫雷实验已经宣判了它的死刑，而爱因斯坦则在19年的缓刑期后亲手处决了它，现在，又有什么理由让它再次借尸还魂呢？导致玻尔轨道的原因必定直接埋藏在电子内部，而不用导入什么以太之类的多余概念。问题是，我们必须对电子本身的性质再一次进行认真的审视，莫非电子背后还隐藏着一些无人知晓的秘密？

德布罗意想到了爱因斯坦和他的相对论。他开始这样推论：根据爱因斯坦那著名的方程，如果电子有质量m，那么它一定有一个内禀的能量$E=mc^2$。好，让我们再次回忆那个我说过很有用的量子基本方程，$E=h\upsilon$，也就是说，对应这个能量，电子一定会具有一个内禀的频率。这个频率的计算很简单，因为$mc^2=E=h\upsilon$ 所以$\upsilon=mc^2/h$。

好，电子有一个内在频率。那么频率是什么呢？它是某种振动的周期。那么我们又得出结论，电子内部有某些东西在振动。是什么东西在振动呢？德布罗意借助相对论，开始了他的运算，结果发现……当电子以速度v_0前进时，必定伴随着一个速度为c^2/v_0的波……

噢，你没有听错。电子在前进时，本身总是伴随着一个波。细心的读者可能要发出疑问，因为他们发现这个波的速度c^2/v_0将比光速还快上许多，但这不是一个问题。德布罗意证明，这种波不能携带实际的能量和信息，因此并不违反相对论。爱因斯坦只是说，没有一种能量信号的传递能超过光速，对德布罗意的波，他是睁一只眼闭一只眼的。

德布罗意把这种波称为“相波”（phase wave），后人为了纪念他，也称其为“德布罗意波”。计算这个波的波长是容易的，就简单地把上面得出的速度除以它的频率，那么就得到：$\lambda = (c^2 / v_0) / (mc^2 / h) = h / mv_0$[2]。

但是，等等，我们似乎还没有回过神来。我们在谈论一个“波”！可是我们起初明明在讨论电子的问题，怎么突然从电子里冒出了一个波呢？我们并没有引入所谓的“以太”啊，只有电子，这个波又是从哪里出来的呢？难道说，电子其实本身就是一个波？

什么？电子居然是一个波？！这未免让人感到太不可思议。可敬的普朗克绅士在这些前卫而反叛的年轻人面前，只能摇头兴叹，连话都说不出来了。德布罗意把相波的证明作为他的博士论文提交了上去，但并不是所有人都相信他。“证据，我们需要证据。”在博士答辩中，所有的人都在异口同声地说，“如果电子是一个波，那么就让我们看到它是一个波的样子。把它的衍射实验做出来给我们看，把干涉图纹放在我们眼前。”德布罗意有礼貌地回敬道：“是的，先生们，我会给你们看到证据的。我预言，电子在通过一个小孔或者晶体的时候，会像光波那样，产生一个可观测的衍射现象。”

在当时，德布罗意并未说服所有的评委，虽然他凭借出色的答辩最终获得了博士学位，但人们仍然倾向于认为相波只是一个方便的理论假设，而非物理事实[3]。但是，爱因斯坦却相当支持这个理论，当朗之万把自己弟子的大胆见解交给爱因斯坦点评时，他马上予以了高度评价，称德布罗意“揭开了大幕的一角”。整个物理学界在听到爱因斯坦的评论后大吃一惊，这才开始全面关注德布罗意的工作。

■ [2] 在德布罗意的原始论文里没有出现这个公式，不过它的最终形式已经暗含在文中了。所以人们依然将其称为德布罗意公式。

● [3] 在德布罗意博士答辩会上的4个委员中，除了朗之万以外，Perrin、Mauguin和Cartan都持怀疑态度。

事实上，德布罗意的博士学位当然不是侥幸得来的。恰恰相反，这也许是颁发过的含金量最高的学位之一。德布罗意是有史以来第一个仅凭借博士论文就直接获取科学最高荣誉——诺贝尔奖的例子，而他的精彩预言也将和他本人一样在物理史上流芳百世。因为仅仅两年之后，奇妙的事情就在新大陆发生了。

Part. 4

上次说到，德布罗意发现电子在运行的时候，居然同时伴随一个波。他还大胆地预言，这将使得电子在通过一个小孔或者晶体的时候，会产生一个可观测的衍射现象。也许是上帝存心要让物理学的混乱在20年代中期到达一个最高潮，这个预言很快就被戴维逊（C.J.Davisson）和革末（L. H. Germer）在美国证实了。

戴维逊出生于美国伊利诺伊州，并先后在芝加哥、普度和普林斯顿大学接受了物理教育。他曾先后师从密立根和理查德森（O.W.Richardson），都是有名的光电子理论专家。完成学业之后，戴维逊本应顺理成章地进入大学教学，但他有一个致命的缺点——口吃，这使他最终放弃了校园生涯，加入到西部电气公司的工程部去做研究工作。这个部门后来在1925年被当时AT&T的总裁吉福（Walter Gifford）撤销，摇身一变，成为大名鼎鼎的贝尔电话实验室（Bell Labs）。

不过我们还是回到正题。1925年，戴维逊和他的助手革末正在这个位于纽约的实验室里进行一个实验：用电子束轰击一块金属镍（nickel）。实

戴维逊和革末

验要求金属的表面绝对纯净，所以戴维逊和革末把金属放在一个真空的容器里，以确保没有杂质混入其中。然而，2月5日，突然发生了一件意外，这个真空容器出于某种原因发生了爆炸，空气一拥而入，迅速地氧化了镍的表面。戴维逊和革末非常懊丧，因为通常来说发生了这样的事故后，整个装置就基本报废了。不过这次他们决定对其进行修补，重新净化金属表面，把实验从头来过。在当时，去除氧化层的最好办法就是对金属进行高热加温，而这正是两人所做的。

他们却并不知道，正如雅典娜暗中助推着阿尔戈英雄们的船只，幸运女神正在这个时候站在他俩的身后。容器里的金属在高温下发生了不知不觉的变化：原本它是由许许多多块小晶体组成的，而在加热之后，整块镍熔合成了几块大晶体。虽然在表面看来，两者并没有太大的不同，但是内部的剧变已经足够改变物理学的历史。

折腾了两个多月后，实验终于又可以继续进行了。一开始没有什么奇怪的结果出现，可是到了5月中，实验曲线突然发生了剧烈的改变！两人吓了一跳，百思不得其解，实验毫无成果地拖了一年多。终于，戴维逊在这上面感到筋疲力尽，决定放松一下，和夫人一起去英国度“第二次蜜月”。他信誓旦旦地承诺说，这将比第一次蜜月还要甜蜜。

戴维逊实验和电子衍射

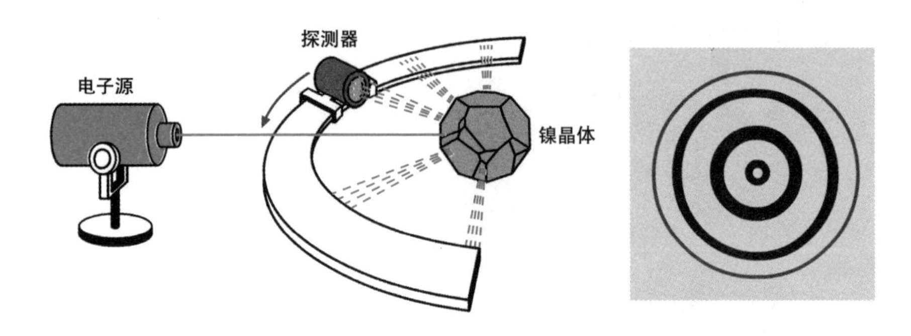

老天果然没有辜负戴维逊的期望，给了他一次异常“甜蜜”的旅行，却是在一个非常不同的意义上。当时，正好许多科学家在牛津开会，戴维逊也顺便和他的大舅子（也就是他的老师理查德森）去凑热闹。会议由著名的德国物理学家波恩主持，他提到了戴维逊早年的一个类似的实验，并认为可以用德布罗意波来解释。德布罗意波？戴维逊还是第一次听到这个名词，他在AT&T专心搞实验，对远在欧洲发生的新革命闻所未闻。不过戴维逊立即联想到了自己最近获得的那些奇怪数据，于是把它们拿出来供大伙儿研究。几位著名的科学家进行了热烈讨论，并认为这很可能就是德布罗意所预言过的电子衍射！戴维逊又惊又喜，在回去的途中大大地恶补了一下新的量子力学。很快，到了1927年，他就和革末通过实验精确地证明了电子的波动性：被镍块散射的电子，其行为和X射线衍射一模一样！人们终于发现，在某种情况下，电子表现出如X射线般的纯粹波动性质。

更多的证据接踵而至。同样在1927年，G.P.汤姆逊，著名的J.J.汤姆逊的儿子，在剑桥通过实验进一步证明了电子的波动性。实验中得到的电子衍射图案和X射线衍射图案相差无几，而所有的数据，也都和德布罗意的预言吻合得天衣无缝。现在没什么好怀疑的了，我们可以赌咒发誓：电子，千真万确，童叟无欺，绝对是一种波！

命中注定，戴维逊和汤姆逊将分享 1937 年的诺贝尔奖金，而德布罗意将先于他们 8 年获得诺贝尔奖。有意思的是，G.P. 汤姆逊的父亲 J.J. 汤姆逊因为发现了电子这一粒子而获得诺贝尔奖，做儿子的却因为证明电子是波而获得同样的荣誉。历史有时候实在富有太多的趣味性。

可是，让我们冷静一下，从头再好好地想一想。电子是个波？这是什么意思？我希望大家还没有忘记我们可怜的波动和微粒两支军队，在玻尔原子兴盛又衰败的时候，它们仍然一直在苦苦对抗，僵持不下。1923年，德布罗意在求出他的相波之前，正好是康普顿用光子说解释了康普顿效应，从而带领微粒大举反攻后不久。倒霉的微粒不得不因此放弃了全面进攻，因为它们突然发现，在电子这个大后方居然出现了波动的奸细！这可真是后院起火了。

“电子居然是个波！”这个爆炸性新闻很快就传遍了波动和微粒双方各自的阵营。刚刚还在康普顿战役中焦头烂额的波动一方这下扬眉吐气，终于可以狠狠地嘲笑一下死对头微粒。《波动日报》发表社论，宣称自己取得了决定性的胜利。它的首版套红标题气势磅礴：“微粒的反叛势力终将遭遇到它们应有的可耻结局——电子的下场就是明证。”光子的反击，在波动的眼中突然变得不值一提了，连电子这个老大哥都能搞定，还怕你小小的光子？波动的领导人甚至在各地发表了极具煽动性的演讲，不但再次声称自己在电磁领域拥有绝对的合法主权，而且进一步要求统治原子和电子，乃至整个物理学。“既然德布罗意已经证明了所有的物质其实都是物质波（相波），微粒伪政权又有什么资格盘踞在不属于它的土地上？一切所谓的‘粒子’都只是波的假象，而微粒学说只有一个归宿——历史的垃圾桶！”

不过这次，波动的乐观态度未免太一厢情愿，它高兴得过早了。微粒方面的宣传舆论工具也没闲着，《微粒新闻》的记者采访了德布罗意，结果德布罗意说，当今的辐射物理被分成粒子和波两种观点，这两种观点应当以某种方式统一，而不是始终尖锐对立——这不利于理论的发展前景。他甚至以一种和事佬的姿态提到，自己和哥哥从来都把X射线看成一种粒子与波的混合体。对于微粒来说，讲和的提议自然是无法接受的，但至少能让它松一口气的是，德布罗意没有明确地偏向波动一方，这就给它的反击留下了余地。“啊哈，”微粒的将军们嘲弄地反唇相讥道，“看哪，波动在光的问题上败得狼狈不堪，现在狗急跳墙，开始胡话连篇了。电子是个波？多可笑的论调！难道宇宙万物不都是由原子核和电子所组成的吗？这么说来，桌子也是波，椅子也是波，地球也是波，你和我都是波？Oh my God，可怜的波动到底知不知道它自己在说些什么？”

“德布罗意事变”将第三次波粒战争推向了一个高潮。电子，乃至整个物质世界现在也被拉进有关光本性的这场战争，这使得战争全面升级。事实上，波动这次对电子的攻击更加激发了粒子们同仇敌忾之心。现在，光子、电子、α粒子还有更多的基本粒子，它们都决定联合起来，为了“大粒子王国”的神圣保卫战而并肩奋斗。这场波粒战争已经远远超出了光的范围，整个物理体系如今都陷入这个争论中，从而形成了一次名副其实的世界大战。现在的问题已经不再仅仅是光到底是粒子还是波，现在的问题还有电子到底是粒子还是波，你和我到底是粒子还是波，这整个物质世界到底是粒子还是波。

波动和微粒，这两个对手的恩怨纠缠，在整整三个世纪中犬牙交错，宿命般地铺展开来，终于演变为一场决定物理学命运的大决战。

饭后闲话：父子诺贝尔

俗话说，虎父无犬子，大科学家的后代往往也会取得不亚于前辈的骄人成绩。J.J. 汤姆逊的儿子 G.P. 汤姆逊推翻了老爸电子是粒子的观点，证明电子的波动性，同样获得诺贝尔奖。这样的世袭科学豪门，似乎还不是绝无仅有。

居里夫人和她的丈夫皮埃尔・居里于1903年共同获得了诺贝尔奖（居里夫人在1911年又得了一个化学奖）。他们的女儿约里奥・居里（Irene Joliot-Curie）也在1935年和她丈夫一起获得了诺贝尔化学奖。居里夫人的另一个女婿，美国外交家Henry R.Labouisse，在1965年代表联合国儿童基金会（UNICEF）获得了诺贝尔和平奖。

1915年，亨利・布拉格（William Henry Bragg）和劳伦斯・布拉格（William Lawrence Bragg）父子因为利用X射线对晶体结构做出了突出贡献，共同获得了诺贝尔物理奖。劳伦斯得奖时年仅25岁，是有史以来最年轻的诺贝尔物理奖得主。

我们大名鼎鼎的尼尔斯・玻尔获得了1922年的诺贝尔物理奖。他的第4个儿子——埃格・玻尔（Aage Bohr）于1975年在同样的领域获奖。尼尔斯・玻尔的父亲也是一位著名的生理学家，任教于哥本哈根大学，曾被两次提名为诺贝尔医学和生理学奖得主，可惜没有成功。

卡尔・塞班（Karl Siegbahn）和凯・塞班（Kai Siegbahn）父子分别于1924年和1981年获得诺贝尔物理奖。

假如俺的老爸是大科学家，俺又会怎样呢？不过恐怕还是如现在这般浪荡江湖，寻求无拘无束的生活吧，呵呵。

Part. 5

上次说到，德布罗意的相波引发了新的争论。不仅光和电磁辐射，现在连电子和普通物质都出了问题：究竟是粒子还是波呢？

虽然双方在口头上都不甘示弱，但真正的问题还要从技术上去解决。戴维逊和汤姆逊的电子衍射实验证据可是确凿无疑的，这使得微粒方面无法视而不见。但微粒避其锋芒，放弃外围阵地，采取一种坚壁清野的战术，牢牢地死守最初建立起来的堡垒。电子理论的阵地可不是一朝一夕建成的，哪有那么容易被摧毁？大家难道忘记了电子最初被发现的那段历史了吗？当时坚持粒子说的英国学派和坚持以太波动说的德国学派不是也争吵个不休吗？难道最后不是伟大的J.J.汤姆逊用无可争议的实验证据给电子定了性吗？虽然26年过去了，可阴极射线在静电场中不是依然乖乖地像个粒子那般偏转吗？老爸可能是有一点古旧和保守，但姜还是老的辣，做儿子的想要彻底推翻老爸的观点，还需要提供更多的证据才行。

微粒的另一道战壕是威尔逊云室，这是英国科学家威尔逊（C.T.R.Wilson）在1911年发明的一种仪器。水蒸气在尘埃或者离子通过的时候，会以它们为中心凝结成一串水珠，从而在粒子通过之处形成一条清晰可辨的轨迹，就像天空中喷气式飞机身后留下的白雾。利用威尔逊云室，我们可以亲眼看到电子的运行情况，从而进一步研究它和其他粒子碰撞时的情形，结果它们的表现完全符合经典粒子的规律。在过去，这或许是理所当然的事情，但现在，对于敌人兵临城下的粒子军来说，这可是一个宝贵的防御工事。威尔逊因为发明云室在1927年和康普顿分享了诺贝尔奖金，这两位都可以说是微粒方面的重要人物。如果1937年戴维逊和汤姆逊的获奖标志着波动的狂欢，那10年前的这次诺贝尔颁奖礼则无疑是微粒方面的一次盛典。不过在领奖的时候，战局已经出乎人们的意料，有了微妙的变化。当然这都是后话了。

捕捉电子位置的仪器也早就有了，电子在感应屏上，总是激发出一个小亮点。Hey，微粒的将军们说，波动怎么解释这个呢？哪怕是电子组成衍射图案，它还是一个一个亮点这样堆积起来的。如果电子是波的话，那么理论上单个电子就能构成整个图案，只不过非常暗淡而已。可是情况显然

玻色
Satyendra Nath Bose
1894—1974

不是这样，单个电子只能构成单个亮点，只有大量电子的出现才逐渐显示出衍射图案来，这难道不是粒子的最好证据吗?

在电子战场上苦苦坚守，等待转机的同时，微粒于光的问题上则主动出击，以争取扭转整体战略形势。在康普顿战役中大获全胜的它得理不饶人，大有不把麦克斯韦体系砸烂不罢休的豪壮气概。到了1923年夏天，波特（Walther Bothe）和威尔逊用云室进一步肯定了康普顿的论据，而波特和盖革（做α粒子散射实验的那个）1924年的实验则再一次极其有力地支持了光量子的假说。虽然麦克斯韦理论在电磁辐射的领土上已经有60多年的苦心经营，但微粒的力量奇兵深入，屡战屡胜，令波动为之深深头痛，大伤脑筋。

与此同时，爱因斯坦也收到了一封陌生的来信，寄信地址让他吃惊不已：居然是来自遥远的印度！写信的人自称名叫玻色（S.N. Bose），他谦虚地请求爱因斯坦审阅一下他的论文，看看有没有可能发表在《物理学杂志》（*Zeitschrift für Physk*）上面。爱因斯坦一开始不以为意，随手翻了翻这篇文章，但马上他就意识到，他收到的是一个意义极为重大的证明。玻色把光看作不可区分的粒子的集合，从这个简单的假设出发，他一手推导出了普朗克的黑体公式！爱因斯坦亲自把这篇重要的论文翻译成德文发表，他随即又进一步完善玻色的思想，发展出了后来在量子力学中具有举足轻重地位的玻色—爱因斯坦统计方法。服从这种统计的粒子（比如光子）称为“玻色子”（boson），它们不服从泡利不相容原理，这使得我们可以预言，它们在低温下将表现得非常不同，形成著名的玻色—爱因斯坦凝聚现象。2001年，3位分别来自美国和德国的科学家因为用实验证实了这一现象而获得诺贝尔物理学奖，不过那已经超出我们史话所论述的范围了。

玻色—爱因斯坦统计的确立是微粒在光领域的又一个里程碑式的胜利。原来仅仅把光简单地看作全同的粒子，困扰人们多时的黑体辐射和其他许许多多的难题就自然都迎刃而解！这叫微粒又扬扬得意了好一阵子。不过，就像当年的汉尼拔，它的胜利再如何辉煌，也仍然无法摧毁看上去牢不可破的罗马城——电磁大厦！无论它自我吹嘘说取得了多少战果，在双缝干涉条纹前还是只好忍气吞声。反过来，波动也是处境艰难。它只能困守在麦克斯韦的城堡内向对手发出一些苍白的嘲笑，面对光电效应等现象，仍然显得一筹莫展，束手无策。波动后来曾经发动过一次小小的突击，试图绕过光量子假设去解释康普顿效应，比如J.J.汤姆逊和金斯等人分别提出过一些基于经典理论的模型，但这些行动都没能达到预定的目标，最后都不了了之。在另一方面，波动企图在短期内闪电战灭亡电子的战略意图则因为微粒联合军的顽强抵抗很快就化作泡影，整个战场再次陷入僵持。

人们不久就意识到，无论微粒还是波动，其实都没能在“德布罗意事变”中捞到实质性的好处。双方各派出一支奇兵，在对手的腹地内做活一块，但却没有攻占任何有重大战略意义的据点。在老战线上，谁都没能前进一步，只不过现在的战场被无限扩大了而已。第三次波粒战争不可避免地演变为一场旷日持久的拉锯战，谁也看不到胜利的希望。

玻尔在1924年曾试图给这两支军队调停，他和克喇默斯还有斯雷特（J.C.Slater）发表了一个理论，以三人的首字母命名，称作BKS理论。BKS放弃了光量子的假设，但尝试运用对应原理在波和粒子之间建立一种对应，这样一来就可以同时从两者的角度去解释能量转换。可惜的是，波粒正打得眼红，哪肯善罢甘休，这次调停成为外交上的彻底失败，不久就被实验所否决。战火熊熊，燃遍物理学的每一寸土地，同时也把它的未来炙烤得焦煳不堪。

1925年，物理学真正走到了一个十字路口。它迷茫而又困惑，不知道前途何去何从。昔日的经典辉煌已经变成断瓦残垣，一切回头路都被断绝。如今的天空浓云密布，不见阳光，在大地上投下一片阴影。人们在量子这个精灵的带领下一路走来，沿途如行山阴道上，精彩目不暇接，但现在却突然发现自己已经身在白云深处，彷徨而不知归路。放眼望去，到处是雾茫茫一片，不辨东南西北，叫人心中没底。玻尔建立的大厦虽然看起来仍然顶天立地，但稍微了解一点内情的工程师们都知道它已经几经裱糊，伤筋动骨，摇摇欲坠，只是在苦苦支撑而已。更何况，这个大厦还凭借着对应原理的天桥依附在麦克斯韦的旧楼上，这就更让人不敢对它的前途抱有任何希望。在另一边，微粒和波动打得烽火连天，谁也奈何不了谁，长期的战争已经使物理学的基础处在崩溃边缘，它甚至不知道自己是建立在什么东西之上。

当时有一个流行的笑话是这样说的："物理学家们不得不在星期一、星期三、星期五把世界看成粒子，在星期二、星期四、星期六则把世界看成波。到了星期天，他们不知如何是好，干脆就待在家里祈祷上帝保佑。"

不过，我们也不必过多地为一种悲观情绪所困扰。在大时代的黎明到来之前，总是要经历这样深深的黑暗，那是一个伟大理论诞生前的阵痛。当大风扬起，吹散一切迷雾的时候，人们会惊喜地发现，原来他们已经站在高高的山峰之上，极目望去，满眼风光。

那个带领我们穿越迷雾的人，后来回忆说："从1924年到1925年，我们在原子物理方面虽然进入了一个浓云密布的领域，但是已经可以从中看见微光，并展望出一个令人激动的远景。"

说这话的是一个来自德国的年轻人，他就是沃尔纳·海森堡。物理学的天空终于要云开雾散，露出璀璨的星光让我们目眩神迷。而这个名字则注定要成为华丽的星座之一，它发射出那样耀眼的光芒，照亮整个苍穹，把自己镌刻在时空和历史的尽头。

饭后闲话：被误解的名言

这个闲话和今天的正文无关，不过既然这几日讨论牛顿，不妨多披露一些关于牛顿的历史事实[4]。

牛顿最为人熟知的一句名言是这样说的："如果我看得更远的话，那是因为我站在巨人的肩膀上。"（If I have seen further it is by standing on y^e[5] shoulders of Giants.）这句话通常被用来赞叹牛顿的谦逊，但是从历史的角度来看，这句话本身似乎没有任何可以理解为谦逊的理由。

首先这句话不是原创。早在12世纪，伯纳德（Bernard of Chartres，中世纪的哲学家，著名的法国沙特尔学校的校长）就说过："Nos esse quasi nanos gigantium humeris insidientes."这句拉丁文的意思就是说，我们都像坐在巨人肩膀上的矮子。这句话如今还能在沙特尔市那著名的哥特式大教堂的窗户上找到。从伯纳德以来，至少有二三十个名人在牛顿之前说过类似的话，明显是当时流行的一种套词。

牛顿这句话是写在1676年给胡克的一封信中。当时他已经和胡克在光的问题上吵得昏天黑地，争论已经持续多年（可以参见我们的史话）。在这封信里，牛顿认为胡克把他（牛顿自己）的能力看得太高了，然后就是这句著名的话："如果我看得更远的话，那是因为我站在巨人的肩膀上。"

结合前后文来看，这是一次很明显的妥协：我没有抄袭你的观念，我

▶〔4〕本书最初写成于网上。写到这段的时候，论坛里正在讨论关于牛顿的事情。

●〔5〕y^e为the的古英语写法。

只不过在你工作的基础上继续发展——这才比你看得高那么一点点。牛顿想通过这种方式委婉地平息胡克的怒火，大家就此罢手。但如果要说大度或者谦逊，似乎很难谈得上。牛顿为此一生记恨胡克，哪怕几十年后，胡克早就墓木已拱，他还是不能平心静气地提到这个名字，这句话最多是试图息事宁人的外交辞令而已。

更有历史学家认为，这句话是一次恶意的揶揄和讽刺——胡克身材矮小，用“巨人”似乎不怀好意。持这种观点的甚至还包括著名的史蒂芬·霍金，讽刺的是，霍金自己曾经长期担任剑桥的卢卡萨教授一职——这正是牛顿当年坐过的位子！

牛顿还有一句有名的话，大意说他是海边的一个小孩子，捡起贝壳玩玩，但还没有发现真理的大海。这句话也不是他的原创，最早可以追溯到Joseph Spence。但牛顿最可能是从约翰·弥尔顿的《复乐园》中引用的（牛顿有一本弥尔顿的作品集）。这显然也是精心准备的说辞，牛顿本人从未见过大海，更别提在海滩行走了[6]。他一生中见过的最大的河也就是泰晤士河，很难想象大海的意象如何能自然地从他的头脑中跳出来。

我谈这些，完全没有诋毁谁的意思。我只想说，历史有时候被赋予了太多的光圈和晕轮，但还历史的真相，是每一个人的责任，不论那真相究竟是什么。同时，这也丝毫不影响牛顿在科学上的成就——他是整个近代科学最重要的奠基人，使得科学最终摆脱神学婢女地位而获得完全独立的象征人物，是有史以来第一个集大成的科学体系的创立者。从这个意义上来说，牛顿毫无疑问是有史以来最伟大的科学家，无论是伽利略、麦克斯韦、达尔文还是爱因斯坦，均不能望其项背。

[6] 牛顿极少旅行，所到过的地方一目了然。牛顿从未见过大海是传统的说法，不过读者也可以参看一下White 1997。

The Dawn

曙 光

The Dawn

History *of* Quantum Physics

Part. 1

本章的主角属于沃尔纳·海森堡，他于1901年出生于德国巴伐利亚州的维尔兹堡，其父后来成了一位有名的研究希腊和拜占庭文献的教授。小海森堡9岁那年，他们全家搬到了慕尼黑，他的外祖父在那里的一所名校（叫作Maximilian Gymnasium）任校长，而海森堡也自然进了这所学校学习。虽然属于“高干子弟”，但小海森堡显然不用凭借这种关系来取得成绩，他的天才很快就开始让人吃惊，特别是数学和物理方面的，但他同时也对宗教、音乐和文学表现出强烈兴趣。这种多才多艺预示着他将来不但会成为一位划时代的物理学家，同时也会在哲学史上占有一席之地。

年轻的海森堡喜欢和同伴们四处周游，并参加各式各样的组织。1919年，他甚至参与了镇压巴伐利亚苏维埃共和国的军事行动，当然那时候他还只是个大男孩，把这当成一件好玩的事情而已。对海森堡来说，更严肃的问题是应该为将来选择一条怎样的道路，这在他进入慕尼黑大学后就十分现实地摆在眼前。海森堡琢磨着自己数学不错，于是先试图投奔林德曼（Ferdinand von Lindemann）——一位著名的数论专家——门下学习纯数学。结果，令这位未来的科学巨匠脸上无光的是，他被干脆利落地拒绝了。无奈之下，海森堡退而求其次，成为索末菲的弟子，就这样踏出了通向物理学顶峰的第一步。

不管身在何处，像海森堡这样才华横溢的人是不可能被埋没的，他在物理上很快就显示了更为惊人的天赋，并很快得到了赏识。1922年，玻尔

海森堡
Werner Karl Heisenberg
1901—1976

应邀到哥廷根进行学术访问，从6月12日到22日，玻尔一连做了7次关于原子理论的演讲。这次访问在哥廷根引起了巨大的轰动，甚至后来被称为哥廷根的“玻尔节”。全德国各地的科学家都赶到哥廷根去听玻尔的演讲，而海森堡也随着他的导师索末菲参加这次盛会。当时才上二年级的他竟然向玻尔提出一些学术观点上的异议，使得玻尔对他刮目相看。事实上，玻尔此行最大的收获可能就是遇到了海森堡和泡利，两个天赋无限的青年。求贤若渴的玻尔把两人的名字牢记在心中，到了1924年7月，那时海森堡已是博士，在哥廷根波恩的手下工作，他便写信给这个德国小伙子，告知他洛克菲勒（Rockefeller）财团资助的国际教育基金会（IEB）已经同意提供为数1000美元的奖金，从而让他有机会远赴哥本哈根，与玻尔本人和他的同事们共同工作一年。也是无巧不成书，那时波恩正好要到美国讲学，于是同意海森堡到哥本哈根去，只要在明年5月夏季学期开始前回到哥廷根就行了。从后来的情况看，海森堡对哥本哈根的这次访问无疑对于量子力学的发展有着非常积极的意义。

玻尔在哥本哈根的研究所当时已经具有世界性的声名，和哥廷根、慕尼黑一起，成为量子力学发展史上的“黄金三角”。世界各地的学者纷纷前来访问学习，1924年的秋天有近10位访问学者，其中6位是IEB资助的，而这一数字很快就开始激增，使得这幢三层楼的建筑不久就开始显得拥挤，从而不得不展开扩建。海森堡在结束了他的暑假旅行之后，于1924年9月17日抵达哥本哈根，他和另一位来自美国的金（King）博士住在一位刚去世的教授家里，并由孀居的夫人照顾他们的饮食起居。对于海森堡来说，这地方更像是一所语言学校——他那糟糕的英语和丹麦语水平都在逗留期间取得了突飞猛进的进步。

言归正传。我们在前面讲到，1924年与1925年之交，物理学正处于一种非常艰难和迷茫的境地中。玻尔那精巧的原子结构已经在内部出现了细小的裂纹，而辐射问题的本质究竟是粒子还是波动，双方仍然在白热化地交战。康普顿的实验已经使得最持怀疑态度的物理学家都不得不承认，粒子性是无可否认的，但是这就势必要推翻电磁体系这个已经扎根于物理学近百年的庞然大物。而后者所依赖的地基——麦克斯韦理论看上去又是如此牢不可破，无法动摇。

我们也已经提到，在海森堡来到哥本哈根前不久，玻尔和他的助手克喇默斯还有斯雷特发表了一个称作BKS的理论以试图解决波和粒子的两难。在BKS理论看来，每一个稳定的原子附近，都存在某些“虚拟的振动”（virtual oscillator），这些神秘的虚拟振动通过对应原理一一与经典振动相对应，从而使得量子化之后仍然保留有经典波动理论的全部优点（实际上，它是想把粒子在不同的层次上进一步考虑成波）。然而这个看似皆大欢喜的理论实在有着难言的苦衷，它为了调解波动和微粒之间的宿怨，甚至不惜抛弃物理学的基石之一：能量守恒和动量守恒定律，认为它们只不过是一种统计下的平均情况。这个代价太大，遭到爱因斯坦强烈反对，在其影响下泡利也很快转变态度，他不止一次写信给海森堡抱怨“虚拟的振动”还有“虚拟的物理学”。

BKS的一些思想倒也不是毫无意义。克喇默斯利用虚拟振子的思想研究了色散现象，并得出了积极的结果。海森堡在哥本哈根学习的时候对这方面产生了兴趣，并与克喇默斯联名发表论文在物理期刊上，这些思路对于后来量子力学的创立无疑也有着重要的作用。但BKS理论终于还是中途夭折，1925年4月的实验否定了守恒只在统计意义上成立的说法，光量子确实是实实在在的东西，不是什么虚拟波。BKS的崩溃标志着物理学陷入彻底的混乱，粒子和波的问题是如此令人迷惑而头痛，以致玻尔都说这实在是一种“折磨”（torture）。对于曾经信奉BKS的海森堡来说，这当然是一个坏消息，但是就像一盆冷水，也能让他清醒一下，认真地考虑未来的出路何在。

在哥本哈根的日子是紧张而又有意义的，海森堡无疑感到了一种竞争的气氛：他在德国少年成名，听惯了旁人的惊叹和赞赏，现在却突然发现身边的每一个人都毫不逊色。特别是玻尔那风度翩翩的助手克喇默斯，不但在物理上才华横溢，而且能极为流利地用五种不同的语言交流，钢琴和大提琴的水准也令人叹为观止，这不免让海森堡产生一丝妒意，并以他那好胜的性格加倍努力地追赶。当然，竞争是一回事，哥本哈根的自由精神和学术气氛在全欧洲都几乎无与伦比，而这一切又都和尼尔斯·玻尔这位量子论的“教父”密切相关。毫无疑问，在哥本哈根的每一个人都是天才，但他们却都更好地衬托出玻尔本人的伟大来。这位和蔼的丹麦人对每个人都报以善意的微笑，并引导人们畅所欲言，探讨一切类型的问题。人们像众星捧月一般围绕在他身边，个个都为他的学识和人格所折服，海森堡也不例外，而且他更将成为玻尔最亲密的学生和朋友之一。玻尔常常邀请海森堡到他家（就在研究所的二楼）去分享家藏的陈年好酒，或者到研究所后面的树林里去散步并讨论学术问题。玻尔是一个极富哲学气质的人，他对于许多物理问题的看法都带有深深的哲学色彩，这令海森堡相当震撼，并在很大程度上影响了他本人的思维方式。从某种角度说，在哥本哈根那“量子气氛”里的熏陶以及和玻尔的交流，可能会比海森堡在那段时间里所做的实际研究更有价值。泡利后来说，他很高兴海森堡在哥本哈根“学到了一点哲学”。

那时候，有一种思潮在哥本哈根流行开来。这个思潮当时不知是谁引发的，但历史上大约可以回溯到马赫。这种思潮说，物理学的研究对象应该只是能够被观察到、被实践到的事物，物理学只能够从这些东西出发，而不是建立在观察不到或者纯粹是推论的事物上。这个观点对海森堡以及不久后也来哥本哈根访问的泡利都有很大影响，海森堡开始隐隐感觉到，玻尔旧原子模型里的有些东西似乎不太对头，似乎它们不都是直接能够为实验所探测的。最明显的例子就是电子的“轨道”以及它绕着轨道运转的“频率”。我们马上就要来认真地看一看这个问题。

1925 年 4 月 27 日，海森堡结束哥本哈根的访问回到哥廷根，并开始重新着手研究氢原子的谱线问题——从中应该能找出量子体系的基本原理吧？海森堡打算仍然采取虚振子的方法，虽然 BKS 倒台了，但这在色散理论中已被证明是卓有成效的。海森堡相信这个思路应该可以解决玻尔体系所解决不了的一些问题，譬如谱线的强度。但是当他兴致勃勃地展开计算后，他的乐观态度很快就无影无踪了。事实上，如果把电子辐射按照虚振子的代数方法展开，他所遇到的数学困难几乎是不可克服的，这使得海森堡不得不放弃了原先的计划。泡利在同样的问题上也被难住了，障碍实在太大，几乎无法前进，这位脾气急躁的物理学家是如此暴跳如雷，几乎准备放弃物理学。“物理学出了大问题，”他叫嚷道，“对我来说什么都太难了，我宁愿自己是一个电影喜剧演员，从来也没听说过物理是什么东西！”（插一句，泡利说宁愿自己是喜剧演员，这是因为他是卓别林的粉丝。）

无奈之下，海森堡决定换一种办法，暂时不考虑谱线强度，而从电子在原子中的运动出发，先建立基本的运动模型。事实证明他这条路走对了，新的量子力学很快就要被建立起来，但那却是一种人们闻所未闻，之前连想都不敢想象的形式——Matrix。

Matrix，这无疑是一个本身便带有几分神秘色彩，充满象征意味的词语。不论是从它在数学上的意义，还是电影（包括电影续集）里的意义来说，它都那样扑朔迷离，叫人难以把握，望而生畏。事实上直到今天，还有很多人几乎不敢相信，我们的宇宙就是建立在这些怪物之上。不过不情愿也好，不相信也罢，Matrix已经成为我们生活中不可缺少的概念。理科的大学生逃不了线性代数的课，工程师离不开MatLab软件，漂亮MM也会常常挂念基诺·里维斯，有什么法子呢。

从数学的意义上来翻译，Matrix在中文里译作“矩阵”，它本质上是一种二维的表格。比如像下面这个3×3的矩阵，其实就是一种3×3的方块表格：

$$\begin{pmatrix} 1 & 2 & 3 \\ 4 & 5 & 6 \\ 7 & 8 & 9 \end{pmatrix}$$

读者可能已经在犯糊涂了，大家都早已习惯了普通的以字母和符号代表的物理公式，这种古怪的表格形式又能表示什么物理意义呢？更让人不能理解的是，这种“表格”难道也能像普通的物理变量一样进行运算吗？你怎么把两个表格加起来，或乘起来呢？海森堡准是发疯了。

但是，我已经提醒过大家，我们即将进入的是一个不可思议的光怪陆离的量子世界。在这个世界里，一切看起来是那样地古怪不合常理，甚至有一些疯狂的意味。我们日常的经验在这里完全失效，甚至常常是靠不住的。物理世界沿用了千百年的概念和习惯在量子世界里轰然崩坍，曾经被认为是天经地义的事情必须被无情地抛弃，而代之以一些奇形怪状的，但却更接近真理的原则。是的，世界就是由这些表格构筑的。它们不但能乘能除，而且有着令人瞠目结舌的运算规则，从而导致一些更为惊世骇俗的结论。还有，这一切都不是臆想，是从事实——而且是唯一能被观测和检验到的事实——推论出来的。海森堡说，现在已经到了物理学该发生改变的时候了。

我们这就出发开始这趟奇幻之旅。

Part. 2

物理学，海森堡坚定地想，应当有一个坚固的基础，它只能够从一些直接可以被实验观察和检验的东西出发。一个物理学家应当始终坚持严格的经验主义，而不是想象一些图像来作为理论的基础。玻尔理论的毛病恰恰就出在这上面。

我们再来回顾一下玻尔理论说了些什么。它说，原子中的电子绕着某些特定的轨道以一定的频率运行，并时不时地从一个轨道跃迁到另一个轨道上去。每个电子轨道都代表一个特定的能级，因此当这种跃迁发生的时候，电子就按照量子化的方式吸收或者发射能量，其大小等于两个轨道之间的能量差。

嗯，听起来不错，而且这个模型在许多情况下的确管用。但是，海森堡开始问自己。一个电子的“轨道”，它究竟是什么东西？有任何实验能够让我们看到电子的确绕着某个轨道运转吗？有任何实验可以确实地测出一个轨道的能量，或者它离开原子核的实际距离吗？诚然，轨道的图景生动而鲜明，为人们所熟悉，可以类比行星的运行轨道，但是和行星不同，有没有任何方法让人们真正地看到电子的这么一个“轨道”，并实际测量一个轨道所代表的“能量”呢？没有方法，电子的轨道，还有它绕着轨道的运转频率，都不是能够实际观察到的，那么人们是怎么得出这些概念并在此之上建立起原子模型的呢？

我们回想一下前面史话的有关部分，玻尔模型的建立有着氢原子光谱的支持。每一条光谱线都有一种特定的频率，而由量子公式$E_2—E_1=h\nu$，我们知道这是电子在两个能级之间跃迁的结果。但是，海森堡争辩道，这还是没有解决他的疑问，没有实际的观测可以证明某一个轨道所代表的“能级”是什么。每一条频率为v的光谱线，只代表两个“能级”之间的“能量差”。我们直接观察到的，既不是E_1，也不是E_2，而是$E_1—E_2$！换句话说，只有“能级差”或者“轨道差”是可以被直接观察到的，而“能级”和“轨道”却不是。

现在，我们必须从头审视一下传统的模型，看看问题究竟出在何处。在经典力学中，一个周期性的振动可以用数学方法分解成为一系列简谐振动的叠加，这个方法叫作傅里叶级数展开（Fourier series），它在工程上有着极为重要的应用。无论怎样奇形怪状的函数，只要它的频率为v，我们便可以把它写成一系列的频率为nv的正弦波的叠加。这就好比用天平称重量，只要我们有一套量度非常齐备的砝码，就可以用它们称出任意重量来，精确度达到无限。好比说，假设我们的工具箱里有n种砝码，每种对应的重量单位是10^n克，那么显然有：

123.456……克 ＝1个100克+2个10克+3个1克+4个0.1克+5个0.01克+6个0.001克……的砝码

我们的傅里叶级数展开和这是一个意思，只不过把那n个重量为10^n克的标准砝码理解为频率为nv的标准正弦波而已。这样一来，任何振动也都可以表示为若干个强度为F_n，频率为nv的“砝码”的叠加[1]：

$$X(\upsilon)=F_{-n}e^{-in\upsilon}+\cdots+F_{-2}e^{-i2\upsilon}+F_{-1}e^{-i\upsilon}+F_0+F_1e^{i\upsilon}+F_2e^{i2\upsilon}+\cdots+F_ne^{in\upsilon}$$

回到玻尔模型中来。一个电子的运动方程是怎样的呢？它应该是所谓的“能级”和时间的函数，在一个特定的能级X上，电子以频率v_x作周期运动，这使得我们刚学到的傅里叶分析有了用武之地，可以将其展开为无限个频率为nv_x的简谐振动的叠加。玻尔的理论正是用这种经典手法来处理的。简单而言，一个能级对应一个特定的频率v。

■ [1]为了简便起见，我们用的是指数形式，e^{ix}包含正弦波$\cos(x)+i\sin(x)$。如果你是大学理科生，应该能够理解，不然只好罚你回去温习大一的功课。对于数学没兴趣的读者而言，则大可不必理会其中的细节。

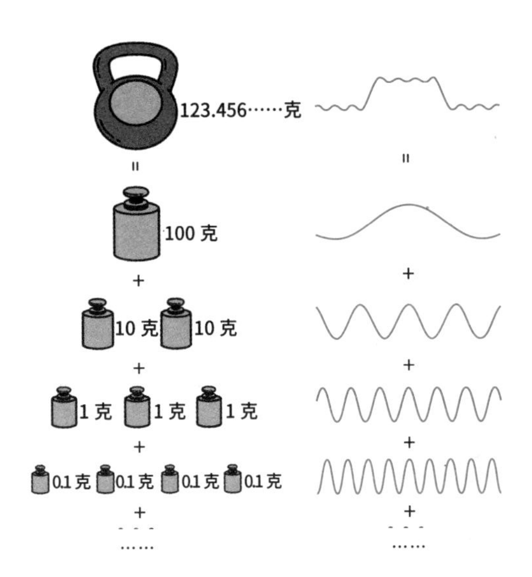

傅里叶级数展开

但是，海森堡现在开始对此表示怀疑。一个绝对的“能级”或者“频率”，有谁曾经观察到过这些物理量吗？没有，我们唯一可以观察的只有电子在能级之间跃迁时的“能级差”。如果说一种物理量无论如何也观察不到，那么我们凭什么把它高高供奉，当作理论的基础呢？玻尔的原子大厦就是建筑在这种流沙之上，所以终于摇摇欲坠。要拯救物理学，现在只有彻底抛弃那些幻想和臆猜，重新一步一个脚印地去寻找一块坚实的地基才行。

一种不可言说的神秘氛围正在四周不断升温蔓延，让我们虔心地祈祷，看看将会发生些什么怪事。如果单独的能级X无法观测，只有“能级差”可以，那么频率必然要表示为两个能级X和Y的函数。我们用傅里叶级数展开的，不再是$n\nu_x$，而必须写成$n\nu_{x,y}$。可是，等等，$\nu_{x,y}$是个什么东西呢？它竟然有两个坐标，这是一张二维的表格！突然之间，Matrix这个怪物在我们的宇宙里妖诡地铺展开来，像一张无边无际的网，把整个时间和空间都网罗在其中。

各位可能有点不知所措。为了进一步让大家明白问题所在，我们还是来打个简单的比方：如今大城市的巴士大多都是无人售票的统一收费，上车就付2块钱。不过在以前，许多车费都是分段计价的（所以才需要售票

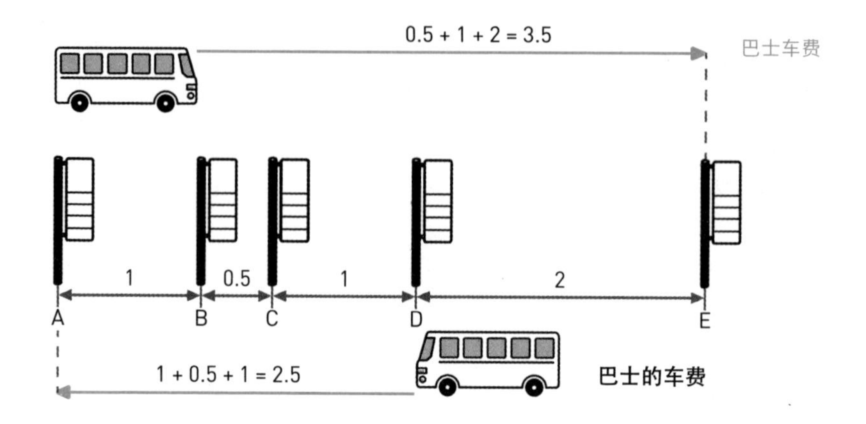

员），也就是说，不管你从哪个站上车，乘坐的距离越远，车票就相对越贵。比如说在上海，我从徐家汇上车，那么坐到淮海路可能只要3分钱，而到人民广场大概就要5分钱，到外滩就要7分钱，如果一直坐到虹口体育场，也许就得花上1毛钱。那真是一段令人怀念的美好时光。

言归正传，让我们假设有一班巴士从A站出发，经过B、C、D三站到达E这个终点站。这辆车的收费沿用了我们怀旧时代的老传统，不是上车一律给2块钱，而是根据起点和终点来单独计费。我们不妨定一个收费标准：A站和B站之间是1块钱，B和C靠得比较近，0.5元。C和D之间还是1块钱，而D和E离得远，2块钱。这样一来车费就容易计算了，比如我从B站上车到E站，那么我就应该给0.5+1+2=3.5元作为车费。反过来，如果我从D站上车到A站，那么道理是一样的：1+0.5+1=2.5元。

现在玻尔和海森堡分别被叫来写一个关于车费的说明贴在车里让人参考。玻尔欣然同意了，他说：这个问题很简单，车费问题实际上就是两个站之间的距离问题，我们只要把每一站的位置状况写出来，那么乘客们就能够一目了然了。于是他就假设，A站的坐标是0，从而推出，B站的坐标是1，C站的坐标是1.5，D站的坐标是2.5，而E站的坐标是4.5，这就行了。玻尔说，车费就是起点站的坐标减掉终点站的坐标的绝对值，我们的“坐标”，实际上可以看成一种“车费能级”，所有的情况都完全可以包含在下面这个表格里：

站点	坐标（车费能级）
A	0
B	1
C	1.5
D	2.5
E	4.5

这便是一种经典的解法，每一个车站都被假设具有某种绝对的“车费能级”，就像原子中电子的每个轨道都被假设具有某种特定的能级一样。所有的车费，不管是从哪个站到哪个站，都可以用这个单一的变量来解决，这是个一维的传统表格，完全可以表达为一个普通的公式。这也是所有物理问题的传统解法。

现在，海森堡说话了。不对，海森堡争辩说，这个思路有一个根本性的错误，那就是作为一个乘客来说，他完全无法意识，也根本不可能观察到某个车站的“绝对坐标”是什么。比如我从C站乘车到D站，无论怎么样我也无法观察到“C站的坐标是1.5”，或者“D站的坐标是2.5”这个结论。作为我——乘客来说，我所能唯一观察和体会到的，就是“从C站到达D站要花1块钱”，这才是最确凿、最坚实的东西。我们的车费规则只能以这样的事实为基础，而不该用不可观察的所谓“坐标”，或者“能级”。

那么，怎样才能仅仅从这些可以观察的事实上去建立我们的车费规则呢？海森堡说，传统的那个一维表格已经不适用了，我们需要一种新类型的表格，像下面这样的：

站点	A	B	C	D	E
A	0	1	1.5	2.5	4.5
B	1	0	0.5	1.5	3.5
C	1.5	0.5	0	1	3
D	2.5	1.5	1	0	2
E	4.5	3.5	3	2	0

这里面，横坐标是起点站，纵坐标是终点站。现在这张表格里的每一

个数字都是实实在在可以观测和检验的了。比如第三行第一列的那个1.5，它的横坐标是A，表明从A站出发。它的纵坐标是C，表明到C站下车。那么，只要某个乘客真正从A站坐到了C站，他就可以证实这个数字是正确的：这个旅途的确需要1.5块钱车费。

海森堡的表格和玻尔的不同，它没有做任何假设和推论，不包含任何不可观察的数据。但作为代价，它采纳了一种二维的庞大结构，每个数据都要用横坐标和纵坐标两个变量来表示。正如我们不能用v_x，而必须用$v_{x,y}$来表示电子频率一样。更关键的是，海森堡争辩说，所有的物理规则也要按照这种表格的方式来改写。我们已经有了经典的动力学方程，现在我们必须全部把它们按照量子的方式改写成某种表格方程。许多传统的物理变量，现在都要看成一些独立的矩阵来处理。在玻尔和索末菲的旧原子模型里，用傅里叶级数展开的电子运动方程，也必须用矩阵重新加工，把不可观察的泥沙剔除出去，注入混凝土的坚实基础——可实际检验的物理量。

但是难题来了，我们现在有一个变量p，代表电子的动量；还有一个变量q，代表电子的位置。本来这是两个经典变量，我们应该把它们相乘，大家都没有对此表示任何疑问。可现在，海森堡把它们改成了矩阵的表格形式，这就给我们的运算带来了麻烦。p和q变成了两个“表格”！请问，你如何把两个“表格”乘起来呢？

或者我们不妨先问自己这样一个问题：把两个表格乘起来，代表了什么意义呢？

为了容易理解，我想让大家做一道小学生水平的数学练习：乘法运算。只不过这次乘的不是普通的数字，而是两张表格：Ⅰ和Ⅱ。它们的内容如下：

$$\text{I}:\begin{pmatrix}1 & 7\\ 8 & 3\end{pmatrix}\quad \text{II}:\begin{pmatrix}2 & 5\\ 6 & 4\end{pmatrix}$$

那么，各位同学，Ⅰ×Ⅱ等于几？这道题就当是今天的家庭作业，现在我们暂时下课。

饭后闲话：男孩物理学

1925 年，当海森堡做出他那突破性的贡献的时候，他刚刚 24 岁。尽管在物理上有着极为惊人的天赋，但海森堡在别的方面无疑还只是一个稚气未脱的大孩子。他兴致勃勃地跟着青年团去各地旅行，在哥本哈根逗留期间，他抽空去巴伐利亚滑雪，结果摔伤了膝盖，躺了好几个礼拜。在山谷田野间畅游的时候，他高兴得不能自已，甚至说“我连一秒钟的物理都不愿想了”。这种政治和为人处世上的天真在后来的岁月里也一再地显露出来。

量子论的发展几乎就是年轻人的天下。爱因斯坦 1905 年提出光量子假说的时候，也才 26 岁。玻尔 1913 年提出他的原子结构的时候 28 岁。德布罗意 1923 年提出相波的时候 31 岁（还应该考虑到他并非科班出身）。而 1925 年，当量子力学在海森堡的手里得到突破的时候，以及后来在历史上闪闪发光的那些主要人物也几乎都和海森堡一样年轻：泡利 25 岁，狄拉克 23 岁，乌仑贝克 25 岁，古兹密特 23 岁，约尔当 23 岁。和他们比起来，38 岁的薛定谔和 43 岁的波恩简直算是老爷爷了。量子力学被人们戏称为“男孩物理学”，波恩在哥廷根的理论班，也被人叫作“波恩幼儿园”。

不过，这只说明量子论的锐气和朝气。在那个神话般的年代，象征了科学永远不知畏惧的前进步伐，开创出一个前所未有的大时代来。“男孩物理学”这个带有传奇色彩的名词，也将成为科学史上一段永远令人遐想的佳话吧。

Part. 3

好了各位同学，我们又见面了。上次我们布置了一道练习题，不知大家有没有按时完成作业呢？不管怎样都好，现在我们一起来把它的答案求解出来。

$$\begin{pmatrix} 1 & 7 \\ 8 & 3 \end{pmatrix} \times \begin{pmatrix} 2 & 5 \\ 6 & 4 \end{pmatrix} = ?$$

出于寓教于乐的目的，我们还是承接上一节，用比喻的方式来解答这个问题。大家还记得每张表格代表了一种海森堡式的车费表，那么现在我们的 I 和 II 就分别成了两条路线的旅游巴士，在两个城市之间来往，只不过收费有所不同而已。我们把它们称为巴士 I 号线和巴士 II 号线。为了再形象化一点，我们假设这两个城市是隔着罗湖桥毗邻的深圳和香港。

这样的话，我们的表格就有了具体的现实意义。如前面已经说明的那样，表的横坐标是出发站，纵坐标是终点站。所以对于巴士 I 号线来说，在深圳市内游玩需要1块钱车费，从深圳出发到香港则要7块钱。反过来，从香港出发回深圳要8块钱，而在香港市内观光则需3块钱[2]。II 号表格里的数字与此类似。

巴士 I 号线	→深圳	→香港	巴士 II 号线	→深圳	→香港
深圳→	1	7	深圳→	2	5
香港→	8	3	香港→	6	4

好吧，到目前为止一切都不错，可是，这到底有什么意思呢？ I × II

▶ [2] 数字只是为了简便而用来举例。事实上当然没这么便宜，换成美元差不多。

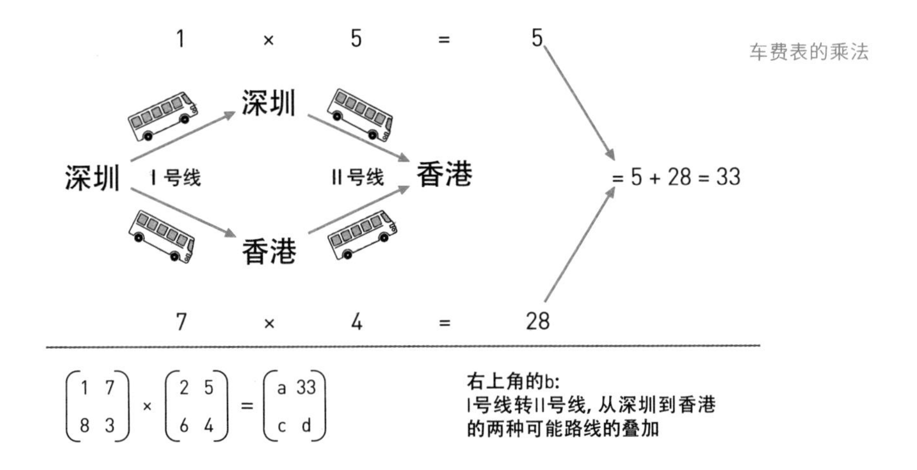

到底是多少呢？这种运算代表什么意义呢？和我们的巴士旅游线又有什么关系呢？暂且不急，让我们一步一步地来解决这个问题。

首先要把握大方向。I是一个2×2的表格，II也是一个2×2的表格。那么，我们有理由去猜测它们的乘积应该也是一个2×2的表格。

$$\begin{pmatrix}1 & 7\\ 8 & 3\end{pmatrix} \times \begin{pmatrix}2 & 5\\ 6 & 4\end{pmatrix} = \begin{pmatrix}a & b\\ c & d\end{pmatrix}$$

位于左上角的a是多少呢？是不是简单地把I号表左上角的1乘以II号表左上角的2，1×2=2就行了呢？我们要时时牢记车费表的现实意义：左上角代表了从深圳出发，还在深圳下车的总车费。1×2的确符合要求：先乘I号线在深圳游玩一阵，随后原地下车再搭II号线再次市内游！总的路线是：深圳→深圳→深圳。起点和终点都在深圳，坐标在左上角，没错！

但是，我们忽略了另一条路线！左上角的a要求从深圳出发，最后在深圳下车，却没有规定整个过程全都在深圳市内！实际上，很容易想象另一条路线：深圳→香港→深圳，它依然符合起点和终点都在深圳的要求。这样一来，我们必须先搭I号线去香港（收费7元），在香港转搭II号线回深圳（收费6元），它们的乘积是7×6=42！

a最终的数值，应该是所有可能路线的叠加（深圳→？→深圳）。在本例中，只有上述两条路线，没有第三种可能了。所以a＝1×2＋7×6＝44。

很奇妙，是不是？我们再来看右上角的b。从深圳出发到香港下车，同样也有两种可能的路线：深圳→深圳→香港，或者深圳→香港→香港。要么先乘Ⅰ号线在深圳市内游再搭Ⅱ号线到香港（1×5），要么先乘Ⅰ号线到香港然后转Ⅱ号线在香港市内游（7×4）。所以综合来说，b＝1×5＋7×4＝33。

大家可以先别偷看答案，自己试着求c和d。最后应该是这样的：c＝8×2＋3×6＝34，d＝8×5＋3×4＝52。所以：

$$\begin{pmatrix}1 & 7\\8 & 3\end{pmatrix}\times\begin{pmatrix}2 & 5\\6 & 4\end{pmatrix}=\begin{pmatrix}44 & 33\\34 & 52\end{pmatrix}$$

很抱歉，我们处在一个非常奇幻的世界里，虽然只是小学水平的数字运算，可能也已经让有些人痛苦不堪。不过大家必须承认，我们的确学到了一些新的事物，如果你觉得这种乘法十分陌生的话，那么我们很快就要给你更大的惊奇，但首先我们还是要熟悉这种新的运算规则才是。圣人说，温故而知新，我们不必为了自己新学到的东西而沾沾自喜，还是巩固巩固我们的基础吧，让我们把上面这道题目验算一遍。哦，不要昏倒，不要昏倒，其实没有那么乏味，我们可以把乘法的次序倒一倒，现在验算一遍Ⅱ×Ⅰ：

$$\begin{pmatrix}2 & 5\\6 & 4\end{pmatrix}\times\begin{pmatrix}1 & 7\\8 & 3\end{pmatrix}=\begin{pmatrix}a & b\\c & d\end{pmatrix}$$

我知道大家都在唉声叹气，不过我还是坚持，复习功课是有益无害的。我们来看看a是什么，现在我们是先搭乘Ⅱ号线，然后转Ⅰ号线了。我们可以先搭Ⅱ号线在深圳市内转搭Ⅰ号线再次市内游（深圳→深圳→深圳），对应的是2×1。另外，还有一条路线：深圳→香港→深圳，所以是先搭Ⅱ号线去香港，在那里转搭Ⅰ号线回深圳，所以是5×8＝40。所以总的来说，a＝2×1＋5×8＝42。

喂，打瞌睡的各位，快醒醒，我们遇到问题了。在我们的验算里，a＝42，不过我还记得，刚才我们的答案说a＝44。各位把笔记本往回翻几页，看看我有没有记错？嗯，虽然大家都没有抄笔记，但我还是没有记错，刚才我们的a＝1×2＋7×6＝44。看来是我算错了，我们再算一遍，这次可要打起精神了：a代表在深圳上车在深圳下车。所以两种可能的情况是：深圳→深圳→深圳，Ⅱ号线市内游收2块钱，Ⅰ号线1块钱，所以2×1＝2。另外还有深圳→香港→深圳的路线。Ⅱ号线由深圳去香港5块钱，Ⅰ号线由香港回深圳8块钱，所以5×8＝40。加在一起：2＋40＝42！

嗯，奇怪，没错啊。那么难道前面算错了？我们再算一遍，好像也没错，前面a＝2＋42＝44。那么，那么……谁错了？哈哈，难道是海森堡错了？他这次可丢脸了，他发明了一种什么样的表格乘法啊，居然导致如此荒唐的结果：Ⅰ×Ⅱ ≠ Ⅱ×Ⅰ。

我们不妨把结果整个算出来：

$$\begin{pmatrix}1 & 7\\8 & 3\end{pmatrix}\times\begin{pmatrix}2 & 5\\6 & 4\end{pmatrix}=\begin{pmatrix}44 & 33\\34 & 52\end{pmatrix}\qquad\begin{pmatrix}2 & 5\\6 & 4\end{pmatrix}\times\begin{pmatrix}1 & 7\\8 & 3\end{pmatrix}=\begin{pmatrix}42 & 29\\38 & 54\end{pmatrix}$$

哇，真的非常不同，每个数字都不一样，Ⅰ×Ⅱ ≠ Ⅱ×Ⅰ！唉，这可真让人惋惜，原来我们还以为这种表格式的运算至少有点创意的，现在看来浪费了大家不少时间，只好说声抱歉。但是，慢着，海森堡还有话要说，先别为我们死去的脑细胞默哀，它们的死也许不是完全没有意义的。

大家冷静点，大家冷静点，海森堡摇晃着他那漂亮的头发说，我们必须学会面对现实。我们已经说过了，物理学必须从唯一可以被实践的数据出发，而不是靠想象和常识习惯。我们要学会依赖数学，而不是日常语言，因为只有数学才具有唯一的意义，才能告诉我们唯一的真实。我们必须认识到这一点：数学说什么，我们就得接受什么。如果数学说Ⅰ×Ⅱ ≠ Ⅱ×Ⅰ，那么我们就得这么认为，哪怕世人用再嘲讽的口气来讥笑我们，我们也不能改变这一立场。何况，如果仔细审查这里面的意义，也并没有太大的荒谬：先搭乘Ⅰ号线，再转Ⅱ号线，这和先搭乘Ⅱ号线，再转Ⅰ号线，导致的结果可能是不同的，有什么问题吗？

好吧，有人讽刺地说，那么牛顿第二定律究竟是F＝ma，还是F＝am呢？

海森堡冷冷地说，牛顿力学是经典体系，我们讨论的是量子体系。永远不要对量子世界的任何奇特性质过分大惊小怪，那会让你发疯的。量子的规则并不一定要受到乘法交换律的束缚。

他无法做更多的口舌之争了，1925年夏天，海森堡被一场热病所感染，不得不离开哥廷根，到北海的一个小岛赫尔格兰（Helgoland）去休养。但是他的大脑没有停滞，在远离喧嚣的小岛上，海森堡坚定地沿着这条奇特的表格式道路去探索物理学的未来。而且，他很快就获得了成功。事实上，只要把矩阵的规则运用到经典的动力学公式里去，把玻尔和索末菲旧的量子条件改造成新的由坚实的矩阵砖块构造起来的方程，海森堡可以自然而然地推导出量子化的原子能级和辐射频率。而且这一切都可以顺理成章从方程本身解出，不再需要像玻尔的旧模型那样，强行附加一个不自然的量子条件。海森堡的表格的确管用！数学解释一切，我们的想象是靠不住的。

虽然，这种古怪的不遵守交换律的矩阵乘法到底意味着什么，无论对于海森堡，还是当时的所有人来说，都还仍然是一个谜题，但量子力学的基本形式却已经得到了突破进展。从这时候起，量子论将以一种气势磅礴的姿态向前迈进，每一步都那样雄伟壮丽。接下来的3年是梦幻般的3年，是物理史上难以想象的3年，理论物理的黄金年代，终于要放射出它最耀眼的光辉，把整个20世纪都装点得神圣起来。

海森堡后来在写给荷兰学者范德沃登（Van der Waerden）的信中回忆道，当他在那个石头小岛上的时候，有一晚忽然想到体系的总能量应该是一个常数。于是他试着用他那规则来解这个方程以求得振子能量。求解并不容易，他做了一个通宵，但求出来的结果和实验符合得非常好。于是他爬上一个山崖去看日出，同时感到自己非常幸运。

是的，曙光已经出现，太阳正从海平线上冉冉升起，万道霞光染红了海面和空中的云彩，在天地间流动着奇幻的辉光。在高高的石崖顶上，海森堡面对着壮观的日出景象，他脚下碧海潮生，一直延伸到无穷无尽的远方。是的，他知道，这是属于自己的时刻，他已经做出了生命中最重要的突破，而物理学的黎明也终于到来。

饭后闲话：矩阵

我们已经看到，海森堡发明了这种奇特的表格，$\mathrm{I} \times \mathrm{II} \neq \mathrm{II} \times \mathrm{I}$，连他自己都没把握确定这是个什么怪物。当他结束养病，回到哥廷根后，就把论文草稿送给老师波恩，让他评论。波恩看到这种表格运算大吃一惊，原来这不是什么新鲜东西，正是线性代数里学到的“矩阵”！回溯历史，这种工具早在1858年就已经由一位剑桥的数学家Arthur Cayley所发明，不过当时不叫“矩阵”而叫作“行列式”（determinant，这个单词后来变成了另外一个意思，虽然还是和矩阵关系很紧密）。发明矩阵最初的目的，是简洁地求解某些微分方程组（事实上直到今天，大学线性代数课还是主要解决这个问题）。但海森堡对此毫不知情，他实际上不知不觉地“重新发明”了矩阵的概念。波恩和他那精通矩阵运算的助教约尔当随即在严格的数学基础上发展了海森堡的理论，进一步完善了量子力学，我们很快就要谈到。

数学在某种意义上来说总是领先的。Cayley创立矩阵的时候，自然想不到它后来会在量子论的发展中起到关键作用。同样，黎曼创立黎曼几何的时候，又怎会料到他已经给爱因斯坦和他伟大的相对论提供了最好的工具。

乔治·盖莫夫写过一本极受欢迎的老科普书《从一到无穷大》（*One, Two, Three...Infinity*），这本书如此风靡全球，以至最近还出了一个新的中文版。盖莫夫在书里说，目前数学只有一个大分支还没有派上用场（除了做做智力体操之外），那就是数论。不过盖莫夫说这话时却没有想到，随着计算机革命的到来，古老的数论已经以惊人的速度在现代社会中找到了它的位置，开始大显身手。基于大素数原理的加密、解密和数字签名算法（如著名的公钥算法 RSA）已经成为电子安全不可缺少的部分。我们每天上网和进行电子交易的时候，全靠它们的保护才使得黑客无法顺利地窃取你的隐私信息。我们在史话后面谈到量子计算机的时候还会回到这个话题。

到今天为止，数论领域里已经有许多著名的难题被解开，比如四色问题，费马大定理。当然也有哥德巴赫猜想等，至今悬而未决。天知道，这些理论和思路是不是也会在将来给某个物理或者化学理论开道，打造出一片全新的天地。

Part. 4

从赫尔格兰回来后，海森堡找到波恩，请求允许他离开哥廷根一阵，去剑桥讲课。同时，他也把自己的论文给了波恩过目，问他有没有发表的价值。波恩显然被海森堡的想法给迷住了，正如他后来回忆的那样：“我对此着了迷……海森堡的思想给我留下了深刻的印象，对我们一直追求的那个体系来说，这是一次伟大的突破。” 于是当海森堡去英国讲学的时

波恩
Max Born
1882—1970

候，波恩就把他的这篇论文寄给了《物理学杂志》，并于7月29日发表。这无疑标志着新生的量子力学在公众面前的首次亮相。

但海森堡古怪的表格乘法无疑也让波恩困扰，他在7月15日写给爱因斯坦的信中说："海森堡新的工作看起来有点神秘莫测，不过无疑是很深刻的，而且是正确的。"但是，有一天波恩突然灵光一闪，他终于想起来这是什么了。海森堡的表格正是他从前在布雷斯劳大学读书时所学过的那个"矩阵"！

但是对于当时全欧洲的物理学家来说，矩阵几乎是一个完全陌生的名字，甚至连海森堡自己，也不见得对它的性质有完全的了解。波恩决定为海森堡的理论打一个坚实的数学基础，7月19日，在去往一个学术会议的火车上，他遇到了泡利，并表达了希望与之合作的想法。可是泡利对此持有强烈的怀疑态度，他以他标志性的尖刻语气对波恩说："是的，我就知道你喜欢那种冗长和复杂的形式主义，但你那一文不值的数学只会损害海森堡的物理思想。"

一个毛头小伙居然对自己以前的导师说出这样的话，在许多人看来一定是狂妄和不可一世的。不过话又说回来，不狂妄自大的泡利，还能是那个名垂青史的伟大的泡利吗？

波恩的涵养倒也相当之好，大概没人比他更了解泡利的性格了。无端端地碰了一鼻子灰后，他只好摇头苦笑，自认倒霉，转向自己另外一位年轻助教：帕斯库尔·约尔当。约尔当和泡利相比几乎是两个极端：他害羞而内向，公开说话都缺少勇气，基本上泡利所有的性格指数乘以－1就是约尔当的写照了。但在学术上，约尔当也毫不含糊，他和波恩两人欣然合作，很快写出了著名的论文“论量子力学”（Zur Quantenmechanik），发表在《物理学杂志》上。在这篇论文中，两人用了很大的篇幅来阐明矩阵运算的基本规则，并把经典力学的哈密顿变换统统改造成矩阵的形式。传统的动量p和位置q这两个物理变量，现在成为两个含有无限数据的庞大表格，而且正如我们已经看到的那样，它们并不遵守传统的乘法交换律：$p\times q \neq q\times p$。

波恩和约尔当甚至把$p\times q$和$q\times p$之间的差值也算了出来，结果是这样的：

$$pq-qp=\frac{h}{2\pi i}I$$

h是我们熟悉的普朗克常数，i是虚数的单位，代表－1的平方根，而I叫作单位矩阵，相当于矩阵运算中的1。波恩和约尔当奠定了一种新的力学——矩阵力学的基础。在这种新力学体系的魔法下，普朗克常数和量子化从我们的基本力学方程中自然而然地跳了出来，成为自然界的内在禀性。如果认真地对这种力学形式做一下探讨，人们会惊奇地发现，牛顿体系里的种种结论，比如能量守恒，从新理论中也可以得到。这就是说，新力学其实是牛顿理论的一个扩展，老的经典力学其实“包含”在我们的新力学中，成为一种特殊情况下的表现形式。

这种新的力学很快就得到进一步完善。从剑桥返回哥廷根后，海森堡本人也加入了这个伟大的开创性工作中。11月26日，“论量子力学Ⅱ”在《物理学杂志》上发表，作者是波恩、海森堡和约尔当。这篇论文把原来只讨论一个自由度的体系扩展到任意个自由度，从而彻底建立了新力学的主体。现在，他们可以自豪地宣称，长期以来人们所苦苦追寻的那个目标终于达到了，多年以来如此困扰着物理学家的原子光谱问题，现在终于可以在新力学内部完美地解决了。“论量子力学Ⅱ”这篇文章，被海森堡本人亲切地称呼为“三人论文”（Dreimannerarbeit），终于注定要在物理史上流芳百世。

新体系显然在理论上获得了巨大的成功。泡利很快就改变了他的态度，在写给克罗尼格（Ralph Laer Kronig）的信里，他说：“海森堡的力学让我有了新的热情和希望。”随后他很快就给出了极其有说服力的证明，展示新理论的结果和氢原子的光谱符合得非常完美，从量子规则中，巴尔末公式可以被自然而然地推导出来。非常好笑的是，虽然他不久前还对波恩咆哮说“冗长和复杂的形式主义”，但他自己的证明无疑动用了最最复杂的数学。

不过，对于当时其他的物理学家来说，海森堡的新体系无疑是一个怪物。矩阵这种冷冰冰的东西实在太不讲情面，不给人以任何想象的空间。人们一再追问，这里面的物理意义是什么？矩阵究竟是个什么东西？海森堡却始终护定他那让人沮丧的立场：所谓“意义”是不存在的，如果有的话，那数学就是一切“意义”所在。物理学是什么？就是从实验观测出发，并以庞大复杂的数学关系将它们联系起来的一门科学，如果说有什么“图像”能够让人们容易理解和记忆的话，那也是靠不住的。但是，不管怎么样，毕竟矩阵力学对大部分人来说都太陌生、太遥远了，而隐藏在它背后的深刻含义当时还远远没有被发掘出来。特别是$p \times q \neq q \times p$，这究竟代表了什么，令人头痛不已。

半年后，当薛定谔以人们所喜闻乐见的传统形式发布他的波动方程后，几乎全世界的物理学家都松了一口气：他们终于解脱了，不必再费劲地学习海森堡那异常复杂和繁难的矩阵力学。当然，人人都必须承认，矩阵力学本身的伟大含义是不容怀疑的。

但是，如果说在1925年，欧洲大部分物理学家都还对海森堡、波恩和约尔当的力学一知半解的话，那我们也不得不说，其中有一个非常显著的例外，他就是保罗·狄拉克。在量子力学大发展的年代，哥本哈根、哥廷根以及慕尼黑三地抢尽了风头，狄拉克的崛起总算为老牌的剑桥挽回了一点颜面。

保罗·埃德里安·莫里斯·狄拉克（Paul Adrien Maurice Dirac）于1902年8月8日出生于英国布里斯托尔港。他的父亲是瑞士人，当时是一位法语教师，狄拉克是家里的第二个孩子。许多大物理学家的童年教育都是多姿多彩的：普朗克富有音乐天赋、玻尔热爱足球运动、爱因斯坦的小提琴和海森堡的钢琴有口皆碑、薛定谔古典文学素养极佳……但狄拉克的童年显然要悲惨许多。他父亲是一位非常严肃而刻板的人，给狄拉克制定了众多的严格规矩，比如他规定狄拉克只能和他讲法语（他认为这样才能学好这种语言），于是当狄拉克无法表达自己的时候，就只好选择沉默。在小狄拉克的童年里，音乐、文学、体育、艺术显然都和他无缘，社交活动也几乎没有。这一切把狄拉克塑造成了一个沉默寡言、喜好孤独、淡泊名利，在许多人眼里显得geeky的人，对于异性的敬而远之更使人们把他和那位古怪的卡文迪许相提并论。在狄拉克获诺贝尔奖之后，英国的报纸把他描述成“一位害怕所有女性的天才”。

有一个关于狄拉克的八卦是这样说的：1929年，海森堡和狄拉克从美国去日本讲课。在船上海森堡不停地和女孩跳舞，而狄拉克则一直坐在旁边看。过了很长时间，狄拉克终于忍不住问海森堡：“你干吗要跳舞呢？”海森堡说女孩子都不错，干吗不跳呢？狄拉克想了半天，小心翼翼地问：“可是，海森堡，你在跳舞之前怎么就能预先知道她们都不错呢？”

另一个流传很广的笑话：有一次狄拉克在某大学演讲，讲完后一个观众站起来说：“狄拉克教授，我不明白你那个公式是如何推导出来的。”狄拉克看着他久久地不说话，主持人不得不提醒他，还没有回答问题。

狄拉克
Paul Dirac
1902—1984

“回答什么问题？”狄拉克奇怪地说，“他刚刚说的是一个陈述句，不是一个疑问句。”

好了，八卦到此为止，我们言归正传。1921年，狄拉克从布里斯托尔大学电机工程系毕业，却恰逢经济大萧条，结果没有找到工作。事实上，很难说他是否会成为一个出色的工程师，狄拉克显然长于理论而拙于实践。不过幸运的是，布里斯托尔大学数学系又给了他一个免费进修数学的机会，2年后，狄拉克转到剑桥，开始了人生的新篇章。

我们在上面说到，1925年秋天，当海森堡在赫尔格兰岛做出了他的突破后，他获得波恩的批准来到剑桥讲学。当时海森堡对自己的发现心中还没有底，所以没有在公开场合提到自己这方面的工作，不过7月28日，他参加了所谓“卡皮察俱乐部”的一次活动。卡皮察是一位年轻的苏联学生，当时在剑桥跟随卢瑟福工作。他感到英国的学术活动太刻板，便自己组织了一个俱乐部，在晚上聚会，报告和讨论有关物理学的最新进展。我们在前面讨论卢瑟福的时候提到过卡皮察的名字，他后来也获得了诺贝尔奖。

狄拉克也是卡皮察俱乐部的成员之一，他当时不在剑桥，所以没有参加这个聚会。不过他的导师福勒（William Alfred Fowler）参加了，而且大概在和海森堡的课后讨论中，得知他已经发明了一种全新的理论来解释原子光谱问题。后来海森堡把他的证明寄给了福勒，而福勒给了狄拉克一个复本。这一开始没有引起狄拉克的重视，不过大概一个礼拜后，他重新审视海森堡的论文，这下他把握住了其中的精髓：别的都是细枝末节，只有一件事是重要的，那就是我们那奇怪的矩阵乘法规则：$p \times q \neq q \times p$。

饭后闲话：约尔当

恩斯特·帕斯库尔·约尔当（Ernst Pascual Jordan）出生于汉诺威。在我们的史话里已经提到，他是物理史上两篇重要的论文《论量子力学》和《论量子力学Ⅱ》的作者之一，可以说也是量子力学的主要创立者。但是，他的名声显然及不上波恩或者海森堡。

这里面的原因显然也是多方面的，1925 年，约尔当才 23 岁，无论从资格还是名声来说，都远远及不上元老级的波恩和年少成名的海森堡。当时和他一起做出贡献的那些人，后来都变得如此著名：波恩、海森堡、泡利，他们的光辉耀眼，把约尔当完全盖住了。

从约尔当本人来说，他是一个害羞和内向的人，说话有口吃的毛病，总是结结巴巴的，所以他很少授课或发表演讲。更严重的是，约尔当在“二战”期间站到了希特勒的一边，成为一个纳粹的同情者，被指责曾经告密。这大大损害了他的名声。

约尔当是一个做出了许多伟大成就的科学家。除了创立基本的矩阵力学形式，为量子论打下基础之外，他同样在量子场论、电子自旋、量子电动力学中做出了巨大的贡献。他是最先证明海森堡和薛定谔体系同等性的人之一，他发明了约尔当代数，后来又广泛涉足生物学、心理学和运动学。他曾被提名为诺贝尔奖得主，却没有成功。约尔当后来显然也对自己的成就被低估有些恼火，1964 年，他声称《论量子力学》一文其实几乎都是他一个人的贡献——波恩那时候病了。这引起了广泛的争议，不过许多人显然同意，约尔当的贡献应当得到更多的承认。

Part. 5

$p \times q \neq q \times p$。如果说狄拉克比别人“天才”在什么地方，那就是他可以一眼看出这才是海森堡体系的精髓。那个时候，波恩和约尔当还在苦苦地钻研讨厌的矩阵，为了建立起新的物理大厦而努力地搬运着这种庞大而又沉重的表格式方砖，而他们的文章尚未发表。但狄拉克是不想做这种苦力的，他轻易地透过海森堡的表格，把握住了这种代数的实质。不遵守交换律，这让他想起了什么？狄拉克的脑海里闪过一个名词，他以前在上某一门动力学课的时候，似乎听说过一种运算，同样不符合乘法交换律。但他还不是十分确定，他甚至连那种运算的定义都忘了。那天是星期天，所有的图书馆都关门了，这让狄拉克急得像热锅上的蚂蚁。第二天一早，图书馆刚刚开门，他就冲了进去，果然，那正是他所要的东西，它的名字叫作“泊松括号”。

我们还在第一章讨论光和菲涅尔的时候，就谈到过泊松，还有著名的泊松光斑。泊松括号也是这位法国科学家的杰出贡献，不过我们在这里没有必要深入了解它的数学意义。总之，狄拉克发现，我们不必花九牛二虎之力去搬弄一个晦涩的矩阵，以此来显示和经典体系的决裂。我们完全可以从经典的泊松括号出发，建立一种新的代数。这种代数同样不符合乘法交换律，狄拉克把它称作“q数”（q表示“奇异”或者“量子”）。我们的动量、位置、能量、时间等概念，现在都要改造成这种q数。而原来那些老体系里的符合交换律的变量，狄拉克把它们称作“c数”（c代表“普通”或者“可交换的”）。

“看。”狄拉克说，“海森堡的最后方程当然是对的，但我们不用他那种大惊小怪、牵强附会的方式，也能够得出同样的结果。用我的方式，同样能得出xy—yx的值，只不过把那个让人看了生厌的矩阵换成我们的经典泊松括号[x,y]罢了。然后把它用于经典力学的哈密顿函数，我们可以顺理成章地导出能量守恒条件和玻尔的频率条件。重要的是，这清楚地表明了，我们的新力学和经典力学是一脉相承的，是旧体系的一个扩展。c数和q数，可以以清楚的方式建立起联系来。”

狄拉克把论文寄给海森堡，海森堡热情地赞扬了他的成就，不过带给狄拉克一个糟糕的消息：他的结果已经在德国由波恩和约尔当得出了，是通过矩阵的方式得到的。想来狄拉克一定为此感到很郁闷，因为显然他的法子更简洁明晰。随后狄拉克又出色地证明了新力学和氢分子实验数据的吻合，他又一次郁闷了——泡利比他快了一点点，五天而已。哥廷根的这帮家伙，海森堡、波恩、约尔当、泡利，他们是大军团联合作战，而狄拉克在剑桥则是孤军奋斗，因为在英国懂得量子力学的人简直屈指可数。但是，虽然狄拉克慢了那么一点，但每一次他的理论都显得更为简洁、优美、深刻。而且，上天很快就会给他新的机会，让他在历史上取得不逊于海森堡、波恩等人的成就。

现在，在旧的经典体系的废墟上，矗立起了一种新的力学，由海森堡为它奠基，波恩、约尔当用矩阵那实心的砖块为它建造了坚固的主体，而狄拉克的优美的q数为它做了最好的装饰。唯一缺少的就是一个成功的广告和落成典礼，把那些还在旧废墟上唉声叹气的人都吸引到新大厦里来定居。这个庆典在海森堡取得突破后3个月便召开了，它的主题叫作“电子自旋”。

我们还记得那让人头痛的“反常塞曼效应”，这种复杂现象要求引进1/2的量子数。为此，泡利在1925年年初提出了他那著名的“不相容原理”

的假设，我们前面已经讨论过，这个规定是说，在原子大厦里，每一所房间都有一个4位数的门牌号码，而每间房只能入住一个电子。所以任何两个电子也不能共享同一组号码。

这个“4位数的号码”，其每一位都代表了电子的一个量子数。当时人们已经知道电子有3个量子数，这第四个是什么，便成了众说纷纭的谜题。不相容原理提出后不久，当时在哥本哈根访问的克罗尼格想到了一种可能，就是把这第四个自由度看作电子绕着自己的轴旋转。他找到海森堡和泡利，提出了这一思路，结果遭到两个德国年轻人的一致反对。因为这样就又回到了一种图像化的电子概念那里，把电子想象成一个实实在在的小球，而违背了我们从观察和数学出发的本意了。如果电子真是这样一个带电小球的话，在麦克斯韦体系里是不稳定的，再说也违反相对论——它的表面旋转速度要高于光速。

到了1925年秋天，自旋的假设又在荷兰莱登大学的两个学生——乌仑贝克（George Eugene Uhlenbeck）和古兹密特（Somul Abraham Goudsmit）那里死灰复燃了。当然，两人不知道克罗尼格曾经有过这样的意见，他们是在研究光谱的时候独立产生这一想法的。两人找到导师埃仑费斯特（Paul Ehrenfest）征求想法。埃仑费斯特也不是很确定，他建议两人先写一篇小文章发表。于是两人当真写了一篇短文交给埃仑费斯特，然后又去求教于老资格的洛伦兹。洛伦兹帮他们算了算，结果在这个模型里电子表面的速度达到了光速的10倍。两人大吃一惊，火急火燎地赶回大学要求撤销那篇短文，结果还是晚了，埃仑费斯特早就给*Nature*杂志寄了出去。据说，两人当时懊恼得都快哭了，埃仑费斯特只好安慰他们说：“你们还年轻，做点蠢事也没关系。”

还好，事情并没有想象的那么糟糕。玻尔首先对此表示赞同，海森堡用新的理论去算了算结果后，也转变了反对的态度。到了1926年，海森堡已经在说：“如果没有古兹密特，我们真不知该如何处理塞曼效应。”一

乌仑贝克、克喇默斯和古兹密特

些技术上的问题也很快被解决了，比如有一个系数2，一直和理论抵触，结果在玻尔研究所访问的美国物理学家托马斯发现原来人们都犯了一个计算错误，而自旋模型是正确的。很快海森堡和约尔当用矩阵力学处理了自旋，结果大获全胜，不久就没有人怀疑自旋的正确性了。

哦，不过有一个例外，就是泡利，他一直对自旋深恶痛绝。在他看来，原本电子已经在数学当中被表达得很充分了——现在可好，什么形状、轨道、大小、旋转……种种经验性的概念又幽灵般地回来了。原子系统比任何时候都像个太阳系，本来只有公转，现在连自转都有了。他始终按照自己的路子走，决不向任何力学模型低头。事实上，在某种意义上泡利是对的，电子的自旋并不能被想象成传统行星的那种自转，它具有1/2的量子数，也就是说，它要转两圈才露出同一个面孔，这里面的意义只能由数学来把握。后来泡利真的从特定的矩阵出发，推出了这一性质，而一切又被伟大的狄拉克于1928年统统包含于他那相对论化了的量子体系中，成为电子内禀的自然属性。

不过，无论如何，1926年海森堡和约尔当的成功不仅是电子自旋模型的胜利，也是新生的矩阵力学的胜利。不久海森堡又天才般地指出了解决有着两个电子的原子——氦原子的道路，使得新体系的威力再次超越了玻尔的老系统，把它的疆域扩大到以前未知的领域中。已经在迷雾和荆棘中彷徨了好几年的物理学家们这次终于可以扬眉吐气，把长久郁积的坏心情一扫而空，好好地呼吸一下新鲜的空气。

但是人们还没有来得及歇一歇脚，欣赏一下周围的风景，为目前的成就自豪一下，我们的快艇便又要前进了。物理学正处在激流之中，它飞流直下，一泻千里，带给人眩晕的速度和刺激。自牛顿起，250年来，科学从没有在哪个时期可以像如今这般翻天覆地，健步如飞。量子的力量现在已经完全苏醒了，在接下来的3年间，它将改变物理学的一切，在人类的智慧中刻下最深的烙印，并影响整个20世纪的面貌。

当乌仑贝克和古兹密特提出自旋的时候，玻尔正在去往荷兰莱登（Leiden）的路上。当他的火车到达汉堡的时候，他发现泡利和斯特恩站在站台上，只是想问问他关于自旋的看法，玻尔不大相信，称这“很有趣”（这就是玻尔表达不信的方法）。到达莱登以后，他又碰到了爱因斯坦和埃仑费斯特，爱因斯坦详细地分析了这个理论，于是玻尔改变了看法。在回去的路上，玻尔先经过哥廷根，海森堡和约尔当站在站台上。同样的问题：怎么看待自旋？最后，当玻尔的火车抵达柏林，泡利又站在了站台上——他从汉堡一路赶到柏林，想听听玻尔一路上有什么看法的变化。

人们后来回忆起那个年代，简直像是在讲述一个童话。物理学家们一个个都被洪流冲击得站不住脚：节奏快得几乎不给人喘息的机会，爆炸性的概念一再地被提出，每一个都足以改变整个科学的面貌。但是，每一个人都感到深深的骄傲和自豪，在理论物理的黄金年代，能够扮演历史舞台上的那一个角色。人们常说，时势造英雄，在量子物理的大发展时代，英雄们的确留下了最最伟大的业绩，永远让后人心神向往。

回到我们的史话中来。现在，花开两朵，各表一枝。我们去看看量子论是如何沿着另一条完全不同的思路，取得同样伟大的突破的。

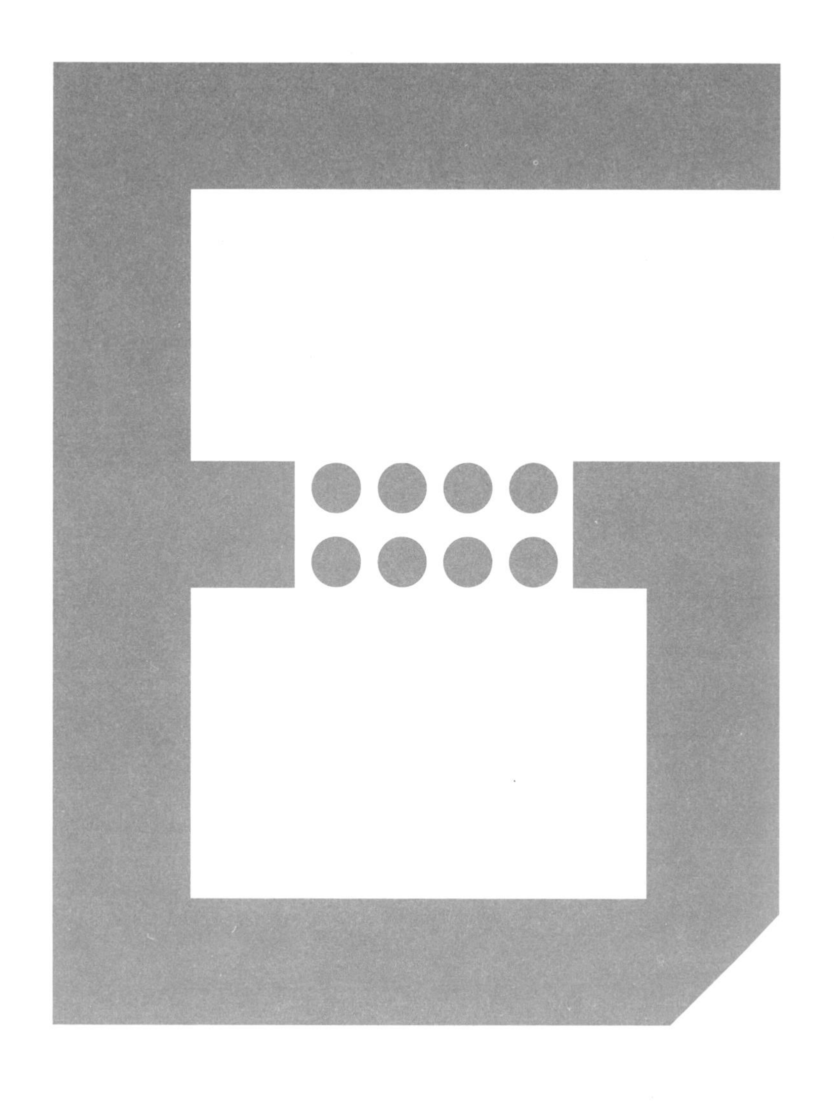

Two Sides of One Coin

殊 途 同 归

Two Sides of One Coin

History *of* Quantum Physics

Part. 1

当年轻气盛的海森堡在哥廷根披荆斩棘的时候，埃尔文·薛定谔已经是瑞士苏黎世大学一位有名望的教授。当然，相比海森堡来说，薛定谔只能算是大器晚成。这位出生于维也纳的奥地利人并没有海森堡那么好的运气，在一个充满了顶尖精英人物的环境里求学，而几次在战争中的服役也阻碍了他的学术研究。但不管怎样，薛定谔的物理天赋仍然得到了很好的展现，他在光学、电磁学、气体分子运动理论、固体比热和晶体的动力学方面都做出过突出的贡献，这一切使得苏黎世大学于1921年提供给他一份合同，聘其为物理教授。而从1924年起，薛定谔开始对量子力学和统计理论感兴趣，从而把研究方向转到这上面来。

和玻尔还有海森堡他们不同，薛定谔并不想在原子那极为复杂的谱线迷宫里奋力冲突，撞得头破血流。他的灵感直接来自德布罗意那巧妙绝伦的工作。我们还记得，1923年，德布罗意的研究揭示出伴随每一个运动的电子，总是有一个如影随形的“相波”。这一方面为物质的本性究竟是粒子还是波蒙上了更为神秘莫测的面纱，另一方面也提供了通往最终答案的道路。

薛定谔还是从爱因斯坦的文章中得知德布罗意的工作的。他在1925年11月3日写给爱因斯坦的信中说：“几天前我怀着最大的兴趣阅读了德布罗意富有独创性的论文，并最终掌握了它。我是从你那关于简并气体的第二篇论文的第8节中第一次了解它的。”把每一个粒子都看作类波的思想对薛定谔来说极为迷人，他很快就在气体统计力学中应用这一理论，并发表了一篇题

薛定谔
Erwin Schrödinger
1887—1961

为《论爱因斯坦的气体理论》的论文。这是他创立波动力学前的最后一篇论文，当时距离那个伟大的时刻已经只剩一个月，从中可以看出，德布罗意的思想已经最大程度地获取了薛定谔的信任。他开始相信，只有通过这种波的办法，才能够到达人们所苦苦追寻的那个目标。

1925年的圣诞很快到来了，美丽的阿尔卑斯山上白雪皑皑，吸引了世界各地的旅游度假者。薛定谔一如既往地来到了他以前常去的那个地方：海拔1700米高的阿罗萨（Arosa）。自从他和安妮玛丽·伯特尔（Annemarie Bertel）在1920年结婚后，两人就经常来这里度假。薛定谔的生活有着近乎刻板的规律，他从来不让任何事情干扰他的假期。而每次夫妇俩来到阿罗萨的时候，总是住在赫维格别墅，这是一幢有着尖顶的四层楼小屋。

不过1925年，来的却只有薛定谔一个人，安妮玛丽留在了苏黎世。当时他们的关系显然极为紧张，不止一次地谈论着分手以及离婚的事宜。薛定谔写信给维也纳的一位“旧日的女朋友”，让她来阿罗萨陪伴自己。这位神秘女郎的身份始终是个谜题，“二战”后无论是科学史专家还是八卦新闻记者，都曾经竭尽所能地去求证她的真面目，却都没有成功。薛定谔当时的日记已经遗失了，而从留下的蛛丝马迹来看，她又不像任何一位已知的薛定谔的情人。但有一件事是肯定的，这位神秘女郎极大地激发了薛定谔的灵感，使得他在接下来的12个月里惊异地始终维持着一种极富创造力和洞察力的状态，并接连不断地发表了6篇关于量子力学的主要论文。薛定谔的同事在回忆的时候总是说，薛定谔的伟大工作是在他生命中一段情欲旺盛的时期做出的。从某种程度上来说，科学还要小小地感谢一下这位不知名的女郎。

回到比较严肃的话题上来。在咀嚼了德布罗意的思想后，薛定谔决定把它用到原子体系的描述中去。我们都已经知道，原子中电子的能量不是连续的，它由原子的分立谱线充分地证实。为了描述这一现象，玻尔强加了一个“分立能级”的假设，海森堡则运用他那庞大的矩阵，经过复杂的运算后导出了这一结果。现在轮到薛定谔了，他说，不用那么复杂，也不用引入外部的假设，只要把我们的电子看成德布罗意波，用一个波动方程去表示它，就行了。

薛定谔一开始想从建立在相对论基础上的德布罗意方程出发，将其推广到束缚粒子中去。为此他得出了一个方程，不过不太令人满意，因为没有考虑到电子自旋的情况。当时自旋刚刚发现不久，薛定谔还对其一知半解。于是，他回过头来，从经典力学的哈密顿—雅可比方程出发，利用变分法和德布罗意公式，最后求出了一个非相对论的波动方程，用希腊字母ψ来代表波的函数，最终形式是这样的：

$$\triangle\psi+\frac{8\pi^2 m}{h^2}(E-V)\psi=0$$

这便是名震整部20世纪物理史的薛定谔波动方程[1]。当然对于一般的读者来说，并没有必要去探讨数学上的详细意义，我们只要知道一些符号的含义就可以了。△叫作“拉普拉斯算符”，代表了某种微分运算。h是我们熟知的普朗克常数。E是体系总能量，V是势能，在原子里也就是 $-\frac{e^2}{r}$ 。在边界条件确定的情况下求解这个方程，我们可以算出E的解来。

[1] 这里说的当然是薛定谔方程的时间无关形式，它随时间的演化可以用普遍形式 $i\hbar\frac{\partial}{\partial t}\psi=H\psi$ 来表达。

如果我们求解方程sin(x)=0，答案将会是一组数值，x可以是0、π、2π，或者是nπ。sin(x)的函数是连续的，但方程的解却是不连续的，依赖于整数n。同样，我们求解薛定谔方程中的E，也将得到一组分立的答案，其中包含了量子化的特征：整数n。我们的解精确地吻合于实验，原子的神秘光谱不再为矩阵力学所专美，它同样可以从波动方程中被自然地推导出来。

现在，我们能够非常形象地理解为什么电子只能在某些特定的能级上运行了。电子有着一个内在的波动频率，我们想象一下吉他上一根弦的情况：当它被拨动时，它便振动起来。但因为吉他弦的两头是固定的，所以它只能形成整数波节。如果一个波长是20厘米，那么弦的长度显然只能是20厘米、40厘米、60厘米……而不可以是50厘米。因为那就包含了半个波，从而和它被固定的两头互相矛盾。假如我们的弦形成了某种圆形的轨道，就像电子轨道那样，那么这种“轨道”的大小显然也只能是某些特定值。如果一个波长20厘米，轨道的周长也就只能是20厘米的整数倍，不然就无法头尾互相衔接了。

从数学上来说，这个函数叫作“本征函数”（Eigenfunction），求出的分立的解叫作“本征值”（Eigenvalue），所以薛定谔的论文为《量子化是本征值问题》。从1926年1月起到6月，他一连发了四篇以此为题的论文，从而彻底地建立了另一种全新的力学体系——波动力学。后来有人声称，薛定谔的这些论文“包含了大部分的物理学和全部化学”。在这四篇论文中，他还写了一篇《从微观力学到宏观力学的连续过渡》的论文，证明古老的经典力学只是新生的波动力学的一种特殊表现，它完全地被包容在波动力学内部。

薛定谔的方程一出台，几乎全世界的物理学家都为之欢呼。普朗克称其为“划时代的工作”，爱因斯坦说：“……您的想法源自真正的天才。”“您的量子方程已经迈出了决定性的一步。”埃仑费斯特说：“我为您的理论和其带来的全新观念所着迷。在过去的两个礼拜里，我们的小组每

波的振动

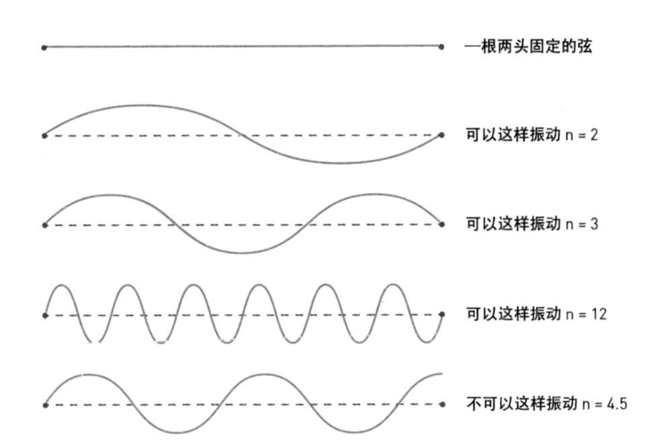

天都要在黑板前花上几个小时，试图从一切角度去理解它。”薛定谔的方程通俗形象，简明易懂，当人们从矩阵那陌生的迷宫里抬起头来，再次看到自己熟悉的以微分方程所表达的系统时，他们都像闻到了故乡泥土的芬芳，有一种热泪盈眶的冲动。但是，这种新体系显然也已经引起了矩阵方面的注意，哥廷根和哥本哈根的那些人，特别是海森堡本人，显然对这种“通俗”的解释是不满意的。

海森堡在写给泡利的信中说：

“我越是思考薛定谔理论的物理意义，就越感到厌恶。薛定谔对他那理论的形象化的描述是毫无意义的，换种说法，那纯粹是一个Mist。”Mist这个德文，基本上相当于英语里的bullshit或者crap。

薛定谔也毫不客气，在论文中说：

“我的理论是从德布罗意那里获得灵感的……我不知道它和海森堡有任何继承上的关系。我当然知道海森堡的理论，它是一种缺乏形象化的、极为困难的超级代数方法。我即使不完全排斥这种理论，至少也对此感到沮丧。”

矩阵力学，还是波动力学？全新的量子论诞生不到一年，很快却面临内战。

Part. 2

回顾一下量子论在发展过程中所经历的两条迥异的道路是饶有趣味的。第一种办法的思路是直接从观测到的原子谱线出发，引入矩阵的数学工具，用这种奇异的方块去建立整个新力学的大厦。它强调观测到的分立性、跳跃性，同时又坚持以数学为唯一导向，不为日常生活的直观经验所迷惑。但是，如果追根究底的话，它所强调的光谱线及其非连续性的一面，始终可以看到微粒势力那隐约的身影。这个理论的核心人物自然是海森堡、波恩、约尔当，而他们背后的精神力量，那位幕后的“教皇”，则无疑是哥本哈根的那位伟大的尼尔斯·玻尔。这些关系密切的科学家集中资源和火力，组成一个坚强的战斗集体，在短时间内取得突破，从而建立起矩阵力学这一壮观的堡垒来。

而沿着另一条道路前进的人们在组织上显然松散许多。大致说来，这是以德布罗意的理论为切入点，以薛定谔为主将的一个派别。而在波动力学的创建过程中起到关键指导作用的爱因斯坦，则是他们背后的精神领袖。但是这个理论的政治观点也是很明确的：它强调电子作为波的连续性一面，以波动方程来描述它的行为。它热情地拥抱直观的解释，试图恢复经典力学那种形象化的优良传统，有一种强烈的复古倾向，但革命情绪不如对手那样高涨。打个不太恰当的比方，矩阵方面提倡彻底的激进的改革，摒弃旧理论的直观性，以数学为唯一基础，是革命的左派。而波动方面相对保守，它强调继承性和古典观念，重视理论的形象化和物理意义，是革命的右派。这两派的大战将交织在之后量子论发展的每一步中，从而为人类的整个自然哲学带来极为深远的影响。

在上一节中，我们已经提到，海森堡和薛定谔互相对对方的理论表达出毫不掩饰的厌恶（当然，他们私人之间是无冤无仇的）。他们各自认定，自己的那套方法才是唯一正确的。这是自然的现象，因为矩阵力学和波动力学看上去是那样不同，而两人的性格又都以好胜和骄傲闻名。当衰败的玻尔理论退出历史舞台，留下一个权力真空的时候，无疑每个人都想占有那一份无上的光荣。不过到了1926年4月，这种对峙至少在表面上有了缓和，薛定谔、泡利、约尔当都各自证明了两种力学在数学上来说是完全等价的！事实上，我们追寻它们各自的家族史，发现它们都是从经典的哈密顿函数而来，只不过一个是从粒子的运动方程出发，另一个是从波动方程出发罢了。而光学和运动学早就已经在哈密顿本人的努力下被联系在了一起，这当真叫作“本是同根生”了。很快人们就知道，从矩阵出发，可以推导出波动函数的表达形式，而反过来，从波函数也可以导出矩阵。1930年，狄拉克出版了那本经典的量子力学教材，两种力学被完美地统一起来，作为一个理论的不同表达形式出现在读者面前[2]。

但是，如果谁以为从此就天下太平，万事大吉，那可就大错特错了。虽然两种体系在形式上已经归于统一，但从内心深处的意识形态来说，它们之间的分歧却越来越大，很快就形成了不可逾越的鸿沟。数学上的一致并不能阻止人们对这种分歧进行不同的诠释，就矩阵方面来说，它的本意是粒子性和不连续性。而波动方面却始终在谈论波动性和连续性。波粒战争现在到达了最高潮，双方分别找到了各自可以依赖的新政府，并把这场战争再次升级到对整个物理规律的解释这一层次上去。

“波，只有波才是唯一的实在。”薛定谔肯定地说，“不管是电子也好，光子也好，或者任何粒子也好，都只是波动表面的泡沫。它们本质上都是波，都可以用波动方程来表达基本的运动方式。”

[2] 也有人争辩说，薛定谔和海森堡的原始版本并不严格等价，当后来冯诺伊曼将整个量子力学系统化后，它们才真正被包容于一个框架下（见Muller 1997）。

量子人物素描
（Capo）

“绝对不敢苟同。”海森堡反驳道，“物理世界的基本现象是离散性，或者说不连续性。大量的实验事实证明了这一点：从原子的光谱，到康普顿的实验，从光电现象，到原子中电子在能级间的跳跃，都无可辩驳地显示出大自然是不连续的。你那波动方程当然在数学上是一个可喜的成就，但我们必须认识到，我们不能按照传统的那种方式去认识它——它不是那个意思。”

“恰恰相反。”薛定谔说，“它就是那个意思。波函数ψ（读作psai）在各个方向上都是连续的，它可以看成是某种振动。事实上，我们必须把电子想象成一种驻波的本征振动，所谓电子的‘跃迁’，只不过是它振动方式的改变而已。没有什么‘轨道’，也没有什么‘能级’，只有波。”

“哈哈。”海森堡嘲笑说，“你恐怕对你自己的ψ是个什么东西都没有搞懂吧？它只是在某个虚拟的空间里虚拟出来的函数，而你硬要把它想象成一种实在的波。事实上，我们绝不能被日常的形象化的东西所误导，再怎么说，电子作为经典粒子的行为你是不能否认的。”

“没错。”薛定谔还是不甘示弱，“我不否认它的确展示出类似质点的行为。但是，就像一个椰子一样，如果你敲开它那粒子的坚硬的外壳，你就会发现那里面还是波动的柔软的汁水。电子无疑是由正弦波组成的，但这种波在各个尺度上伸展都不大，可以被看成一个‘波包’。当这种波包作为一个整体前进时，它看起来就像是一个粒子。可是，本质上它还是波，粒子只不过是波的一种衍生物而已。”

正如大家都已经猜到的那样，两人谁也无法说服对方。1926年7月，薛定谔应邀到慕尼黑大学讲授他的新力学，海森堡就坐在下面，他站起来激烈地批评薛定谔的解释，结果悲哀地发现在场的听众都对他持有反对态度。早些时候，玻尔原来的助手克喇默斯接受了乌特勒支（Utrecht）大学的聘书而离开哥本哈根，于是海森堡成了这个位置的继任者——现在他可以如梦想的那样在玻尔的身边工作了。玻尔也对薛定谔那种回归经典传统的理论观感到不安，为了解决这个问题，他邀请薛定谔到哥本哈根进行一次学术访问，争取在交流中达成某种一致意见。

9月底，薛定谔抵达哥本哈根，玻尔到火车站去接他。争论从那一刻便已经展开，日日夜夜，无休无止，一直到薛定谔最终离开哥本哈根。海森堡后来栩栩如生地回忆了这次碰面，他说，虽然平日里玻尔是一个和蔼可亲的人，但一旦卷入这种物理争论，他看起来就像一个偏执的宗教狂热者，决不肯妥协一步。争论当然是物理上的问题，但在很大程度上已经变成了哲学之争。薛定谔就是不能相信，一种“无法想象”的理论有什么实际意义。而玻尔则坚持认为，图像化的概念是不可能用在量子过程中的，它无法用日常语言来描述。他们激烈地从白天吵到晚上，最后薛定谔筋疲力尽，很快病倒了，不得不躺到床上，由玻尔的妻子玛格丽特来照顾他。即使这样，玻尔仍然不依不饶，他冲进病房，站在薛定谔的床头继续与之辩论。当然，一切都是徒劳，谁也没有被对方说服。薛定谔最后甚至来了句很著名的话：“假如我们还是摆脱不了这些该死的量子跃迁的话，我宁愿从来没有涉足过什么量子力学。”玻尔对此意味深长地回敬道：“还好，你已经涉足了，我们为此都感到很高兴……”

物理学界的空气业已变得非常火热。经典理论已经倒塌了，现在矩阵力学和波动力学两座大厦拔地而起，它们之间以某种天桥互相联系，从理论上说算是一体。可是，这两座大厦的地基却仍然互不关联，这使得表面上的亲善未免有那么一些口是心非的味道。而且，波动和微粒，这两个300年来的宿敌还在苦苦交战，不肯从自己的领土上后退一步。双方都依旧宣称自己对光、电，还有种种物理现象拥有一切主权，而对手是非法武装势力，是反政府组织。现在薛定谔加入波动的阵营，他甚至为波动提供了一部完整的宪法，也就是他的波动方程。在薛定谔看来，波动代表了从惠更斯、杨一直到麦克斯韦的旧日帝国的光荣，而这种贵族的传统必须在新的国家得到保留和发扬。薛定谔相信，波动这一简明形象的概念将再次统治物理世界，从而把一切都归结到一个统一的图像里去。

不幸的是，薛定谔猜错了。波动方面很快就要发现，他们的宪法原来有着更为深长的意味。从字里行间，我们可以读出一些隐藏的意思来。它说，天下为公，哪一方也不能独占，双方必须和谈，然后组成一个联合政府来进行统治。它还披露了更为惊人的秘密：双方原来在血缘上有着密不可分的关系。最后，就像阿尔忒弥斯神庙的祭司所做出的神喻，它预言在这种联合统治下，物理学将会变得极为不同，更为奇妙、更为神秘、更为繁荣。

好一个精彩的预言。

饭后闲话：薛定谔的女朋友

2001年11月，剧作家Matthew Wells的新作《薛定谔的女朋友》（*Schrödinger's Girfriend*）在旧金山著名的Fort Mason Center首演。这出喜剧以1926年薛定谔在阿罗萨那位神秘女友的陪伴下创立波动力学这一历史为背景，探讨了爱情、性，还有量子物理的关系，受到了评论家的普遍好评。2003年年初，这个剧本搬到东岸演出，同样受到欢迎。近年来形成了一股以科学人物和科学史为题材的话剧创作风气，除了这出《薛定谔的女朋友》之外，恐怕更为有名的就是那个托尼奖得主——Michael Frayn 的《哥本哈根》了。

不过，要数清薛定谔到底有几个女朋友，还当真是一件难事。这位物理大师的道德观显然和常人有着一定的距离，他的古怪行为一直为人们所排斥。1912 年，他为了喜欢的一个女孩差点放弃学术，改行经营自己的家庭公司（当时在大学教书不怎么赚钱），到他遇上安妮玛丽之前，薛定谔总共爱上过 4 个年轻女孩，而且主要是一种精神上的恋爱关系。对此，薛定谔的主要传记作者之一——Walter Moore 辩解说，不能把它简单地看成一种放纵行为。

如果以上都还算正常，婚后的薛定谔就有点不拘礼节的狂放味道了。他和安妮玛丽的婚姻之路从来不曾安定和谐，两人终生也没有孩子。而在外拈花惹草的事，薛定谔恐怕没有少做，他对太太也不隐瞒这一点。安妮玛丽反过来也和薛定谔的好朋友之一赫尔曼·外尔（Hermann Weyl）保持着暧昧关系（外尔自己的老婆却又迷上了另一个人，真是天昏地暗）。两人讨论过离婚，但安妮玛丽的天主教信仰和昂贵的手续费事实上阻止了这件事的发生。《薛定谔的女朋友》一剧中调笑说："到底是波—粒子的二象性难一点呢，还是老婆—情人的二象性更难？"

薛定谔，按照某种流行的说法，属于那种"多情种子"。他邀请别人来做他的助手，其实却是看上了别人的老婆。这个女人（Hilde March）后来为他生了一个女儿，令人奇怪的是，安妮玛丽却十分乐意地照顾这个婴儿。薛定谔和这两个女子公开同居，事实上过着一种一妻一妾的生活（这个妾还是别人的合法妻子），这过于惊世骇俗，结果在牛津和普林斯顿都站不住脚，只好走人。他的风流史还可以开出一长串，其中有女学生、演员、办公室文员等，并留下了若干私生子。然而，薛定谔却不是单纯的欲望发泄，他的内心有着强烈的罗曼蒂克式的冲动，按照段正淳的说法，和每个女子在一起时，都是死心塌地，恨不得把心掏出来，为之谱写了大量的情诗。

波动力学的创建地
赫维格别墅（Moore）

我希望大家不要认为我过于八卦，事实上对情史的分析是薛定谔研究中的重要内容，它有助于我们理解这位科学家极为复杂的内在心理和带有个人色彩的独特性格。

最最叫人惊讶的是，这样一段婚姻后来却几乎得到了完美的结局。尽管经历了种种风浪，穿越重重险滩，他和安妮玛丽却最终共守白头，真正像在誓言中所说的那样：执子之手，与子偕老。在薛定谔生命的最后时期，两人早已达成了谅解，安妮玛丽说："在过去 41 年里的喜怒哀乐把我们紧紧结合在一起，这最后几年我们也不想分开了。"薛定谔临终时，安妮玛丽守在他的床前握住他的手，薛定谔说："现在我又拥有了你，一切又都好起来了。"

薛定谔死后葬在 Alpbach，不久墓地就被皑皑白雪覆盖。四年后，安妮玛丽·薛定谔也停止了呼吸。

Part. 3

1926年，虽然矩阵派和波动派还在内心深处相互不服气，但它们至少在表面上被数学统一起来了。而且，不出意外，薛定谔的波动方程以其朗朗上口、简明易学，为大多数物理学家所欢迎的特色，很快在形式上占得了上风。海森堡和他那佶屈聱牙的方块矩阵虽然不太乐意，也只好接受现实。事实证明，除了在处理关于自旋的几个问题时矩阵占点优势，其他时候波动方程抢走了几乎全部的人气。其实嘛，物理学家和公众想象的大不一样，很少有人喜欢那种又难又怪的变态数学，既然两种体系已经被证明在数学上具有同等性，大家也就乐得选择那个看起来简单熟悉的。

甚至在矩阵派内部，波动方程也受到了欢迎。首先是海森堡的老师索末菲，然后是建立矩阵力学的核心人物之一，海森堡的另一位导师马克斯·波恩。波恩在薛定谔方程刚出炉不久后就热情地赞叹了他的成就，称波动方程"是量子规律中最深刻的形式"。据说，海森堡对波恩的这个"叛变"一度感到十分伤心。

但是，海森堡未免多虑了，波恩对薛定谔方程的赞许并不表明他选择和薛定谔站在同一个战壕里。因为虽然方程确定了，但怎么去解释它却是一个大大不同的问题。首先人们要问的就是，薛定谔的那个波函数ψ（再提醒一下，这个希腊字读成psai），它在物理上代表了什么意义?

我们不妨再回顾一下薛定谔创立波动方程的思路：他是从经典的哈密顿方程出发，构造一个体系的新函数ψ代入，然后再引用德布罗意关系式和变分法，最后求出了方程及其解答，这和我们印象中的物理学是迥然不同的。通常我们会以为，先有物理量的定义，然后才谈得上寻找它们的数学关系。比如我们懂得了力F、加速度a和质量m的概念，之后才会理解F＝ma的意义。但现代物理学的路子往往可能是相反的，比如物理学家很可能会先定义某个函数F，让F＝ma，然后才去寻找F的物理意义，发现它原来是力的量度。薛定谔的ψ，就是在空间中定义的某种分布函数，只是人们还不知道它的物理意义是什么。

这看起来颇有趣味，因为物理学家也不得不坐下来猜哑谜了。现在让我们放松一下，想象自己在某个晚会上，主持人安排了一个趣味猜谜节目供大家消遣。“女士们先生们，”他兴高采烈地宣布，“我们来玩一个猜东西的游戏，谁先猜出这个箱子里藏的是什么，谁就能得到晚会上的最高荣誉。”大家定睛一看，那个大箱子似乎沉甸甸的，还真像藏着好东西，箱盖上古色古香写了几个大字“薛定谔方程”。

“好吧，可是什么都看不见，怎么猜呢？”人们抱怨道。“那当然那当然。”主持人连忙说，“我们不是学孙悟空玩隔板猜物，再说这里面也绝不是破烂溜丢一口钟，那可是货真价实的关系到整个物理学的宝贝。嗯，是这样的，虽然我们都看不见它，但它的某些性质却是可以知道的，我会不断地提示大家，看谁先猜出来。”

众人一阵鼓噪，就这样游戏开始了。“这件东西，我们不知其名，强名之曰ψ。”主持人清了清嗓门说，“我可以告诉大家的是，它代表了原子体系中电子的某个函数。”下面顿时七嘴八舌起来：“能量？频率？速度？距离？时间？电荷？质量？”主持人不得不提高嗓门喊道：“安静，安静，我们才刚刚开始呢，不要乱猜啊。从现在开始谁猜错了就失去参赛资格。”于是瞬间鸦雀无声。

“好。”主持人满意地说，“那么我们继续。第二个条件是这样的：通过我的观察，我发现，这个ψ是一个连续不断的东西。”这次大家都不敢说话，但各人迅速在心里面做了排除。既然是连续不断，那么我们已知的那些量子化的条件就都排除了。比如我们都已经知道电子的能级不是连续的，那ψ看起来不像是这个东西。

“接下来，通过ψ的构造可以看出，这是一个关于电子位置的函数，但它并没有量纲。对于电子在空间中的每一点来说，它都在一个虚拟的三维空间里扩展开去。”话说到这里好些人已经糊涂了，只有几个思维特别敏捷的还在紧张地思考。

“总而言之，ψ如影随形地伴随着每一个电子，在它所处的那个位置上如同一团云彩般地扩散开来。这云彩时而浓厚，时而稀薄，但却是按照某种确定的方式演化。而且，我再强调一遍，这种扩散及其演化都是经典的、连续的、确定的。”于是众人都陷入冥思苦想中，一点头绪都没有。

“是的，云彩，这个比喻真妙。”这时候一个面容瘦削，戴着夹鼻眼镜的男人呵呵笑着站起来说。主持人赶紧介绍：“女士们先生们，这位就是薛定谔先生，也是这口宝箱的发现者。”大家于是一阵鼓掌，然后屏息凝神地听他要发表什么高见。

“嗯，事情已经很明显了，ψ是一个空间分布函数。”薛定谔很有把握地说，“当它和电子的电荷相乘，就代表了电荷在空间中的实际分布。云彩，尊敬的各位，电子不是一个粒子，它是一个波，像云彩一般地在空间四周扩展开去。我们的波函数恰恰描述了这种扩展和它的行为。电子是没有具体位置的，它也没有具体的路径，因为它是一团云，是一个波，它向每一个方向延伸——虽然衰减得很快，这使它粗看来像一个粒子。女士们先生们，我觉得这个发现的最大意义就是，我们必须把一切关于粒子的假象都从头脑里清除出去，不管是电子也好，光子也好，什么什么子也好，它们都不是那种传统意义上的粒子。把它们拉出来放大，仔细审视它们，你会发现它们在空间里融化开来，变成无数振动的叠加。是的，一个电子，它是涂抹开的，就像涂在面包上的黄油那样，它平时蜷缩得那么紧，以至我们都把它当成小球，但是，这已经被我们的波函数ψ证明不是真的。多年来物理学误入歧途，我们的脑袋被光谱线、跃迁、能级、矩阵这些古怪的东西搞得混乱不堪，现在，是时候回归经典了。”

“这个宝箱，”薛定谔指着那口大箱子激动地说，“是一笔遗产，是昔日传奇帝国的所罗门王交由我们继承的。它时时提醒我们，不要为歪门邪道所诱惑，走到无法回头的岔路上去。物理学需要改革，但不能允许思想的混乱，我们已经听够了奇谈怪论，诸如电子像跳蚤一般在原子里跳来跳去，像一个完全无法预见自己方向的醉汉。还有那故弄玄虚的所谓矩阵，没人知道它包含什么物理含义，而它却不停地叫嚷自己是物理学的正统。不，现在让我们回到坚实的土地上来，这片巨人们曾经奋斗过的土地，这片曾经建筑起那样雄伟构筑的土地，这片充满了骄傲和光荣历史的土地。简洁、明晰、优美、直观性、连续性、图像化，这是物理学王国中的胜利之杖，它代代相传，引领我们走向胜利。我毫不怀疑，新的力学将在连续的波动基础上产生，把一切都归于简单的图像中，并继承旧王室的血统。这绝不是守旧，因为这种血统同时也是承载了现代科学300年的灵魂。这是物理学的象征，它的神圣地位绝不容许受到撼动，任何人也不行。”

薛定谔这番雄辩的演讲无疑深深感染了在场的绝大部分观众，因为人群中爆发出一阵热烈的掌声和喝彩声。但是，等等，有一个人在不断地摇头，显得不以为然的样子，薛定谔很快就认出，那是哥廷根的波恩，海森堡的老师。他不是刚刚称赞过自己的方程吗？难道海森堡这小子又用了什么办法把他拉拢过去了不成？

“嗯，薛定谔先生，”波恩清了清嗓子站起来说，“首先我还是要对您的发现表示由衷的赞叹，这无疑是稀世奇珍，不是每个人都如此幸运可以做出这样伟大的成就的。”薛定谔点了点头，心情放松了一点，“但是，”波恩接着说，“我可以问您一个问题吗？虽然这是您找到的，但您本人有没有真正地打开过箱子，看看里面是什么呢？”

这令薛定谔大为尴尬，他踟蹰了好一会儿才回答：“说实话，我也没有真正看见过里面的东西，因为我没有箱子的钥匙。”众人一片惊诧。

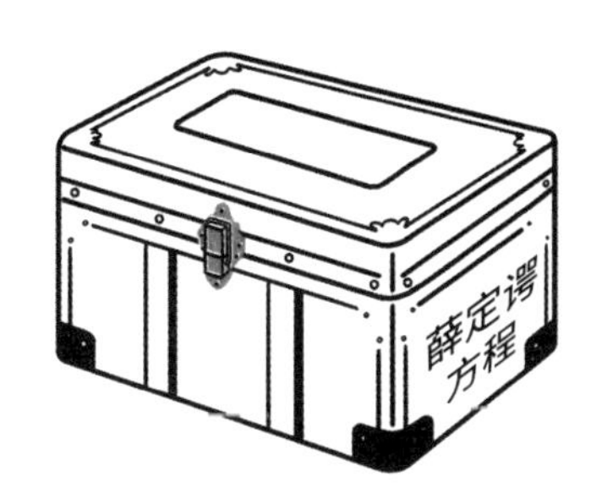

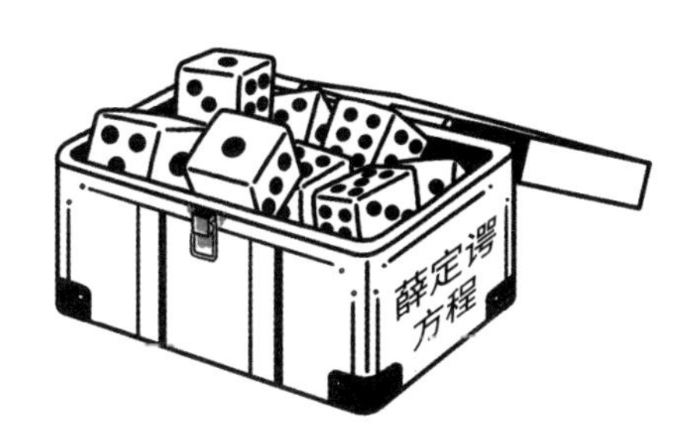

“如果是这样的话，”波恩小心翼翼地说，“我倒以为，我不太同意您刚才的猜测呢。”

“哦？”两个人对视了一阵，薛定谔终于开口说，“那么您以为这里面究竟是什么东西呢？”

“毫无疑问，”波恩凝视着那口雕满了古典花纹的箱子和它上面那把沉重的大锁，“这里面藏着一些至关紧要的事物，它们的力量足以改变整个物理学的面貌。但是我也有一种预感，这股束缚着的力量是如此强大，它将把物理学搞得天翻地覆。当然，你也可以换个词语说，为物理学带来无边的混乱。”

“哦，是吗？”薛定谔惊奇地说，“照这么说来，难道它是潘多拉的盒子？”

“嗯。”波恩点了点头，“人们将陷入困惑和争论中，物理学会变成一个难以理解的奇幻世界。老实说，虽然我隐约猜到了里面是什么，我还是不能确定该不该把它说出来。”

薛定谔盯着波恩：“我们都相信科学的力量，在于它敢于直视一切事实，并毫不犹豫地去面对它、检验它、把握它，不管它是什么。何况，就算是潘多拉盒子，我们至少也还拥有盒底那最宝贵的东西，难道你忘了吗？”

“是的，那是希望。”波恩长出了一口气，“你说得对，不管是祸是福，我们至少还拥有希望。只有存在争论，物理学才拥有未来。”

“那么，你说这箱子里是……？”全场一片静默，人人都不敢出声。

波恩突然神秘地笑了：“我猜，这里面藏的是……”

“……骰子。”

Part. 4

骰子？骰子是什么东西？它应该出现在大富翁游戏里，应该出现在澳门和拉斯维加斯的赌场中，但是，物理学？不，那不是它应该来的地方。骰子代表了投机，代表了不确定，而物理学不是一门最严格、最精密、最不能容忍不确定的科学吗？

可以想象，当波恩于1926年7月将骰子带进物理学后，这引起了何等的轩然大波。围绕着这个核心解释所展开的争论激烈而尖锐，把物理学加热到了沸点。这个话题是如此具有争议性，很快就要引发20世纪物理史上最有名的一场大论战，而可怜的波恩一直要到整整28年后，才因为这一杰出的发现而获得诺贝尔奖——比他的学生们晚上许多。

不管怎么样，我们还是先来看看波恩都说了些什么。骰子，这才是薛定谔波函数ψ的解释，它代表的是一种随机、一种概率，而绝不是薛定谔本人所理解的电子电荷在空间中的实际分布。波恩争辩道，ψ，或者更准确一点，ψ的平方，代表了电子在某个地点出现的“概率”。电子本身不会像波那样扩展开去，但是它的出现概率则像一个波，严格地按照ψ的分

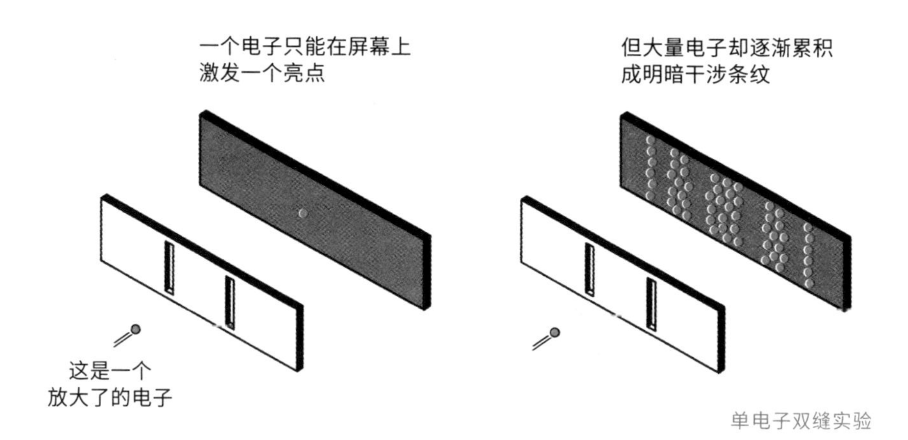

单电子双缝实验

布所展开。

我们来回忆一下电子或者光子的双缝干涉实验，这是电子波动性的最好证明。当电子穿过两道狭缝后，便在感应屏上组成了一个明暗相间的图案，展示了波峰和波谷的相互增强和抵消。但是，正如粒子派指出的那样，每次电子只会在屏上打出一个小点，只有当成群的电子穿过双缝后，才会逐渐组成整个图案。

现在让我们来做一个思维实验，想象我们有一台仪器，它每次只发射出一个电子。这个电子穿过双缝，打到感光屏上，激发出一个小亮点。那么对于这一个电子，我们可以说些什么呢？很明显，我们不能预言它组成类波的干涉条纹，因为一个电子只会留下一个点而已。事实上，对于这个电子将会出现在屏幕上的什么地方，我们是一点头绪都没有的，多次重复我们的实验，它有时出现在这里，有时出现在那里，完全不是一个确定的过程。

不过，我们经过大量的观察却可以发现，这个电子不是完全没有规律的：它在某些地方出现的可能性要大一些，在另一些地方则小一些。它出现频率高的地方，恰恰是波动所预言的干涉条纹的亮处，它出现频率低的地方则对应于暗处。现在我们可以理解为什么大量电子能组成干涉条纹了，因为虽然每一个电子的行为都是随机的，但这个随机分布的总的模式却是确定的，它就是一个干涉条纹的图案。这就像我们掷骰子，虽然每一个骰子掷下去，它的结果都是完全随机的，从1到6都有可能，但如果你投掷大量的骰子到地下，然后数一数每个点的数量，会发现1到6的结果差不多是平均的。

关键是，单个电子总是以一个点的面貌出现，它从来不会像薛定谔所说的那样，在屏幕上打出一整个图案来。只有大量电子接二连三地跟进，总的干涉图案才会逐渐出现。其中亮的地方也就是比较多的电子打中的地方，换句话说，就是单个电子比较容易出现的地方，暗的地带则正好相反。如果我们发现有九成的粒子聚集在亮带，只有一成的粒子在暗带，那么我们就可以预言，对于单个粒子来说，它有90%的可能性出现在亮带的区域，10%的可能性出现在暗带。但是，究竟出现在哪里，我们是无法确定的，我们只能预言概率而已。

嗯，我们只能预言概率而已。

但是，等等，我们怎么敢随便说出这种话来呢？这不是对古老的物理学的一种大不敬吗？从伽利略、牛顿以来，成千上万的先辈为这门科学呕心沥血，建筑起了这样宏伟的构筑，它的力量统治整个宇宙，从最大的星系到最小的原子，万事万物都在它的威力下毕恭毕敬地运转。任何巨大的或者细微的动作都逃不出它的力量。星系之间产生可怕的碰撞，释放出难以想象的光和热，并诞生数以亿计的新恒星；宇宙射线以惊人的高速穿越遥远的空间，见证亘古的时光；微小得看不见的分子们你推我搡，喧闹不停；地球庄严地围绕着太阳运转，它自己的自转轴同时以难以觉察的速度轻微地振动；坚硬的岩石随着时光流逝而逐渐风化；鸟儿扑动它的翅膀，借着气流一飞冲天。这一切的一切，不都是在物理定律的监视下一丝不苟地进行的吗？

更重要的是，物理学不仅能够解释过去和现在，它还能预言未来。我们的定律和方程能够毫不含糊地预测一颗炮弹的轨迹以及它降落的地点；我们能预言几千年后的日食，时刻准确到秒；给我一张电路图，多复杂都行，我能够说出它将做些什么；我们制造的机器乖乖地按照我们预先制订好的计划运行。事实上，对于任何一个系统，只要给我足够的初始信息，赋予我足够的运算能力，我能够推算出这个体系的一切历史，从它最初怎样开始运行，一直到它在遥远的未来的命运，一切都不是秘密。是的，一切系统，哪怕骰子也一样。告诉我骰子的大小、质量、质地、初速度、高度、角度、空气阻力、桌子的质地、摩擦系数，告诉我一切所需要的情报，那么只要我拥有足够的运算能力，我可以毫不迟疑地预先告诉你，这个骰子将会掷出几点来。

物理学统治整个宇宙，它的过去和未来，一切都尽在掌握。这已经成了物理学家心中深深的信仰。19世纪初，法国的大科学家拉普拉斯在用牛顿方程计算出了行星轨道后，把它展示给拿破仑看。拿破仑问道："在你的理论中，上帝在哪儿呢？"拉普拉斯平静地回答："陛下，我的理论不需要这个假设。"

是啊，上帝在物理学中能有什么位置呢？一切都是由物理定律来统治的，每一个分子都遵照物理定律来运行，如果说上帝有什么作用的话，他最多是在一开始推动了这个体系一下，让它得以开始运转罢了。在之后的漫长历史中，有没有上帝都是无关紧要的了，上帝被物理学赶出了舞台。

"我不需要上帝这个假设。"拉普拉斯站在拿破仑面前说。这可以算科学上最光辉、最荣耀的时刻之一了，它把无边的自豪和骄傲播撒到每一个科学家的心中。不仅不需要上帝，拉普拉斯想象，假如我们有一个妖精或一个大智者，或者任何拥有足够智慧的人物，假如他能够了解在某一刻，这个宇宙所有分子的运动情况的话，那么他就可以从正反两个方向推演，从而得出宇宙在任意时刻的状态。对于这样的智者来说，没有什么过去和未来的分别，一切都历历在目。宇宙从它出生的那一刹那开始，就坠入了一个预定的

决定论

决定论：击杆的一瞬已经决定了小球未来的走向。
可以通过物理定律计算出来。

轨道，它严格地按照物理定律发展，没有任何岔路可以走，一直到遇见它那注定的命运为止。就像你出手投篮，那么这究竟是一个三分球，还是打中篮筐弹出，或者是一个“三不沾”，都在你出手的一刹那就决定了。之后我们所能做的，就是看着它按照写好的剧本发展而已。

是的，科学家知道过去；是的，科学家明白现在；是的，科学家了解未来。只要掌握了定律，只要搜集足够多的情报，只要能够处理足够大的运算量，科学家就能如同上帝一般无所不知。整个宇宙只不过是一台精密的机器，它的每个零件都按照定律一丝不苟地运行。这种想法就是古典的、严格的决定论（determinism）：宇宙从出生的一刹那起，就有一个确定的命运。我们现在无法了解它，只是因为我们所知道的信息太少而已。

那么多的天才前赴后继，那么多的伟人呕心沥血，那么多在黑暗中的探索、挣扎、奋斗，这才凝结成物理学在19世纪黄金时代的全部光荣。物理学家终于可以说，他们能够预测神秘的宇宙了，因为他们找到了宇宙运行的奥秘。他们说这话时，带着一种神圣而不可侵犯的情感，决不饶恕任何敢于轻视物理学力量的人。

可是，现在有人说，物理不能预测电子的行为，它只能找到电子出现的概率而已。无论如何，我们也没办法确定单个电子究竟会出现在什么地

概率论：相同的击杆动作会导致不同的结果，小球运动路线是一个概率问题。

方，我们只能猜想电子有90%的可能性出现在这里，10%的可能性出现在那里。这难道不是对整个物理历史的挑衅，对物理学的光荣和尊严的一种侮辱吗？

我们不能确定？物理学的词典里是没有这个字眼的。在中学的物理考试中，题目给了我们一个小球的初始参数，要求t时刻的状态，你敢写上“我不能确定”吗？要是你这样做了，你的物理老师准会气得吹胡子瞪眼睛，并且毫不犹豫地给你亮红灯。不能确定？不可能，物理学什么都能确定。诚然，有时候为了方便，我们也会引进一些统计的方法，比如处理大量的空气分子运动时，但那是完全不同的一个问题。科学家只是凡人，无法处理那样多的复杂计算，所以应用了统计的捷径。然而从理论上来说，只要我们了解每一个分子的状态，我们完全可以严格地推断出整个系统的行为，分毫不差。

可波恩的解释不是这样，波恩的意思是，就算我们把电子的初始状态测量得精确无比，就算我们拥有最强大的计算机可以计算一切环境对电子的影响，即便如此，我们也不能预言电子最后的准确位置。这种不确定不是因为我们的计算能力不足，它是深藏在物理定律本身内部的一种属性。即使从理论上来说，我们也不能准确地预测大自然。这已经不是推翻某个理论的问题，这是对整个决定论系统的挑战，而决定论是那时整个科学的基础。量子论要改造整个科学。

波恩在论文里写道：“……这里出现的是整个决定论的问题了。”（Hier erhebt sich der ganze Problematik des Determinismus.）

对于许多物理学家来说，这是一个不可原谅的假设。骰子？不确定？别开玩笑了。对于他们中的好些人来说，物理学之所以那样迷人，那样富有魔力，正是因为它深刻、明晰，能够确定一切，扫清人们的一切疑惑，这才使他们义无反顾地投身于这一事业中。现在，物理学竟然有变成摇奖机器的危险，竟然要变成一个掷骰子来决定命运的赌徒，这怎么能够容忍呢？

不确定？你确定吗？

一场史无前例的大争论即将展开，在争吵和辩论后面是激动、颤抖、绝望、泪水，伴随整个决定论在20世纪悲壮谢幕。

饭后闲话：决定论

可以说决定论的兴衰浓缩了整部自然科学在20世纪的发展史。科学从牛顿和拉普拉斯的时代走来，辉煌的成功使它一时得意忘形，认为它具有预测一切的能力。决定论认为，万物都已经由物理定律所规定下来，连一个细节都不能更改。过去和未来都像已经写好的剧本，宇宙的发展只能严格地按照这个剧本进行，无法跳出这个窠臼。

矜持的决定论在20世纪首先遭到了量子论的严重挑战，随后混沌动力学的兴起使它彻底被打垮。现在我们已经知道，即使没有量子论把概率这一基本属性赋予自然界，就牛顿方程本身来说，许多系统也是极不稳定的，任何细小的干扰都能够对系统的发展造成极大的影响，差之毫厘，失之千里。这些干扰从本质上说是不可预测的，因此想凭借牛顿方程来预测整个系统从理论上说也是不可行的。典型的例子是长期的天气预报，大家可能都已经听说过洛伦兹（Edward Lorenz）著名的“蝴蝶效应”：哪怕一只蝴蝶轻微地扇动它的翅膀，也能给整个天气系统造成戏剧性的变化（好莱坞后来还以此为名拍了一部电影）。现在的天气预报也已经普遍改用概率性的说法，比如“明天的降水概率是20%”。

1986年，著名的流体力学权威，詹姆士·莱特希尔爵士（Sir James Lighthill，于1969年从狄拉克手里接过剑桥卢卡萨教授的席位，也就是牛顿曾担任过的那个）于皇家学会纪念牛顿《原理》发表300周年的集会上做出了轰动一时的道歉：

“现在我们都深深意识到，我们的前辈对牛顿力学的惊人成就是那样崇拜，这使他们把它总结成一种可预言的系统。而且说实话，我们在1960年以前也大都倾向于相信这个说法，但现在我们知道这是错误的。我们以前曾经误导了公众，向他们宣传说满足牛顿运动定律的系统是决定论的，但是这在1960年后已被证明不是真的。我们都愿意在此向公众表示道歉。”

决定论的垮台是否注定了自由意志的兴起？这在哲学上是很值得探讨的。事实上，在量子论之后，物理学越来越陷入形而上学的争论中。也许形而上学（metaphysics）应该改个名字叫“量子论之后”（metaquantum）。在我们的史话后面，我们会详细地探讨这些问题。

伊恩·斯图尔特（Ian Stewart）写过一本关于混沌的书，书名也叫《上帝掷骰子吗？》。这本书文字优美，值得一读，当然它和我们的史话没什么联系。我用这个名字，一方面是想强调决定论的兴衰是我们史话的中心话题，另一方面，毕竟爱因斯坦这句名言本来的版权是属于量子论的。

Part. 5

在我们出发去回顾新量子论与经典决定论的那场惊心动魄的悲壮决战之前，在本章的最后还是让我们先来关注一下历史遗留问题，也就是我们的微粒和波动的宿怨。波恩的概率解释无疑是对薛定谔传统波动解释的一个沉重打击，现在，微粒似乎可以暂时高兴一下了。

“看，”它嘲笑对手说，“薛定谔也救不了你，他对波函数的解释是站不住脚的。难怪总是有人说，薛定谔的方程比薛定谔本人还聪明哪。波恩的概率才是有道理的，电子始终是一个电子，任何时候你观察它，它都是一个粒子，你吵嚷多年的所谓波，原来只是那看不见摸不着的‘概率’罢了。哈哈，把这个头衔让给你，我倒是毫无异议的，但你得首先承认我的正统地位。”

但是波动没有被吓倒，说实话，双方300年的恩怨缠结，经过那么多风风雨雨，早就练就了处变不惊的本领。“哦，是吗？”它冷静地回应道，“恐怕事情不是你想象的那么简单吧？老实讲，是波还是粒子，你我都口说无凭，只有当事者自己才清楚。我们不如设身处地地缩小到电子那个尺寸，去亲身感受一下一个电子在双缝实验中的经历如何？”

微粒迟疑了一下便接受了：“好吧，让你彻底死心也好。”

那么，现在让我们也想象自己缩小到电子那个尺寸，跟着它们一起去看看事实上到底发生了什么事。我们即将进入一个神奇的微观世界：一个电子的直径小于一亿分之一埃，也就是10^{-18}米，它的质量小于10^{-30}千克。变得这样小，看来这必定是一次奇妙的旅程呢。

突然间，就像爱丽丝吃下了那神奇的蘑菇，我们的身体逐渐缩小，终

如果电子只通过一条缝，
它只能出现在亮区……

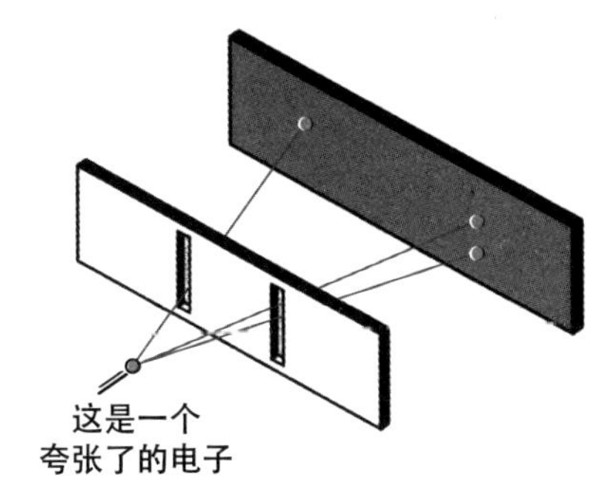

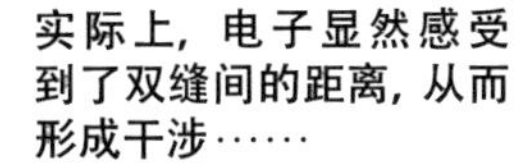

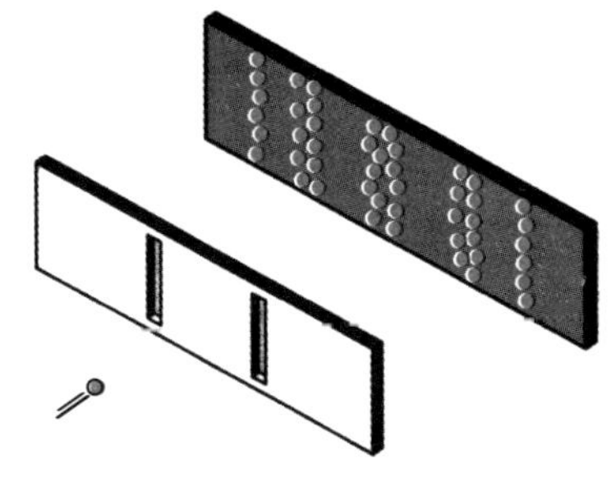

单电子双缝实验2

于和一个电子一样大了。依稀间，我们听到微粒和波动正在前面争论，咱们还是赶快跟着这哥俩去看个究竟。它们为了模拟一个电子的历程，从某个阴极射线管出发，现在，面前就是那著名的双缝了。

“嗨，微粒。”波动说道，“假如电子是个粒子的话，它下一步该怎样行动呢？眼前有两条缝，它只能选择其中之一啊，如果它是个粒子，它不可能两条缝都通过吧？”

“嗯，没错。”微粒说，“粒子就是一个小点，是不可分割的。我想，电子必定选择通过了其中的某一条狭缝，然后投射到后面的光屏上，激发出一个小点。”

“可是，”波动一针见血地说，“它怎么能够按照干涉模式的概率来行动呢？比如说它从右边那条缝过去了吧，当它打到屏幕前，它怎么能够知道，它应该有90%的机会出现到亮带区，10%的机会留给暗带区呢？要知道这个干涉条纹可是和两条狭缝之间的距离密切相关啊，要是电子只通过了一条缝，它是如何得知两条缝之间的距离的呢？”

微粒有点尴尬，它迟疑地说：“我也承认，伴随一个电子的有某种类似波的东西，也就是薛定谔的波函数ψ，波恩说它是概率，我们就假设它是某种看不见的概率波吧。你可以把它想象成从电子身上散发出去的某种看

电子在双缝前

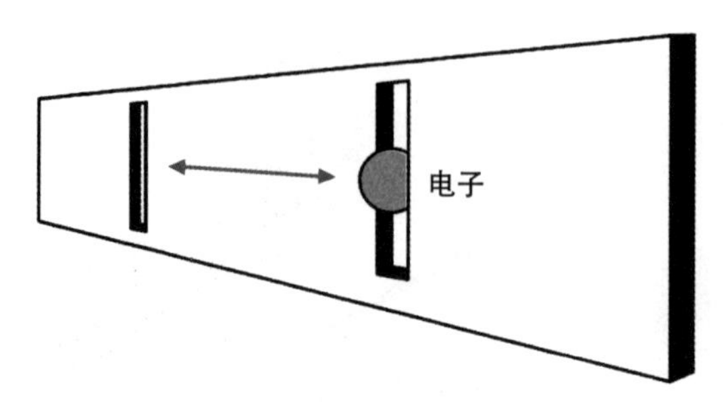

对于一个电子来说，另一条缝相隔如此遥远，它如何能够瞬时得知其开闭状况？

不见的场，我想，在它通过双缝之前，这种看不见的波场在空间中弥漫开去，探测到了双缝之间的距离，从而使一个电子得以知道如何严格地按照概率行动。但是，它的实体是个粒子，必定只能通过其中的一条缝。”

“一点道理也没有。”波动摇头说，“我们不妨想象这样一个情景吧，假如电子是一个粒子，它现在决定通过右边的那条狭缝。姑且相信你的说法，有某种概率波事先探测到了双缝间的距离，让它胸有成竹知道如何行动。可是，假如在它进入右边狭缝前的一刹那，有人关闭了另一道狭缝，也就是左边的那道狭缝，那时会发生什么情形呢？”

微粒有点脸色发白。

“那时候，”波动继续说，“就没有双缝了，只有单缝。电子穿过一条缝，就无所谓什么干涉条纹。也就是说，当左边狭缝关闭的一刹那，电子的概率必须立刻从干涉模式转换成普通模式，变成一条长狭带。

“现在，我倒请问，电子是如何在穿过狭缝前的一刹那，及时地得知另一条狭缝关闭这个事实的呢？要知道它可是一个小得不能再小的电子啊，从它的尺度来说，另一条狭缝距离是如此遥远，就像从上海隔着大洋遥望洛杉矶。它如何能够瞬间做出反应，修改自己的概率分布呢？除非它收到了某种瞬时传播来的信号，可是信号的传输有光速的上限啊！怎么，你想开始反对相对论了吗？”

“好吧，”微粒不服气地说，“那么，我倒想听听你的解释。”

“很简单，”波动说，“电子是一个在空间中扩散开去的波，它同时穿过了两条狭缝，当然，这也就是它造成完美干涉的原因了。如果你关闭一条狭缝，那么显然就关闭了一部分波的路径，这时就谈不上干涉了。”

“听起来很不错。”微粒说，“照你这么说，ψ是某种实际的波，它穿过两道狭缝，完全确定而连续地分布着，一直到击中感应屏。不过，之后呢？之后发生了什么事？”

“之后……”波动也有点语塞，“之后，出于某种原因，ψ收缩成了一个小点。”

“哈，真奇妙。”微粒故意把声音拉长以示讽刺，“你那扩散而连续的波突然变成了一个小点！请问发生了什么事呢？波动家族突然全体罢工了？”

波动气得面红耳赤，它争辩道：“出于某种我们尚不清楚的机制……”

“好吧，”微粒不耐烦地说，“实践是检验真理的唯一标准是吧？既然我说电子只通过了一条狭缝，而你硬说它同时通过两条狭缝，那么搞清我俩谁对谁错不是很简单吗？我们只要在两道狭缝处都安装上某种仪器，让它在有粒子——或者波，不论是什么——通过时记录下来或者发出警报，那不就成了？这种仪器又不是复杂而不可制造的。要是两个警报器都响，那就说明它同时通过了两道缝。没说的，我当场向你投降，承认你的正统地位。但要是只有一个警报器响，你怎么说？”

波动用一种奇怪的眼光看着微粒，良久，它终于说：“不错，我们可以装上这种仪器。我承认，一旦我们试图测定电子究竟通过了哪条缝时，我们永远只会在其中的一处发现电子。两个仪器不会同时响。”

微粒放声大笑：“你早说不就得了？害得我白费了这么多口水！怎么，这不就证明了电子只可能是一个粒子，它每次只能通过一条狭缝吗？你还跟我唠叨个什么！”但是它渐渐发现气氛有点不对劲，终于它笑不出来了。

“怎么？”它瞪着波动说。

波动突然咧嘴一笑：“不错，每次我们只能在一条缝上测量到电子。但是，你要知道，一旦我们展开这种测量的时候，干涉条纹也就消失了……”

时间是1927年2月，哥本哈根仍然是春寒料峭，大地一片冰霜。玻尔坐在他的办公室里若有所思：究竟是粒子还是波呢？5个月前，薛定谔的那次来访还历历在目，整个哥本哈根学派为了应付这场硬仗，花了好些时间去钻研他的波动力学理论，但现在，玻尔突然觉得这个波动理论非常出色啊。它简洁、明确，看起来并不那么坏。在写给赫维西的信里，玻尔已经把它称作“一个美妙的理论”。尤其是有了波恩的概率解释之后，玻尔已经毫不犹豫地准备接受这一理论并把它当作量子论的基础了。

嗯，波动，波动。玻尔知道，海森堡现在对这个词简直是条件反射似的厌恶。在他的眼里只有矩阵数学，谁要是跟他提起薛定谔的波他准得和谁急，连玻尔也不例外。事实上，由于玻尔态度的转变，使得向来亲密无间的哥本哈根派内部第一次产生了裂痕。海森堡……他在得知玻尔的意见后简直不敢相信自己的耳朵。现在，气氛已经闹得够僵了，玻尔为了不让事态恶化，准备离开丹麦去挪威度个长假。过去的1926年就是在无尽的争吵中度过的，那一整年玻尔只发表了一篇关于自旋的小文章，是时候停止争论了。

但是，粒子？波？那个想法始终在他脑中缠绕不去。

进来了一个人，是他的另一位助手奥斯卡·克莱恩（Oskar Klein）。在过去的一年里这个瑞典人的成就斐然，他不仅成功地把薛定谔方程相对论化了，还在其中引进了“第五维度”的思想，这得到了老洛伦兹的热情赞扬。当然，谁都预料不到，这个思想在穿越了40年的时光后，将孕育出称为“超弦”的惊人果实来，我们在史话的最后再来谈论这个话题。

不管怎么说，克莱恩可算是哥本哈根熟悉量子波动理论的人之一了。有他助阵，玻尔更加相信，海森堡实在是持有一种偏见，波动理论是不可

克莱恩
Oskar Benjamin Klein
1894—1977

偏废的。

“要统一，要统一。”玻尔喃喃地说。克莱恩抬起头来看他：“您对波动理论是怎么想的呢？”

“波，电子无疑是个波。”玻尔肯定地说。

“哦，那样说来……”

“但是，”玻尔打断他，“它同时又不是波。从BKS倒台以来，我就隐约地猜到了。”

克莱恩笑了：“您打算发表这一观点吗？”

“不，还不是时候。”

“为什么？”

玻尔叹了一口气：“克莱恩，我们的对手非常强大……我还没有准备好……”[3]

[3] 老的说法认为，互补原理只有在不确定原理提出后才成形。但现在学者们都同意，这一思想有着复杂的来源，为了把重头戏留到下一章，我在这里先带一笔波粒问题，应该也不违反历史吧。

Uncertainty Principle

不确定性

Uncertainty Principle

History *of* Quantum Physics

Part. 1

我们的史话说到这里，是时候回顾一下走过的路程了。我们已经看到煊赫一时的经典物理大厦如何呼啦啦地轰然倾倒，我们已经看到以黑体问题为导索，普朗克的量子假设是如何点燃了新革命的星星之火。在这之后，爱因斯坦的光量子理论赋予了新生的量子以充实的力量，让它第一次站起身来傲视群雄，而玻尔的原子理论借助了它的无穷能量，开创出一片崭新的天地来。

我们也已经讲到，关于光的本性，粒子和波动两种理论是如何从300年前开始不断地交锋，其间兴废存亡犹如白云苍狗，沧海桑田。从德布罗意开始，这种本质的矛盾成为物理学的基本问题，而海森堡从不连续性出发创立了他的矩阵力学，薛定谔沿着另一条连续性的道路也发现了他的波动方程。这两种理论虽然被数学证明是同等的，但是其物理意义却引起了广泛的争论，波恩的概率解释更是把数百年来的决定论推上了怀疑的舞台，成为浪尖上的焦点。与此同时，波动和微粒的战争现在也到了最关键的时候。

接下去，物理学中将会发生一些真正奇怪的事情。它将把人们的哲学观改造成一种似是而非的疯狂理念，并把物理学本身变成一个大旋涡。20世纪最著名的争论即将展开，其影响一直延绵到今日。我们已经走了这么长的路，现在都筋疲力尽，委顿不堪，可是我们却已经无法掉头。回首处，白云遮断归途，回到经典理论那温暖的安乐窝中已经是不可能的了。摆在我们眼前的，只有一条漫长而崎岖的道路，一直通向遥远而未知的远方。现在，就让我们鼓起最大的勇气，跟着物理学家们继续前进，去看看隐藏在这道路尽头的究竟是怎样的一幅景象。

我们这就回到1927年2月，那个神奇的冬天。过去的几个月对于海森堡来说简直就像一场噩梦，越来越多的人转投向薛定谔和他那该死的波动理论一方，把他的矩阵忘得一干二净。海森堡当初那些出色的论文，现在被人们改写成波动方程的另类形式，这让他尤其不能容忍。他后来给泡利写信说："对每一份矩阵的论文，人们都把它改写成'共轭'的波动形式，这让我非常讨厌。我想他们最好两种方法都学学。"

但是，最让他伤心的，无疑是玻尔也转向了他的对立面。玻尔，那个他视为严师、慈父、良友的玻尔，那个他们背后称作"量子论教皇"的玻尔，那个哥本哈根军团的总司令和精神领袖，现在居然反对他！这让海森堡感到无比的委屈和悲伤。后来，当玻尔又一次批评他的理论时，海森堡甚至当真哭出了眼泪。对海森堡来说，玻尔在他心目中的地位是独一无二的，失去了他的支持，海森堡就像在河中游水的小孩子失去了大人的臂膀，有种孤立无援的感觉。

不过，现在玻尔已经去挪威度假了，他大概在滑雪吧？海森堡记得玻尔的滑雪技术拙劣得很，不禁微笑一下。玻尔已经不能提供什么帮助了，他现在和克莱恩抱成一团，专心致志地研究什么相对论化的波动。波动！海森堡"哼"了一声，打死他也不承认，电子应该解释成波动。不过事情还不至于糟糕到顶，他至少还有几个战友：老朋友泡利、哥廷根的约尔当，还有狄拉克——他现在也到哥本哈根来访问了。

不久前，狄拉克和约尔当分别发展了一种转换理论，这使得海森堡可以方便地用矩阵来处理一些一直用薛定谔方程来处理的概率问题。让海森堡高兴的是，在狄拉克的理论里，不连续性被当成了一个基础，这更让他相信，薛定谔的解释是靠不住的。但是，如果以不连续性为前提，在这个体系里有些变量就很难解释，比如，一个电子的轨迹总是连续的吧？

海森堡尽力地回想矩阵力学的创建史，想看看问题出在哪里。我们还记得，海森堡当时的假设是，整个物理理论只能以可被观测到的量为前提，只有这些变量才是确定的，才能构成任何体系的基础。不过海森堡也记得，爱因斯坦不太同意这一点，他受古典哲学的熏陶太浓，是一个无可救药的先验主义者。

"你不会真的相信，只有可观察的量才能有资格进入物理学吧？"爱因斯坦曾经这样问他。

"为什么不呢？"海森堡吃惊地说，"你创立相对论时，不就是因为'绝对时间'不可观察而放弃它的吗？"

爱因斯坦笑了："好把戏不能玩两次啊。你要知道在原则上，试图仅仅靠可观察的量来建立理论是不对的。事实恰恰相反，是理论决定了我们能够观察到的东西。"

是吗？理论决定了我们观察到的东西？那么理论怎么解释一个电子在云室中的轨迹呢？在薛定谔看来，这是一系列本征态的叠加，不过，让薛定谔见鬼去吧！海森堡对自己说，无论什么概念，一定都可以用我们更加正统的矩阵来解释。可是，矩阵是不连续的，轨迹是连续的，而且，所谓"轨迹"早就在矩阵创立时被当作不可观测的量被抛弃了……

窗外夜阑人静，海森堡冥思苦想而不得要领。他愁肠百结，辗转难寐，决定起身到离玻尔研究所不远的Faelled公园去散散步。深夜的公园空无一人，晚风吹在脸上还是凛冽寒冷，不过却让人清醒。海森堡满脑子都装满了大大小小的矩阵，他又想起矩阵那奇特的乘法规则：

$$p \times q \neq q \times p$$

理论决定了我们观察到的东西？理论说，$p \times q \neq q \times p$，它决定了我们观察到的什么东西呢？

Ⅰ×Ⅱ什么意思？先搭乘Ⅰ号线再转乘Ⅱ号线。那么，$p \times q$什么意思？p是动量，q是位置，这不是说……

似乎一道闪电划过夜空，海森堡的神志突然一片清澈空明。

$p \times q \neq q \times p$，这不是说，先观测动量p，再观测位置q，这和先观测q再观测p，其结果是不一样的吗？

等等，这说明了什么？假设我们有一个小球向前运动，那么在每一个时刻，它的动量和位置不都是两个确定的变量吗？为什么仅仅是观测次序的不同，其结果就会产生不同呢？海森堡的手心捏了一把汗，他知道这里藏着一个极为重大的秘密。这怎么可能呢？假如我们要测量一个矩形的长和宽，那么先测量长还是先测量宽，这不是一回事吗？

除非……

除非测量动量p这个动作本身，影响到了q的数值。反过来，测量q的动作也影响到了p的值。可是，笑话，假如我同时测量p和q呢？

海森堡突然间像看见了神启，他豁然开朗。

$p \times q \neq q \times p$，难道说，我们的方程想告诉我们，同时观测p和q是不可能的吗？理论不但决定我们能够观察到的东西，它还决定哪些是我们观察不到的东西！

但是，我给搞糊涂了，不能同时观测p和q是什么意思？观测p影响q？观测q影响p？我们到底在说些什么？如果我说，一个小球在时刻t，它的位置坐标是10米，速度是5米/秒，这有什么问题吗？

“有问题，大大地有问题。”海森堡拍手说，“你怎么能够知道在时刻t，某个小球的位置是10米，速度是5米/秒呢？你靠什么知道的呢？”

靠什么？这还用说吗？观察呀，测量呀。

“关键就在这里！测量！”海森堡敲着自己的脑袋说，“我现在全明白了，问题就出在测量行为上面。一个矩形的长和宽都是定死的，你测量它的长的同时，其宽绝不会因此而改变，反之亦然。再来说经典的小球，你怎么测量它的位置呢？你必须得看到它，或者用某种仪器来探测它，不管怎样，你得用某种方法去接触它，不然你怎么知道它的位置呢？就拿‘看到’来说吧，你怎么能‘看到’一个小球的位置呢？总得有某个光子从光源出发，撞到这个球身上，然后反弹到你的眼睛里吧？关键是，一个经典小球是个庞然大物，光子撞到它就像蚂蚁撞到大象，对它的影响小得可以忽略不计，绝不会影响它的速度。正因为如此，我们大可以测量了它的位置之后，再从容地测量它的速度，其误差微不足道。

“但是，我们现在在谈论电子！它是如此地小而轻，以致光子对它的撞击绝不能忽略不计了。测量一个电子的位置？好，我们派遣一个光子去执行这个任务，它回来怎么报告呢？‘是的，我接触到了这个电子，但是它被我狠狠撞了一下后，不知飞到什么地方去了，它现在的速度我可什么都说不上来。’看，为了测量它的位置，我们剧烈地改变了它的速度，也就是动量。我们没法同时既准确地知道一个电子的位置，同时又准确地了解它的动量。”

海森堡飞也似的跑回研究所，埋头一阵苦算，最后他得出了一个公式：

$$\triangle p \times \triangle q > h/4\pi$$

$\triangle p$和$\triangle q$分别是测量p和测量q的误差，h是普朗克常数。海森堡发现，测量p和测量q的误差，它们的乘积必定要大于某个常数。如果我们把p测量得非常精确，也就是说$\triangle p$非常小，那么相应地，$\triangle q$必定会变得非常大，也就是说我们关于q的知识就要变得非常模糊和不确定。反过来，假如我们把位置q测得非常精确，p就变得摇摆不定，误差急剧增大。

假如我们把p测量得100%准确，也就是说$\triangle p=0$，那么$\triangle q$就要变得无穷大。这就是说，假如我们了解了一个电子动量p的全部信息，那么我们就同时失去了它位置q的所有信息，我们一点都不知道，它究竟身在何方，不管我们怎么安排实验都没法做得更好。鱼与熊掌不能兼得，要么我们精确地知道p而对q放手，要么我们精确地知道q而放弃对p的全部知识，要么我们折中一下，同时获取一个比较模糊的p和比较模糊的q。

p和q就像一对前世冤家，它们人生不相见，动如参与商，处在一种有你无我的状态。不管我们亲近哪个，都会同时急剧地疏远另一个。这种奇特的量被称为“共轭量”，我们以后会看到，这样的量还有许多。

海森堡的这一原理于1927年3月23日在《物理学杂志》上发表，被称作Uncertainty Principle。当它最初被翻译成中文的时候，被十分可爱地译成了“测不准原理”，不过现在大多数都改为更加具有普遍意义的“不确定性原理”。

Part. 2

不确定性原理……不确定？我们又一次遇到了这个讨厌的词。还是那句话，这个词在物理学中是不受欢迎的。如果物理学什么都不能确定，那我们还要它来干什么呢？本来波恩的概率解释已经够让人烦恼的了——即使给定全部条件，也无法预测结果。现在海森堡干得更绝，给定全部条件？这个前提本身就是不可能的，给定了其中一部分条件，另一部分条件就要变得模糊不清，无法确定。给定了p，那么我们就要跟q说拜拜了。

这可不太美妙，一定有什么地方搞错了。我们测量了p就无法测量q？我不死心，非要来试试看到底行不行。好吧，海森堡接招，还记得威尔逊云室吧？你当初不就是为了这个问题苦恼吗？透过云室我们可以看见电子运动的轨迹，那么通过不断地测量它的位置，我们当然能够计算出它的瞬时速度，这样不就可以同时知道它的动量了吗？

“这个问题，”海森堡笑道，“我终于想通了。电子在云室里留下的并不是我们理解中的精细的‘轨迹’，事实上那只是一连串凝结的水珠。你把

它放大了看，那是不连续的，一团一团的‘虚线’根本不可能精确地得出位置的概念，更谈不上违反不确定原理。”

哦？是这样啊。那么我们就仔细一点，把电子的精细轨迹找出来不就行了？我们可以用一个大一点的显微镜来干这活，理论上不是不可能的吧？

“对了，显微镜！”海森堡兴致勃勃地说，“我正想说显微镜这事呢。就让我们来做一个思维实验（Gedanken-experiment），想象我们有一个无比强大的显微镜吧。不过，再厉害的显微镜也有它基本的原理啊，要知道，不管怎样，如果我们用一种波去观察比它的波长还要小的事物的话，那就根本谈不上精确了，就像用粗笔画不出细线一样。如果我们想要观察电子这般微小的东西，我们必须采用波长很短的光。普通光不行，要用紫外线、X射线，甚至γ射线才行。”

好吧，反正是思维实验用不着花钱，我们就假设上级破天荒地拨了巨款，给我们造了一台最先进的γ射线显微镜吧。那么，现在我们不就可以准确地看到电子的位置了吗？

“可是，”海森堡指出，“你难道忘了吗？任何探测到电子的波必然给电子本身造成扰动。波长越短的波，它的频率就越高，是吧？大家都应该还记得普朗克的公式E=hv，频率越高能量越强，这样给电子的扰动就越厉害，同时我们就更加无法了解它的动量了。你看，这完美地满足不确定性原理。”

你这是狡辩。好吧，我们接受现实，每当我们用一个光子去探测电子的位置，就会给它造成强烈的扰动，让它改变方向速度，向另一个方向飞去。可是，我们还是可以采用一些聪明的、迂回的方法来实现我们的目的啊。比如我们可以测量这个反弹回来的光子的方向速度，从而推导出它对电子产生了何种影响，进而导出电子本身的方向速度。怎样，这不就破解了你的把戏吗？

“还是不行。”海森堡摇头说，“为了达到那样高的灵敏度，我们的显微镜必须有一块很大直径的透镜才行。你知道，透镜把从所有方向来的光都聚集到一个焦点上，这样我们根本无法分辨反弹回来的光子究竟来自何方。假如我们缩小透镜的直径以确保光子不被聚焦，那么显微镜的灵敏度又要变差而无法胜任此项工作。所以你的小聪明还是不奏效。”

真是邪门。那么，观察显微镜本身的反弹怎样？

“一样道理，要观察这样细微的效应，就要用波长短的光，所以它的能量就大，就给显微镜本身造成抹去一切的扰动……”

等等，我们并不死心。好吧，我们承认，我们的观测器材是十分粗糙的，我们的十指笨拙，我们的文明才几千年历史，现代科学更是仅创立了300多年。我们承认，就目前的科技水平来说，我们没法同时观测到一个细小电子的位置和动量，因为我们的仪器又傻又笨。可是，这并不表明电子不同时具有位置和动量啊。也许在将来，哪怕遥远的将来，我们会发展出一种尖端科技，我们会发明极端精细的仪器，从而准确地测出电子的位置和动量呢？你不能否认这种可能性啊。

“话不是这样说的。”海森堡若有所思地说，“这里的问题是理论限制了我们能够观测到的东西，而不是实验导致的误差。同时测量到准确的动量和位置在原则上都是不可能的，不管科技多发达都一样。就像你永远造不出永动机，你也永远造不出可以同时探测到p和q的显微镜来。不管今后我们创立了什么理论，它们都必须服从不确定性原理，这是一个基本原则，所有的后续理论都要在它的监督下才能取得合法性。”

海森堡的这一论断是不是太霸道了？而且，这样一来物理学家的脸不是都给丢尽了吗？想象一下公众的表现吧：什么，你是一个物理学家？哦，我真为你们惋惜，你们甚至不知道一个电子的动量和位置！我们家汤米至少还知道他的皮球在哪里。

不过，我们还是要摆事实，讲道理，以德服人。一个又一个的思想实验被提出来，可是我们就是没法既精确地测量出电子的动量，同时又精确地得到它的位置。两者的误差之乘积必定要大于那个常数，也就是h除以4π。幸运的是，我们都记得h非常小，只有6.626×10^{-34}焦耳·秒，那么假如△p和△q的量级差不多，它们各自便都在10^{-17}这个数量级上。我们现在可以安慰一下不明真相的群众：事情并不是那么糟糕，这种效应只有在电子和光子的尺度上才变得十分明显。对于汤米玩的皮球，10^{-17}简直是微不足道到了极点，根本就没法感觉出来。汤米可以安心地拍他的皮球，不必担心因为测不准它的位置而把它弄丢了。

不过对于电子尺度的世界来说，那可就大大不同了。在上一章的最后，我们曾经假想自己缩小到电子大小去一探原子里的奥秘，那时我们的身高只有10^{-18}米。现在，妈妈对于我们淘气的行为感到担心，想测量一下我们到了哪里，不过她们注定要失望了：测量的误差达到10^{-17}米，是我们本身高度的10倍！如果她们同时还想把我们的动量测得更准确一点的话，位置的误差更要成倍地增长，“测不准”变得名副其实了。

在任何时候，大自然都固执地坚守着这一底线，绝不让我们有任何机会可以同时得到位置和动量的精确值。任凭我们机关算尽，花样百出，它总是比我们高明一筹，每次都狠狠地把我们的小聪明击败。不能测量电子的位置和动量？我们来设计一个极小极小的容器，它内部只能容纳一个电子，不留下任何多余的空间，这下如何？电子不能乱动了吧？可是，首先这种容器肯定是造不出来的，因为它本身也必定由电子组成，所以它本身也必然要有位置的起伏，使内部的空间涨涨落落。退一步来说，就算可以，在这种情况下，电子也会神秘地渗过容器壁出现在容器外面，像传说中穿墙而过的崂山道士。不确定性原理赋予它这种神奇的能力，冲破一切束缚。

还有一种办法，降温。我们都知道原子在不停地振动，温度是这种振动的宏观表现，当温度下降到绝对零度时，理论上原子就完全静止了。那时候动量确定为零，只要测量位置就可以了吧？可惜，一方面，能斯特等人早就证明，无法通过有限的循环过程来达到绝对零度，退一步来说，就算真的到达T＝0，我们的振子也不会完全停止。从量子力学中可以计算，哪怕在到达绝对零度的时候，任何振子仍然保有一个极其微小的能量：E=hν/2，也就是半个量子的大小，你再也无法把这个内禀的能量消除。打个比方，就像你的银行账户里还剩下半分钱，你永远也无法用现金把它提走！所以说，你无论如何不会变得“一无所有”。

这种内禀的能量早在1912年就由普朗克在一个理论中提出。虽然这个理论整体上是错的，但是E=hν/2的概念却被保留了下来，后来更进一步为实验所证实。这个基本能量被称作“零点能”（zero-point energy），它就是量子处在基态时的能量。我们的宇宙空间，在每一点上其实都充满了大量的零点能，这就给未来的星际航行提供了取之不尽的能源。也许，科幻作家对此会充满兴趣吧？

回到正题上来，动量p和位置q，它们真的是“不共戴天”。只要一个量出现在宇宙中，另一个就神秘地消失。要么，两个都以一种模糊不清的面目出现。海森堡很快又发现了另一对类似的仇敌，它们是能量E和时间t。只要能量E测量得越准确，时刻t就越模糊；反过来，时间t测量得越准确，能量E就开始大规模地起伏不定。而且，它们之间的关系遵守类似的不确定性规则：

$\triangle E \times \triangle t > h$

各位看官，我们的宇宙已经变得非常奇妙了。各种物理量都遵循着海森堡的这种不确定性原理，此起彼伏，像神秘的大海中不断升起和破灭的泡沫。在古人看来，“空”就是空荡荡什么都看不见。不过后来人们知道了，看不见的空气中也有无数分子，“空”应该指抽空了空气的真空。再后来，人们觉得各种场，从引力场到电磁场，也应该排除在“空”的概念之外，它应该仅仅指空间本身而已。

但现在，这个概念又开始混乱了。首先爱因斯坦的相对论告诉我们空间本身也能扭曲变形，事实上引力只不过是它的弯曲而已。而海森堡的不确定性原理展现了更奇特的场景：我们知道t测量得越准确，E就越不确定。所以在非常非常短的一刹那，也就是t非常确定的一瞬间，即使真空中也会出现巨大的能量起伏。这种能量完全是靠着不确定性而凭空出现的，它的确违反了能量守恒定律！但是这一刹那极短，人们还没有来得及发现，它又神秘消失，使得能量守恒定律在整体上得以维持。间隔越短，t就越确定，E就越不确定，可以凭空出现的能量也就越大。

所以，我们的真空其实无时无刻不在沸腾，到处有神秘的能量产生并消失。由于质能在本质上是相同的东西，所以在真空中，其实不停地有一些“幽灵”物质在出没，只不过在我们没有抓住它们之前，它们就又消失在了另一世界。真空本身，就是提供这种涨落的最好介质。

现在如果我们谈论“空”，应该明确地说：没有物质，没有能量，没有时间，也没有空间。这才是什么都没有，它根本不能够想象（你能想象没有空间是什么样子吗）。不过大有人说，这也不算“空”，因为空间和时间本身似乎可以通过某种机制从一无所有中被创造出来，我可真要发疯了，那究竟怎样才算“空”呢？

饭后闲话：无中生有

在过去，所有的科学家都认为，无中生有是绝对不可能的。物质不能被凭空制造，能量也不能被凭空制造，遑论时空本身。但是不确定性原理的出现把这一切旧观念都摧枯拉朽一般地粉碎了。

海森堡告诉我们，在极小的空间和极短的时间里，什么都是有可能发生的。因为我们对时间非常确定，所以反过来对能量就非常不确定，能量物质可以逃脱物理定律的束缚，自由自在地出现和消失。但是，这种自由的代价就是它只能限定在那一段极短的时间内，时刻一到，灰姑娘就会现出原形，这些神秘的物质能量便要消失，以维护质能守恒定律在大尺度上不被破坏。

不过20世纪60年代末，有人想到了一种可能性：引力的能量是负数（因为引力是吸力，假设无限远的势能是0，那么当物体靠近后因为引力做功使得其势能为负值），所以在短时间内凭空生出的物质能量，它们之间又可以形成引力场，其产生的负能量正好和它们本身抵消，使得总能量仍然保持为0，不破坏守恒定律。这样，物质就真的从一无所有中产生了。

许多人都相信，我们的宇宙本身就是通过这种机制产生的。量子效应使得一小块时空突然从根本没有的时空中产生，然后因为各种力的作用，它突然指数级地膨胀起来，在瞬间扩大到整个宇宙的尺度。MIT的科学家阿伦·古斯（Alan Guth）从这种想法出发，创立了宇宙的“暴胀理论”（Inflation）。在宇宙创生的极早期，各块空间都以难以想象的惊人速度暴胀，使得宇宙的总体积增大了许多许多倍。这就可以解释为什么今天它的结构在各个方向看来都是均匀同一的。

在今天，暴胀理论已经成为宇宙学中最热门的话题。2016年年初，LIGO项目证实了引力波的存在，一时成为红遍媒体的超级大新闻。不过很少有人提到，引力波的一个重大意义就在于它直接支持了暴胀模型，从而使得我们对宇宙大爆炸之初的情况有更加深刻的了解。或许，就像古斯自己爱说的那样，我们这个宇宙的诞生，本身就是“一顿免费的午餐”？

不过，假如再苛刻一点，这其实还不能算是严格意义上的“无中生有”。因为就算没有物质，没有时间、空间，我们至少还有一个前提：存在着物理定律！只有存在物理定律，诸如相对论和量子论的各种规则，我们才有了暴胀模型，宇宙才有了演化的依据。然而，这些物理定律本身又是如何从无中产生的呢？或者它们不言而喻地存在？我们越说越玄了，还是在这里打住吧。

Part. 3

当海森堡完成了他的不确定性原理后，他迅即写信给泡利和远在挪威的玻尔，把自己的想法告诉他们。收到海森堡的信后，玻尔立即从挪威动身返回哥本哈根，准备就这个问题和海森堡展开深入的探讨。海森堡以为，这样伟大的一个发现必定能打动玻尔的心，让他同意自己对于量子力学的一贯想法。可是，他却大大地错了。

在挪威，玻尔于滑雪之余好好地思考了一下波粒问题，新想法逐渐在他脑中定型了。当他看到海森堡的论文，他自然而然地用这种想法去印证整个结论。他问海森堡，这种不确定性是从粒子的本性而来，还是从波的本性导出的呢？海森堡一愣，他压根儿就没考虑过什么波。当然是粒子，由于光子击中了电子而造成了位置和动量的不确定，这不是明摆着的吗？

玻尔很严肃地摇头。他拿海森堡想象的那个巨型显微镜开刀，证明在很大程度上不确定性不单单出自不连续的粒子性，还出自波动性。我们在前面讨论过德布罗意波长公式λ=h/mv，mv就是动量p，所以p=h/λ，对于每一个动量p来说，总是有一个波长的概念伴随它。对于E—t关系来说，E=hv，依然有频率v这一波动概念在里面。海森堡对此一口拒绝，要让他接受波动性可不是一件容易的事情。对海森堡的顽固玻尔显然开始不耐烦了，他明确地对海森堡说："你的显微镜实验是不对的。"这把海森堡给气哭了。两人大吵一架，克莱恩当然帮着玻尔，这使哥本哈根内部的气氛变得非常尖锐：从物理问题出发，后来几乎变成了私人误会，以致海森堡不得不把写给泡利的信要回去以此来澄清。最后，泡利本人亲自跑去丹麦，这才平息了事件的余波。

对海森堡来说不幸的是，在显微镜问题上的确是他错了。海森堡大概生来患有某种"显微镜恐惧症"，一碰到显微镜就犯晕。当年，他在博士论文答辩里就搞不清最基本的显微镜分辨度问题，差点没拿到学位。那时候，一方面，是因为海森堡自己没有充分准备，对于一些实验上的问题一窍不通。另一方面，据说考他实验的维恩（就是提出维恩公式的那个人）和索末菲之间有点私人恩怨（虽然两人算是亲戚），所以对索末菲的学生也有存心刁难的意思[1]。

而这次，玻尔也终于让他意识到，不确定性确实是建立在波和粒子的双重基础上的，它其实是电子在波和粒子间的一种摇摆：对于波的属性了解得越多，关于粒子的属性就了解得越少。海森堡最后终于接受了玻尔的批评，给他的论文加了一个附注，声明不确定性其实同时建筑在连续性和不连续性两者之上，并感谢玻尔指出了这一点。

玻尔也在这场争论中有所收获，他发现不确定性原理的普遍意义原来比他想象得大。他本以为，这只是一个局部的原理，但现在他领悟到这个

▶ [1] 见Mehra等人的量子力学史。

原理是量子论中核心的基石之一。在给爱因斯坦的信中，玻尔称赞了海森堡的理论，说他“用一种极为漂亮的手法”显示了不确定如何被应用在量子论中。复活节长假后，双方各退一步，局面终于海阔天空。海森堡写给泡利的信中又恢复了良好的心情，说“又可以单纯地讨论物理问题，忘记别的一切”。的确，兄弟阋于墙，也要外御其侮，哥本哈根派现在又团结得像一块坚石了，他们很快就要共同面对更大的挑战，并把“哥本哈根”这个名字深深镌刻在物理学的光辉历史上。

不过，话又说回来。波动性、微粒性，从我们史话的一开始，这两个词就深深地困扰着我们，一直到现在。好吧，不确定性同时建立在波动性和微粒性上……可这不是白说吗？我们的耐心是有限的，不如打开天窗说亮话吧，这个该死的电子到底是个粒子还是波？

粒子还是波，真是令人感慨万千的话题啊。这是一出300年来的传奇故事，其中悲欢起落，穿插着物理史上最伟大的那些名字：牛顿、胡克、惠更斯、杨、菲涅尔、傅科、麦克斯韦、赫兹、汤姆逊、爱因斯坦、康普顿、德布罗意……恩恩怨怨，谁又能说得明白？我们处在一种进退维谷的境地中，一方面双缝实验和麦氏理论毫不含糊地揭示出光的波动性；另一方面光电效应、康普顿效应又同样清晰地表明它是粒子。就电子来说，玻尔的跃迁，原子里的光谱，海森堡的矩阵都强调了它不连续的一面，似乎粒子性占了上风，但薛定谔的方程却又大肆渲染它的连续性，甚至把波动的标签都贴到了它脸上。

怎么看，电子都没法不是个粒子；怎么看，电子都没法不是个波。

这该如何是好呢？

当遇到棘手的问题时，最好的办法还是问问咱们的偶像，无所不能的歇洛克·福尔摩斯先生。这位全世界最富传奇色彩的私人侦探和量子论也算是同时代人。1887年，当赫兹以实验证实电磁波时，他刚刚在《血字的研究》中崭露头角。到了普朗克发现量子后一年，他已经凭借巴斯克维尔猎犬案中的出色表现名扬天下。从莫里亚蒂教授那里死里逃生后，福尔摩斯刚好来得及看见爱因斯坦提出了光量子假说，而现在，1927年，他终于圆满地完成了最后一系列探案，可以享受退休生活了[2]。

让我们听听这位伟大的人物会发表什么意见。

福尔摩斯是这样说的："我的方法，就建立在这样一种假设上面：当你把一切不可能的结论都排除之后，那剩下的，不管多么离奇，也必然是事实。"[3]

真是至理名言啊。那么，电子不可能不是粒子，它也不可能不是波。那剩下的唯一的可能性就是……

它既是粒子，同时又是波！

可是，等等，这太过分了吧？完全没法叫人接受嘛。什么叫"既是粒子，同时又是波"？这两种图像分明是互相排斥的呀。一个人可能既是男的，又是女的吗（太监之类的不算）？这种说法难道不自相矛盾吗？

不过，要相信福尔摩斯，更要相信玻尔，因为玻尔就是这样想的。毫无疑问，一个电子必须由粒子和波两种角度做出诠释，任何单方面的描述都是不完全的。只有粒子和波两种概念有机结合起来，电子才成为一个有血有肉的电子，才真正成为一种完备的图像。没有粒子性的电子是盲目的，没有波动性的电子是跛足的。

这还是不能让我们信服啊，既是粒子又是波？难以想象，难道电子像一个幽灵，在粒子的周围同时散发出一种奇怪的波，使得它本身成为这两种状态的叠加？有谁曾经目睹这种噩梦般的场景吗？出来做个证？

"不，你理解得不对。"玻尔摇头说，"任何时候我们观察电子，它当然只能表现出一种属性，要么是粒子，要么是波。声称看到粒子—波混合叠加的人要么是老花眼，要么是纯粹在胡说八道。但是，作为电子这个整

■ [2] 这里的时间指的是《福尔摩斯探案》系列的出版时间。

● [3] 引自《新探案·皮肤变白的军人》。

体概念来说，它却表现出一种波—粒的二象性；它可以展现出粒子的一面，也可以展现出波的一面，这完全取决于我们如何去观察它。我们想看到一个粒子？那好，让它打到荧光屏上变成一个小点。看，粒子！我们想看到一个波？也行，让它通过双缝组成干涉图样。看，波！”

奇怪，似乎哪里不对，却说不出来……好吧，电子有时候变成电子的模样，有时候变成波的模样，嗯，不错的变脸把戏。可是，撕下它的面具，它本来的真身究竟是什么呢？

“这就是关键！这就是你我的分歧所在了。”玻尔意味深长地说，“电子的‘真身’？或者换几个词，电子的原形？电子的本来面目？电子的终极理念？这些都是毫无意义的单词，对我们来说，唯一知道的只是每次我们看到的电子是什么。我们看到电子呈现出粒子性，又看到电子呈现出波动性，那么当然我们就假设它是粒子和波的混合体。我一点都不关心电子‘本来’是什么，我觉得那是没有意义的。事实上我也不关心大自然‘本来’是什么，我只关心我们能够‘观测’到大自然是什么。电子又是个粒子又是个波，但每次我们观察它，它只展现出其中的一面，这里的关键是我们‘如何’观察它，而不是它‘究竟’是什么。”

玻尔的话也许太玄妙了，我们来通俗地理解一下。有一段时间曾经流行手机换彩壳，我昨天心情好，就配一个亮闪闪的银色，今天心情不好，就换一个比较有忧郁感的蓝色。咦，奇怪了，为什么我的手机昨天是银色的，今天变成蓝色了呢？这两种颜色不是互相排斥的吗？我的手机怎么可能又是银色，又是蓝色呢？很显然，这并不是说我的手机同时展现出银色和蓝色，变成某种稀奇的“银蓝”色，它是银色还是蓝色，完全取决于我如何装配它的外壳。我昨天决定那样装配它，它就呈现出银色，而今天改一种方式，它就变成蓝色。它是什么颜色，取决于我如何装配它！

但是，如果你一定要打破砂锅问到底：我的手机“本来”是什么颜色？那可就糊涂了。假如你指的是它原装出厂时配着什么外壳，我倒可以物理属性取决于观测方式，而非“本来”

告诉你。不过你要是强调哲学意义上的“本来”“实际上”，或者“本质上的颜色”到底是什么，我会觉得你不可理喻。真要我说，我觉得它“本来”没什么颜色，只有我们给它装上某种外壳并观察它，它才展现出某种颜色来。它是什么颜色，取决于我们如何观察它，而不是取决于它“本来”是什么颜色。我觉得讨论它“本来的颜色”是痴人说梦。

再举个例子，大家都知道“白马非马”的诡辩，不过我们不讨论这个。我们问：这匹马到底是什么颜色呢？你当然会说：白色啊。可是，也许你身边有个色盲，他会争辩说：不对，是红色！大家指的是同一匹马，它怎么可能又是白色又是红色呢？你当然要说，那个人在感觉颜色上有缺陷，他说的不是马本来的颜色，可是，谁又知道你看到的就一定是“本来”的颜色呢？假如世上有一半色盲，谁来分辨哪一半说的是“真相”呢？不说色盲，我们戴上一副红色眼镜，这下看到的马也变成了红色吧？它怎么刚刚是白色，现在是红色呢？哦，因为你改变了观察方式，戴上了眼镜。那么哪一种方式看到的是真实呢？天晓得，庄周做梦变成了蝴蝶还是蝴蝶做梦变成了庄周，你戴上眼镜看到的是真实还是摘下眼镜看到的是真实。

我们的结论是，讨论哪个是“真实”毫无意义。我们唯一能说的，是马“本来”是什么颜色？

马是什么颜色，取决于我们采取何种观测方式。而马“本质上”是什么颜色，是一个无意义的问题。

在某种观察方式确定的前提下，它呈现出什么样子。我们可以说，在我们运用肉眼的观察方式下，马呈现出白色。同样我们也可以说，在戴上眼镜的观察方式下，马呈现出红色。色盲也可以声称，在他那种特殊构造的感光方式观察下，马是红色。至于马“本来”是什么色，完全没有意义。甚至我们可以说，马“本来的颜色”是子虚乌有的。我们大多数人说马是白色，只不过我们大多数人采用了一种类似的观察方式罢了，这并不指向一种终极真理。

电子也是一样。电子是粒子还是波？那要看你怎么观察它。如果采用康普顿效应的观察方式，那么它无疑是个粒子；要是用双缝来观察，那么它无疑是个波。它本来到底是粒子还是波呢？又来了，没有什么“本来”，所有的属性都是与观察联系在一起的，让“本来”见鬼去吧。

但是，一旦观察方式确定了，电子就要选择一种表现形式，它得作为波或者粒子出现，而不能再暧昧地混杂在一起。这就像我们可怜的马，不管谁用什么方式观察，它只能在某一时刻展现出一种颜色。从来没有人有过这样奇妙的体验：这匹马同时又是白色，又是红色。波和粒子在同一时刻是互斥的，但它们却在一个更高的层次上统一在一起，作为电子的两面被纳入一个整体概念中。这就是玻尔的“互补原理”（The

另一个互补的例子：著名的人脸—花瓶图。把白色当作底色则见到两个相对的人脸；把黑色当作底色则见到白色的花瓶。

这幅图“本来”是人脸还是花瓶呢？那要取决于你采用哪一种观察方式，但没有什么绝对的“本来”，没有“绝对客观”的答案。

花瓶和人脸在这里是“互补”的，你看到其中的一种，就自动排除了另一种。

Complementary Principle），它连同波恩的概率解释，海森堡的不确定性，三者共同构成了量子论“哥本哈根解释”的核心，至今仍然深刻地影响着我们对于整个宇宙的终极认识。

“第三次波粒战争”便以这样一种戏剧化的方式收场。而量子世界的这种奇妙结合，就是大名鼎鼎的“波粒二象性”。

Part. 4

三百年硝烟散尽，波和粒子以这样一种奇怪的方式达成妥协：两者原来是不可分割的一个整体。就像漫画中教皇善与恶的两面，虽然在每个确定的时刻，只有一面能够体现出来，但它们确实集中在一个人的身上。波和粒子是一对孪生兄弟，它们如此苦苦争斗，却原来是演出了一场物理学中的绝代双骄的故事，这令人拍案惊奇，唏嘘不已。

我们再回到上一章的最后，重温一下波和粒子在双缝前遇到的困境：电子选择左边的狭缝，还是右边的狭缝呢？现在我们知道，假如我们采用任其自然的观测方式，让它不受干扰地在空间中传播，这时候电子波动的一面就占了上风。它于是以某种方式同时穿过了两道狭缝，自身与自身发生干涉，其波函数ψ按照严格的干涉图形花样发展。但是，当它撞上感应屏的一刹那，观测方式发生了变化！电子突然和某种实物产生了交互作用——我们现在在试图探测电子的实际位置了！于是突然间，粒子性接管了一切，这个电子凝聚成一点，按照ψ的概率随机地出现在屏幕的某个地方。

假使我们在狭缝上安装仪器，试图测出电子究竟通过了哪一边，注意，这是另一种完全不同的观测方式！我们试图探测电子在通过狭缝时的实际位置，可是只有粒子才有实际的位置。这实际上是我们施加的一种暗示，让电子早早地展现出粒子性。事实上，的确只有一边的仪器将记录下它的踪影，但同时干涉条纹也被消灭，因为波动性随着粒子性的唤起而消失了。我们终于明白，电子如何表现，完全取决于我们如何观测它。种瓜得瓜，种豆得豆，想记录它的位置？好，那是粒子的属性，电子善解人意，便表现出粒子性来，同时也就没有干涉。不作这样的企图，电子就表现出波动性来，穿过两道狭缝并形成熟悉的干涉条纹。

量子派物理学家现在终于逐渐领悟到了事情的真相：我们的结论和我们的观测行为本身大有联系。这就像那匹马是白的还是红的，这个结论和我们用什么样的方法去观察它有关系。有些看官可能还不服气："真相只有一个"，亲眼看见的才是唯一的真实。色盲是视力缺陷，眼镜是外部装备，这些怎么能够说是看到"真实"呢？其实没什么分别，它们不外乎是两种不同的观测方式罢了，我们的论点是，根本不存在所谓的柏拉图式的"真实"。

好吧，现在我视力良好，也不戴任何装置，看到马是白色的。那么，它当真是白色的吗？其实我说这话前，已经隐含了一个默认的观测方式：

“用人类正常的肉眼，在普通光线下看来，马呈现出白色。”再技术化一点，人眼只能感受可见光，波长在400～760纳米，这些频段的光混合在一起才形成我们印象中的白色。所以我们论断的前提就是，在400～760纳米的光谱区感受马，它是白色的。

许多昆虫，比如蜜蜂，它的复眼所感受的光谱是大大不同的。蜜蜂看不见波长比黄光还长的光，却对紫外线很敏感。在它看来，这匹马大概是一种蓝紫色，甚至它可能绘声绘色地向你描绘一种难以想象的“紫外色”。现在你和蜜蜂吵起来了，你坚持这马是白色的，而蜜蜂一口咬定是蓝紫色。你和蜜蜂谁对谁错呢？其实都对。那么，马怎么可能又是白色又是紫色呢？其实是你们的观测手段不同罢了。对于蜜蜂来说，它也是“亲眼”见到，人并不比蜜蜂拥有更多的正确性，离“真相”更近一点。话说回来，色盲只是对某些频段的光有盲点，眼镜只不过加上一个滤镜，本质上都是一种特定的观测方式而已，也没理由说它们看到的就是“虚假”。

事实上，没有什么“客观真相”。讨论马“本质上”到底是什么颜色，正如我们已经指出过的，是很无聊的行为。每一个关于颜色的论断，都是结合某种观测方式而做出的，如果脱离了观测手段，就根本不存在一个绝对的所谓“本色”。

玻尔也好，海森堡也好，现在终于都明白：谈论任何物理量都是没有意义的，除非首先描述你测量这个物理量的方式。一个电子的动量是什么？我不知道，一个电子没有什么绝对的动量，不过假如你告诉我你打算怎么去测量，我倒可以告诉你测量结果会是什么。根据测量方式的不同，这个动量可以从十分精确一直到万分模糊，这些结果都是可能的，也都是正确的。一个电子的动量，只有当你测量时，才有意义。假如这不好理解，想象有人在纸上画了两横夹一竖，问你这是什么字。嗯，这是一个“工”字，但也可能是横过来的“H”，在他没告诉你怎么看之前，这个问题是没有定论的。现在，你被告知：“这个图案的看法应该是横过来

“本质”是无意义的说法

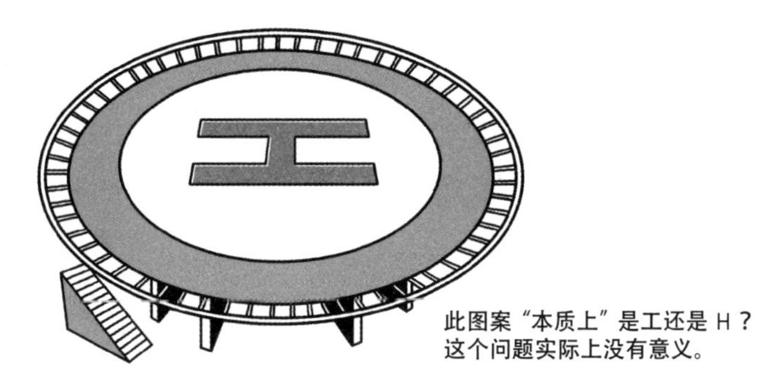

此图案“本质上”是工还是 H？
这个问题实际上没有意义。

看。”这下我们明确了：这是一个大写字母H。只有观测手段明确之后，答案才有意义。而脱离了观测手段去讨论这个图案“本质上”到底是“工”还是“H”，这个问题却是无意义的。

测量！在经典理论中，这不是一个被考虑的问题。测量一块石头的重量，我用天平、用弹簧秤、用磅秤，或者用电子秤做，理论上是没有什么区别的。在经典理论看来，石头是处在一个绝对的、客观的外部世界中，而我——观测者——对这个世界是没有影响的，至少，这种影响是微小得可以忽略不计的。你测得的数据是多少，石头的“客观重量”就是多少。但量子世界就不同了，我们已经看到，我们测量的对象都是如此微小，以致我们的介入对其产生了致命的干预。我们本身的扰动使得我们的测量中充满了不确定性，从原则上都无法克服。采取不同的手段，往往会得到不同的答案，它们随着不确定性原理摇摇摆摆，你根本不能说有一个客观确定的答案在那里。在量子论中没有外部世界和我之分，我们和客观世界天人合一，融合成为一体，我们和观测物互相影响，使得测量行为成为一种难以把握的手段。在量子世界，一个电子并没有什么“客观动量”，我们能谈论的，只有它的“测量动量”，而这又和我们的测量手段密切相关。

各位，我们已经身陷量子论那奇怪的沼泽中了，我只希望大家不要过于头昏脑涨，因为接下来还有无数更稀奇古怪的东西，错过了未免可惜。我很抱歉，这几节我们似乎沉浸于一种玄奥的哲学讨论，而且似乎还要继续讨论下去。这是因为量子革命牵涉到我们世界观的根本变革，以及我们对于宇宙的认识方法。量子论的背后有一些非常形而上的东西，它使得我们的理性战战兢兢，汗不敢出。但是，为了理解量子论的伟大力量，我们又无法绕开这些而自欺欺人地盲目前进。如果你从史话的一开始跟着我一起走到了现在，我至少对你的勇气和毅力表示赞赏，但我也无法给你更多的帮助。假如你感到困惑彷徨，那么玻尔的名言——“如果谁不为量子论而感到困惑，那他就是没有理解量子论”，或许可以给你一些安慰（假如这还不够，那就再加上费曼的一句“没人能理解量子论”）。而且，正如我们之后即将描述的那样，你也许应该感到非常自豪，因为爱因斯坦对此的困惑彷徨，实在不比你少到哪里去。

但现在，我们必须走得更远。上面一段文字只是给大家一个小小的喘息机会，我们这就继续出发了。

如果不定义一个测量动量的方式，那么我们谈论电子动量就是没有意义的？这听上去似乎是一种唯心主义的说法。难道我们无法测量电子，它就没有动量了吗？让我们非常惊讶和尴尬的是，玻尔和海森堡两个人对此大点其头。一点也不错，假如一个物理概念是无法测量的，它就是没有意义的。我们要时时刻刻注意，在量子论中观测者是和外部宇宙结合在一起的，它们之间现在已经没有明确的分界线，是一个整体。在经典理论中，我们脱离一个绝对客观的外部世界而存在，我们也许不了解这个世界的某些因素，但这不影响其客观性。可如今我们自己也已经融入这个世界了，对于这个物我合一的世界来说，任何东西都应该是可以测量和感知的。只有可观测的量才是存在的！

著名的科普作家卡尔·萨根（Carl Sagan）曾经在《魔鬼出没的世界》里举过一个很有意思的例子，虽然不是直接关于量子论的，但颇能说明问题。

“我的车库里有一条喷火的龙！”他这样声称。

“太稀罕了！”他的朋友连忙跑到车库中，但没有看见龙，“龙在哪里？”

“哦，”萨根说，“我忘了说明，这是一条隐身的龙。”

朋友有些狐疑，不过他建议，可以撒一些粉末在地上，看看龙的爪印是不是会出现。但是萨根又声称，这龙是飘在空中的。

“那既然这条龙在喷火，我们用红外线检测仪做一个热扫描？”

“也不行。”萨根说，“隐形的火也没有温度。”

“要么对这条龙喷漆让它现形？”“这条龙是非物质的，滑不溜手，油漆无处可粘。”

反正没有一种物理方法可以检测到这条龙的存在。萨根最后问：“这样一条看不见、摸不着，没有实体的，飘在空中喷着没有热度的火的龙，一条任何仪器都无法探测的龙，和‘根本没有龙’又有什么差别呢？”

现在，玻尔和海森堡也以这种苛刻的怀疑主义态度去对待物理量。不确定性原理说，不可能同时测准电子的动量p和位置q，任何精密的仪器也不行。许多人或许会认为，好吧，就算这是理论上的限制，和我们实验的笨拙无关，我们仍然可以安慰自己，说一个电子“实际上”是同时具有准确的位置和动量的，只不过我们出于某种限制无法得知罢了。

但哥本哈根派开始严厉地打击这种观点：一个具有准确p和q的经典电子？这恐怕是自欺欺人吧。有任何仪器可以探测到这样的一个电子吗？——没有，理论上也不可能有。那么，同样道理，一个在臆想的世界中生存的，完全探测不到的电子，和根本没有这样一个电子又有什么区别呢？

事实上，同时具有p和q的电子是不存在的！p和q也像波和微粒一样，在不确定性原理和互补原理的统治下以一种此消彼长的方式生存。对于一些测量手段来说，电子呈现出一个准确的p；对于另一些测量手段来说，电子呈现出准确的q。我们能够测量到的电子才是唯一的实在，这后面不存在一个“客观”的，或者“实际上”的电子！

换言之，不存在一个客观的、绝对的世界。唯一存在的，就是我们能够观测到的世界。物理学的全部意义，不在于它能够揭示出自然“是什么”，而在于它能够明确，关于自然我们能“说什么”。没有一个脱离于观测而存在的“绝对自然”，只有我们和那些复杂的测量关系，熙熙攘攘纵横交错，构成了这个令人心醉的宇宙的全部。测量是新物理学的核心，测量行为创造了整个世界。

饭后闲话：奥卡姆剃刀

同时具有p和q的电子是不存在的。有人或许感到不理解，探测不到的就不是实在吗？

我们来问自己，“这个世界究竟是什么”和“我们在最大程度上能够探测到这个世界是什么”两个命题，其实质到底有多大的不同？我们探测能力所达的那个世界，是不是就是全部实在的世界？比如说，我们不管怎样，每次只能探测到电子是个粒子或者是个波，那么，是不是有一个“实在”的世界，在那里电子以波—粒子的奇妙方式共存，我们每次探测，只不过探测到了这个终极实在于我们感观中的一部分投影？同样，在这个“实在世界”中还有同时具备 p 和 q 的电子，只不过我们与它缘悭一面，每次测量都只有半面之交，没法窥得它的真面目？

假设宇宙在创生初期膨胀得足够快，以致它的某些区域对我们来说是如此遥远，甚至从创生的一刹那以光速出发，至今也无法与它建立起任何沟通。宇宙年龄大概有 138 亿岁，任何信号传播最远的距离也不过 138 亿光年，那么，在距离我们 138 亿光年之外，有没有另一些“实在”的宇宙，虽然它们不可能和我们的宇宙之间有任何因果联系？

在那个实在世界里，是不是有我们看不见的喷火的龙，是不是有一匹具有“实在”颜色的马，而我们每次观察只不过是这种“实在颜色”的肤浅表现而已？我跟你争论说，地球“其实”是方的，只不过它在我们观察的时候，表现出球形而已。但是在那个“实在”世界里，它是方的，而这个实在世界我们是观察不到的，但不表明它不存在。

如果我们运用“奥卡姆剃刀原理”（Occam's Razor），这些观测不到的“实在世界”全都是子虚乌有的，至少是无意义的。这个原理是 14 世纪的一个修道士威廉所创立的，奥卡姆是他出生的地方。这位奥卡姆的威廉还有一句名言，那是他对巴伐利亚的路易四世说的：“你用剑来保卫我，我用笔来保卫你。”

剃刀原理是说，当两种说法都能解释相同的事实时，应该相信假设少的那个。比如，地球“本来”是方的，但“观测时显现出圆形”，这和地球“本来就是圆的”说明的是同一件事。但前者引入了一个莫名其妙的不必要的假设，所以前者是胡说。再举个例子：“上帝存在”，“但上帝绝对无法被世人看见”是两个假设，而“上帝其实不存在，所以自然看不见”只用到了一个假设（“看不见”是“不存在”的自然推论），这两者说明的是同样的现象（没人在现实中看见过上帝），所以在没有更多证据的情况下我们最好还是倾向于后者。

回到量子世界中："电子本来有准确的 p 和 q，但是观测时只有 1 个能显示"，这和"只存在具有 p 或者具有 q 的电子"说明的也是同一回事，但前者多了一个假设。根据剃刀原理，我们应当相信后者。实际上，"存在，但绝对观测不到"之类的论断都是毫无意义的，因为这和"不存在"根本就是一码事，无法区分开来。

同样道理，没有粒子—波混合的电子，没有看不见的喷火的龙，没有"绝对颜色"的马，没有 138 亿光年外的宇宙（"138 亿光年"这个距离称作"视界"），没有隔着 1 厘米四维尺度观察我们的四维人，没有绝对的外部世界。史蒂芬·霍金在《时间简史》中说："我们仍然可以想象，对于一些超自然的生物，存在一组完全地决定事件的定律，它们能够观测宇宙现在的状态而不必干扰它。然而，我们人类对于这样的宇宙模型并没有太大的兴趣。看来，最好是采用奥卡姆剃刀原理，将理论中不能被观测到的所有特征都割除掉。"

坚持这种实证主义，是现代科学区别于玄学、宗教最大的特征之一，说白了，就是要求"可检验"。如果一个理论空有奇思妙想，却无法提供可检验的证据，和"不存在"无法区别开来，那么这个理论就无意义。如果你立志要做一个拥有科学精神的人，请时时记住"奥卡姆剃刀"这个原则吧。

Part. 5

正如我们的史话在前面一再提醒各位的那样，量子论革命的破坏力是相当惊人的。在概率解释、不确定性原理和互补原理这三大核心原理中，前两者摧毁了经典世界的（严格）因果性，互补原理和不确定性原理又合力捣毁了世界的（绝对）客观性。新的量子图景展现出一个前所未有的世界，它是如此奇特，难以想象，和人们的日常生活格格不入，甚至违背我们的理性本身。但是，它却能够解释量子世界一切不可思议的现象。这种主流解释被称为量子论的“哥本哈根”解释，它是由以玻尔为首的一帮科学家提出的，他们大多数曾在哥本哈根工作过，许多是量子论本身的创立者。哥本哈根派的人物除了玻尔，自然还有海森堡、波恩、泡利、克喇默斯、约尔当，也包括后来的魏扎克、罗森菲尔德和盖莫夫等。当然，实际上在现实中并没有一个正式的党派叫作“哥本哈根派”，更没有“入党”的程序，所以并非一定要到过哥本哈根才有资格跻身其列。粗略地说，任何人只要赞同玻尔的“哥本哈根解释”，就可以归为哥本哈根派的成员。而所谓的哥本哈根解释一直被当作量子论的“正统”，至今仍被写进各种教科书中。

当然，因为它太过奇特，太令常人困惑，近百年来没有一天它不受到来自各方面的质疑、指责、攻击。也有一些别的解释被纷纷提出，这里面包括隐变量理论、多宇宙解释、系综解释、自发定域（Spontaneous Localization）、退相干历史（Decoherent Histories）……我们的史话以后会逐一地去看看这些理论，但是公平地说，至今没有一个理论能取代哥本哈根解释的地位，也没有人能证明哥本哈根解释实际上“错了”（多数人只是争辩说它“不完备”）。在主流的量子力学教科书上，哥本哈根解释仍然牢牢地占据着自己的地位，因此，我们的史话也仍将以哥本哈根解释为主线来叙述。当然，对于读者来说，你大可以自行判断，并得出属于自己的独特看法。

哥本哈根解释的基本内容，全都围绕着三大核心原理而展开。我们在前面已经说到，首先，不确定性原理限制了我们对微观事物认识的极限，而这个极限也就是具有物理意义的一切。其次，因为存在观测者对于被观测物的不可避免的扰动，现在主体和客体世界必须被理解成一个不可分割的整体。

没有一个孤立地存在于客观世界的“事物”（being），事实上一个纯粹的客观世界是没有的，任何事物都只有结合一个特定的观测手段，才谈得上具体意义。对象所表现出的形态，很大程度上取决于我们的观察方法。对同一个对象来说，这些表现形态可能是互相排斥的，但必须被同时用于这个对象的描述中，也就是互补原理。

最后，因为我们的观测给事物带来各种原则上不可预测的扰动，量子世界的本质是“随机性”。传统观念中的严格因果关系在量子世界是不存在的，必须以一种统计性的解释来取而代之，波函数ψ就是一种统计，它的平方代表了粒子在某处出现的概率。当我们说“电子出现在X处”时，我们并不知道这个事件的“原因”是什么，它是一个完全随机的过程，没有因果关系。

有些人可能觉得非常糟糕：又是不确定又是没有因果关系，这个世界不是乱套了吗？物理学家既然什么都不知道，那他们还好意思待在大学里领薪水，或者在电视节目上欺世盗名？然而事情并没有想象得那么坏，虽然我们对单个电子的行为只能预测其概率，但我们都知道，当样本数量变得非常非常大时，概率论就很有用了。我们没法知道一个电子在屏幕上出现在什么位置，但我们很有把握，当数以万亿记的电子穿过双缝，它们会形成干涉图案。这就好比保险公司没法预测一个客户会在什么时候死去，但它对一个城市的总体死亡率是清楚的，所以保险公司一定是赚钱的！

老式的电视或者电脑屏幕，它后面都有一把电子枪，不断地逐行把电子打到屏幕上形成画面。对于单个电子来说，我并不知道它将出现在屏幕上的哪个点，只有概率而已。不过大量电子叠在一起，组成稳定的画面是确定无疑的。看，就算本质是随机性，但科学家仍然能够造出一些有用的东西。如果你家电视画面老是有雪花，不要怀疑到量子论头上来，先去检查一下天线。

当然时代在进步，我们的电脑屏幕现在都变成了薄薄的液晶型，那是另一回事了。

至于令人迷惑的波粒二象性，那也只是量子微观世界的奇特性质罢了。我们已经谈到德布罗意方程λ=h/p，改写一下就是λp=h，波长和动量的乘积等于普朗克常数h。对于微观粒子来说，它的动量非常小，所以相应的波长便不能忽略。但对于日常事物来说，它们质量之大相比h简直是个天文数字，所以对于生活中的一个足球，它所伴随的德布罗意波微乎其微，根本感觉不到。我们一点都用不着担心，在世界杯决赛中，眼看要入门的那个球会突然化为一缕波，消失得杳然无踪。

但是，我们还是觉得不太满意，因为对“观测行为”，我们似乎还没有做出合理的解释。一个电子以奇特的分身术穿过双缝，它的波函数自身与自身发生了干涉，在空间中严格地、确定地发展。在这个阶段，因为没有进行观测，说电子在什么地方是没有什么意义的，只有它的概率在空间中展开。物理学家们常常故弄玄虚说“电子无处不在，而又无处在”，指的就是这个意思。然而在那以后，当我们把一块感光屏放在它面前以测量它的位置的时候，事情突然发生了变化！电子突然按照波函数的概率分布而随机做出了一个选择，并以一个小点的形式出现在了某处。这时候，电子确定地存在于某点，自然这个点的概率变成了100%，而别的地方的概率都变成了0。也就是说，它的波函数突然从空间中收缩，聚集到了这一个点上面，在这个点出现了强度为1的高峰。而其他地方的波函数都瞬间降为0。

哦，上帝，发生了什么事？为什么电子的波函数在一刹那发生了这样的巨变？原本形态优美，严格地符合薛定谔方程的波函数在一刹那轰然崩溃，变成了一个针尖般的小点。从数学上来说，这两种状态显然是没法互相推导的。在我们观测电子以前，它实际上处在一种叠加态，所有关于位置的可能性叠合在一起，弥漫到整个空间中去。但是，当我们真的去“看”它的时候，电子便无法保持它这样优雅而面面俱到的行为方式了，它被迫做出选择，在无数种可能性中挑选一种，以一个确定的位置出现在我们面前。

坍缩前后的电子波函数

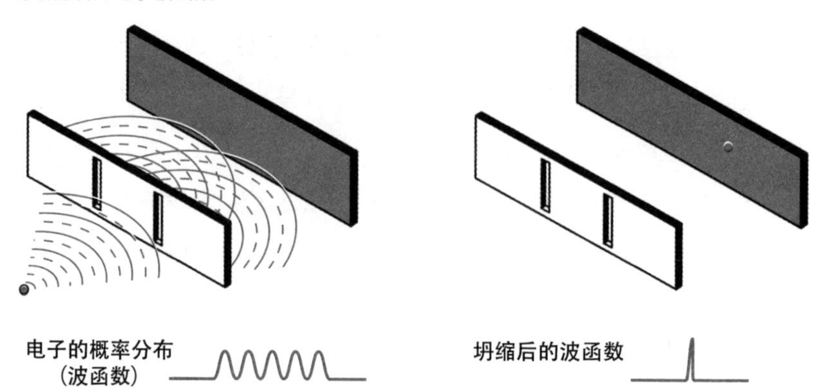

波函数这种奇迹般的变化，在哥本哈根派那里被称为“坍缩”（collapse），每当我们试图测量电子的位置，它那原本按照薛定谔方程演变的波函数ψ便立刻按照那个时候的概率分布坍缩（我们记得ψ的平方就是概率），所有的可能全都在瞬间集中到某一点上。而一个实实在在的电子便大摇大摆地出现在那里，供我们观赏。

在电子通过双缝前，假如我们不去测量它的位置，那么它的波函数就按照方程发散开去，同时通过两条缝而自我互相干涉。但要是我们试图在两条缝上装个仪器以探测它究竟通过了哪条缝，在那一刹那，电子的波函数便坍缩了，电子随机地选择了一条缝通过。而坍缩过的波函数自然就无法再进行干涉，于是乎，干涉条纹一去不复返。

奇怪，非常奇怪。为什么我们一观测，电子的波函数就开始坍缩了呢？

事实似乎是这样的，当我们闭上眼睛不去看这个电子，它就不是一个实实在在的电子。它像一个幽灵一般按照波函数向四周散发开去，虚无缥缈，没有实体，而以概率波的形态飘浮在空间中。随着时间的演化，这种概率波严格地按照薛定谔波动方程的指使，听话而确定地按照经典方式发展。这个时候，与其说它是一个电子，不如说它是一个鬼魂、一团混沌、一幅浸润开来的水彩画、一朵概率云、爱丽丝梦境中那难以捉摸的柴郡猫的笑容。不管你怎么形容都好，反正它不是一个实体，它以概率的方式扩散开来，这种概率似波动一般起伏，可以干涉和叠加，为ψ所精确描述。

但是，当你一睁开眼睛，奇妙的事情发生了！所有的幻影，所有的幽灵都消失了。电子那散发开去的波函数在瞬间坍缩，它重新变成了一个实实在在的粒子，随机地出现在某处。除了这个地方之外，一切的概率波，一切的可能性都消失了。化为一缕清风的妖怪重新凝聚成为一个白骨精，被牢牢地摁死在一个地方。电子回到了现实世界里来，又成了大家所熟悉的经典粒子。

你又闭上眼睛，刚刚变回原形的电子又化为概率波，向四周扩散。再睁开眼睛，它又变回粒子出现在某个地方。你测量一次，它的波函数就坍缩一次，随机地决定一个新的位置。当然，这里的随机是严格按照波函数所规定的概率强度分布来决定的。

我们不妨叙述得更加生动活泼一些。金庸在《笑傲江湖》第二十六回里描述了令狐冲在武当脚下与冲虚一战，冲虚一柄长剑幻为一个个光圈，让令狐冲眼花缭乱，看不出剑尖所在。用量子语言说，这时候冲虚的剑已经不是一个实体，它变成许许多多的“虚剑”，在光圈里分布开来，每一个“虚剑尖”都代表一种可能性，它可能就是“实剑尖”所在。冲虚的剑可以为一个波函数所描述，很有可能在光圈的中心，这个波函数的强度最大，也就是说这剑最可能出现在光圈中心。现在令狐冲挥剑直入，注意这是一次“测量行为”！好，在那瞬间冲虚剑的波函数坍缩了，又变成一柄实剑。令狐冲运气好，它真的出现在光圈中间，于是破了此招。要是猜错了呢？那免不了断送一条手臂，但冲虚剑的波函数总是坍缩了，它无论如何要实实在在地出现在某处，这才能伤敌。

在张国良的《三国演义》评话里，有一个类似的情节。赵云在长坂坡遇上张绣（另一些版本说是高览），后者使出一招百鸟朝凤，枪尖幻化为千百点，赵云侥幸破了此招——他随便一挡，迫使其波函数坍缩，结果正好坍缩到两枪相遇的位置，然后张绣心慌意乱，反死于赵云之蛇盘七探枪下，这就不多说了。

我们还是回到物理上来。这种哥本哈根解释听起来未免也太奇怪了，我们观测一下，电子才变成实在，不然就是个幽灵。许多人一定觉得不可思议：当我们背过身，或者闭着眼的时候，电子一定在某个地方，只不过我们不知道而已。但正如我们指出的，假使电子真的“在”某个地方，它便只能通过一道狭缝，这就难以解释干涉条纹。而且我们以后也会看到，实验完全排除了这种可能。也许我们说“幽灵”太耸人听闻，严格地说，电子在没有观测的时候什么也不是，谈论它是无意义的，只有数学可以描述——波函数！按照哥本哈根的解释，不观测的时候，根本没有实在！自然也就没有实在的电子。事实上，不存在“电子”这个东西，只存在“我们与电子之间的观测关系”。

我已经可以预见即将扔过来的臭鸡蛋的数量——不过它现在还是个波函数，等一会儿才会坍缩，哈哈。然而在那些扔臭鸡蛋的人中，有几位是让我感到十分荣幸的。事实上，哥本哈根派这下遇到真正的麻烦了，他们要面对一些强大的怀疑论者，这些人中不少还刚刚和他们并肩战斗过。20世纪物理史上最激烈、影响最大、意义最深远的一场争论马上就要展开，这使得我们能够对自然的行为和精神有更加深刻的理解。下一章我们就来谈这场伟大的辩论——玻尔－爱因斯坦之争。

The Duel

决战

The Duel

History *of* Quantum Physics

Part. 1

意大利北部的科莫市（Como）是一个美丽的小城，北临风景胜地科莫湖，与米兰相距不远。市中心那几座著名的教堂洋溢着哥特式风格以及文艺复兴时代的气息，折射出这个古城自罗马时代以来那悠远的历史和丰富的文化沉淀。自中世纪以来，这里曾走出过许许多多伟大的建筑师，统称为“科莫地方大师”（Maestri Comacini），而新时代的天才特拉尼（Giuseppe Terragni）也即将在这个地方留下他那些名垂青史的建筑作品。除了艺术家之外，在科莫的地方志中我们还可以轻易地找到许多政治家、哲学家和历史学家的名字，甚至还包括一位教皇（英诺森十一世），可谓人杰地灵了。

不过，科莫市最著名的人物，当然还是1745年出生于此的大科学家亚里山德罗·伏打（Alessandro Volta）。他在电学方面的成就如此伟大，以至人们用他的名字来作为电压的单位：伏特（volt）。伏打于1827年9月去世，被他的家乡视为永远的光荣和骄傲。他出世的地方被命名为伏打广场，他的雕像自1839年起耸立于此。他的名字被用来命名教堂和科莫湖畔的灯塔，在每个夜晚照耀这个城镇，全世界都感受到他的万丈光辉。

斗转星移，眨眼间已是1927年，科学巨人已离开我们整整100周年。一向安静宁谧的科莫忽然又热闹起来，新时代的科学大师们又聚集于此，在纪念先人的同时探讨物理学的最新进展。科莫会议邀请了当时几乎所有的杰出的物理学家，洵为盛会。赴会者包括玻尔、海森堡、普朗克、泡利、波恩、

伏打
Alessandro Giuseppe Antonio Anastasio Volta
1745—1827

洛伦兹、德布罗意、费米、克莱默、劳厄（Max von Laue）、康普顿、维格纳、索末菲、德拜、冯·诺依曼（当然严格说来此人是数学家）……遗憾的是，爱因斯坦和薛定谔都另有要务，未能出席。这两位哥本哈根派主要敌手的缺席使得论战的火花向后推迟了几个月。

同样没能赶到科莫的还有狄拉克和玻色。其中玻色的故事颇为离奇：大会本来是邀请了他的，但是邀请信发给了“加尔各答大学物理系的玻色教授”。显然这封信是寄给著名的S.N.玻色，也就是创立了玻色—爱因斯坦统计的那个玻色。不过在1927年，玻色早就离开了加尔各答大学去了达卡大学，但无巧不成书，加尔各答大学还有一个D.M.玻色。那时通信还不像现在这样发达，欧洲和印度之间交流极为不便，因此阴错阳差，这个名不见经传的“玻色”就稀里糊涂、莫名其妙地参加了众星云集的科莫会议，也算是饭后的一大谈资吧。

在准备科莫会议讲稿的过程中，互补原理的思想进一步在玻尔脑中成形。他决定在这个会议上把这一大胆的思想披露出来。在准备讲稿的同时，他还给*Nature*杂志写短文来介绍这个发现，事情太多而时间仓促，最后搞得他手忙脚乱。在即将出发时，他竟然找不到他的护照——这耽误了几个小时的火车。

但是，不管怎么样，玻尔最后还是完成那长达8页的讲稿，并在大会上成功地作了发言。这个演讲名为《量子公设和原子论的最近发展》，在其中玻尔第一次描述了波—粒的二象性，用互补原理详尽地阐明我们对待原子尺度世界的态度。他强调了观测的重要性，声称完全独立和绝对的测量是不存在的。当然互补原理本身在这个时候还没有完全定型，一直要到后来的索尔维会议它才算最终完成，不过这一思想当时已经引起了人们的注意。

波恩赞扬了玻尔"中肯"的观点，同时又强调了量子论的不确定性。他特别举了波函数"坍缩"的例子来说明这一点。这种"坍缩"显然引起了冯·诺伊曼的兴趣，他以后会证明关于它的一些有趣的性质。海森堡、费米和克喇默斯等人也都作了评论。

当然我们也要指出的是，许多不属于哥本哈根派的人物，对玻尔等人的想法和工作一点都不熟悉，这种互补原理对他们来说令人迷惑不解。许多人都以为这不过是一种文字游戏，是对大家都了解的情况"换一种说法"罢了。正如罗森菲尔德（Léon Rosenfeld）后来在访谈节目中评论的："这个互补原理只是对各人所清楚的情况的一种说明……科莫会议并没有明确论据，关于概念的定义要到后来才做出。"维格纳（Eugene Wigner）总结道："……（大家都觉得，玻尔的演讲）没能改变任何人关于量子论的理解方式。"

但科莫会议的历史作用仍然不容低估，互补原理第一次公开亮相，标志着哥本哈根解释迈出了关键的一步。不久出版了玻尔的讲稿，内容已经有所改进，距离这个解释的最终成熟只差最后一步了。在玻尔的魔力号召下，量子的终极幽灵应运而生，徘徊在科莫湖畔的卡尔杜齐学院（玻尔演讲的地方）上空，不断地吟唱着诗人笔下那激越的诗句：

一个美丽可怕的妖魔

挣脱枷锁

……

像狂风卷起

气浪四处流散

啊各族人民，呼啸而过的

是伟大的撒旦[1]

然而，在哥本哈根派聚集力量的同时，他们的反对派也开始为最后的决战做准备。对于爱因斯坦来说，一个没有严格因果律的物理世界是不可想象的。物理规律应该统治一切，物理学应该简单明确：A导致了B，B导致了C，C导致了D。环环相扣，每一个事件都有来龙去脉，原因结果，而不依赖于什么“随机性”。至于抛弃客观实在，更是不可思议的事情。这些思想从他当年对待玻尔的电子跃迁的看法中，已经初露端倪。1924年他在写给波恩的信中坚称：“我决不愿意被迫放弃严格的因果性，并将对其进行强有力的辩护。我觉得完全不能容忍这样的想法，即认为电子受到辐射的照射，不仅它的跃迁时刻，而且它的跃迁方向，都由它自己的‘自由意志’来选择。”

旧量子论已经让爱因斯坦无法认同，那么更加“疯狂”的新量子论就更使他忍无可忍了。虽然爱因斯坦本人曾经提出了光量子假设，在量子论的发展历程中做出过不可磨灭的贡献，但现在他却完全转向了这个新生理论的对立面。爱因斯坦坚信，量子论的基础大有毛病，从中必能挑出点刺来，迫使人们回到一个严格的、富有因果性的理论中来。玻尔后来回忆说：“爱因斯坦最善于不抛弃连续性和因果性来标示表面上矛盾着的经验，他比别人更不愿意放弃这些概念。”

面对量子精灵的进逼，爱因斯坦也在修炼他的魔杖。他已在心中暗暗立下誓言，定要恢复旧世界的光荣秩序，让黄金时代的古典法律再一次获得应

[1] 卡尔杜齐学院得名于意大利伟大的诗人，1906年诺贝尔文学奖得主卡尔杜齐（Giosuè Carducci）。这里的诗句来自《撒旦颂》，是诗人的不朽名作，热情歌颂了文明和反叛的力量。译文取自漓江出版社刘儒庭所译的卡尔杜齐的《青春诗》（诺贝尔文学奖文库之一）。

有的尊严。

两大巨头虽未能在科莫会议上碰面，然而低头不见抬头见，命运已经在冥冥中注定了这样的相遇不可避免。仅仅一个多月后，另一个历史性的时刻就到来了，第五届索尔维会议在比利时布鲁塞尔召开。这一次，各路冤家对头终于聚首一堂，就量子论的问题做一个大决战。从黄金年代走来的老人、在革命浪潮中成长起来的反叛青年、经典体系的庄严守护者、新时代的冒险家，这次终于都要做一个最终了断。世纪大辩论的序幕即将拉开，像一场熊熊的大火燃烧不已，而量子论也将在这场大火中接受最严苛的洗礼，锻烧出更加璀璨的光芒。

布鲁塞尔见。

饭后闲话：科学史上的神话（一）

阿基米德的浴缸，牛顿的苹果，瓦特的茶壶，爱因斯坦的小板凳……科学史上流传着太多我们耳熟能详的故事。它们带着强烈的传奇色彩，在孩提时代曾那样打动我们的心灵，唤起对于天才们的深深崇敬和对于科学的无限向往。然而时至今日，我们再度回头审视这些传说，却会发现许多时候，它们的象征意义过分浓厚，从而不可避免地掩盖住了历史的本来面目，掺入了太多情感的成分。令人吃惊的是，大家从小所熟悉的那些科学家的故事，若是仔细推敲起来，几乎没有多少是站得住脚的。传奇最终变成了神话（myth），而我们也终究长大。

让我们按照时间顺序，首先从阿基米德（Archimedes）开始。几乎每个人都知道阿基米德量金冠的故事，所谓空穴来风，未必无因，这个传说自然也有其根源：它首先被记载于公元前1世纪罗马的建筑师维特鲁乌斯（Vitruvius）的著作中。根据记载，叙拉古的国王耶罗二世（Hiero Ⅱ）做了一个金冠要献给神祇，但他怀疑金匠私吞了一部分金子，而以同等质量的银子来代替，便命阿基米德想办法在不破坏王冠的情况下测出它是否为纯金。阿基米德冥思苦想，终于在一次洗澡的时候，他发现浴缸里的水随着身体的浸入而不断溢出，于是突然恍然大悟，光着身子跳出浴缸，还叫着一种多里安方言：Eureka（希腊文的EÜρηκα，意为“我找到了”）！这个词从此被作为灵感来临的象征，成为多少人梦寐以求的时刻。

阿基米德的方法是，把金冠扔进一个盛满水的桶中，测得溢出水的体积。然后把同等重量的纯金也扔进满水的桶中，得到溢出水的体积。如果金冠掺银的话，它的体积就要比同等重量的纯金要大，因此排出的水相应地更多。

这听上去当然无懈可击，不过稍作计算的话，很难想象阿基米德真的可以用这种方法来实际地解决问题。希腊时代的王冠其实就是“桂冠”，也就是像奥运会上用橄榄枝围一圈戴在头上的那种“花环”。从考古实物来说，目前出土的最大的王冠重714g，直径18.5cm，为了简便，我们放宽计算，假设阿基米德的王冠重1kg，直径20cm好了。因为纯金的比重是19.3g/cm^3，所以1kg重的金子实占体积51.8cm^3。现在假设金匠向王冠里掺了30%的银子，那么银子的比重是10.6 g/cm^3，该王冠实占体积差不多是64.6cm^3。

把王冠和纯金放进尽可能窄的桶里（因为王冠直径20cm，则桶口的面积最小是314cm^2），王冠能造成0.206cm的水位上涨，纯金则是0.165cm。相比之下，差距只有0.041cm，也就是0.4mm！不要说阿基米德时代，就算在现代的中学里，要测出这样一个差值都是相当困难的！而且，任何其他因素，比如水的表面张力，水中的气泡等都能轻易地造成同等的误差，这造成了该方法实际上不可行。我们的计算还是宽松的：假如王冠再轻一点，掺的银子再少一点，或桶再大一点的话，差值就更加微小了[2]。

实践上的难度暂且不论，罗马建筑师的本意在于颂扬阿基米德的天才

▶ [2] 数据和计算都来自http://www.mcs.drexel.edu/~crorres/Archimedes/contents.html.

成就，然而这个检测方法却是异常拙劣的！更糟糕的是，这里面却反而没有用到阿基米德本人的伟大发现——浮力定律！其实，如果想称颂阿基米德，我们有一种最简单的方法：直接用提秤，把王冠和在空气中同等重量的纯金同时放到水中去称量！因为王冠的体积大，受到的浮力相对也大，所以在水中王冠就会显得比金子要轻，提秤的这端将会翘起！而如果要使两者在水中保持平衡的话，我们需要在空气中重1012.8g的纯金才行，相对来说，12.8g的差距是容易测量的，我们甚至能从中轻易地得到掺银的比例。最关键的是，这才是阿基米德伟大的真正体现：浮力定律！

如果维特鲁乌斯物理好一点，编造得更聪明一点的话，这个神话也许就没那么容易破灭。

Part. 2

青山依旧，几度夕阳，同样的布鲁塞尔，一转眼竟已是16个春秋。1911年的第一届索尔维会议，也就是那个传说中的“巫师会议”似乎已经在人们的脑海中慢慢消逝。16年间发生了太多的事情，世界大战的爆发迫使这科学界的巅峰聚会不得不暂时中断，虽然从1921年起重新恢复，但来自德国的科学家们却都出于战争原因而连续两次被排除在外。失去了这个星球上最好的几个头脑，第三届、第四届会议便未免显得有些索然无味，而这也更加凸显了1927年第五届索尔维会议的历史地位。后来的发展证明，它毫无疑问是有史以来最著名的一次索尔维会议。

这次会议弥补了科莫的遗憾，爱因斯坦、薛定谔等人都如约而至。物理学的大师们聚首一堂，在会场合影，流传下了那张令多少后人唏嘘不已的“物理学全明星梦之队”的世纪照片。当然世事无完美，硬要挑点缺陷，那就是索末菲和约尔当不在其中，不过我们要求不能太高了，人生不如意者还是十有八九的。

会议从10月24日到29日，为期6天。主题是“电子和光子”（我们还记得，“光子——photon”是个新名词，它刚刚在1926年由美国人刘易斯提出），其议程如下：首先劳伦斯·布拉格作关于X射线的实验报告，然后康普顿报告康普顿实验以及其和经典电磁理论的不一致。接下来，德布罗意作量子新力学的演讲，主要是关于粒子的德布罗意波。随后波恩和海森堡介绍量子力学的矩阵理论，而薛定谔介绍波动力学。最后，玻尔在科莫演讲的基础上再次做那个关于量子公设和原子新理论的报告，进一步总结互补原理，给量子论打下整个哲学基础。这个议程本身简直就是量子论的一部微缩史，从中可以明显地分成三派，只关心实验结果的实验派：布拉格和康普顿；哥本哈根派：玻尔、波恩和海森堡；还有哥本哈根派的死敌：德布罗意、薛定谔，以及坐在台下的爱因斯坦。

会议的气氛从一开始便是火热的。像拳王争霸赛一样，在重头戏到来之前先有一系列的热身赛：大家先就康普顿的实验做了探讨，然后各人随即分成了泾渭分明的阵营，互相炮轰。德布罗意一马当先做了发言，他试图把粒子融入波的图像中去，提出了一种“导波”（pilot wave）的理论，认为粒子是波动方程的一个奇点，它必须受波的控制和引导。泡利站起来狠狠地批评了这个理论，他首先不能容忍历史车轮倒转，回到一种传统图像中，然后他引了一系列实验结果来反驳德布罗意。众所周知，泡利是世界第一狙击手，谁要是被他盯上多半是没有好下场的，德布罗意最后不得不公开声明放弃他的观点。幸好薛定谔大举来援，不过他还是坚持一个非常传统的解释，这连盟军德布罗意也觉得不大满意，泡利早就嘲笑薛定谔“幼稚”。波恩和海森堡躲在哥本哈根掩体后面对其开火，他们在报告最后说：“我们主张，

皮卡德
亨里奥特
埃仑费斯特
赫尔岑
顿德尔
薛定谔
维夏菲尔特
德布罗意
泡利
海森堡
福勒
布里渊
德拜
库德森
布拉格
克喇默斯
狄拉克
康普顿
波恩
玻尔
朗梅尔
普朗克
居里夫人
洛伦兹
爱因斯坦
朗之万
古耶
威尔逊
理查德森

1927年索尔维会议

量子力学是一种完备的理论，它的基本物理假说和数学假设是不能进一步修改的。”他们也集中火力猛烈攻击了薛定谔的“电子云”，后者认为电子的确在空间中实际地如波般扩散开去。海森堡评论说：“我从薛定谔的计算中看不到任何东西可以证明事实如同他所希望的那样。”薛定谔承认他的计算确实还不太令人满意，不过他依然坚持，谈论电子的轨道是“胡扯”（应该是波本征态的叠加）。波恩回敬道：“不，一点都不是胡扯。”在一片硝烟中，会议的组织者，老资格的洛伦兹也发表了一些保守的观点……

爱因斯坦一开始按兵不动，保持着可怕的沉默，不过当波恩提到他的名字后，他终于忍不住出击了。他提出了一个模型：一个电子通过一个小孔得到衍射图像。爱因斯坦指出，目前存在两种观点，一是这里没有“一个电子”，只有“一团电子云”，它是一个空间中的实在，为德布罗意—薛定谔波所描述。二是的确有一个电子，而ψ是它的“概率分布”，电子本身不扩散到空中，而是它的概率波。爱因斯坦承认，观点Ⅱ是比观点Ⅰ更加完备的，因为它整个包含了观点Ⅰ。尽管如此，爱因斯坦仍然说，他不得不反对观点Ⅱ。因为这种随机性表明，同一个过程会产生许多不同的结果。这样一来，感应屏上的许多区域就要同时对电子的观测做出反应，这似乎暗示了一种超距作用，从而违背相对论。爱因斯坦话音刚落，在会场的另一边，玻尔也开始摇头。

风云变幻，龙虎交济，现在两大阵营的幕后主将终于都走到台前，开始进行一场决定命运的单挑。可惜的是，玻尔等人的原始讨论记录没有官方资料保存下来，对当时情景的重建主要依靠几位当事人的回忆。这其中有玻尔本人1949年为庆祝爱因斯坦70岁生日而应邀撰写的《就原子物理学中的认识论问题与爱因斯坦进行的商榷》长文，有海森堡、德布罗意和埃仑费斯特的回忆和信件等。当时那一场激战，直打得天昏地暗，讨论的问题中有我们已经描述过的那个电子在双缝前的困境，以及许许多多别的思维实验。埃仑费斯特在写给他那些留守在莱登的弟子（乌仑贝特和古兹密

玻尔和爱因斯坦在1927年索尔维会议期间

特等）的信中描述说：爱因斯坦像一个弹簧玩偶，每天早上都带着新的主意从盒子里弹出来，而玻尔则从云雾缭绕的哲学中找到工具，把对方所有的论据都一一碾碎。

海森堡1967年的回忆则说：

“讨论很快就变成了一场爱因斯坦和玻尔之间的决斗：当时的原子理论在多大程度上可以看成讨论了几十年的那些难题的最终答案呢？我们一般在旅馆用早餐时就见面了，于是爱因斯坦就描绘一个思维实验，他认为从中可以清楚地看出哥本哈根解释的内部矛盾。然后爱因斯坦、玻尔和我便一起走去会场，我就可以现场聆听这两个哲学态度迥异的人的讨论，我自己也常常在数学表达结构方面插几句话。在会议中间，尤其是会间休息的时候，我们这些年轻人——大多数是我和泡利——就试着分析爱因斯坦的实验，而在吃午饭的时候讨论又在玻尔和别的来自哥本哈根的人之间进行。一般来说，玻尔在傍晚的时候就对这些理想实验完全心中有数了，他会在晚餐时把它们分析给爱因斯坦听。爱因斯坦对这些分析提不出反驳，但在心里他是不服气的。”

爱因斯坦当然是不服气的，他如此虔诚地信仰因果律，以至决不能相信哥本哈根那种愤世嫉俗的概率解释。玻尔后来回忆说，爱因斯坦有一次嘲弄般地问他，难道亲爱的上帝真的掷骰子不成（ob der liebe Gott würfelt）？

上帝不掷骰子！这已经不是爱因斯坦第一次说这话了。早在1926年写给波恩的信里，他就说："量子力学令人印象深刻，但是一种内在的声音告诉我它并不是真实的。这个理论产生了许多好的结果，可它并没有使我们更接近'老头子'的奥秘。我毫无保留地相信，'老头子'是不掷骰子的。"

"老头子"是爱因斯坦对上帝的昵称。

然而，1927年这场华山论剑，爱因斯坦终究输了一招，并非剑术不精，实乃内力不足。面对浩浩荡荡的历史潮流，他顽强地逆流而上，结果被冲刷得站立不稳，苦苦支撑。1927年，量子革命的大爆发已经进入第三年，到了一个收官的阶段。当年种下的种子如今开花结果，革命的思潮已经席卷整个物理界，毫无保留地指明了未来的方向。越来越多的人领悟到了哥本哈根解释的核心奥义，并诚心皈依，都投在量子门下。爱因斯坦非但没能说服玻尔，反而常常被反驳得说不出话来，而且他这个"反动"态度引得许多人扼腕叹息。遥想当年，1905年，爱因斯坦横空出世，一年之内六次出手，每一役都打得天摇地动，惊世骇俗，独自闯下了一番轰轰烈烈的事业。当时少年意气、睥睨群雄、扬鞭策马、笑傲江湖，这一幅传奇画面在多少人心目中留下了永恒的神往！可是，当年那个最反叛、最革命、最不拘礼法、最蔑视权威的爱因斯坦，如今竟然站在新生量子论的对立面！

波恩哀叹说："我们失去了我们的领袖。"

埃仑费斯特气得对爱因斯坦说："爱因斯坦，我为你感到脸红！你把自己放到了和那些徒劳地想推翻相对论的人一样的位置上了。"

爱因斯坦这一仗输得狼狈。玻尔看上去沉默驽钝，可是重剑无锋，大巧不工，在他一生中几乎没有输过哪一场认真的辩论。哥本哈根派和它对量子论的解释大获全胜，海森堡在写给家里的信中说："我对结果感到非常满意，玻尔和我的观点被广泛接受了，至少没人提得出严格的反驳，即使爱因斯坦和薛定谔也不行。"多年后他又总结道："刚开始（持有这种观点的）主要是玻尔、泡利和我，大概也只有我们三个，不过它很快就扩散开去了。”

但是爱因斯坦不是那种容易被打败的人，他逆风而立，一头乱发掩不住眼中的坚决。他身后还站着两位，一个是德布罗意，另一个是薛定谔。三人吴带当风，衣袂飘飘，在量子时代到来的曙光中，大有长铗寒瑟，易水萧萧，誓与经典理论共存亡的悲壮气概。

时光荏苒，一弹指又是三年，各方俊杰又重聚布鲁塞尔，会面于第六届索尔维会议。三年前那一战已成往事，这第二次华山论剑又不知谁胜谁负？

饭后闲话：科学史上的神话（二）

1600 年 2 月 17 日，吉尔达诺·布鲁诺（Giordano Bruno）被绑在罗马的鲜花广场上，被活活地烧死了。他的舌头被事先钉住，以防他临死前喊出什么异端的口号来。尽管这样，布鲁诺的句子还是流传了四百年而依旧震撼人心：你们在宣判的时候，比我听到判决时还要恐惧。

以上当然是历史的事实，并无夸大之处。但问题是，当我们的脑海中出现布鲁诺的名字时，往往会自然反射般地有这样一种印象：他是因为捍卫哥白尼的日心说而被反动的教会迫害致死的。布鲁诺为科学真理而献身，他是一个科学的“烈士”！实际上，这个结论却是有待商榷的。

对于布鲁诺的审判长达 8 年之久，他当真是因为坚持科学观点而受审的吗？根据学者们的研究，宗教裁判所先后对布鲁诺提出的指控足有 40 项之多，但其中的大部分还是关于神学和哲学方面的。例如，布鲁诺怀疑三位一体学说，否认圣母玛利亚的童贞，认为万物有灵，怀疑耶稣的生平事迹，对于地狱和犯罪的错误看法等，也包括他的一些具体行为，如亵渎神明、侮辱教皇、试图在修道院纵火、研究和施行巫术，等等。对于宇宙和太阳行星的看法当然也包括在其中，但远非主要部分。

话又说回来，布鲁诺支持哥白尼的日心说，是否出自科学上的理由呢？这更是一个牵强的说法。从任何角度来看，布鲁诺都很难称得上是一个“科学家”。他认为太阳处在中心地位，更多的是出自一种自然哲学上的理由，而绝非科学上的。布鲁诺甚至在著作中评述说，哥白尼的局限就在于他过分拘泥于数学中，而无法把握真正的哲学真理。

在科学史界有一种非常著名的看法：布鲁诺对于日心体系的支持，根源在于赫尔墨斯主义（Hermeticism）对其的深刻影响。赫尔墨斯主义是一种古老的宗教，带有强烈的神秘主义、泛神论和巫术色彩。这种宗教崇拜太阳，而哥白尼体系正好迎合了这种要求。布鲁诺的思想带着深深的宗教使命感，试图恢复这种古老巫术体系的繁荣。教会最后判了布鲁诺8条罪名，具体是哪些现在我们已经无从得知了，不过很有可能，他主要是作为一个巫师被烧死的[3]！

不管这种看法是否可信，退一万步来讲，布鲁诺最多就是一位有着叛逆思想的自然哲学家。他只是从哲学的角度出发去支持哥白尼体系，在科学史上，他对后来人没有产生过任何影响。把他作为一个为科学而献身的烈士来宣传，无疑掺杂了太多的辉格式历史的色彩。说他是一个伟大的“自然科学家”或者主观上为了捍卫科学而死，则更没有任何根据。

当然，我们无意贬低布鲁诺的地位。客观上来说，他无疑也对日心说的传播起到了积极的影响。而他对自由思想的追求，对个人信念的坚持，面对世俗的压力不惜反叛和献身的勇气，则更属于人类最宝贵的精神财富。但我们必须承认的是，在现代科学初生的那个蒙昧阶段，它和巫术、占星术、炼金术、宗教的关系是千丝万缕的，根本无法割裂开来。就算是作为现代科学奠基人的牛顿，他的神学著作和炼金活动也是数不胜数的。我们往往过分强调了那个时代科学与宗教的冲突，反过来又把许多站在教会对

[3] 参见Yates 1977。一些反对意见可参考Gatti 1999，2002。也有人认为布鲁诺和卡巴拉（Kabbalah）——一种古老的神秘主义犹太教——有密切的关系，可见DeLeón-Jones 1997。

立面的人立为科学的典型，这在科学史研究中是非常需要避免的辉格式解释（Whig Interpretation）倾向。

在历史上，与布鲁诺类似的人物还有几位。首先是公元415年被基督教僧侣谋杀的希腊女数学家海帕西娅（Hypatia），这个悲剧的原因更多是政治冲突和阴谋。宗教领袖Cyril和罗马长官Orestes为了亚历山大城的控制权明争暗斗，而海帕西娅却是后者的密友。另外，还有阿斯科里的塞科（Cecco d'Ascoli，本名Francesco degli Stabili），他是中世纪意大利的占星学家，于1327年被烧死在佛罗伦萨。他的罪名其实也是行巫术（而不是断言地球是圆形），事实上占星学在那个年代得到了空前发展，占据了社会上层人物生活中的一个主要部分。再顺便说一说西班牙医生塞尔维特（Michael Servetus），他于1553年在日内瓦被烧死。他的罪名是两条：反对三位一体理论和反对幼儿洗礼，这些都是从神学角度出发的争论。塞尔维特本身主要是个神学家，他坚持的是一种唯一神论学说（unitarianism），即否定三位一体理论的神学（如历史上的阿里乌斯教），至今仍有许多唯一神教堂以其名命名。当然，塞尔维特相信血液循环说，不过这和他的定罪没什么关系，在当时也没造成多大影响，这个概念自哈维起才被医生们普遍接受。这些人固然都死于非命，但把他们说成是为科学献身的“烈士”却是不合适的。

而在货真价实的科学家中，最著名的在公众前被处死的人物大概要属拉瓦锡了，当然原因也和科学无关。他因为担任过旧政府的收税官，在法国大革命中被送上了断头台。拉格朗日对此说了一句著名的评论：“砍掉他的脑袋只需要1秒钟，但就算过上100年，法国也未必能再生出这样一颗脑袋来。”

Part. 3

花开花落，黄叶飘零，又是深秋季节，第六届索尔维会议在布鲁塞尔召开了。玻尔来到会场时心中惴惴不安，看爱因斯坦表情似笑非笑，吃不准他三年间练成了什么新招，不知到了一个什么境界。不过玻尔倒也不是太过担心，量子论的兴起已经是板上钉钉的事实，现在整个体系早就站稳脚跟，枝繁叶茂地生长起来。爱因斯坦再厉害，凭一人之力也难以撼动它的根基。玻尔当年的弟子们——海森堡、泡利等，如今也都是独当一面的大宗师了，哥本哈根派名震整个物理界，玻尔自信吃不了大亏。

爱因斯坦则在盘算另一件事：量子论方兴未艾，当其之强，要打败它的确太难了。可是因果律和经典理论难道就这么完了不成？不可能，量子论一定是错的！嗯，想来想去，要破量子论，只有釜底抽薪，击溃它的基础才行。爱因斯坦凭着和玻尔交手的经验知道，在细节问题上是争不出个什么所以然的，量子论就像神话中那个九头怪蛇海德拉（Hydra），你砍掉它一颗头马上会再生一颗出来，必须得瞄准最关键的那颗头才行。这颗头就是其精髓所在——不确定性原理！

爱因斯坦站起来发言了：

想象一个箱子，上面有一个小孔，并有一道可以控制其开闭的快门，箱子里面有若干个光子。好，假设快门可以控制得足够好，它每次打开的时间是如此之短，以至每次只允许一个光子从箱子里飞到外面。因为时间极短，△t是足够小的。那么现在箱子里少了一个光子，它轻了那么一点点，这可以用一个理想的弹簧秤测量出来。假如轻了△m吧，那么就是说飞出去的光子重m，根据相对论的质能方程$E=mc^2$，可以精确地算出箱子内部

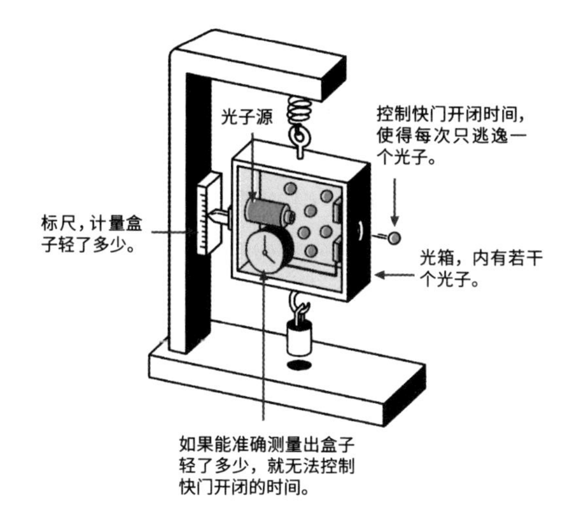

爱因斯坦光箱实验

减少的能量△E。

那么，△E和△t都很确定，海森堡的公式△E×△t ＞ h也就不成立。所以整个量子论是错误的！

这可以说是爱因斯坦凝聚了毕生功夫的一击，其中还包含了他的成名绝技相对论。这一招如白虹贯日，直中要害，沉稳老辣、干净漂亮。玻尔对此毫无思想准备，他大吃一惊，一时想不出任何反击的办法。据目击者说，他变得脸如死灰、呆若木鸡，张口结舌地说不出话来。一整个晚上他都闷闷不乐，搜肠刮肚，苦思冥想。

罗森菲尔德后来描述说：

“（玻尔）极力游说每一个人，试图使他们相信爱因斯坦说的不可能是真的，不然那就是物理学的末日了，但是他想不出任何反驳来。我永远不会忘记两个对手离开会场时的情景：爱因斯坦的身影高大庄严，带着一丝嘲讽的笑容，静悄悄地走了出去。玻尔跟在后面一路小跑，他激动不已，词不达意地辩解说要是爱因斯坦的装置真的管用，物理学就完蛋了。”

这一招当真如此淳厚完美，无懈可击？玻尔在这关键时刻力挽狂澜，尽显英雄本色。他经过一夜苦思，终于想出了破解此招的方法，一个更加妙到巅毫的巧招。

罗森菲尔德接着说：

“第二天早上，玻尔的胜利便到来了。物理学也得救了。”

玻尔指出：好，一个光子跑了，箱子轻了△m。我们怎么测量这个△m呢？用一个弹簧秤，设置一个零点，然后看箱子位移了多少。假设位移为△q吧，这样箱子就在引力场中移动了△q的距离，但根据广义相对论的红移效应，这样的话，时间的快慢也要随之改变相应的△t。可以根据公式计算出：$\triangle t > h/\triangle mc^2$。再代以质能公式$\triangle E=\triangle mc^2$，则得到最终的结果，这结果是如此眼熟：$\triangle t\triangle E > h$，正是海森堡测不准关系！

我们可以不理会数学推导，关键是爱因斯坦忽略了广义相对论的红移效应！引力场可以使原子频率变低，也就是红移，等效于时间变慢。当我们测量一个很准确的△m时，我们在很大程度上改变了箱子里的时钟，造成了一个很大的不确定的△t。也就是说，在爱因斯坦的装置里，假如我们准确地测量△m或者△E时，我们就根本没法控制光子逃出的时间T！

广义相对论本是爱因斯坦的独门绝技，玻尔这一招“以彼之道，还施彼身”不但封挡住了爱因斯坦那雷霆万钧的一击，更把这诸般招数都回加到了他自己身上。两人的这次论战招数精奇，才华横溢，教人击节叹服，大开眼界。觉得见证两大纵世奇才出全力相拼，实在不虚此行。

现在轮到爱因斯坦自己说不出话来了。难道量子论当真天命所归，严格的因果性当真已经迟迟老去，不再属于这个叛逆的新时代？玻尔是最坚决的革命派，他的思想闳廓深远，穷幽极渺，却又如大江奔流，浩浩荡荡，奔腾不息。物理学的未来只有靠量子——这个古怪却又强大的精灵去开拓。新世界不再有因果性，不再有实在性，可能让人觉得不太安全，但它却是那样胸怀博大、气势磅礴，到处都有珍贵的宝藏和激动人心的秘密等待着人们去发掘。狄拉克后来有一次说，自海森堡取得突破以来，理论物理进入了前所未有的黄金年代，任何一个二流的学生都可能在其中做出一流的发现。是的，人们应当毫不畏惧地走进这样一个生机勃勃的，充满了艰险、挑战和无上光荣的新时代中来，把过时的因果性做成一个纪念物，装饰在泛黄的老照片上去回味旧日的似水年华。

革命！前进！玻尔在大会上又开始显得精神抖擞，豪气万丈。爱因斯坦的这个光箱实验非但没能击倒量子论，反而成了它最好的证明，给它的光辉又添上了浓重的一笔。现在没什么好怀疑的了，绝对的因果性是不存在的，哥本哈根解释如野火一般在人们的思想中蔓延开来。玻尔是这场革命的旗手，他慷慨陈词，就像当年在议会前的罗伯斯庇尔。要是可能的话，他大概真想来上这么一句：

因果性必须死，因为物理学需要生！

停止争论吧，上帝真的掷骰子！随机性是世界的基石，当电子出现在这里时，它是一个随机的过程，并不需要有谁给它加上难以忍受的条条框框。全世界的粒子和波现在都得到了解放，从牛顿和麦克斯韦写好的剧本中挣扎出来，大口地呼吸自由空气。它们和观测者玩捉迷藏，在他们背后融化成概率波弥散开去，神秘地互相渗透和干涉。当观测者回过头去寻找它们，它们又快乐地现出原形，呈现出一个面貌等候在那里。这种游戏不致过火，因为还有波动方程和不确定原理在起着规则的作用。而统计规律则把微观上的无法无天抹平成为宏观上的井井有条。

爱因斯坦失望地看着这个场面，发展到如此地步实在让他始料不及。失去了严格的因果性，一片混乱……恐怕约翰·弥尔顿描绘的那个“群魔殿”（Pandemonium）就是这个样子吧？爱因斯坦对玻尔已经两战两败，他现在知道量子论的根基比想象的要牢固得多。看起来，量子论不太可能是错误的，或者自相矛盾的。

但爱因斯坦也绝不会相信它代表了真相。好吧，量子论内部是没有矛盾的，但它并不是一幅“完整”的图像。我们看到的量子论，可能只是管中窥豹，虽然看到了真实的一部分，但仍然有更多的“真实”未被发现。一定有一些其他的因素，它们虽然不为我们所见，但无疑对电子的行为有着影响，从而严格地决定了它们的行为。量子论不能说是错吧，至少是“不完备”的，它不可能代表了深层次的规律，而只是一种肤浅的表现而已！

不管怎么说，因果关系不能抛弃！爱因斯坦的信念到此时几乎变成一种信仰了，他已决定终生为经典理论而战。这不知算是科学的悲剧还是收获，一方面，那个大无畏的领路人，那个激情无限的开拓者永远地从历史上消失了。亚伯拉罕·派斯（Abraham Pais）在《爱因斯坦曾住在这里》一书中说，就算1925年后，爱因斯坦改行钓鱼以度过余生，这对科学来说也没什么损失。但是，爱因斯坦对量子论的批评和诘问也确实使它时时三省吾身，冷静地审视和思考自己存在的意义，并不断地在斗争中完善自己。大概可算一种反面的激励吧？

反正他不久又要提出一个新的实验，作为对量子论的进一步考验。可怜的玻尔得第三次接招了。

Part. 4

爱因斯坦没有出席1933年的第七届索尔维会议。那一年的1月30日，兴登堡把德国总理一职委任于一个叫作阿道夫·希特勒的奥地利人，从此纳粹党的恐怖阴影开始笼罩整个西方世界。爱因斯坦横眉冷对这个邪恶政权，最后终于第二次放弃了国籍，不得不流落他乡，忧郁地思索起欧洲那悲惨的未来。话又说回来，这届索尔维会议的议题也早就不是量子论本身，而换成了另一个激动人心的话题：爆炸般发展的原子物理。不过在这个领域里的成就当然也是在量子论的基础上取得的，而量子力学的基本形式已经确定下来，成为物理学的基础。似乎是尘埃落定，没什么人再会怀疑它的力量和正确性了。

在人们的一片乐观情绪中，爱因斯坦和薛定谔等寥寥几人显得愈加孤独起来。薛定谔和德布罗意参加了1933年的索尔维会议，却都没有发言，也许是他们对这一领域不太熟悉的缘故吧。新新人类们在激动地探讨物质的产生和湮灭、正电子、重水、中子……那么多的新发现让人眼花缭乱，根本忙不过来。而爱因斯坦他们现在还能做什么呢？难道他们的思想真的已经如此过时，以致跟不上新时代那飞一般的步伐了吗？

1933年9月25日，埃仑费斯特在荷兰莱登枪杀了他那患有智力障碍的儿子，然后自杀了。他在留给爱因斯坦、玻尔等好友的信中说："这几年我越来越难以理解物理学的飞速发展，我努力尝试，却更为绝望和撕心裂肺，我终于决定放弃一切。我的生活令人极度厌倦……我仅仅是为了孩子们的经济来源而活着，这使我感到罪恶。我试过别的方法但是收效甚微，因此越来越多地去考虑自杀的种种细节，除此之外，我没有第二条路走了……原谅我吧。"

在爱因斯坦看来，埃仑费斯特的悲剧无疑是一个时代的悲剧。两代物理学家的思想猛烈冲突和撞击，在一个天翻地覆的飘摇乱世，带给整个物理学以强烈的阵痛。埃仑费斯特虽然从理智上支持玻尔，但当一个文化衰落之时，曾经为此文化所感之人必感到强烈的痛苦。昔日黄金时代的黯淡老去，代以雨后春笋般兴起的新思潮，从量子到量子场论，原子中各种新粒子层出不穷，稀奇古怪的概念统治整个世界。爱因斯坦的心中何曾没有埃仑费斯特那样难以名状的巨大忧伤？爱因斯坦远远地、孤独地站在鸿沟的另一边，看着年轻人们义无反顾地高唱着向远方进军，每一个人都对他说他站错了地方。这种感觉是那样奇怪，似乎世界都显得朦胧而不真实。难怪曾经有人叹息说，宁愿早死几年，也不愿看到现代物理这样一幅令人难以接受的画面。不过，爱因斯坦却仍然没有倒下，虽然他身在异乡，他的第二任妻子又重病缠身，不久将与他生离死别，可这一切都不能使爱因斯坦放弃内心那个坚强的信仰，那个对于坚固的因果关系，对于一个宇宙和谐秩序的痴痴信仰。爱因斯坦仍然选择战斗，他的身影在斜阳下拉得那样长，似乎是勇敢的老战士为一个消逝的王国做最后的悲壮抗争。

这一次他争取到了两个同盟军，分别是他的两个同事波多尔斯基（Boris Podolsky）和罗森（Nathan Rosen）。1935年3月，三人共同在《物理评论》（*Physics Review*）杂志上发表了一篇论文，名字叫《量子力学对物理实在的描述可能是完备的吗？》，再一次对量子论的基础发起攻击。当然他们改变策略，不再说量子论是自相矛盾，或者错误的，而改说它是“不完备”的。具体来说，三人争辩量子论的那种对于观察和波函数的解释是不对的。

我们用一个稍稍简化了的实验来描述他们的主要论据。我们已经知道，量子论认为在我们没有观察之前，一个粒子的状态是不确定的，它的波函数弥散开来，代表它的概率。但当我们探测以后，波函数坍缩，粒子随机地取一个确定值出现在我们面前。

现在让我们想象一个大粒子，它本身自旋为0。但它是不稳定的，很快就会衰变成两个小粒子，向相反的两个方向飞开去。我们假设这两个小粒子有两种可能的自旋，分别叫“左”和“右”[4]，那么如果粒子A的自旋为“左”，粒子B的自旋便一定是“右”，以保持总体守恒，反之亦然。

好，现在大粒子分裂了，两个小粒子相对飞了出去。但是要记住，在

▶ [4] 通常我们会用“上”和“下”表示自旋，不过为方便读者理解，用“左”和“右”也无伤大雅。

EPR佯谬

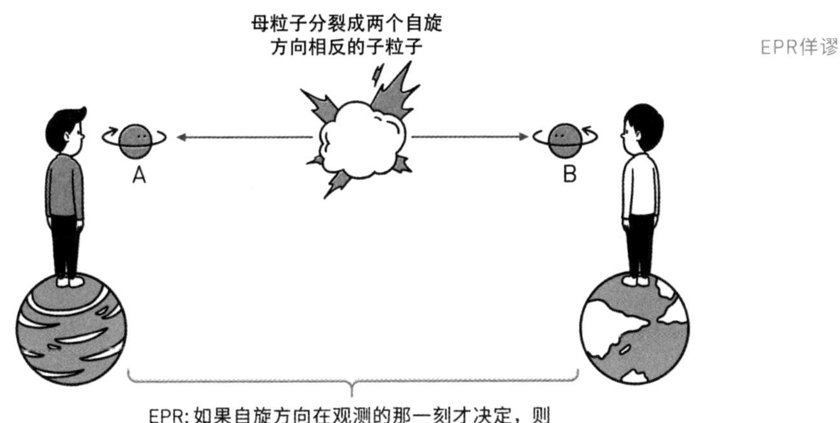

我们没有观察其中任何一个之前，它们的状态都是不确定的，只有一个波函数可以描绘它们。只要我们不去探测，每个粒子的自旋便都处在一种左/右可能性叠加的混合状态，为了方便我们假定两种概率对半分，各50%。

现在我们观察粒子A，于是它的波函数一瞬间坍缩了，随机地选择了一种状态，比如说是“左”旋。但是因为我们知道两个粒子总体要守恒，那么现在粒子B肯定就是“右”旋了。问题是，在这之前，粒子A和粒子B之间可能已经相隔非常遥远的距离，比如说几万光年好了。它们怎么能够做到及时地互相通信，使得在粒子A坍缩成左的一刹那，粒子B一定会坍缩成右呢？

量子论的概率解释告诉我们，粒子A选择“左”，那是一个完全随机的决定，两个粒子并没有事先商量好，说粒子A一定会选择左。事实上，这种选择是它被观测的一刹那才做出的，并没有先兆。关键在于，当A随机地做出一个选择时，远在天边的B便一定要根据它的决定而做出相应的坍缩，变成与A不同的状态以保持总体守恒。那么，B是如何得知这一遥远的信息的呢？难道有超过光速的信号来回于它们之间？

假设有两个观察者在宇宙的两端守株待兔，在某个时刻t，他们同时进行了观测：一个观测A；另一个同时观测B。那么，这两个粒子会不会因为

哥本哈根观点看EPR

哥本哈根：在观测前"现实"中并不存在两个自旋的粒子，自旋只有和观测联系起来才有意义，在那之前两个粒子只能看成"一个整体"。

距离过于遥远，一时无法对上口径而在仓促间做出手忙脚乱的选择，比如两个同时变成了"左"或者"右"？显然是不太可能的，不然就违反了守恒定律。那么是什么让它们之间保持着心有灵犀的默契，当你是"左"的时候，我一定是"右"？

爱因斯坦等人认为，既然不可能有超过光速的信号传播，那么说粒子A和B在观测前是"不确定的幽灵"显然是难以自圆其说的。唯一的可能是两个粒子从分离的一刹那开始，其状态已经客观地确定了，后来人们的观测只不过是得到了这种状态的信息而已，就像经典世界中所描绘的那样。粒子在观测时才变成真实的说法显然违背了相对论的原理，它其中涉及瞬间传播的信号。这个诘难以三位发起者的首字母命名，称为"EPR佯谬"。

玻尔在得到这个消息后大吃一惊，他马上放下手头的其他工作，全神贯注地对付爱因斯坦的这次挑战。这套潜心演练的新阵法看起来气势汹汹，宏大堂皇，颇能夺人心魄，但玻尔也算是爱因斯坦的老对手了。他睡了一觉后，马上发现了其中的破绽，原来这看上去让人眼花缭乱的一次攻击却是个完完全全的虚招，并无实质力量。玻尔不禁得意地唱起一支小调，调侃了波多尔斯基一下。

原来爱因斯坦和玻尔根本没有共同的基础。在爱因斯坦的潜意识里，一直有个经典的“实在”影像。他不言而喻地假定，EPR实验中的两个粒子在观察之前，分别都有“客观”的自旋状态存在，就算是概率混合吧，但粒子客观地存在于那里。然而，玻尔的意思是，在观测之前，没有一个什么粒子的“自旋”！因为你没有定义观测方式，那时候谈论自旋的粒子是无意义的，它根本不是物理实在的一部分，这不能用经典语言来表达，只有波函数可以描述。因此，在观察之前，两个粒子——无论相隔多远都好——仍然是一个互相关联的整体！它们仍然必须被看作母粒子分裂时的一个全部，直到观察以前，这两个独立的粒子都是不存在的，更谈不上客观的自旋状态！

这是爱因斯坦和玻尔思想基础的尖锐冲突。玻尔认为，当没有观测的时候，不存在一个客观独立的世界，所谓“实在”只有和观测手段连起来讲才有意义。在观测之前，并没有“两个粒子”，而只有“一个粒子”。A和B“本来”没有什么自旋，直到我们采用某种方式观测了它们之后，所谓的“自旋”才具有物理意义，两个粒子才变成真实，变成客观独立的存在。但在那以前，它们仍然是互相联系的一个虚无整体，对于其中任何一个的观察必定扰动了另一个的状态，并不存在什么超光速的信号，两个遥远的、具有相反自旋的粒子本是协调的一体，之间无须传递什么信号。其实是这个系统没有实在性（reality），而不是没有定域性（locality）。

EPR佯谬其实根本不是什么佯谬，它最多表明了在“经典实在观”看来，量子论是不完备的，这简直是废话。但是在玻尔那种“量子实在观”看来，它是非常完备且逻辑自洽的。

既生爱，何生玻。两人的世纪争论进入了尾声。在哲学基础上的不同使得两人间的意见分歧直到最后也没能调和。这两位20世纪最伟大的科学巨人，他们的世界观是如此地截然对立，以致每一次见面都要为此而争执。派斯后来回忆说，玻尔有一次到普林斯顿访问，结果又和爱因斯坦徒劳地争论了半天。爱因斯坦的绝不妥协使得玻尔失望透顶，他冲进派斯的办公室，不停地喃喃自语：“我对自己烦透了！”

可惜的是，一直到爱因斯坦去世，玻尔也未能说服他，让他认为量子论的解释是正确而完备的，这一定是玻尔人生中最为遗憾和念念不忘的一件事。玻尔本人也一直在同爱因斯坦的思想作斗争，每当他有了一个新想法，他首先就会问自己：如果爱因斯坦尚在，他会对此发表什么意见？1962年，就在玻尔去世的前一天，他还在黑板上画了当年爱因斯坦光箱实验的草图，解释给前来的采访者听。这幅图成了玻尔留下的最后手迹。

两位科学巨人都为各自的信念奋斗了毕生，然而，别的科学家已经甚少关心这种争执。在量子论的引导下，科学显得如此朝气蓬勃，它的各个分支以火箭般的速度发展，给人类社会带来了伟大的技术革命。从半导体到核能，从激光到电子显微镜，从集成电路到分子生物学，量子论把它的光辉播撒到人类社会的每一个角落，成为有史以来在实用中最成功的物理理论。许多人觉得，争论量子论到底对不对简直太可笑了，只要转过头，看看身边发生的一切，看看社会的日新月异，目光所及，无不是量子论的最好证明。

如果说EPR最大的价值所在，那就是它和别的奇想空谈不同。只要稍微改装一下，EPR是可以为实践所检验的！我们的史话在以后会谈到，人们是如何在实验室里用实践裁决了爱因斯坦和玻尔的争论，经典实在的概念无可奈何花落去，只留下一个苍凉的背影和深沉的叹息。

但量子论仍然困扰着我们。它的内在意义是如此扑朔迷离，使得对它的诠释依旧众说纷纭。量子论取得的成就是无可怀疑的，但人们一直无法确认它的真实面目所在，这争论一直持续到今天。它将把一些让物理学家们毛骨悚然的概念带入物理中，令人一想来就不禁倒吸一口凉气。因为反对派那里还有一个薛定谔，他马上要放出一只可怕的怪兽，撕咬人们的理智和神经，这就是令许多人闻之色变的“薛定谔的猫”。

饭后闲话：科学史上的神话（三）

布鲁诺被处死33年后，另一场著名的审判又在罗马开始了。这次货真价实，迎来的是史上伟大的科学家之一：伽利略（Galileo Galilei）。对于该审判的研究是科学史中的显学，有关著作汗牛充栋，在此无法详述。我们还是来关注一下大家所熟悉的那个有关伽利略的小故事：比萨斜塔上的扔球实验。

这次名垂青史的实验是伽利略的一个学生维瓦尼（Vincenzio Viviani）在为老师写的传记中描述的。根据维瓦尼的记述，伽利略在比萨担任教授时（大约25岁），特地召集了比萨大学的所有教授和学生，请他们来观摩斜塔实验。他从塔上扔下了两个不同重量的球，结果发现它们同时落地，于是推翻了亚里士多德体系。这个故事后来在漫长的时光里发展出了多个不同的版本，但概括来说大致如此。

可是，伽利略真的在比萨斜塔上做过这次实验吗？

翻阅所有的历史资料，我们发现这个故事的唯一来源就是维瓦尼的记述。当然伽利略的著作中曾经描述过类似的实验，不过他并未指明说是在比萨做的。如果真的有过这样一次轰动的实验，在当时人们的记述中应当留下一些蛛丝马迹，可惜历史学家们从来没有找到过其他可以佐证的材料，这使得维瓦尼成了一个尴尬的孤证。从时间上看，维瓦尼1638年才成为伽利略的助手，而当时与所谓的斜塔实验已经过去差不多50年的光阴！这就更增加了人们的疑惑。

维瓦尼所著的伽利略传记在伽利略研究中当然是极为重要的资料，可惜历史学家们很快就发现，这本书里充斥了吹嘘、夸大和不真实的描述。维瓦尼作传的目的就在于拔高老师的历史地位，这就使他的笔法带有强烈的圣徒传（hagiography）的色彩[5]。比如他曾经描写说，伽利略于1583年

[5] 很显然，这本传记是以Vasari的米开朗琪罗传记为模板的。

坐在教堂里看着吊灯的摆动而发现了摆动定律，可人们后来发现这盏灯是4年后才被挂到比萨教堂里去的！类似的破绽在书中还有许多，这不免使得斜塔实验更加不大可信。

但是，我们就算伽利略真的在1589年爬上了比萨斜塔，面对他的学生们扔了两个球。OK，他实际上能证明什么？他又会对学生们说什么呢？当然，他可以证明亚里士多德是明显错误的：两倍重的球绝不会下落得快两倍，不过这也算不得什么重大突破。后世对于伽利略的颂扬过分到如此的程度，以致人们都相信在他之前竟没有人指出过这样明显的错误！事实上，早于伽利略1000年，公元6世纪的时候，拜占庭的学者菲罗波努斯（John Philoponus）就明确地描述过类似的落体实验，指出轻物并不会比重物晚落地多久，许多别的中世纪学者也都早就有过相同的论述[6]。1533年，贝内德蒂（Giovanni Benedetti）建议用轻重物体来实际检验亚里士多德的理论，而斯蒂文（Simon Stevin）则当真进行了试验，并于1586年发表了结果。关键不在于是否能够反驳亚里士多德，问题在于，伽利略能在斜塔上用实验来证明他自己的理论吗?

显然不能，因为伽利略自己当时对于落体的看法也是错误的！他虽然不同意亚里士多德的观点，但他的理论是：不同质地的物体都会有一个不同的最大速度，落体将在开始经历一个加速阶段，但到了最大速度以后就将一直保持匀速直线！而重物的最大速度要高于轻物，也就是说，在伽利略看来，重的物体仍然要比轻的物体下落得快。

考虑到空气阻力的因素，伽利略的结论实际上是“对的”。如果他能从飞机上把两个球扔下来，并精确测量它们的速度的话，这两个球最后的确会以匀速下落（因为空气阻力最终与重力达成了平衡）。但是，要达到这样的平衡，需要一个非常高的高度，而不幸的是，比萨斜塔不够高。因此，

[6] 可以参见I.B.Cohen 1960和S.Drake 1970。

如果伽利略真的在斜塔上进行了实验，他就会尴尬地发现：自己的理论和实验不符，两个小球始终在加速下落，而重球的确会比轻球稍早落地一点点。

然而，伽利略在很长的一段时间里都始终坚持他的“最大匀速”理论，这就使人们更加怀疑，他是否真的进行过斜塔实验。时至今日，虽然还有如 Drake 这样的名家认为斜塔实验有可能存在，大部分科学史家都倾向于把这个故事看成一个虚构的神话。20 世纪，鼎鼎大名的柯瓦雷（Alexandre Koyré）甚至对伽利略在整个实验科学中的地位都提出了质疑，他认为伽利略的许多实验实际上都只是理论推导的点缀，在体系中并没有基本的地位。而有些在当时则干脆根本难以实现，很可能是凭空虚构出来的！虽然 Settle 和 Drake 等人对此进行了反驳，但至今科学史界仍然对此争论不休。

不过，在以后的岁月里，伽利略对于落体实验无疑进行过反复的、仔细的研究，并最终修改了自己的看法。他断言，当同时放开重球和轻球时，实际情况是：轻球会暂时领先一阵子，比重球落得快，但不久后，重球就会后来居上，超过轻球并最终率先落地！

这是一个听起来无论如何不能用物理定律来解释的现象，但 20 世纪末，科学史研究者们曾按部就班地重做了伽利略的大部分实验，高速摄像机显示，当你同时放开两个球时，它们的表现果然和伽利略记载的一模一样！只不过，你肯定猜不到其中的原因，原来事情是这样的：当你同时拿着两只球时，拿重球的那只手，其肌肉总是会比拿轻球的那只手更疲劳一些。所以当一个人自以为“同时”放开两个球的时候，拿重球的那只手总是会反应“慢一拍”，也就是说，他必然会不自觉地先松开拿轻球的那只手，而这是无意识的举动。

遥想当年，可怜的伽利略一定曾在这个问题上百思不得其解。而对于一些科学哲学家来说，这也支持了他们的看法，即物理学不可能完全是一种“实验科学”。如果理论与实验不符，我们既可以认定是理论错了，但也完全可以猜测，也许是实验数据出于某些原因而出了差错，所以，把科学简单地定义为“可证伪”就不能成立。不过，还是让我们在后面再来谈论这个话题吧。

Part. 5

即使摆脱了爱因斯坦，量子论也没轻松多少。关于测量的难题总是困扰着多数物理学家，只不过他们通常乐得不去想它。不管它有多奇怪，太阳还是每天升起，不是吗？周末仍然有联赛，那个足球还是硬邦邦的。你的工资不会因为不确定性而有奇妙的增长。考试交白卷而依然拿到学分的机会仍旧是没有的。你化成一团概率波，像崂山道士那样直接穿过墙壁而走到房子外面，怎么说呢，不是完全不可能的，但机会是如此之低，以致你数尽了恒河沙，轮回了亿万世，宇宙入灭而又涅槃了无数回，还是难得见到这种景象。

确实是这样，电子是个幽灵就让它去好了。只要我们日常所见的那个世界实实在在，这也就不会给乐观的世人增添太多的烦恼。可是薛定谔不这么想，如果世界是建立在幽灵的基础上，谁说世界本身不就是个幽灵呢？量子论玩的这种瞒天过海的把戏，别想逃过他的眼睛。

EPR出台的时候，薛定谔大为高兴，称赞爱因斯坦“抓住了量子论的小辫子”。受此启发，他在1935年也发表了一篇论文，题为《量子力学的现状》（*Die gegenwartige Situation in der Quantenmechanik*），文章的口气非常讽刺。总而言之，是要与哥本哈根派誓不两立的了。

在论文的第5节，薛定谔描述了那个常被视为噩梦的猫实验。好，哥本

薛定谔猫悖论

观测后的猫非死即活

未观测时，猫处在死 / 活的叠加量子态？

哈根派说，在没有测量之前，一个粒子的状态模糊不清，处于各种可能性的混合叠加，是吧？比如一个放射性原子，它何时衰变是完全概率性的。只要没有观察，它便处于衰变/不衰变的叠加状态中，只有确实进行了测量，它才能随机选择一种状态出现。

好得很，那么让我们把这个原子放在一个不透明的箱子中让它保持这种叠加状态。现在薛定谔想象了一种结构巧妙的精密装置，每当原子衰变而放出一个中子，它就激发一连串连锁反应，最终结果是打破箱子里的一个毒气瓶，而同时在箱子里的还有一只可怜的猫。事情很明显：如果原子衰变了，那么毒气瓶就被打破，猫就被毒死。要是原子没有衰变，那么猫就好好地活着。

但这样一来，显然就会有以下的自然推论：当一切都被锁在箱子里时，因为我们没有观察，所以那个原子处在衰变/不衰变的叠加状态。因为原子的状态不确定，所以它是否打碎了毒气瓶也不确定。而毒气瓶的状态不确定，必然导致猫的状态也不确定。只有当我们打开箱子察看，事情才最终定论：要么猫四脚朝天躺在箱子里死掉了，要么它活蹦乱跳地“喵呜”直叫。但问题来了：当我们没有打开箱子之前，这只猫处在什么状态？似乎唯一的可能就是，它和我们的原子一样处在叠加态，也就是说，这只猫当时陷入一种死/活的混合。

奇哉怪哉。现在就不光是原子是不是幽灵的问题了，现在猫也变成了幽灵。一只猫同时又是死的又是活的？它处在不死不活的叠加态？这未免和常识太过冲突，同时从生物学角度来讲也是奇谈怪论。如果打开箱子出来一只活猫，要是它能说话，它会不会描述那种死/活叠加的奇异感受？恐怕不太可能。

薛定谔的实验把量子效应放大到了我们的日常世界，现在量子的奇特性质牵涉到我们的日常生活了，牵涉到我们心爱的宠物猫究竟是死还是活的问题。这个实验虽然简单，却比EPR要辛辣许多，这一次扎得哥本哈根派够疼的。他们不得不退一步以咽下这杯苦酒：是的，当我们没有观察的时候，那只猫的确是又死又活的。

不仅仅是猫，一切的一切，当我们不去观察的时候，都是处在不确定的叠加状态的，因为世间万物也都是由服从不确定性原理的原子组成，所以一切都不能免俗。量子派后来有一个被哄传得很广的论调说：“当我们不观察时，月亮是不存在的。”这稍稍偏离了本意，准确来说，因为月亮也是由不确定的粒子组成的，所以如果我们转过头不去看月亮，那一大堆粒子就开始按照波函数弥散开去。于是乎，月亮的边缘开始显得模糊而不确定，它逐渐“融化”，变成概率波扩散到周围的空间里去。当然这么大一个月亮完全“融化”成空间中的概率是需要很长很长时间的，不过问题的实质是：要是不观察月亮，它就从确定的状态变成无数不确定的叠加。不观察它时，一个确定的、客观的月亮是不存在的。但只要一回头，一轮明月便又高悬空中，似乎什么事也没发生过一样。

不能不承认，这听起来很有强烈的主观唯心论的味道，虽然它其实和我们通常理解的那种哲学理论有很大的区别[7]。不过讲到这里，许多人

[7] 其实，在量子论诠释问题上的分歧，与其说是“唯心”和“唯物”之争，倒不如说是实证主义和柏拉图主义之争来得更为准确。再说，量子论本身是严格用数学表达的，和意识形态原本完全没有关系。

大概都会自然而然地想起贝克莱（George Berkeley）主教的那句名言："存在就是被感知（拉丁文：Esse Est Percipi）。"这句话要是稍微改一改讲成"存在就是被测量"，那就和哥本哈根派的意思差不多了。贝克莱在哲学史上的地位无疑是重要的，但人们通常乐于批判他，我们的哥本哈根派是否比他走得更远呢？好歹贝克莱还认为事物是连续客观地存在的，因为总有"上帝"在不停地看着一切。而量子论？"陛下，我不需要上帝这个假设！"

与贝克莱互相辉映的东方代表大概要属王阳明。他在《传习录·下》中也说过一句有名的话："你未看此花时，此花与汝同归于寂；你来看此花时，则此花颜色一时明白起来……"如果王阳明懂量子论，他多半会说："你未观测此花时，此花并未实在地存在，按波函数而归于寂；你来观测此花时，则此花波函数发生坍缩，它的颜色一时变成明白的实在……"测量即是理，测量外无理。

当然，我们无意把这篇史话变成大段的、乏味的哲学探讨，不如还是回到具体的问题上来。当我们不去观察箱子内的情况时，那只猫真的"又是活的又是死的"？

这的确是一个让人尴尬和难以想象的问题。霍金曾说过："当我听说薛定谔的猫的时候，我就跑去拿枪。"薛定谔本人在论文里把它描述成一个"恶魔般的装置"（diabolische，英文diabolical，玩Diablo的人大概能更好地理解它的意思）。我们已经见识到了量子论那种令人惊异甚至瞠目结舌的古怪性质，但那只是在我们根本不熟悉也没有太大兴趣了解的微观世界而已，可现在它突然要开始影响我们周围的一切了。一个人或许能接受电子处在叠加状态的事实，但一旦谈论起宏观的事物比如我们的猫也处在某种"叠加"状态，任谁都要感到一点畏首畏尾。不过，对于这个问题，我们现在已经知道许多，特别是近十年来有着许多杰出的实验来证实它的一些奇特的性质。但我们还是按着我们史话的步伐，一步步地探究这个饶有趣味的话题，还是从哥本哈根解释说起吧。

猫处于死/活的叠加态？人们无法接受这一点，最关键的地方就在于：经验告诉我们这种奇异的二重状态似乎是不太可能被一个宏观的生物（比如猫或者我们自己）所感受到的。还是那句话：如果猫能说话，它会描述这种二象性的感觉吗？如果它侥幸幸存，它会不会说："是的，我当时变成了一缕概率波，我感到自己弥漫在空间里，一半已经死去了，而另一半还活着。这真是令人飘飘然的感觉，你也来试试看？"这恐怕没人相信。

好，我们退一步，猫不会说话，那么我们把一个会说话的人放入箱子里面去。当然，这听起来有点残忍，似乎是纳粹的毒气集中营，不过我们只是在想象中进行而已。这个人如果能生还，他会那样说吗？显然不会，他肯定无比坚定地宣称，自己从头到尾都活得好好的，根本没有什么半生半死的状态出现。可是，这次不同了，因为他自己已经是一个观察者了啊！他在箱子里不断观察自己的状态，从而不停地触动自己的波函数坍缩，我们把一个观测者放进了箱子里！

可是，奇怪，为什么我们对猫就不能这样说呢？猫也在不停观察着自己啊。猫和人有什么不同呢？难道区别就在于，一个可以出来愤怒地反驳量子论的论调，另一个只能"喵喵"叫吗？令我们吃惊的是，这的确可能是至关重要的分别！人可以感觉到自己的存活，而猫不能，换句话说，人有能力"测量"自己活着与否，而猫不能！人有一样猫所没有的东西，那就是"意识"！因此，人能够测量自己的波函数使其坍缩，而猫无能为力，只能停留在死/活叠加任其发展的波函数中。

意识！这个字眼出现在物理学中真是难以想象。如果它还出自一位诺贝尔物理学奖得主之口，是不是令人眩晕不已？难道，这世界真的已经改变了吗？

半死半活的"薛定谔的猫"是科学史上著名的怪异形象之一。和它同列名人堂的也许还有芝诺的那只永远追不上的乌龟；拉普拉斯的那位无所不知从而预言一切的老智者；麦克斯韦的那个机智地控制出入口，以致快慢分子逐渐分离，系统熵为之倒流的妖精；被相对论搞得头昏脑涨，分不清谁是哥哥谁是弟弟的那对双生子，等等。近年来，随着一些科学题材的影视剧，如《生活大爆炸》《飞出个未来》《神秘博士》《星际之门》等广为流行，薛定谔的猫在大众中的人气也一路飙升，大有赶超同胞 Garfield 和 Tom[8] 的意思。有意思的是，很多时候它还有一个好搭档，就是“巴甫洛夫的狗”。作为科学界的卖萌双星，它们也实实在在地为科学普及做出了巨大的贡献。

[8] 即《加菲猫》和《猫和老鼠》的主角。

At the Crossroads

歧途

At the Crossroads

History *of* Quantum Physics

Part. 1

我们已经在科莫会议上认识了冯·诺伊曼（John Von Neumann），这位现代计算机的奠基人之一，20世纪最杰出的数学家。关于他的种种传说在科学界就像经久不息的传奇故事，流传得越来越广，越来越玄乎：说他6岁就能心算8位数乘法啦，8岁就懂得微积分啦，12岁就精通泛函分析啦；又有人说他过目不忘，精熟历史；有人举出种种匪夷所思的例子来说明他的心算能力如何惊人；有人说他可以随便把整部《双城记》背诵出来；有人说他10岁便通晓5种语言，并能用每一种语言来写搞笑的打油诗，这一数字在另一些人口中变成了7种。不管怎么样，每个人都承认，这家伙是一个百年罕见的天才。

要一一列举他的杰出成就得花上许多时间：从集合论到数学基础方面的研究；从算子环到遍历理论，从博弈论到数值分析，从计算机结构到自动机理论，每一项都可以大书特书。不过我们在这里只关注他对于量子论的贡献，仅仅这一项也已经足够让他在我们的史话里占有一席之地。

我们在前面已经说到，狄拉克在1930年出版了著名的《量子力学原理》教材，完成了量子力学的普遍综合。但从纯数学上来说，量子论仍然缺乏一个共同的严格基础，这一缺陷便由冯·诺伊曼来弥补。1926年，他来到哥廷根，担任著名的希尔伯特的助手，他俩再加上诺戴姆（Lothar Nordheim），不久，便共同发表了《量子力学基础》的论文，将希尔伯特的算子理论引入量子论中，把这一物理体系从数学上严格化。到了1932年，

冯·诺伊曼
John von Neumann
1903—1957

冯·诺伊曼又发展了这一工作，出版了名著《量子力学的数学基础》。这本书于1955年由普林斯顿推出英文版，至今仍是经典的教材。我们无意深入数学中去，不过冯·诺伊曼证明了几个很有意思的结论，特别是关于我们测量行为的，这深深影响了一代物理学家对波函数坍缩的看法。

大家一定还对上一章困扰我们的测量问题记忆犹新：每当我们观测时，系统的波函数就坍缩了，按概率跳出来一个实际的结果，如果不观测，那它就按照方程严格发展。这是两种迥然不同的过程，后者是连续的，在数学上可逆的、完全确定的，而前者却是一个“坍缩”，它随机，不可逆，至今也不清楚内在的机制究竟是什么。这两种过程是如何转换的？是什么触动了波函数这种剧烈的变化？是“观测”吗？但是，我们这样讲的时候，用的语言是日常的、暧昧的、模棱两可的。我们一直理所当然地使用“观测”这个词语，却没有给它下一个精确的定义。什么样的行为算是一次“观测”？如果说睁开眼睛看算是一次观测，那么闭上眼睛用手去摸呢？用棍子去捅呢？用仪器记录呢？如果说人可以算是“观测者”，那么猫呢？一台计算机呢？一个盖革计数器又如何？

冯·诺伊曼敏锐地指出，我们用于测量目标的那些仪器本身也是由不确定的粒子组成的，它们自己也拥有自己的波函数。当我们用仪器去“观测”的时候，这只会把仪器本身也卷入到这个模糊叠加态中去。怎么说呢，假如我们想测量一个电子是通过了左边还是右边的狭缝，我们用一台仪器去测量，并用指针摇摆的方向来报告这一结果。但是，令人哭笑不得的是，因为这台仪器本身也有自己的波函数，如果我们不“观测”这台仪器本身，它的波函数便也陷入一种模糊的叠加态中！诺伊曼的数学模型显示，当仪器测量电子后，电子的波函数坍缩了不假，但左/右的叠加只是被转移到了仪器那里而已。现在是我们的仪器处于指针指向左还是右的叠加状态了！假如我们再用仪器B去测量那台仪器A，好，现在A的波函数又坍缩了，它的状态变得确定，可是B又陷入模糊不定中……总而言之，当我们用仪器去测量仪器，这整个链条的最后一台仪器总是处在不确定状态中，这叫作“无限复归”（infinite regression）。从另一个角度看，假如我们把用于测量的仪器也加入到整个系统中去，这个大系统的波函数从未彻底坍缩过！

可是，我们相当肯定的是，当我们看到了仪器报告的结果后，这个过程就结束了。我们自己不会处于什么荒诞的叠加态中去。当我们的大脑接收到测量的信息后，game over，波函数不再捣乱了。

奇怪，为什么机器来测量就得叠加，而人来观察就得到确定结果呢？难道说，人类意识（Consciousness）的参与才是波函数坍缩的原因？只有当电子的随机选择结果被“意识到了”，它才真正地变为现实，从波函数中脱胎而出来到这个世界上。而只要它还没有“被意识到”，波函数便总是停留在不确定的状态，只不过从一个地方不断地往最后一个测量仪器那里转移罢了。在诺伊曼看来，波函数可以看作希尔伯特空间中的一个矢量，而“坍缩”则是它在某个方向上的投影。然而是什么造成这种投影呢？难道是我们的自由意识？

换句话说，因为一台仪器无法“意识”到自己的指针是指向左还是指向右的，所以它必须陷入左/右的混合态中。一只猫无法“意识”到自己是

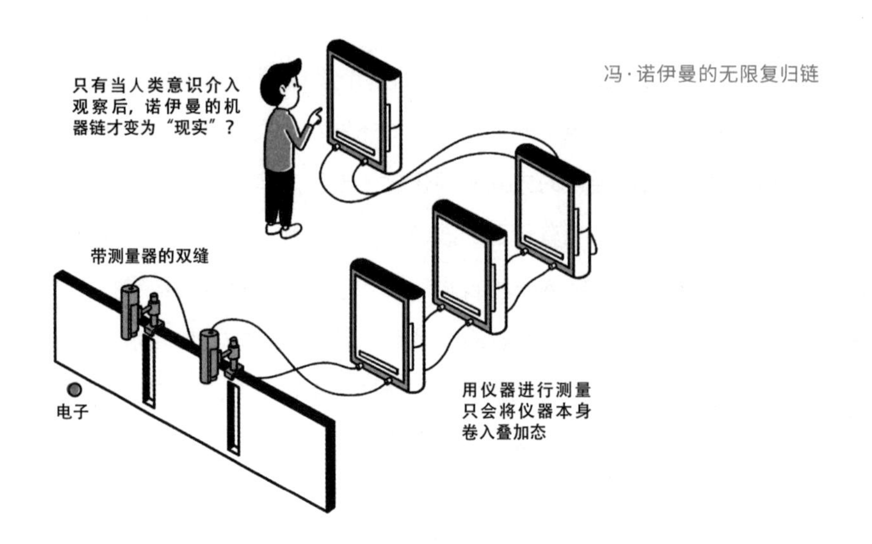

活着还是死了，所以它可以陷于死/活的混合态中。但是，你和我可以“意识”到电子究竟是左还是右，我们是生还是死，所以到了我们这里波函数终于彻底坍缩了，世界终于变成现实，以免给我们的意识造成混乱。

疯狂？不理性？一派胡言？难以置信？或许每个人都有这种震惊的感觉。自然科学，这个最骄傲的贵族，宇宙万物的立法者，对终极奥秘孜孜不倦的探险家，这个总是自诩为最客观、最严苛、最一丝不苟、最不能容忍主观意识的法官，现在居然要把人类的意识，或者换个词说，灵魂，放到宇宙的中心！哥白尼当年将人从宇宙中心驱逐了出去，而现在他们又改头换面地回来了？这足以让每一个科学家毛骨悚然。

不，这一定是胡说八道，说这话的人肯定是发疯了，要不就是个物理白痴。物理学需要“意识”？这是20世纪最大的笑话！但是，且慢，说这话的人也许比你聪明许多，说不定，还是一位诺贝尔物理学奖得主。

尤金·维格纳（Eugene Wigner）于1902年11月17日出生于匈牙利布达佩斯。他在一所路德教会中学上学时认识了冯·诺伊曼，后者是他的学弟。两人一个擅长数学，另一个擅长物理，在很长时间里是一个相当互补的组合。维格纳是20世纪最重要的物理学家之一，他把群论应用到量子力学

维格纳
Wigner
1902—1995

中，对原子核模型的建立起到了至关重要的作用。他和狄拉克、约尔当等人一起成为量子场论的奠基人，顺便说一句，他的妹妹嫁给了狄拉克，因而成为后者的大舅子（能征服狄拉克的女人真是不简单）。他参与了曼哈顿计划，在核反应理论方面有着突出的贡献。1963年，他被授予诺贝尔物理学奖。

对于量子论中的观测问题，维格纳的意见是：意识无疑在触动波函数中担当了一个重要的角色。当人们还在为薛定谔那只倒霉的猫而争论不休的时候，维格纳又出来捅了一个更大的马蜂窝，这就是所谓的“维格纳的朋友”。

“维格纳的朋友”是他所想象的某个熟人（我猜想其原型不是狄拉克就是冯·诺伊曼），当薛定谔的猫在箱子里默默地等待命运的判决之时，这位朋友戴着一个防毒面具也同样待在箱子里观察这只猫，维格纳本人则退到房间外面而不去观测箱子里到底发生了什么。现在，对于维格纳来说，他对房间里的情况一无所知，他是不是可以假定箱子里处于一个（活猫/高兴的朋友）+（死猫/悲伤的朋友）的混合态呢？可是，当他事后询问那位朋友的时候，后者肯定会否认这一种叠加状态。维格纳总结道，当朋友的意

维格纳的朋友

维格纳的朋友：当有人在箱子里的时候，
猫是否就不再处于叠加了呢？

识被包含在整个系统中的时候，叠加态就不适用了。即使他本人在门外，箱子里的波函数还是因为朋友的观测而不断地被触动，所以，只有活猫或者死猫两个纯态的可能。

维格纳论证说，意识可以作用于外部世界，使波函数坍缩是不足为奇的。因为外部世界的变化可以引起我们意识的改变，根据牛顿第三定律，作用与反作用原理，意识也应当能够反过来作用于外部世界。他把论文命名为《对于灵肉问题的评论》（*Remarks on the Mind-body Question*），收集在他1967年的论文集里。

量子论是不是玩得过火了？难道“意识”这种虚无缥缈的概念真的要占领神圣的物理领域，成为我们理论的一个核心吗？人们总在内心深处排斥这种“恐怖”的想法，柯文尼（Peter Coveney）和海菲尔德（Roger Highfield）写过一本叫作《时间之箭》（*The Arrow of time*）的书，其中讲到了维格纳的主张。但在这本书的中文版里，译者特地加了一个“读者存照”，说这种基于意识的解释是“牵强附会”的，它声称观测完全可以由一套测量仪器做出，因此是“完全客观”的。但是这种说法显然也站不住脚，因为仪器也只不过给冯·诺伊曼的无限复归链条增添了一个环节而已，不观测这仪器，它仍然处在叠加的波函数中。

可问题是，究竟什么才是“意识”？这带来的问题比我们的波函数本身还要多得多，是一个得不偿失的策略。意识是独立于物质的吗？它服从物理定律吗？意识可以存在于低等动物身上吗，可以存在于机器中吗？更多的难题如潮水般地涌来把无助的我们吞没，这滋味并不比困扰于波函数怎样坍缩来得好受多少。

接下来我们不如对意识问题做几句简单的探讨，不过我们并不想在这上面花太多的时间，因为我们的史话还要继续，仍有一些新奇的东西等着我们。

在这节的最后要特别声明的是，关于“意识作用于外部世界”只是一种可能的说法而已。这并不意味着种种所谓的“特异功能”“心灵感应”“意念移物”“远距离弯曲勺子”等有了理论基础。对于这些东西，大家最好还是坚持“特别异乎寻常的声明需要有特别坚强的证据支持”这一原则，要求对每一个个例进行严格的、可重复的双盲实验。就我所知，还没有一个特异功能的例子通过了类似的检验。

Part. 2

意识使波函数坍缩？可什么才是意识呢？这是被哲学家讨论得最多的问题，但在科学界的反应却相对冷淡。在心理学界，以沃森（John B.Watson）和斯金纳（B.F.Skinner）等人所代表的行为主义学派通常乐于把精神事件分解为刺激和反应来研究，而忽略无法用实验确证的“意识”

本身。的确，甚至给“意识”下一个准确的定义都是困难的，它产生于何处，具体活动于哪个部分，如何作用于我们的身体都还是未知之谜。

可以肯定的是，意识不是一种具体的物质实在。没有人在进行脑科手术时在颅骨内发现过任何有形“意识”的存在。它是不是脑的一部分的作用体现呢？看起来应该如此，但具体哪个部分负责“意识”却是众说纷纭。有人说是大脑，因为大脑才有种种复杂的交流性功能，而掌握身体控制的小脑看起来更像一台自动机器。我们在学习游泳或者骑自行车的时候，一开始总是要战战兢兢，注意身体每个姿势的控制，做每个动作前都要想好。但一旦熟练以后，小脑就接管了身体的运动，把它变成了一种本能般的行为。比如骑惯自行车的人就并不需要时时“意识”到他的每个动作。事实上，我们“意识”的反应是相当迟缓的（有实验报告说有半秒的延迟），当一位钢琴家进行熟练的演奏时，他往往是“不假思索”，一气呵成，从某种角度来说，这已经不能称作“完全有意识”的行为，就像我们平常说的“熟极而流，想都不想”。而且值得注意的是，这种后天学习的身体技能往往可以保持很长时间不被遗忘。

也有人说，大脑并没有意识，而只是一个操纵器而已。在一个实验中，我们刺激大脑的某个区域使得实验者的右手运动，但实验者本身“并不想”使它运动！那么，当我们“有意识”地想要运动我们的右手时，必定在某处由意识产生了这种欲望，然后通过电信号传达给大脑皮层，最后才导致运动本身。实验者认为中脑和丘脑是这种自由意识所在。但也有个别人认为是网状体，或者海马体。很多人还认为，大脑左半球才可以称得上“有意识”，而右半球则是自动机。

这些具体的争论暂且放在一边不管，我们站高一点来看问题：意识在本质上是什么东西呢？它是不是某种神秘的非物质世界的幽灵，完全脱离我们的身体大脑而存在，只有当它“附体”在我们身上时，我们才会获得这种意识呢？显然，绝大多数科学家都不会认同这种说法。一种心照不宣的观点是，意识其实就是一种信息编码，是一种结构模式，虽然它完全基于物质基础（我们的脑）而存在，但却需要更高一层次的规律去阐释它。

什么是意识？这其实相当于问：什么是信息？一个消息是一种信息，但是，它的载体本身并非信息，它所蕴含的内容才是。我告诉你“湖人队今天输球了”，这8个字本身并不是信息，它的内容“湖人队输球”才是真正的信息。同样的信息完全可以用另外的载体来表达，比如写一行字告诉你，或者发一个E-mail给你，或者做一个手势。所以，研究载体本身并不能得出对相关信息有益的结论，就算我把这8个字拆成一笔一画研究透彻，这也不能帮助我了解“湖人队输球”的意义何在。信息并不存在于每一个字中，而存在于这8个字的组合方式中，对于它的描述需要用到比单个字更高一层次的语言和规律。

又如，什么是贝多芬的《第九交响曲》？它无非是一串音符的组合。但音符本身并不是交响曲，如果我们想描述这首伟大作品，我们要涉及的是音符的“组合模式”！什么是海明威的《老人与海》？它无非是一串字母的组合。但字母本身也不是小说，它们的“组合模式”才是！《老人与海》的伟大之处不在于它使用了多少字母，而在于它“如何组合”这些字母！

回到我们的问题上来：什么是意识？意识是组成脑的原子群的一种“组合模式”！人脑的物质基础和一块石头没什么不同，是由同样的碳原子、氢原子、氧原子……组成的。从量子力学的角度来看，构成我们脑的电子和构成一块石头的电子完全相同，就算把它们相互调换，也绝不会造成我们的脑袋变成一块石头的奇观。我们的“意识”，完全建立在这些原子的结构模式之上！只要一堆原子按照特定的方式排列起来，它就可以构成我们的意识，就像只要一堆字母按照特定的方式排列起来，就可以构成《老人与海》一样。这里并不需要某个非物质的“灵魂”来附体，就如你不会相信，只有当“海明威之魂”附在一堆字母上才会使它变成《老人与海》一样。

有一个流传很广的故事是这样说的：一个猴子不停地随机打字，总有一天会“碰巧”打出《莎士比亚全集》。假如这个猴子不停地在空间中随机排列原子，显然，只要经历足够长的时间（长得远超宇宙的年龄），它也能“碰巧”造出一个“有意识的生物”来。智慧生命不需要上帝的魔法，只需要恰好撞到一个合适的排列方式就是了。

好，到此为止，大部分人还是应该对这种相当唯物的说法感到满意的。但只要再往下合理地推论几步，也许你就要觉得背上出冷汗了。如果“意识”完全取决于原子的“组合模式”的话，第一个推论就是：它可以被复制。出版社印刷成千上万本的《老人与海》，为什么原子不能被复制呢？假如我们的技术发达到一定程度，可以扫描你身体里每一个原子的位置和状态，并在另一个地方把它们重新组合起来的话，这个新的“人”是不是你呢？他会不会拥有和你一样的“意识”？或者干脆说，他和你是不是同一个人？假如我们承认意识完全基于原子排列模式，我们的回答无疑就是Yes！这和“克隆人”是两个概念，克隆人只不过继承了你的基因，而这个“复制人”却拥有你的意识、你的记忆、你的感情、你的一切，他就是你本人！

近几年来，在量子通信方面我们有了极大的突破，把一个未知的量子态原封不动地传输到第二者那里已经成为可能，而且事实上已经有许多具体协议的提出，这被称为“量子隐形传态”（Quantum teleportation）。虽然到目前为止，我们能够传输的量子态其数量和距离仍然相当有限，但在不久的将来，会不会真的出现类似《星际迷航》中的技术，可以随意地把一个人“传输”到其他星球上去？这显然是令许多人遐想，也令许多人感到担忧的事情。令人欣慰的是，我们现在已经知道量子论中有一个叫作“不可复制定理”（no cloning theorem，1982年Wootters，Zurek和Dieks提出）的原则规定：在传输量子态的同时，一定会毁掉原来那个原本。也就是说，量子态只能剪切+粘贴，不能复制+粘贴，这就阻止了两个“你”的出现。但问题是，如果把你“毁掉”，然后在另一个地方“重建”起来，你是否认为这还是“原来的你”？

而另一个推论就是：因为载体本身并不重要，载体所蕴藏的组合信息才是关键，所以“意识”本身并非要特定的物质基础才能呈现。假如用圆圈代替A，方块代替B，三角代替C……我们完全可以用另一套符号系统来复制一本密码版的《老人与海》。虽然不再使用英语字母，但从信息论的角度来看，其中的信息并没有遭受任何损失，这两本书是完全等价的，随时可以完整地编译回来。同样，一套电影，我可以用胶片记录，也可以用录像带、VCD、LD或者DVD记录。当然有人会提出异议，说压缩实际上造成了信息的损失，VCD版的Matrix已经不是电影版的Matrix，其实这无所谓，我们换个比喻说，一张彩色数字照片可以用RGB来表示色彩，也可以用另一些表达系统比如说CMY、HSI或者YUV来表示。又如，任何信息序列都可以用一些可逆的压缩手法，例如Huffman编码来压缩，字母也可以用摩尔斯电码来替换，歌曲可以用简谱或者五线谱记录，虽然它们看上去很不同，但其中包含的信息却是相同的！假如你有兴趣，用围棋中的白子代表0，黑子代表1，你无疑也可以用铺满整个天安门广场的围棋来拷贝一张VCD，这是完全等价的！

那么，只要有某种复杂的系统可以记录并还原我们“意识”的组成信息，显然我们应该承认，它并不一定需要依赖生物有机体的肉身而存在！假设组成我们大脑的所有原子都被扫描，相关信息存入一台计算机中，然后这台计算机严格地按照物理定律来计算这些原子的运动，精确地求出它们对于各种刺激会做出怎样的反应，那么从理论上说，这台计算机其实完全等同于我们的大脑，或者干脆说，这台计算机实际上就是我们自身！那么，是不是可以说，这台计算机完全具有“意识”了呢？

对于许多实证主义者来说，答案或许是肯定的。在他们看来，意识只

图灵检验

图灵检验：只要计算机和人实际上无法区分，就可以判定计算机拥有“意识”。

不过是某种复杂的模式结构，或者说，是在输入和输出之间进行的某种复杂算法。任何系统只要能够模拟这种算法，它就可以被合理地认为拥有意识。和冯·诺伊曼同为现代计算机奠基人的阿兰·图灵（Alan Turin）在1950年提出了判定计算机能否像人那般实际“思考”的标准，也就是著名的“图灵检验”。他设想一台超级计算机和一个人躲藏在幕后回答提问者的问题，而提问者则试图分辨哪个是人，哪个是计算机。图灵争辩说，假如计算机伪装得如此巧妙，以至没有人可以在实际上把它和一个真人分辨开来的话，那么我们就可以声称，这台计算机和人一样具备了思考能力，或者说，意识（用的原词是“智慧”）。

一台计算机真的能做到跟人一模一样，“真假难辨”吗？仅仅二十年前，这对绝大多数人来说似乎还是不可思议的事情。但近年来，随着人工智能技术的突飞猛进，电脑已经在最复杂的围棋比赛中击败了人类的顶尖高手，已经能够写出不逊于真人的分析报告，已经开始学习驾驶汽车、吟诗作赋，甚至直接用自然语言和我们对话。在一些乐观派看来，只要科技仍然按照指数增长，人工智能超越我们就是迟早的事，而且这一天的到来可能远比我们想象的要早。

2005年，一个叫库兹韦尔（Ray Kurzweil）的人便提出了一个很有名的观点：他认为到2029年，电脑的“智能”就将在整体上超越人类，并从此一去不回头，远远地将人类抛在后面。从此，我们就将进入一个完全不同的时代，这个分界线，他便称之为“奇点”。为此，他在著名的打赌网站http://www.longbets.org上押上2万美元，赌在2029年之前，机器就能够通过图灵检验。这场赌局的结果如何，大家不妨拭目以待。

我们还是回到之前的讨论中来。计算机在复杂到了一定程度之后便可以实际拥有“意识”，持这种看法的人通常被称为“强人工智能派”。在他们看来，人的大脑本质上也不过是一台异常复杂的计算机，只是它不是由晶体管或者集成电路构成，而是生物细胞而已。但脑细胞也得靠细微的电流工作，就算我们尚不完全清楚其中的机制，也没有理由认为有某种超自然的东西在里面。就像薛定谔在他那本名扬四海的小册子《生命是什么》中所做的比喻一样，一个蒸汽机师在第一次看到电动机时会惊讶地发现，这机器和他所了解的热力学机器十分不同，但他会合理地假定这是按照某些他所不了解的原理所运行的，而不会大惊小怪地认为是幽灵驱动了一切。

你可能又要问，那么，算法复杂到了何种程度才有资格被称为“意识”呢？这的确对我们理解波函数何时坍缩有实际好处！但这很可能又是一个难题，像那个著名的悖论：一粒沙落地不算一个沙堆，两粒沙落地不算一个沙堆，但10万粒沙落地肯定是一个沙堆了。那么，具体到哪一粒沙落地时才形成一个沙堆呢？对这种模糊性的问题科学家通常不屑解答，正如争论猫或者大肠杆菌有没有意识一样。当然，也有一些更为极端的看法认为，任何执行了某种算法的系统都可以看成具有某种程度的“意识”！比如指南针，人们会论证说，它“喜欢”指着南方，当把它拨乱后，它就出于“厌恶”而竭力避免这种状态，而回到它所“喜欢”的状态里去。以这种带相当泛神论色彩的观点来看，万事万物都有“意识”，只是程度不同罢了。意识，简单来说，就是一个系统的算法，它“喜欢”那些大概率的输出，“讨厌”那些小概率的输出。一个有着趋光性的变形虫也有意识，只不过它“意识”的复杂程度比我们人类要低级好多倍罢了。

但这样说来，我们人类和变形虫岂不是没有本质上的区别了吗？也有少数科学家对此提出异议，认为人的意识显然有其不同之处。特别是，当我们做出一些直觉性判断的时候，这是计算机的算法所无法计算的。也就是说，不管运算能力有多强大，一台图灵机在本质上无法精确地模拟人类意识。这一观点的代表人物是牛津大学的罗杰·彭罗斯（Roger Penrose），不过具体的论证过程十分复杂，我们在这里就不深入讨论了。诸位如果有兴趣了解他的观点，可以阅读其名著《皇帝新脑》（*The Emperor's New Mind*）。

……………………饭后闲话：科学史上的神话（四）……………………

我们用两节闲话来讨论牛顿的苹果。这个故事是如此地家喻户晓，妇孺皆知，使其当之无愧地成为科学史上深入人心的神话之一。不过，这棵苹果树在历史上倒是真实存在的，牛顿的朋友们如 W.Stukeley 等都曾经提到过。直到 1814 年，牛顿的传记作者布鲁斯特（David Brewster）还亲眼见到了它，只不过已经严重腐朽了。这棵神奇的树终于在 1820 年的一次暴风雨中被摧倒，有一段树干至今保存在剑桥大学三一学院博物馆，但它的子嗣依然繁衍不息：人们从它身上剪下枝条，嫁接到 Brownlow 勋爵的一些树上。在以后的岁月里，它被送到世界各地生根发芽，仍然结出被称为“肯特郡之花”的一种烹饪苹果。它的名气历经 3 个多世纪而始终不衰，当印度普恩天文研究院里的一个分枝真的结出两个苹果的时候，人们甚至从 300 公里以外赶来参观朝圣。

1998 年，约克大学的 Richard Keesing 在《当代物理》（*Contemporary*

牛顿的老家和门前的苹果树，据说就是当年那一棵（White 1997）

Physics）杂志上撰文，宣称通过仔细地考证比较，在牛顿的家乡林肯郡沃尔索普找到了当年那棵苹果树的遗址。令人惊奇的是，通过与当年样本的遗传基因比对，现在的这棵树很可能就是当年残留的老根上抽出的新芽！换句话说，牛顿的苹果树仍未死去，至今已有 350 多岁！

我们暂且把苹果树的命运放到一边，来关注一下那个耳熟能详的故事：1666 年，牛顿在家乡躲避瘟疫的时候，偶尔看到一个苹果落到地上，于是引发了他的思考，最终得出了万有引力理论。这是真的吗？它有多少可信度？它背后隐藏了一些什么样的内容呢？

苹果传奇的主要推动者当然要属伏尔泰（Voltaire）和格林（Robert Greene），两人在 1727 年的著作中不约而同记述了这一故事。不过追根溯源，伏尔泰是从对牛顿侄女康杜伊特（C. Conduitt）的访问中了解这个情况的。格林的来源则是福尔克斯（Martin Folkes），他是当时皇家学会的副主席，牛顿的好友。牛顿的另一个朋友斯图克雷（W. Stukeley）也记述了他和牛顿一起喝茶时的情景，当时牛顿告诉他，正是当年一个苹果的落地勾起了他对引力的看法，而牛顿侄女的丈夫 J. Conduitt 也多次提到这个故事。然而不管怎么样，如果追问到底，最终的源头都还是来自牛顿自己之口：看起来，牛顿在晚年曾向多个人（至少 4 个以上）讲起过这个事情。可值得玩味的是，为什么牛顿在50多年中从未提及此事[1]，但到了1720年后，他却突然不厌其烦地到处宣扬起来了呢？

作为后世人的我们，恐怕永远也无从知晓牛顿是否真的目睹了一个苹果的落地，而这本身也并不重要。我们所感兴趣的是，这个故事背后究竟包含了一些什么东西。对于牛顿时代的人们来说，苹果作为《圣经》里伊甸园的智慧之果，其象征意义是不言而喻的[2]。由“苹果落地”而发现宇宙的奥妙，这里面就包含了强烈的冥冥中获得天启的意味，使得牛顿的形象进一步得到神化。我们在史话的第一章里曾经描述过牛顿和胡克关于引力平方反比定律的纠纷，而后来牛顿更卷入了著名的和莱布尼兹关于微积分发明权的官司中去，这样一个故事，对牛顿来说无疑是有其意义的。

如此描述未免有些小人之心，我们还是假设牛顿当真见到了一个苹果落地。那么，他的灵感带来了什么样的突破？引力平方反比定律当真在1666年就被发现了吗？在今天看来，这件事还真不好说。

Part. 3

我们在“意识问题”那里头晕眼花地转了一圈回来之后，究竟得到了什么收获呢？我们弄清楚猫的量子态在何时产生坍缩了吗？我们弄清意识究竟如何作用于波函数了吗？似乎都没有，反倒是疑问更多了：如果说意识只不过是大脑复杂性的一种表现，那么这个精巧结构是如何具体作用到

▶ [1] 从他早年的亲密好友哈雷和格雷高里那里我们显然没有看到任何类似的描述。

■ [2] 根据Fara的说法，苹果还是英格兰精神的代表。

波函数上的呢？我们是不是已经可以假设，一台足够复杂的计算机也具有坍缩波函数的能力了呢？反而让我们感到困惑的是，似乎这是一条走不通的死路。电子的波函数是自然界在一个最基本层次上的物理规律，而正如我们已经讨论过的那样，“意识”所遵循的规则，是一个“组合”才可能体现出来的整体效果，它很可能处在一个很高的层次上面。用波函数和意识去互相联系，看起来似乎是一种层面的错乱，好比有人试图用牛顿定律去解释为什么今天股票大涨一样。

更有甚者，如果说“意识”使得万事万物从量子叠加态中脱离，成为真正的现实的话，那么我们不禁要问一个自然的问题：当智能生物尚未演化出来，这个宇宙中还没有“意识”的时候，它的状态是怎样的呢？难道说，要等到第一个“有意识”的生物出现，宇宙才在一瞬间变成“现实”，而之前都只是波函数的叠加？但问题是，“智慧生物”本身也是宇宙的一部分啊，难道说“意识”的参与可以改变过去，而这个“过去”甚至包含了它自身的演化历史？

1979年是爱因斯坦诞辰100周年，在他生前工作的普林斯顿召开了一次纪念他的讨论会。在会上，爱因斯坦的同事，也是玻尔的密切合作者之一约翰·惠勒（John Wheeler）提出了一个相当令人吃惊的构想，也就是所谓的“延迟实验”（delayed choice experiment）。在前面的章节里，我们已经对电子的双缝干涉非常熟悉了。根据哥本哈根解释，当我们不去探究电子到底通过了哪条缝，它就同时通过双缝而产生干涉，反之它就确实地通过一条缝，顺便也消灭了干涉图纹。然而，惠勒通过一个戏剧化的思维实验指出，我们可以“延迟”电子的这一决定，使得它在已经实际通过了双缝屏幕之后，再来选择究竟是通过了一条缝还是两条！

这个实验的基本思路是，我们可以用涂着半镀银的反射镜来代替双缝。如果把一块半射镜和光子的入射途径摆成45度角，那么这个光子有一半可能直飞，另一半可能被反射。这样一来，它就有了两条可能的前进路径，这跟

延迟实验示意图1

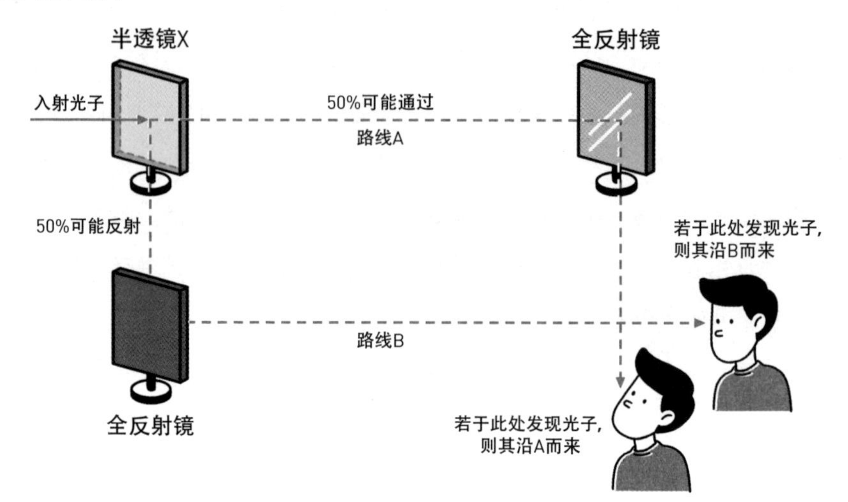

双缝实验里，电子可以选择左边或者右边的路径在本质上是一样的。

但是，通过在半道上摆放其他反射镜，我们又可以把这两条分开的岔路再交会到一起，如上图所示。如果我们简单地在终点观察光子飞来的方向，就可以确定这个光子当初究竟走了哪条道路。而这样做，就相当于我们探测电子通过了哪条狭缝，结果会得到一个随机但唯一的答案。

不过，只要我们愿意，我们同样可以让这个光子“同时沿着两条路径而来”：只要在终点处再插入一块同样呈45度角的半镀银反射镜，然后仔细安排位相，我们完全可以让这个光子“自我干涉”，在一个方向上抵消，而只在另一个方向出现。这样做，就好比让电子同时通过两条狭缝而产生干涉图纹，按照量子派的说法，因为发生了干涉，光子必定“同时经过了两条道路”，就像同时通过了双缝一样！

总而言之，如果我们不在终点处插入半反射镜，光子就沿着某一条道路而来，反之它就同时经过两条道路。现在的问题是，是不是要在终点处插入反射镜，我们可以在“最后关头”才做出决定，而这时候理论上光子早就通过了第一块反射镜，这个事件已经成了过去。然而，有趣的是，它却必须在快到达终点的时候，根据我们的选择，反过去决定自己当初到底

延迟实验示意图2

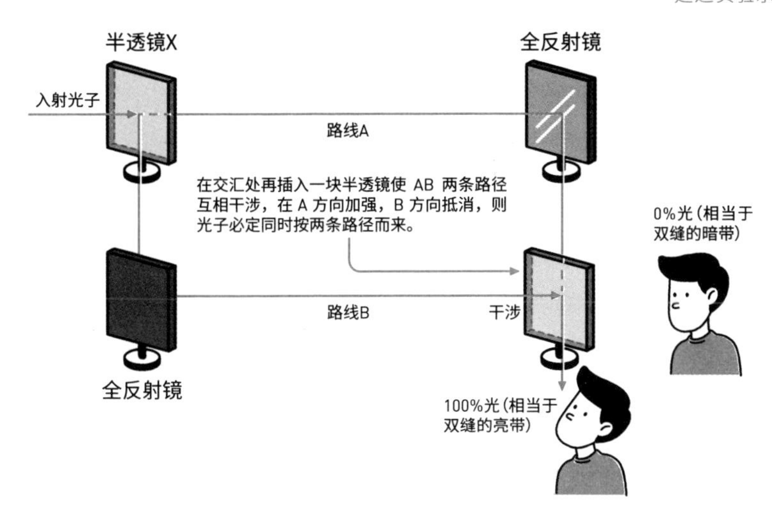

走的是“一条路”还是“两条路”。也就是说，它必须根据“未来”的事件，去选择自己的“过去”应该怎样发生！

想象你去看电影，虽然你对电影内容一无所知，但很明显，既然已经剪完上映，说明这部电影早已杀青。但走到电影院门口的时候，你却被告知，只要你从左门进去，就会发现它是周星驰主演的，而只要从右门进去，它就会是周润发主演的。换句话说，这部电影当初的主演是谁，可以由你当场来决定！

如果你觉得这件事情很奇妙，那么延迟实验表达的是同样的意思。虽然听上去古怪，这却是哥本哈根派的一个正统推论！惠勒后来引用玻尔的话说，“任何一种基本量子现象只在其被记录之后才是一种现象”，光子是一开始还是最后才决定自己的“历史”，这在量子实验中是没有区别的，因为在量子论看来，历史不是确定和实在的——除非它已经被记录下来。更精确地说，光子在通过第一块半透镜到我们插入第二块半透镜之间“到底”在哪里，它是个什么，这是一个没有意义的问题。我们没有权利去谈论这时候光子“到底在哪里”，因为在观测之前，它并不是一个“客观真实”！

延迟实验示意图3

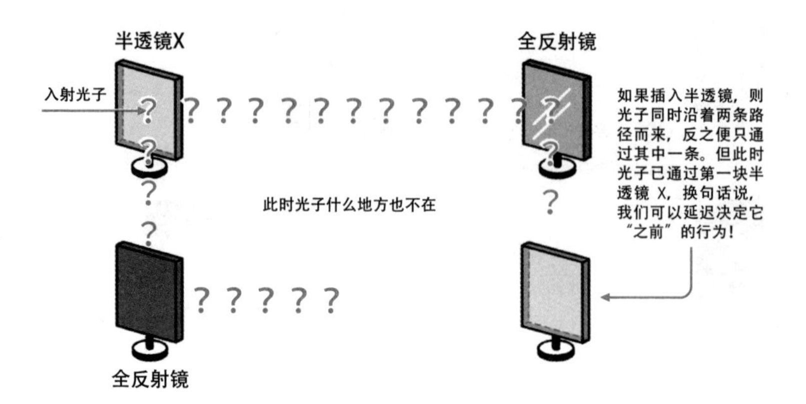

惠勒用那幅著名的“龙图”来说明这一点：龙的头和尾巴（输入和输出）都是确定的、清晰的，但它的身体（路径）却是一团迷雾，没有人可以说清。因为直到你采用一种特定的方式来观测它之前，这条龙压根儿就不存在一个“真实”的身体！

也许你会觉得这纯粹是痴人呓语，然而，在惠勒的构想提出5年后，马里兰大学的卡洛尔·阿雷（Carroll O.Alley）和其同事当真做了一个延迟实验，其结果真的证明，我们何时选择光子的“模式”，这对于实验结果是无影响的！与此同时，慕尼黑大学的一个小组也做出了类似的结果。

这样稀奇古怪的事情说明了什么呢？

这说明，宇宙的历史说不定可以在已经发生后才被决定究竟是怎样发生的！在薛定谔的猫实验里，如果我们也能设计某种延迟实验，我们就能在实验结束后再来决定猫是死是活！比如说，原子在一点钟要么衰变毒死猫，要么就断开装置使猫存活。但如果有某个延迟装置能够让我们在两点钟来“延迟决定”原子衰变与否，我们就可以在两点钟这个“未来”去实际决定猫在一点钟的死活！

这样一来，宇宙本身由一个有意识的观测者创造出来也不是什么不

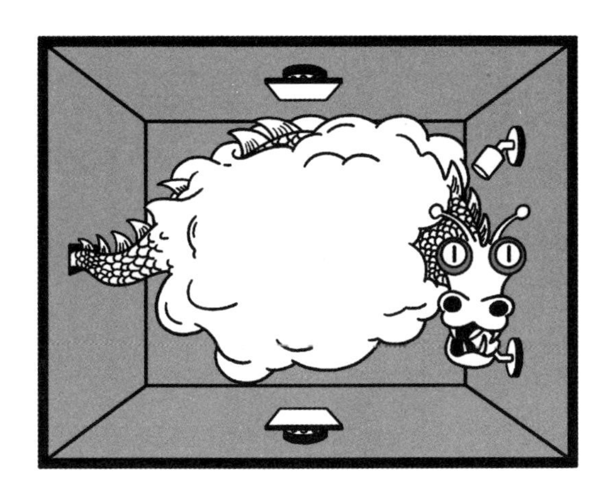

可能的事情。虽然从理论上说，宇宙已经演化了几百亿年，但某种“延迟”使得它直到被一个高级生物观察之后才成为确定。我们的观测行为本身参与了宇宙的创造过程！这就是所谓的“参与性宇宙”模型（The Participatory Universe）。宇宙本身没有一个确定的答案，而其中的生物参与了这个谜题答案的构建本身！

这实际上是某种增强版的“人择原理”（anthropic principle）。人择原理是说，我们存在这个事实本身，决定了宇宙的某些性质为什么是这样的而不是那样的。也就是说，我们讨论所有问题的前提是：事实上已经存在了一些像我们这样的智能生物来讨论这些问题。我们回忆一下笛卡儿的“第一原理”：不管我怀疑什么也好，有一点我是不能怀疑的，那就是“我在怀疑”本身，也就是著名的“我思故我在”！类似的原则也适用于人择原理：不管这个宇宙有什么样的性质也好，它必须要使得智能生物可能存在于其中，不然就没有人来问“宇宙为什么是这样的？”这个问题了。因此，关于宇宙的问题必然是有前提的：无论如何，你首先得保证有一个“人”来问问题，不然就没有意义了。

举个例子，目前宇宙似乎是在以一个“恰到好处”的速度在膨胀。只要它膨胀得稍稍快一点，当初的物质就会四散飞开，而无法凝聚成星系和

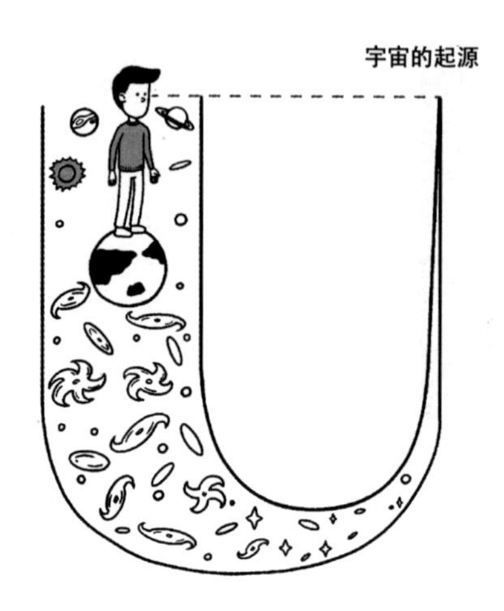

自指的宇宙

行星。反过来，如果稍微慢一点点，引力就会把所有的物质都吸到一起，变成一团具有惊人密度和温度的大杂烩。而我们正好处在一个“临界速度”上，这才使得宇宙中的各种复杂结构和生命的诞生成为可能。这个速度要准确到什么程度呢？大约是10^{55}分之一，这是什么概念？你从宇宙的一端瞄准并打中在另一端的一只苍蝇（相隔300亿光年），所需准确性也不过10^{30}分之一。类似的惊人准确的宇宙常数，我们还可以举出几十个。

你肯定很奇怪：为什么宇宙恰好以这样一个不快也不慢的速度膨胀？人择原理的回答是：宇宙必须以这样一个速度膨胀，不然就没有“你”来问这个问题了。因为只有以这样一个速度膨胀，生命和智慧才有可能诞生，从而使问题的提出成为可能！从逻辑上来说，显然绝对不会有人问：“为什么我们的宇宙以一个极快或者极慢的速度膨胀？”因为如果这个问题的前提条件成立，那这个“宇宙”不是冰冷的虚空就是灼热的火球，根本不会有“人”存在于此，也就更不会有类似的问题被提出。

参与性宇宙是增强的人择原理，它不仅表明我们的存在影响了宇宙的性质，甚至我们的存在创造了宇宙和它的历史本身！可以想象这样一种情形：各种宇宙常数首先是一个不确定的叠加，只有被观测者观察后才变成确定。但这样一来它们又必须保持在某些精确的范围内，以便创造一个好的环境，令观测者有可能在宇宙中存在并观察它们！这似乎是一个逻辑循环：我们选择了宇宙，宇宙又创造了我们。这件怪事叫作“自指”或者“自激活”（self-exciting），意识的存在反过来又创造了它自身的过去！

请各位读者确信，我写到这里已经和你们一样头大如斗，嗡嗡作响不已。这个理论的古怪差不多已经超出了我们可以承受的心理极限，我们在“意识”这里已经筋疲力尽，无力继续前进了。对此感到不可接受的也绝不仅仅是我们这些门外汉，当时已经大大有名的约翰·贝尔（John Bell，我们很快就要讲到他）就嘟囔道：“难道亿万年来，宇宙波函数一直在等一个单细胞生物的出现，然后才坍缩？还是它还得多等一会儿，直到出现了一个有资格的、有博士学位的观测者？”要是爱因斯坦在天有灵，看到有人在他的诞辰纪念日上发表这样古怪的、违反因果律的模型，不知作何感想？

哪怕从哥本哈根解释本身而言，“意识”似乎也走得太远了。大多数“主流”的物理学家仍然小心谨慎地对待这一问题，持有一种更为“正统”的哥本哈根观点。然而所谓“正统观念”其实是一种鸵鸟政策，它实际上就是把这个问题抛在一边，简单地假设波函数一观测就坍缩，而对它如何坍缩，何时坍缩，为什么会坍缩不闻不问。量子论只要在实际中管用就行了，我们更为关心的是一些实际问题，而不是这种玄之又玄的阐述！

但是，无论如何，当新物理学触及这样一个困扰了人类千百年的本体问题核心后，这无疑也激起了许多物理学家的热情和好奇心。的确有科学家沿着维格纳的方向继续探索，并论证意识在量子论解释中所扮演的地位。这里面的代表人物是劳伦斯国家物理实验室的美国物理学家亨利·斯塔普（Henry Stapp），他自1993年出版了著作《精神、物质和量子力学》（*Mind, Matter, and Quantum Mechanics*）之后，便一直与别的物理学家为此辩论至今[3]。这种说法也获得了某些人的支持， 2003年，还有人（如

[3] 大家如果有兴趣，可以去斯塔普的网页http://www-physics.lbl.gov/~stapp/stappfiles.html看看他的文章。

阿姆斯特丹大学的Dick J. Bierman）宣称用实验证明了人类意识“的确”使波函数坍缩。不过这一派的支持者也始终无法就“意识”建立起有说服力的模型来，对于他们的宣称，我们在心怀敬意的情况下最好还是采取略为审慎的保守态度，看看将来的发展如何再说。

我们沿着哥本哈根派开拓的道路走来，但或许是走得过头了，误入歧途，结果发现在尽头藏着一只叫作“意识”的怪兽，这让我们惊恐不已。这早已经远离了玻尔和哥本哈根派的本意，现在还是让我们退回到大多数人站着的地方，看看还有没有别的道路可以前进。嗯，我们发现的确还有几条小路通向未知的尽头，倒不如试着换个方向，看看它是不是会把我们引向光明的康庄大道。不过首先，还是在原来的那条路上做好记号，醒目地写下“意识怪兽”的字样并打上惊叹号，以警醒后人。好，各位读者，现在我们出发去另一条道路探险，这条小道看上去笼罩在一片浓雾缭绕中，并且好像在远处分裂成无数条岔路。我似乎已经有不太美妙的预感，不过还是让我们擦擦汗，壮着胆子前去看看吧。

饭后闲话：科学史上的神话（五）

大家已经知道，牛顿对于胡克竟敢争夺平方反比定律（ISL）的优先权感到非常愤怒，他几次对人声称，ISL是他在1679年所证明了的。可见，牛顿自己也只不过认为ISL发现于1679年。然而，到晚年的时候，他的论述却突然变得更加暧昧起来，许多语句都有意无意地产生了误导的作用。1714年，牛顿写了一份如今非常著名的手稿，宣称早在1666年在老家避疫期间，他就根据开普勒定律和离心力定律推导出了行星运动中的受力符合平方反比关系，更言之凿凿地说，通过比较地球和月球的情况，发现答案非常吻合。

今天我们几乎可以肯定，这个陈述是不真实的。首先，运用牛顿的方法，不可能得出行星椭圆轨道的求解；其次，对于月球的成功检验是绝对不现实的，牛顿根本没有地球直径的准确数据。哪怕牛顿的亲朋好友们，也都描述说正是这个原因导致了检验的失败，迫使他把研究搁置了起来[4]。

在 1718 年的备忘录里，牛顿又说，1676—1677 年之交的冬天，他从平方反比关系推出了行星轨道必定是椭圆形的。这又是一种和他之前的声明互相矛盾的说法，而且也几乎肯定是站不住脚的。著名的牛顿学者，已故的哈佛大学教授柯恩（I.B.Cohen）对此直言不讳地说："这当然是虚假的历史，由牛顿在 1718 年凭空造出来的。"[5]

更需要指出的是，牛顿在 1679—1680 年与胡克的那次关键通信之前，对于行星运动的理解是非常不同的。他认为月球的运动是在一种"离心力"的作用下进行的，所以总是有"远离"地球的趋势！这和导致苹果落地的地心引力是截然不同的概念。就算牛顿看到了苹果落地，他也不太可能联想到这种力就是导致月球环绕地球（或行星环绕太阳）的原因！没有任何证据显示，牛顿在 1666 年已经有了"万有引力"的想法。

实际上，不要说 1666 年，哪怕在牛顿之前所宣称的 1679 年，他也并没能证明 ISL 定律！不谈他在和胡克通信中所犯下的基本错误，单从观念上说，牛顿也没有做好准备。结合各种史料来看，目前学界普遍认为牛顿证明 ISL 只能在 1684 年，也就是他写《论运动》的时候才最终实现。而万有引力定律的普遍形式则更要推迟到 1685—1686 年。苹果的神话往往给我们这样的错觉：一时灵感是如何在瞬间成就了不世出的天才。可实际上，万有引力定律的思想根源有着明确而漫长的艰难轨迹：从离心力概念到平方反比思想，再发展出离心力定律然后往向心力定律转变，这才能得出平方反比定律，而最后归结为万有引力定律的最终形式。这个链条中缺失了任何一环都是无法想象的。牛顿在无数前人的基础和同时代人的帮助下，经过 20 多

[4] 可参见W.Whiston、H.Pemberton和J.Conduitt等人的说法。他们还是从牛顿自己那里了解情况的，所以牛顿其实是自我矛盾的。

[5] Cohen 1980,p.248.

年的不懈探索才最终完成了这一伟大发现，如果用一个苹果来概括这一切，未免是对科学的大不敬吧。

最近，更有一种说法认为，牛顿存心编造出了苹果的故事，目的可能在于掩盖许多灵感的真正来源：他一直在暗中进行炼金活动[6]。

然而，不管史界如何看他，苹果的故事实在是太脍炙人口了。看起来，只要人类的文明还存在一天，它就仍然会是历史上最富有传奇色彩的象征之一。

Part. 4

吃一堑，长一智，我们需要总结一下教训。之所以前面会碰到“意识”这样可怕的东西，关键在于我们无法准确地定义一个“观测者”！一个人和一台照相机之间有什么分别，大家都说不清道不明，于是让“意识”乘虚而入。而把我们逼到不得不去定义什么是“观测者”这一步的，则是那该死的“坍缩”。一个观测者使得波函数坍缩？这似乎就赋予了所谓的观测者一种在宇宙中至高无上的地位，他们享有某种超越基本物理定律的特权，可以创造一些真正奇妙的事情出来。

真的，追根溯源，罪魁祸首就在暧昧的“波函数坍缩”那里了。这似乎像是哥本哈根派的一个魔咒，至今仍然把我们陷在其中不得动弹，而物理学的未来也在它的诅咒下显得一片黯淡。拿康奈尔大学的物理学家科

[6] White 1997,pp.85—87.

特·戈特弗雷德（Kurt Gottfried）的话来说，这个“坍缩”就像是“一个美丽理论上的一道丑陋疤痕”，它云遮雾绕，似是而非，模糊不清，每个人都各持己见，为此吵嚷不休。怎样在观测者和非观测者之间划定界限？薛定谔猫的波函数是在我们打开箱子的那一刹那坍缩，还是它要等到光子进入我们的眼睛并在视网膜上激起电脉冲信号？或者它还要再等一会儿，一直到这信号传输到大脑皮层的某处并最终成为一种“精神活动”时才真正坍缩？如果我们在这上面大钻牛角尖的话，前途似乎不太美妙。

那么，有没有办法绕过这所谓的“坍缩”和“观测者”，把智能生物从物理学中一脚踢开，使它重新回到我们所熟悉和热爱的轨道上来呢？让我们重温那个经典的双缝困境：电子是穿过左边的狭缝呢，还是右边的？按照哥本哈根解释，当我们未观测时，它的波函数呈现两种可能的线性叠加。而一旦观测，则在一边出现峰值，波函数“坍缩”了，随机地选择通过了左边或者右边的一条缝。量子世界的随机性在坍缩中得到了最好的体现。

要摆脱这一困境，不承认坍缩，那只有承认波函数从未“选择”左还是右，它始终保持在一个线性叠加的状态，不管是不是进行了观测。可是这又明显与我们的实际经验不符，因为从未有人在现实中观察到同时穿过左和右两条缝的电子，也没有人看见过同时又死又活的猫（半死不活，奄奄一息的倒有不少）。事到如今，我们已经是骑虎难下，进退维谷，哥本哈根的魔咒已经缠住了我们，如果不鼓起勇气，做出最惊世骇俗的假设，我们将注定困顿不前。

如果波函数没有坍缩，则它必定保持线性叠加。电子必定是左/右的叠加，但在现实世界中从未观测到这种现象。

有一个狂想可以解除这个可憎的诅咒，虽然它听上去真的很疯狂，但慌不择路，我们已经是破釜沉舟了。不管怎么说，失去的只是桎梏，但说不定赢得的是整个世界呢？

让我们鼓起勇气呐喊：是的！电子即使在观测后仍然处在左/右的叠加

中，只不过我们的世界本身也是这叠加的一部分！当电子穿过双缝后，处于叠加态的不仅仅是电子，还包括我们整个世界！也就是说，当电子经过双缝后，出现了两个叠加在一起的世界，在其中的一个世界里电子穿过了左边的狭缝，而在另一个世界里，电子则通过了右边！

波函数无须“坍缩”，去随机选择左还是右，事实上两种可能都发生了！只不过它表现为整个世界的叠加：生活在一个世界中的人们发现在他们那里电子通过了左边的狭缝，而在另一个世界中，人们观察到的电子则在右边！量子过程造成了“两个世界”！这就是量子论的“多世界解释”（Many Worlds Interpretation，简称MWI）。

要更好地了解MWI，我们还是从它的创始人，一生颇有传奇色彩的休·埃弗莱特（Hugh Everett III，他的祖父和父亲也都叫Hugh Everett，因此他其实是“埃弗莱特三世”）讲起。1930年11月9日，爱因斯坦在《纽约时报》杂志上发表了他著名的文章《论科学与宗教》，他的那句名言至今仍然在我们耳边回响：“没有宗教的科学是跛足的，没有科学的宗教是盲目的。”两天后，小埃弗莱特就在华盛顿出生了。

埃弗莱特对爱因斯坦怀有深深的崇敬，在他只有12岁的时候，他就写信问在普林斯顿的爱因斯坦一些关于宇宙的问题，而爱因斯坦还真的复信回答了他。当他拿到化学工程的本科学位之后，也进入了普林斯顿攻读。一开始他进的是数学系，但他很快想方设法转投物理。50年代正是量子论方兴未艾，而哥本哈根解释如日中天、一统天下的时候。埃弗莱特认识了许多在这方面的物理学生，其中包括玻尔的助手Aage Peterson，后者和他讨论了量子论中的观测难题，这激起了埃弗莱特极大的兴趣。他很快接触了约翰·惠勒，惠勒鼓励了他在这方面的思考，到了1954年，埃弗莱特向惠勒提交了两篇论文，多世界理论（有时也被称作“埃弗莱特主义——Everettism”）第一次亮相了。

按照埃弗莱特的看法，波函数从未坍缩，而只是世界和观测者本身进入了叠加状态。当电子穿过双缝后，整个世界，包括我们本身成了两个独立的叠加，在每一个世界里，电子以一种可能出现。但不幸的是，埃弗莱特用了一个容易误导和引起歧义的词“分裂”（splitting），他打了一个比方，说宇宙像一条阿米巴变形虫，当电子通过双缝后，这条虫子自我裂变，繁殖成为两个几乎一模一样的变形虫。唯一的不同是，一条虫子记得电子从左而过，另一条虫子记得电子从右而过。

惠勒也许意识到了这个用词的不妥，他在论文的空白里写道：“分裂？最好换个词。”但大多数物理学家并不知道他的意见。也许惠勒应该搞得戏剧化一点，比如写上“我想到了一个绝妙的用词，可惜空白太小，写不下”。在很长的一段时间里，埃弗莱特的理论被人们理解成：当电子通过双缝的时候，宇宙在物理上神奇地“分裂”成了两个互不相干的独立的宇宙，在里面一个电子通过左缝，另一个相反。这样一来，宇宙的历史就像一条岔路，随着每一次的量子过程分岔成若干小路，而每条路则对应于一个可能的结果。随着时间的流逝，各个宇宙又进一步分裂，直至无穷。它的每一个分身都是实在的，只不过它们之间无法相互沟通而已。

假设我们观测双缝实验，发现电子通过了左缝。其实在电子穿过屏幕的一瞬间，宇宙已经不知不觉地“分裂”了，变成了几乎相同的两个。我们现在处于的这个叫作“左宇宙”，另外还有一个“右宇宙”，在那里我们将发现电子通过了右缝，但除此之外，其他的一切都和我们这个宇宙完全一样。你也许要问：“为什么我在左宇宙里，而不是在右宇宙里？”这种问题显然没什么意义，因为在另一个宇宙中，另一个你或许也在问：“为什么我在右宇宙，而不是在左宇宙里？”这种说法有一个很大的好处，就是观测者的地位不再重要，因为无论如何宇宙都会分裂，实际上“所有的结果”都会出现，量子过程所产生的一切可能都对应于一个实际的宇宙，只不过在大多数“蛮荒宇宙”中，没有智能生物来提出问题罢了。

这样一来，薛定谔的猫也不必再为死活问题困扰。只不过是宇宙分裂

多宇宙解释里的薛定谔猫

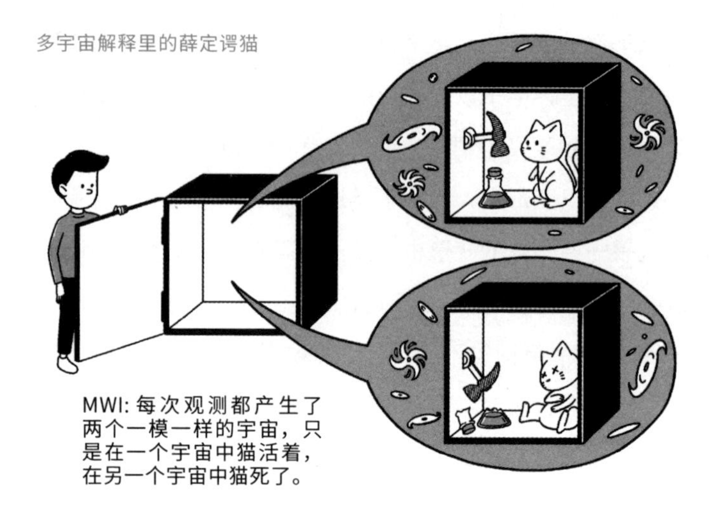

成了两个，一个有活猫，一个有死猫罢了。对于那个活猫的宇宙，猫是一直活着的，不存在死活叠加的问题。对于死猫的宇宙，猫在分裂的那一刻就实实在在地死了，也无须等人们打开箱子才“坍缩”，从而盖棺定论。

从宇宙诞生以来，已经进行过无数次这样的分裂，它的数量以几何级数增长，很快趋于无穷。我们现在处于的这个宇宙只不过是其中的一个，在它之外，还有非常多的其他的宇宙。有些和我们很接近，那是在家谱树上最近刚刚分离出来的，而那些从遥远的古代就同我们分道扬镳的宇宙则可能非常不同。也许在某个宇宙中，小行星并未撞击地球，恐龙仍是世界的主宰者。在某个宇宙中，埃及艳后克娄巴特拉的鼻子稍短了一点，没有让恺撒和安东尼怦然心动。那些反对历史决定论的“鼻子派历史学家”一定会对后来的发展大感兴趣，看看是不是真的存在“历史蝴蝶效应”。在某个宇宙中，格鲁希没有在滑铁卢迟到，而希特勒没有在敦刻尔克前下达停止进攻的命令。而在更多的宇宙里，因为物理常数的不适合，根本就没有生命和行星的存在。

事实上，历史和将来一切可能发生的事情，都已经实际上发生了，或者将要发生。只不过它们在另外一些宇宙里，和我们所在的这个没有任何物理接触。这些宇宙和我们的世界互相平行，没有联系，根据奥卡姆剃刀原理，这些奇妙的宇宙对我们都是没有意义的。多世界理论有时也称为“平行宇宙”（Parallel Universes）理论，就是因为这个道理。

宇宙的“分裂”严格来说应该算是一种误解，不过直到现在，大多数人，包括许多物理学家仍然是这样理解埃弗莱特的！这样一来，这个理论就显得太大惊小怪了，为了一个小小的电子从左边还是右边通过的问题，我们竟然要兴师动众地牵涉到整个宇宙的分裂！许多人对此的评论是“杀鸡用牛刀”。爱因斯坦曾经有一次说：“我不能相信，仅仅是因为看了它一眼，一只老鼠就使得宇宙发生剧烈的改变。”这话他本来是对着哥本哈根派说的，不过的确代表了许多人的想法：用牺牲宇宙的代价来迎合电子的随机选择，未免太不经济廉价，还产生了那么多不可观察的“平行宇宙”的废料。MWI后来最为积极的鼓吹者之一，得克萨斯大学的布莱斯·德威特（Bryce S. DeWitt）在描述他第一次听说MWI的时候说：“我仍然清晰地记得，当我第一次遇到多世界概念时所受到的震动。100个略微不同的自我拷贝都在不停地分裂成进一步的拷贝，而最后面目全非。这个想法是很难符合常识的。这是一种彻头彻尾的精神分裂症……”对于我们来说，也许接受“意识”，还要比相信“宇宙分裂”来得容易一些！

不难想象，埃弗莱特的MWI在1957年作为博士论文发表后，虽然有惠勒的推荐和修改，在物理界仍然反应冷淡。埃弗莱特曾经在1959年特地飞去哥本哈根见到玻尔，但玻尔根本就不想讨论任何对于量子论新的解释，也不想对此作什么评论，这使他心灰意冷。作为玻尔来说，他当然一生都坚定地维护着哥本哈根理论，对于20世纪50年代兴起的一些别的解释，比如玻姆的隐函数理论（我们后面要谈到），他的评论是“这就好比我们希望以后能证明2×2=5一样。”在玻尔临死前的最后访谈中，他还在批评一些哲学家，声称：“他们不知道它（互补原理）是一种客观描述，而且是唯一可能的客观描述。”

受到冷落的埃弗莱特逐渐退出物理界，他先供职于国防部，后来又成为著名的Lambda公司的创建人之一和主席，这使他很快成为百万富翁。但他的见解——后来被人称为“20世纪隐藏得最深的秘密之一”——却长期不为人们所重视。直到70年代，德威特重新发掘了他的多世界解释并在物理学家中大力宣传，MWI才开始为人所知，并迅速成为热门的话题之一。如今，这种解释已经拥有大量支持者，坐稳哥本哈根解释之后的第二把交椅，并大有后来居上之势。为此，埃弗莱特本人曾计划复出，重返物理界去做一些量子力学方面的研究工作，但他不幸在1982年因为心脏病去世了。

在惠勒和德威特所在的得克萨斯大学，埃弗莱特是最受尊崇的人之一。当他应邀去做量子论的演讲时，因为他的烟瘾很重，被特别允许吸烟。这是那个礼堂有史以来唯一的一次例外。

饭后闲话：科学史上的神话（六）

不管是阿基米德的浴缸，伽利略的斜塔还是牛顿的苹果，神话的一大特点就是在当时无人提起也无据可查，直到漫长的岁月过去，当主角已经名扬天下的时候，它们才纷纷出炉，而且描述得活灵活现。瓦特的茶壶又是一个例子。

茶壶故事的最早源头来自瓦特的表姐，坎贝尔夫人。她在回忆录中描写了瓦特的舅妈穆尔海德（Muirhead）夫人如何训斥了瓦特不干正事，盯着一个茶壶出神的情景。问题是，这位表姐当年只有10岁，而她的回忆录则写于1798年，已经是整整50年之后！然而，她却硬是把这个故事讲得细节丰富，栩栩如生，其真实性怎么都令人捏一把汗。不过，故事的真假我们先不论，关键在于，它到底带给了我们什么教育意义？瓦特难道真的是因为茶壶蒸汽的启发而发明了蒸汽机吗？

今天我们都知道事实远非如此，早在瓦特出生20多年前，纽科门

（Thomas Newcomen）就制成了第一台实用的蒸汽机并投入使用。瓦特的杰出贡献在于对其进行了不断地改良，大大提高了它的效率，尤其是使用了分离式冷凝器，而这一切和茶壶里冒出的蒸汽完全风马牛不相及！

但奇怪的是，瓦特的家人，尤其是他的儿子小瓦特，却极其热衷于推销这个故事。他花了很大的力气说服为瓦特作传的阿拉果，一定要把这个故事写在瓦特的传记里。这究竟是为什么？直到最近，科学史家们才琢磨出其中的道道来。

原来在瓦特生前，他其实和英国科学家卡文迪许有着另一场争论，就是究竟谁先发现了水的分子结构（也就是 H_2O）。在瓦特看来，这可是比改良蒸汽机重要一百倍的发现。按照当时人们的观念，就算你发明了蒸汽机，也无非只是个“工匠”，而如果你发现了水的构造，那不得了，你就是一个“科学家”，要比前者高大上得多。

当瓦特去世之后，这场争论也达到了高潮。在这个紧要关头，小瓦特决心利用一切舆论力量，为自己的父亲造势。今天我们还可以在档案中找到坎贝尔夫人记录水壶故事的原件，我们可以发现，她的原话是“当瓦特被舅妈责骂时，他正在对水蒸气的力量（power）进行探索”。然而小瓦特亲自提笔，把“力量”这个词划掉，改成“种种性质”（properties）。这样一来，就变成了瓦特“正在对水蒸气的种种性质进行探索”。

可别小看这一词之差，这恰恰是小瓦特煞费苦心想要达到的目的。他对蒸汽机什么的压根儿就不关心，他想说明的是，瓦特从小就对水的“性质”非常感兴趣，所以长大之后就首先发现了水的结构 H_2O！

不幸的是，瓦特终究没能打赢这场“水的战争”，今天，人们多数认为卡文迪许是第一个发现水分子结构的人。然而，水壶的故事却从此流传了下来，而瓦特也“意外地”因为蒸汽机而名垂青史。因此，阴错阳差之下，人们就把水壶的故事和蒸汽机联系在了一起。殊不知，这实际上是完全会错了小瓦特的醉翁之意，如果他在地下有知，不知会不会苦笑一声呢[7]？

借“故事”来宣扬自己的成就，这种情况在科学界一点也不罕见，另一个类似的例子就是凯库勒（August Kekulé）的蛇。据凯库勒自称，他因为当年做梦梦见一条蛇咬住了它自己的尾巴，从而灵机一动，发现了苯的环状分子结构。同样，这个声明是他临死前几年才提出的，之前并没有任何旁证。详查他的笔记和资料，人们并没有发现有这样一个忽然获得“突破”的日子。有一种说法认为，凯库勒在晚年存心编造了这样一个神话，以掩盖他实际上是从别的化学家工作中获得启发的事实[8]。

不管怎么说，以上的所有故事至少都还能查到准确的来源，而所谓爱因斯坦的小板凳就令人一头雾水了。没有任何原始材料可以证明存在着这个可爱的故事，而爱因斯坦也似乎并未留下手工方面的不良记录（正相反，他在小提琴上的天赋说明他是一个双手灵活的人）。另一种说法是爱因斯坦小时候是一个很笨、学习很差的孩子，靠日后的不懈努力而成才，这也完全没有根据，从爱因斯坦的成绩单中可以看出他的成绩极为优秀[9]。当然，根据爱因斯坦本人的自述，他直到3岁才学会说话，普遍怀疑他患有诵读困难症（dyslexia），在语言和表达上存在着学习困难，但这却和小板凳毫无关系！而且，他在语文上的成绩也并不差。1929年，爱因斯坦母校的校长为了证明学校的教育水平良好，特地翻阅了爱因斯坦的学习记录，发现他在拉丁文课上总是拿1分，在希腊文课上也拿到2分[10]。

事实上，小板凳的故事似乎只在国内流行，大概是哪位中国人的一时创造吧。类似的“名人逸事”还有达·芬奇，他原本只是学习用蛋彩（egg

▶ [7] 关于此事，请参考David Miller：*Discovering Water* (Ashgate 2003)。

■ [8] 见John Wotiz, Kekulé Riddle: A Challenge (Glenview Pr 1992)。

● [9] 爱因斯坦在阿劳中学的成绩单可以在《爱因斯坦文集》（Princeton出版了英译本）中找到。除了法文3分（满分6分）稍差外，别的都是优良。爱因斯坦之前在德国中学里的成绩单如今找不到了，不过从旁人的记述中可以知道他的成绩不错，再说那时也没有专门的手工课程。

● [10] 德国教育的打分方法是越低越好，也即1分为优。此事可参考Albrecht Fölsing的爱因斯坦传记，可惜这些文件后来在“二战”中被毁掉了。

tempera）作画，不知何时便被某个好事之徒附会成了“学着画鸡蛋”的感人故事。

还有许许多多别的神话，由于篇幅原因，无法一一详述。我们这样走马观花地简单剖析一些科学史上的传奇，并非有意去贬低任何一位科学巨人在历史上的地位。如果说可以达到什么目的的话，那么除了起到娱乐、八卦的效果之外，还是把历史从晕轮效应中还原出来，更准确地刻画出科学发展的详细历程，打破对于历史人物模式化的构建才是富有意义的行为。当然，从另一个角度来看，这些富有寓言色彩的故事在教育和宣传上仍然有着难以取代的效果，甚至我们的史话本身为了增强可读性，也会偶尔有意无意地向戏剧化方面稍稍靠拢。只不过，我们终究是要长大的，总不能老用孩子的天真眼光反复地读着同样的童话吧？

Part. 5

针对人们对MWI普遍存在的误解，近来一些科学家也试图为其正名，澄清宇宙本身实际并未在物理上真的“分裂”，而只是一个比喻而已，这并非MWI和埃弗莱特的本意[11]，我们在这里也不妨稍微讲一讲。当然我们的史话以史为本，在理论上尽量试图表达得浅显通俗，所以用到的比喻可能不太准确。真正准确地描述这个理论要用到非常复杂的数学工具和数学表达，希望各位看官对此心中有数。

▶ [11] 如Tegmark 1998。

不同维数空间中的坐标

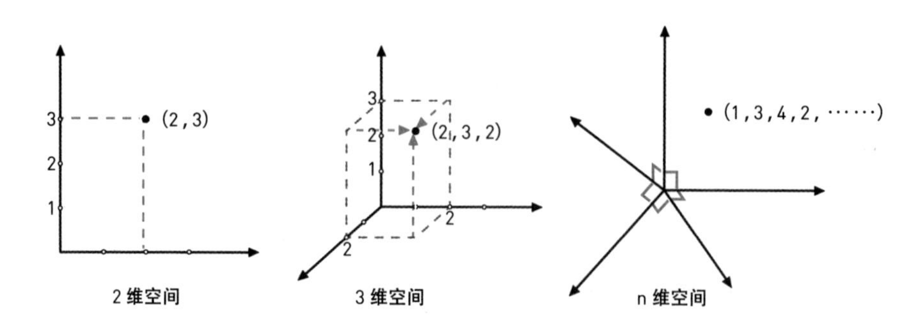

首先，我们要谈谈所谓“相空间”的概念。读过中学数学的人都应该知道，2维平面中的一个点可以用含有两个数字的坐标来表达它的位置，而3维空间中的点就需要3个数字。我们现在需要扩展一下思维：假如有一个4维空间中的点，我们又应该如何去描述它呢？显然，我们要使用含有4个变量的坐标，比如（1, 2, 3, 4）。如果我们用的是直角坐标系统，那么这4个数字便代表该点在4个互相垂直的维度方向的投影，推广到n维空间，也是一样。诸位大可不必费神在脑海中努力想象4维空间是个什么样的东西，这只是我们在数学上的构造而已，关键是我们必须清楚：n维空间中的一个点可以用n个变量来唯一描述，而反过来，n个变量也可以用一个n维空间中的点来涵盖。

现在让我们回到物理世界，我们如何去描述一个普通的粒子呢？在每一个时刻t，它应该具有一个确定的位置坐标（q1, q2, q3），还具有一个确定的动量p。动量是一个矢量，在每个维度方向都有分量，所以要描述动量p还得用3个数字：p1、p2和p3，分别表示它在3个方向上的速度。总而言之，要完全描述一个物理质点在t时刻的状态，我们一共要用到6个变量，而我们在前面已经看到了，这6个变量可以用6维空间中的一个点来概括。所以，用6维空间中的一个点，我们可以描述一个普通物理粒子的经典行为。我们这个存心构造出来的高维空间就是系统的相空间。

用希尔伯特空间中的态矢量来表示猫

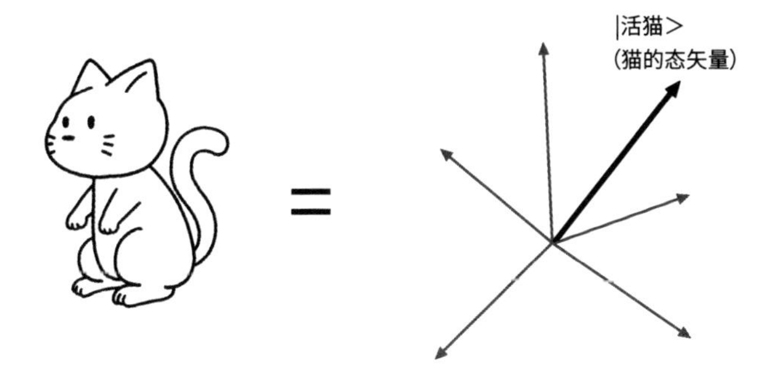

假如一个系统由2个粒子组成，那么在每个时刻t，这个系统则必须由12个变量来描述了。但同样，我们可以用12维空间中的一个点来代替它。对于一些宏观物体，比如一只猫，它所包含的粒子可就太多了，假设有n个吧，不过这不是一个本质问题，我们仍然可以用一个6n维相空间中的质点来描述它。这样一来，一只猫在任意一段时期内的活动其实都可以等价为6n维空间中一个点的运动（假定组成猫的粒子数目不变）。我们这样做并不是吃饱了饭太闲的缘故，而是因为在数学上描述一个点的运动，哪怕是6n维空间中的一个点，也要比描述普通空间中的一只猫来得方便。在经典物理中，对于这样一个代表了整个系统的相空间中的点，我们可以用所谓的哈密顿方程去描述，并得出许多有益的结论。

在我们史话的前面已经提到过，无论是海森堡的矩阵力学还是薛定谔的波动力学，都是从哈密顿的方程改造而来，所以它们后来被证明互相等价也是不足为奇的。现在，在量子理论中，我们也可以使用与相空间类似的手法来描述一个系统的状态，只不过把经典的相空间改造成复的希尔伯特矢量空间罢了。具体的细节读者们可以不用理会，只要把握其中的精髓：一个复杂系统的状态可以看成某种高维空间中的一个点或者一个矢量。比如一只活猫，它就对应于某个希尔伯特空间中的一个态矢量，如果采用狄拉克引入的

不同的“世界”观测到不同的现象

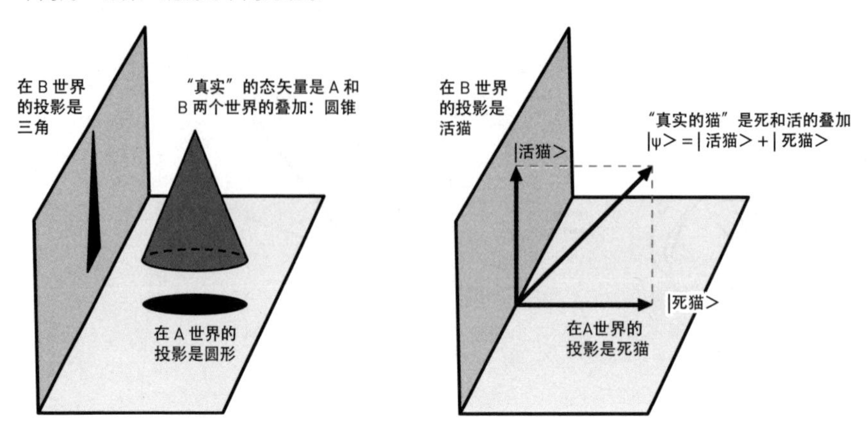

符号，我们可以把它用一个带尖角的括号来表示，写成：|活猫>。死猫可以类似地写成：|死猫>。

说了那么多，这和量子论或者MWI有什么关系呢？

让我们回头来看一个量子过程，比如那个经典的双缝困境吧。正如我们已经反复提到的那样，如果我们不去观测电子究竟通过了哪条缝，则其必定同时通过了两条狭缝。也就是说，它的波函数|ψ>可以表示为：

$$|\psi>=a|\text{通过左缝}>+b|\text{通过右缝}>$$

只要我们不观测，它便永远按薛定谔波动方程严格地发展。为了表述方便，我们按照彭罗斯的话，把这称为“U过程”，它是一个确定、经典、可逆（时间对称）的过程。值得一提的是，薛定谔方程本身是线性的，也就是说，只要|左>和|右>都是可能的解，则 $a|\text{左}>+b|\text{右}>$ 也必定满足方程！不管U过程如何发展，系统始终会保持在线性叠加的状态。

但当我们去观测电子的实际行为时，电子就被迫表现为一个粒子，选择某一条狭缝穿过。拿哥本哈根派的话来说，电子的波函数“坍缩”了，最终只剩下|左>或者|右>中的一个态独领风骚。这个过程像是一个奇迹，它完全按照概率随机地发生，也不再可逆，正如你不能让实际已经发生的事情回到许多概率的不确定叠加中去。还是按照彭罗斯的称呼，我们把这叫作“R

过程”，其实就是所谓的坍缩。如何解释R过程的发生，这就是困扰我们的难题。哥本哈根派认为“观测者”引发了这一过程，个别极端的则扯上“意识”，那么MWI又有何高见呢？

它的说法可能让你大吃一惊：根本就没有所谓的“坍缩”，R过程实际上从未发生过！从开天辟地以来，在任何时刻，任何孤立系统的波函数都严格地按照薛定谔方程以U过程演化！如果系统处在叠加态，它必定永远按照叠加态演化！

可是，等等，这样说固然意气风发，畅快淋漓，但它没有解答我们的基本困惑啊！如果叠加态是不可避免的，为什么我们在现实中从未观察到同时穿过双缝的电子，或者又死又活的猫呢？

让我们来小心地看看埃弗莱特的假定：“任何孤立系统都必须严格地按照薛定谔方程演化。”所谓孤立系统指的是与外界完全隔绝的系统，既没有能量也没有物质交流，这是个理想状态，在现实中很难做到，所以几乎是不可能的。只有一样东西例外——我们的宇宙本身！因为宇宙本身包含了一切，所以也就无所谓“外界”，把宇宙定义为一个孤立系统似乎是没有什么大问题的。宇宙包含了n个粒子，n即便不是无穷，也是非常非常大的，但这不是本质问题，我们仍然可以把整个宇宙的状态用一个态矢量来表示，描述宇宙波函数的演化。

MWI的关键在于，虽然宇宙只有一个波函数，但这个极为复杂的波函数却包含了许许多多互不干涉的“子世界”。宇宙的整体态矢量实际上是许许多多子矢量的叠加之和，每一个子矢量都是在某个“子世界”中的投影，分别代表了薛定谔方程一个可能的解！

为了各位容易理解，我们假想一种没有维度的“质点人”，它本身是一个小点，而且只能在一个维度上做直线运动。这样一来，它所生活的整个“世界”，便是一条特定的直线。对于这个质点人来说，它只能“感觉”到这条直线上的东西，而对别的一无所知。现在我们回到最简单的二维平面：

假设有一个矢量（1, 2），我们容易看出它在x轴上投影为1，y轴上投影为2。如果有两个“质点人”A和B，A生活在x轴上，B生活在y轴上，那么对于A君来说，他对我们矢量的所有“感觉”就是其在x轴上的那段长度为1的投影，而B君则感觉到其在y轴上的长度为2的投影。因为A和B生活在不同的两个“世界”里，所以他们的感觉是不一样的！但事实上，“真实的”矢量只有一个，它是A和B所感觉到的“叠加”！

我们的宇宙也是如此。“真实的，完全的”宇宙态矢量存在于一个非常高维（可能是无限维）的希尔伯特空间中，但这个高维的空间却由许许多多低维的“世界”构成（正如我们的三维空间可以看成由许多二维平面构成一样），每个“世界”都只能感受到那个“真实”的矢量在其中的投影，因此在每个“世界”感觉到的宇宙都是不同的。

总之，按照MWI，事情是这样的：“宇宙”（Universe）始终只有一个，它的状态可以为一个总体波函数所表示，这个波函数严格而连续地按照薛定谔方程演化。但从某一个特定“世界”（World）的角度来看，则未必如此。波函数随着时间的流逝变得愈加复杂，投影的世界也愈来愈多，薛定谔方程的每一个可能的解都对应了一种投影，因此一切可能发生的事情都在某个“世界”发生了。为了简便起见，在史话后面的部分里我们还是会使用“分裂”之类的词语，不过大家要把握它的真正意思。也有另一种叫法，把每一个投影的分支都称为“宇宙”（Universe），而把总体的波函数称为“多宙”（Multiverse）[12]，这只是用词上的不同，包含的其实是一个意思。“多宇宙”和“多世界”，指的是同一个理论。

然而，还剩下一个问题：好吧，假如说电子每次通过屏幕的时候都不曾“坍缩”，只不过两个世界的我们观测（或感觉）到不同的投影罢了，但为什么我们感觉不到别的世界呢（就比如说观测到活猫就无法同时观测到死

[12] 比如下面我们即将遇到的多宇宙派物理学家David Deutsch。

猫）？而相当稀奇的是，未经观测的电子却似乎有特异功能，可以感觉来自“别的世界”的信息。比如不受观察的电子必定同时感受到了“左缝世界”和“右缝世界”的信息，不然如何产生干涉呢？这其实还是老问题：为什么我们在宏观世界中从来没有观测到量子尺度上的叠加状态呢？

在埃弗莱特最初提出MWI的时候，这仍然是一个难以解释的谜题。不过进入70年代以后，泽（Dieter Zeh）、苏雷克（Wojciech H.Zurek）、盖尔曼（Murray Gell-Mann）等科学家提出了一种极其巧妙的理论。它迅速发展并走红，至今已经得到了大部分人的支持和公认，这就是所谓的退相干理论（decoherence theory）。

Back to Eden

回归经典

Back to Eden

History *of* Quantum Physics

Part. 1

为了更好地理解量子态在宏观层面与微观层面的差别，我们还是回到上一章的比喻，从那两个可爱质点人生活的简单平面世界开始谈起。我们已经假设了A生活在x轴上，B生活在y轴上，这样一来，我们将会发现两个质点人对于对方所生活的世界是一无所知的。原因很简单：x轴和y轴互相垂直，x轴在y轴上没有投影，反之亦然。对于A来说，他完全无法得知B的世界发生了什么事情，两人注定了要老死不相往来。这时候，我们说两个世界是正交（orthogonal）的，不相干的。

但是，x轴和y轴垂直正交是一个非常极端的例子。事实上，如果我们在二维平面里随便取两条直线作为“两个世界”，则它们很有可能并不互相垂直。那样的话，B世界仍然在A世界上有一个投影，这就给了A以一窥B世界的机会（虽然是扭曲的）。对于这样两个世界来说，态矢量在它们之上的投影在很大程度上仍然是彼此关联，或者说“相干”（coherent）的。B和A在一定程度上仍旧能够互相“感觉”到对方。

在平面上取两条直线，它们有极大的可能性不相垂直。在3维空间中任意取两个平面作为两个“世界”，情况也好不到哪里去。但是，假如我们不考虑低维，而是在高维的空间中，我们随便取两个切片，其互相正交（垂直）的程度就很可能要比2维中的来得大。因为它比2维有着多得多的维数，亦即自由度，彼此在任一方向上的干涉程度自然大大减小。假设有一个非常高维的空间，比如说1亿亿维空间，那么我们在其中随便画两条直

矢量在不同世界上的投影

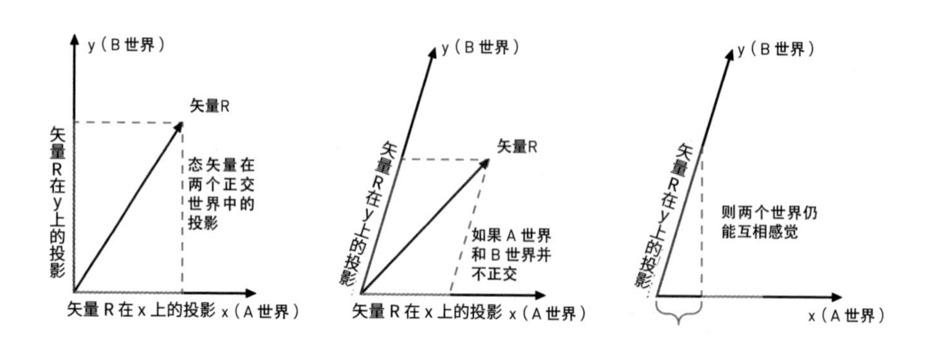

线或者平面，它们就几乎必定是基本垂直了。如果各位不相信，不妨自己动手证明一下[1]。

这就导致了关键的推论：当我们只谈论微观的物体时，牵涉到的粒子数量是极少的，用以模拟它的希尔伯特空间维数相对也较低。而一旦我们考虑宏观层面上的事件，比如用某仪器去测量，或者我们亲自去观察的时候，我们就引入了一个极为复杂的态矢量和一个维数极高的希尔伯特空间。在这样一个高维空间中，两个“世界”之间的联系被自然地抹平了，它们互相正交，彼此失去了联系！

还是用双缝实验作为例子。假如我们不考虑环境，单单考虑电子本身的态矢量的话，那么所涉及的变量是相对较少的，也就是说，单纯描述电子行为的“世界”是一个较低维的空间。根据我们前面的讨论，MWI认为在双缝实验中必定存在着两个“世界”：左世界和右世界。宇宙态矢量分别在这两个世界中投影为|通过左缝＞ 和|通过右缝＞两个量子态。但因为这两个世界维数较低，所以它们并不是完全正交的，每个世界都还能清晰

[1] 最简单的理解方式，如果你还记得中学数学，应该知道对于两个2维矢量（a_1,b_1）和（a_2,b_2）来说，它们互相垂直的条件是$a_1a_2+b_1b_2=0$。同样，对于高维的两个矢量（$a_1,b_1,\cdots n_1$）和（$a_2,b_2,\cdots n_2$）来说，$a_1a_2+b_1b_2+\cdots+n_1n_2$的绝对值越小，则两者“垂直”的程度越高。显然，n越大，这个式子的组成部分越多，就越容易“互相抵消”。这跟你抛硬币的次数越多，所得到的正面和反面就越接近是一个道理。

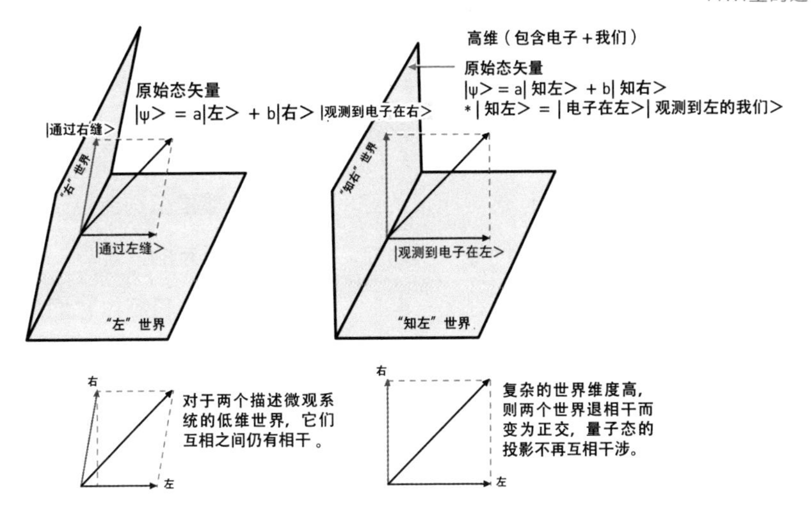

地“感觉”到另外一个世界的投影。这两个世界仍然彼此“相干”着！因此电子能够同时感觉到双缝而自我干涉。

但请各位密切注意，“左世界”和“右世界”只是单纯地描述了电子的行为，并不包括任何别的东西在内！当我们通过仪器而观测到电子究竟是通过了左还是右之后，对于这一事件的描述就不再是这一简单态矢量可以胜任的了。事实上，一旦观测以后，我们就必须谈论“我们发现了电子在左”这样的量子态。它必定存在于一个更大的“世界”中，比方说，可以命名为“我们感知到电子在左”世界，或者简称“知左”世界。

“知左”世界描述了电子、仪器和我们本身在内的总体状况，它涉及比单个电子多得多的变量（光我们本身就有n个粒子组成）。这样一来，“知左”和“知右”世界的维度，要比“左”“右”世界高出不知凡几，在与环境发生复杂的相互纠缠作用以后，我们可以看到，这两个世界戏剧性地变为基本正交而互不干涉。知左世界在知右世界中没有了投影，它们无法彼此感觉到对方了！这个魔术般的过程就叫作“离析”或者“退相干”（decoherence），量子叠加态在宏观层面上的瓦解，正是退相干的直接后果。如此我们便能够解释，为什么在现实世界中我们一旦感知到“电子在左”，就无法同时感受到“电子在右”，因为这是两个退相干了的世界，它们已经失去联系了！

宏观与微观之间的关键区别，就在于其牵涉到维度（自由度）的不同。但要提醒大家的是，我们这里所说的空间、维度，都是指构造量子态矢量所依存的希尔伯特空间，而非真实时空。事实上，所有的“世界”都存在于同一个物理时空中（而不在另一些超现实空间里），只不过它们量子态的映射因为互相正交而无法彼此感受到对方而已。我们在这里用的比喻可能过于简单而牵强，其实完全可以用严格的数学来把这一过程表达出来：当复杂系统与环境干涉之后，它的“密度矩阵”就迅速对角化而退化为经典概率。我们的史话在以后讲到另一种解释的时候还会进一步地探讨退相干理论，因此在这里无须深入，大家仅仅走马观花地了解一下它的概貌就是了。你可能已经觉得很不可思议，不过量子论早就已经不止一次地带给我们无比的惊讶了，不是吗？

在多世界奇境中的这趟旅行也许会让大家困惑不解，但就像爱丽丝在镜中读到的那首晦涩的长诗*Jabberwocky*，它无疑应该给人留下深刻的印象。的确，想象我们自身随着时间的流逝不停地分裂成多个世界里的投影，而这些分身以几何数目增长，以至无穷。这样一幅奇妙的景象给我们生活在其中的宇宙增添了几分哭笑不得的意味。也许有人会觉得，这样一个模型实在看不出有比“意识”更加可爱的地方，埃弗莱特还有那些拥护多世界的科学家，究竟看中了它哪一点呢？

不过MWI的好处也是显而易见的，它最大的丰功伟绩就是把“观测者”这个碍手碍脚的东西从物理中一脚踢开。现在整个宇宙只是严格地按照波函数演化，不必再低声下气地去求助于“观测者”，或者“智能生物”的选择了。物理学家现在也不必再为那个奇迹般的“坍缩”大伤脑筋，无奈地在漂亮的理论框架上贴上丑陋的补丁，用以解释R过程的机理。

我们可怜的薛定谔猫也终于摆脱了那又死又活的煎熬，而改为自得其乐地生活（一死一活）在两个不同的世界中。

更重要的是，大自然又可以自己做主了，它不必在“观测者”的阴影下战战兢兢地苟延残喘，直到某个拥有“意识”的主人赏了一次“观测”才得以变成现实，不然就只好在概率波叠加中埋没一生。在MWI里，宇宙本身重新成为唯一的主宰，任何观测者都是它的一部分，随着它的演化被分裂、投影到各种世界中去，而这过程只取决于环境的引入和不可逆的放大过程，这样一幅客观的景象还是符合大部分科学家的传统口味的，至少不会像哥本哈根派那样让人抓狂，以致寝食难安。

MWI的一个副产品是，它重新回归了经典的决定论：宇宙只有一个波函数，它按照薛定谔方程唯一确定地演化。因为薛定谔方程本身是决定性的，也就是说，给定了某个时刻t的状态，我们就可以从正反两个方向推演，得出系统在任意时刻的状态，这样一来，宇宙的演化自然也是决定性的，从过去到未来，一切早已注定。在这个意义上说，所谓时间的“流逝”不过是种错觉而已！在MWI的框架中，上帝又不掷骰子了。他老人家站在一个高高在上的角度，鸟瞰整个宇宙的波函数，一切尽在把握中。而电子也不必靠骰子来做出随机的选择，决定到底穿过哪一条缝：它同时在两个世界中各穿过了一条缝而已。只不过，对于我们这些凡夫俗子、芸芸众生来说，因为我们纠缠在红尘之中，与生俱来的限制迷乱了我们的眼睛，让我们只看得见某一个世界的影子。而在这个投影中，现实是随机的、跳跃的、让人惊奇的。

然而，虽然MWI也算可以自圆其说，但无论如何，现实中存在着许多个“世界”，这在一般人听起来也实在太古怪了。哪怕是出于哲学上的雅致理由（特别是奥卡姆剃刀），人们也觉得应当对MWI采取小心的态度：这种为了小小电子动辄把整个宇宙拉下水的做法不大值得欣赏。但在宇宙学家眼中，MWI却是很流行和广受欢迎的观点。特别是它不要求“观测者”的特殊地位，而把宇宙的历史和进化归结到它本身上去，这使得饱受哥本哈根解释，还有参与性模型诅咒之苦的宇宙学家们感到异常窝心。大致来说，搞量子引力（比如超弦）和搞宇宙论等专业的物理学家比较青睐MWI，而如果把范围扩大到一般的“科学家”中去，则认为其怪异不可接受的比例就大大增加。在多世界的支持者中，据说有我们熟悉的费曼、温伯格、霍金，还有人把夸克模型的建立者，1969年诺贝尔物理奖得主盖尔曼也计入其中，不过作为量子论“退相干历史”（decoherent history）解释的创建人之一，我们还是把他留到史话相应的章节中去讲，虽然这种解释实际上可以看作MWI的加强版。

对MWI表示直接反对的，著名的有贝尔、斯特恩（Stein）、肯特（Adrian Kent）、彭罗斯等。其中有些人比如彭罗斯也是搞引力的，可以算是非常独特了。

但对于我们史话的读者来说，先不管MWI古怪与否，有谁支持或反对，当哥本哈根和多宇宙各执一词的时候，我们局外人又有什么办法去分辨谁对谁错呢？宇宙的秘密只有一个答案不是吗？真理是唯一的不是吗？那我们就必须用实践把那些错误的说法排除掉，这也就是科学的精神啊。根据波普尔的看法，如果一个理论不能“被证伪”的话，它的科学性也就很值得商榷了。现在，大家请做好心理准备，我们这就来做一个疯狂的“量子自杀”实验，来看看MWI和哥本哈根究竟谁才能笑到最后。

饭后闲话：证伪和证实

我们的史话讲到现在，始终是围绕着“科学”而展开的。然而，究竟什么样的理论才是科学？什么又不是科学？它们之间的界线应该怎样划分？这在科学哲学界却是一个争吵不休的话题。20世纪60年代，有一位名叫卡尔·波普尔（Karl Popper）的哲学家提出这样一种意见，就是一个“科学”的命题必须“可证伪”，也就是它必须“有可能”被证明是错误的。比如，“所有的乌鸦都是黑的”，那么，你只要找到一只不是黑色的乌鸦，就可以证明这个命题的错误，因此，这个命题在科学性上没有问题。

为什么必须可证伪呢？因为对于科学理论来说，“证实”几乎是不可能的。比如我说“宇宙的规律是 F=ma”，这里说的是一种普遍性，而你如何去证实它呢？除非你观察遍了自古至今，宇宙每一个角落的现象，发现无一例外，你才算“证实”了这个命题。但即使这样，你也无法保证在将来的每一天，这条规律仍然都起作用。所以说，想要彻底“证实”这个公式，根本就是一个不可能的任务。事实上，自休谟以来，人们早就承认，单靠有限的个例，哪怕再多，也不能构成证实的基础。因此，我们只好退而求其次，以这样的态度来对待科学：只要一个理论能够被证明为“错”但还未被证明“错”，我们就暂时接受它是可靠的、正确的。当然，这个理论也必须随时积极地面对证伪，这也就是为什么科学总是在自我否定中不断完善。

证伪主义一度在思想界非常流行，但不久后，就有人提出了反驳意见。他们也提出一个有意思的观点，就是严格来说，如果非要钻牛角尖的话，其实“证伪”和“证实”一样，在实践中也是不可能完成的任务。换句话说，根本没有理论能够 100% 地被证伪。

为什么呢？因为如果你发现某个事实和理论不符，你总是可以不断地提出各种假设，保持理论不被推翻。比如你听说有人发现了白色的乌鸦，那么“乌鸦都是黑的”就被证伪了吗？但只要你愿意，你大可声称这个消息其实是无根据的流言，不可轻信。哪怕这只乌鸦就放在你眼前，你还是可以继续提出假设，你可以认为这只乌鸦本来是黑色的，只不过被人涂成了白色。或者你可以声称这其实不是乌鸦，而是别的鸟冒充的。总而言之，就跟在网络上吵架一样，只要你愿意不断地“撒泼打滚”，就没有人能够证伪你的理论。

而有趣的是，在真正的科学史上，往往还都是这种“撒泼打滚”的情况居多。比如说，人们发现天王星的运动不符合牛顿理论。那么，牛顿理论从此被证伪了吗？显然没有，科学家们首先想到的是提出新的假设：可能有一颗新的行星尚未发现。于是顺藤摸瓜，发现了海王星。而海王星还是不符合理论，怎么办？于是又提出新的假设，发现了冥王星。随后，人们发现，水星的运动也不符合预期，这在今天看来，可谓“证伪”牛顿理论最有力的证据。但在当年，科学家们压根儿就不会这么想，他们习惯性地假设，太阳对面有一颗未知的行星，影响了水星的运动轨迹。甚至连这颗行星的名字都给想好了，叫作“瓦尔肯星”（没错，这个名字后来被用到了《星际迷航》里）。

因此，单凭列举“反面证据”，根本就不可能证伪牛顿理论。事实上，如果仔细考察科学史，我们就会发现，几乎没有任何理论是因为“被证伪”而倒台的，它们退出历史舞台，几乎只有一个理由，就是出现了一个更好、假设更少、更合理的新理论。正如我们在本篇史话中看到的那样，如果没有新的量子论出台，老的玻尔理论即便有一万个现象无法解释，即使打上一万个补丁，也仍然占据着物理界的主流地位。而牛顿理论之所以在今天被相对论取代，也并不是因为它“被证伪”了。从某种程度上说，只要你愿意提出各种奇葩的附加假设，你大可宣称牛顿力学至今仍是成立的。然而，绝大多数科学家都觉得，为了解释世间万物，相对论所用到的假设要少得多，也合理得多，因此他们“更乐意”运用相对论而已。

但是，有人可能要郁闷了：如果说证实也不可能，证伪也不可能，那么科学到底有什么意义呢？关于这个话题，我们到下一篇再接着聊。

Part. 2

令人毛骨悚然和啼笑皆非的“量子自杀”实验在20世纪80年代末由Hans Moravec、Bruno Marchal等人提出，而又在1998年为宇宙学家泰格马克（Max Tegmark）在那篇广为人知的宣传MWI的论文中所发展和重提。这实际上也是薛定谔猫的一个真人版。大家知道在猫实验里，如果原子衰变，猫就被毒死，反之则存活。对此，哥本哈根派的解释是：在我们没有观测它之前，猫是“又死又活”的，而观测后猫的波函数发生坍缩，猫要么死，要么活。MWI则声称：每次实验必定同时产生一只活猫和一只死猫，只不过它们存在于两个平行的世界中。

两者有何实质不同呢？其关键就在于，哥本哈根派认为猫始终只有一只，它开始处在叠加态，坍缩后有50%的可能死，50%的可能活。而多宇宙认为猫并未叠加，而是“分裂”成了两只，一死一活，必定有一只活猫！

现在假如有一位勇于为科学献身的仁人义士，他自告奋勇地去代替那只倒霉的猫。出于人道主义，为了让他少受痛苦，我们把毒气瓶改为一把枪。如果原子衰变（或者利用别的量子机制，比如光子通过了半镀银镜），则枪就“砰”地一响送我们这位朋友上路，反之枪就只发出“咔”的一声空响。

现在关键问题来了。当一个光子到达半镀镜的时候，根据哥本哈根派，你有一半可能听到“咔”的一声然后安然无恙，另一半就不太美妙，你听到“砰”的一声然后什么都不知道了。而根据多宇宙，必定有一个你听到“咔”，另一个你在另一个世界里听到“砰”。但问题是，听到“砰”的那位随即就死掉了，什么感觉都没有了，这个世界对“你”来说就已经没有意义了。对你来说，唯一有意义的世界就是你活着的那个世界。

所以，从人择原理（我们在前面已经讨论过人择原理）的角度上来讲，对你唯一有意义的“存在”就是那些你活着的世界。你永远只会听到“咔”而继续活着！因为多宇宙和哥本哈根不同，永远都会有一个你活在某个世界！

让我们每隔一秒钟发射一个光子到半镀镜来触动机关。此时哥本哈根预言，就算你运气非常好，你也最多听到好几声“咔”然后最终死掉。但多宇宙的预言是，永远都会有一个“你”活着，而他的那个世界对“你”来说是唯一有意义的存在。只要你坐在枪口面前，那么从你本人的角度来看，你永远只会听到每隔一秒响一次的“咔”声，你永远不会死（虽然在别的数目惊人的世界中，你已经尸横遍野，但那些世界对你没有意义）！

但只要你从枪口移开，你就又会听到“砰”声了，因为这些世界重新对你恢复了意义，你能够活着见证它们。总而言之，多宇宙的预言是：只要你在枪口前，（对你来说）它就绝对不会发射，一旦你移开，它就又开始随机地“砰”。

所以，对这位测试者自己来说，假如他一直听到“咔”而好端端地活着，他就可以在很大程度上确信，多宇宙解释是正确的。假如他死掉了，那么哥本哈根解释就是正确的。不过这对他来说也已经没有意义了，人都死掉了。

各位也许对这里的人择原理大感困惑。无论如何，枪一直“咔”是一个极小极小的概率不是吗（如果响n次，则概率就是$1/2^n$）？怎么能说对你而言枪“必定”会这样行动呢？但问题在于，“对你而言”的前提是，“你”必须存在！

让我们这样来举例：假如你是男性，你必定会发现这样一个“有趣”的事实：你爸爸有儿子、你爷爷有儿子、你曾祖父有儿子……一直上溯到任意n代祖先，不管历史上冰川严寒、洪水猛兽、兵荒马乱、饥饿贫瘠，他们不但都能存活，而且子嗣不断，始终有儿子，这可是一个非常小的概率（如果你是女性，可以往娘家那条路上推）。但假如你因此感慨说，你的存在是一个百年不遇的“奇迹”，就非常可笑了。很明显，你能够感慨的前提条件是你的存在本身！事实上，如果“客观”地讲，一个家族n代都有儿子的概率极小，但对你我来说，却是“必须”的，概率为100%的！同理，有人感慨宇宙的精巧，其产生的概率是如此低，但按照人择原理，为了保证“我们存在”这个前提，宇宙必须如此！在量子自杀中，只要你始终存在，那么对你来说，枪就必须100%地不发射！

但很可惜的是：就算你发现了多宇宙解释是正确的，这也只是对你自己一个人而言的知识。就我们这些旁观者而言，事实永远都是一样的：你在若干次“咔”后被一枪打死。我们能够做的，也就是围绕在你的尸体旁边争论，到底是按照哥本哈根，你已经永远地从宇宙中消失了，还是按照MWI，你仍然在某个世界中活得逍遥自在。我们这些“外人”被投影到你活着的那个世界，这个概率极低，几乎可以不被考虑，但对你“本人”来说，你存在于那个世界却是100%必须的！而且，因为各个世界之间无法互相干涉，所以你永远也不能从那个世界来到我们这里，告诉我们多宇宙论是正确的！

其实，泰格马克等人根本不必去费心设计什么“量子自杀”实验，按照他们的思路，要是多宇宙解释是正确的，那么对于某人来说，他无论如何试图去自杀都不会死！要是他拿刀抹脖子，那么因为组成刀的是一群符合薛定谔波动方程的粒子，所以总有一个非常非常小但确实不为0的可能性，这些粒子在那一刹那都发生了量子隧穿效应，以某种方式丝毫无损地穿透了该人的脖子，从而保持该人不死！当然这个概率极小极小，但按照MWI，一切可能发生的都实际发生了，所以这个现象总会发生在某个世界！在“客观”上讲，此人在99.99999…99%的世界中都命丧黄泉，但从他的“主观视角”来说，他却一直活着！不管换什么方式都一样，跳楼也

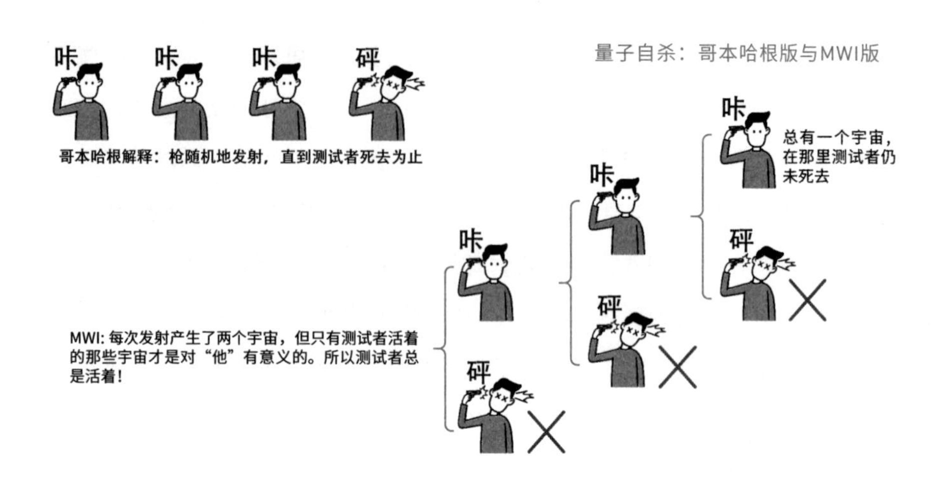

好，卧轨也好，上吊也好，总存在那么一些世界，让他还活着。从该人自身的视角来看，他怎么死都死不掉！

这就是从量子自杀思想实验推出的怪论，美其名曰“量子永生”（quantum immortality）。只要从主观视角来看，不但一个人永远无法完成自杀，事实上他一旦开始存在，就永远不会消失！总存在着一些量子效应，使得一个人不会衰老，而按照MWI，这些非常低的概率总是对应于某个实际的世界！如果多宇宙理论是正确的，那么我们得到的推论是：一旦一个“意识”开始存在，从它自身的角度来看，它就必定永生！（天哪，我们怎么又扯到了“意识”！）

这是最强版本的人择原理，也称为“最终人择原理”。

可以想象，泰格马克等多宇宙论的支持者见到自己的提议被演绎成了这么一个奇谈怪论后，是怎样的一种哭笑不得的心态。这位宾夕法尼亚大学的宇宙学家不得不出来声明，说“永生”并非MWI的正统推论。他说一个人在“死前”，还经历了某种非量子化的过程，使得所谓的意识并不能连续过渡保持永存。可惜也不太有人相信他的辩护。

关于这个问题，科学家们和哲学家们无疑都会感兴趣。支持MWI的人也会批评说，大量宇宙样本中的“人”的死去不能被简单地忽略，因为对于“意识”我们还是几乎一无所知的，它是如何“连续存在”的，根本就没有经过考察。一些偏颇的意见会认为，假如说“意识”必定会在某些宇宙分支中连续地存在，那么我们应该断定它不但始终存在，而且永远“连续”！也就是说，我们不该有“失去意识”的时候（如睡觉或者昏迷）。不过，也许的确存在一些世界，在那里我们永不睡觉，谁又知道呢？再说，暂时沉睡然后又苏醒，这对于“意识”来说好像不能算作“无意义”的。而更为重要的，也许还是如何定义在多世界中的“你”究竟是个什么东西的问题，也许现实时空中的你只不过是一个高维态矢量的一个切片而已。总之，这里面逻辑怪圈层出不穷，而且几乎没有什么可以为实践所检验的东西，都是空对空。我想，波普尔对此是不会感到满意的！

关于自杀实验本身，我想也不太会有人仅仅为了检验哥本哈根和 MWI 而实际上真的去尝试！因为不管怎么样，实验的结果也只有你自己一个人知道而已，你无法把它告诉广大人民群众。而且要是哥本哈根解释不幸是正确的，那你也就呜呼哀哉了。虽说“朝闻道，夕死可矣”，但一般来说，闻了道，最好还是利用它做些什么来得更有意义。而且，就算你在枪口前真的不死，你也无法判定这是因为多世界预言的结果，还是只不过仅仅因为你的运气非常非常好。你最多只能说：“我有 99.999999…99%的把握宣称，多世界是正确的。”仅此而已。

根据Shikhovtsev的传记，埃弗莱特本人也在某种程度上相信他的“意识”会沿着某些不通向死亡的宇宙分支而一直延续下去（当然他不知道自杀实验）。但具有悲剧和讽刺意味的是，他一家子都那么相信平行宇宙，以致他的女儿丽兹（Liz）在自杀前留下的遗书中说，她去往“另一个平行世界”和他相会了（当然，她并非为了检验这个理论而自杀）。或许埃弗莱特一家真的在某个世界里相会也未可知，但至少在我们现在所在的这个世界（以及绝大多数其他世界）里，我们看到人死不能复生了。所以，至少考虑在绝大多数世界中家人和朋友们的感情，我强烈建议各位读者不要在科学热情的驱使下做此尝试。

我们在多世界理论这条路上走得也够久了，和前面在哥本哈根派那里一样，我们的探索越到后来就越显得古怪离奇，道路崎岖不平，杂草丛生，让我们筋疲力尽，而且最后居然还会又碰到“意识”“永生”之类形而上的东西，真是见鬼！我们还是知难而退，回到原来的分岔路口，再看看还有没有别的不同选择。不过在离开这条道路前，还有一样东西值得一提，那就是所谓的“量子计算机”。1977年，埃弗莱特接受惠勒和德威特等人的邀请去得克萨斯大学演讲，午饭的时候，德威特特意安排惠勒的一位学生坐在埃弗莱特身边，后者向他请教了关于希尔伯特空间的问题，这个学生就是大卫·德义奇（David Deutsch）。

饭后闲话：概率与科学

我们前面说到，证实和证伪在现实中都是无法实现的，那么，科学到底应该怎么定义呢？

有人提出了一种新的想法，就是说，虽然100%的证实和证伪都不可能，但是，我们可以根据所搜集到的信息，给某命题一个成立的“概率”。还是拿之前的话题举例。“乌鸦都是黑的”，虽然我们不可能证明这个命题100%成立，但是，如果我们观察了非常多的乌鸦，发现它们无一例外都是黑的，至少我们可以判断，这个命题“很有可能”成立。因此，我们可以给它一个概率，比如有80%的可能性为真。而随着观测到的黑乌鸦越来越多，这个概率也会不断地继续上升，但永远只能接近，而不会达到100%。

那么，如果看到一只白乌鸦又怎么办？

按照波普尔的意见，这时候原命题就被“证伪”了，也就是概率下降为0。但是正如我们已经提到的，很多人认为这并不成立。因为你永远不能排除有各种奇奇怪怪的可能性，比如说，这只乌鸦只是被人为地涂白了，它本

来还是黑的。或者这根本不是乌鸦，而是其他鸟类冒充的，甚至你可以认为你是在做梦，看到的一切都只是幻觉。总而言之，只要你愿意大胆假设，总是有办法保住原命题成立。所以，看到一只白乌鸦只能使原命题成立的概率大大下降，但不可能使它直接降到0。

而科学是什么？很多人认为，科学无非就是在不断接受新信息的同时，调整一个命题成立概率的过程。早在拉普拉斯的时代，他就讨论过这个问题。在拉普拉斯看来，诸如“太阳每天从东方升起”这类的断言并不是定律，而是一种概率性的，对过往经验的规律总结。每当太阳从东方升起一天，我们对这个命题成立的信心就增强一点，这个量甚至可以用公式准确地计算出来。这就是所谓的“贝叶斯推断”模式，不过笔者打算在另一本书里深入讨论这个话题，在此就不多展开了。

这种说法或许听上去很有道理，然而，它又会导出一些非常有趣的结论。如果“每看到一只黑乌鸦”就略微增加了“乌鸦都是黑的”的可能性，那么，我们不妨来做这样一个推理。大家都知道，一个命题的逆否命题和它本身是等价的。所以“乌鸦都是黑的”，可以改为等价的命题“凡不黑的都不是乌鸦”。

现在，假如我们遇见一只白猫，这就有意思了，因为这件事无疑略微证实了“凡不黑的都不是乌鸦”的说法（白猫不黑，白猫也不是乌鸦）。

而因为逆否命题的等价性，所以我们似乎也可以说，它同样也略微证实了“乌鸦都是黑的”这个原命题。

总而言之，“遇见一只白猫”略微增加了“乌鸦都是黑的”的命题可能性。咦，这是真的吗？

这个悖论由著名的德国逻辑实证论者亨普尔（Carl G. Hempel）提出，他年轻时也曾跟着希尔伯特学过数学。如果你接受这个论断，那么下次导师叫你去野外考察证明例如“昆虫都是六只脚”之类的命题，你大可不必出外风吹雨淋。只要坐在家里观察大量“没有六只脚的都不是昆虫”的事例（比如桌子、椅子、台灯、你自己……），你就可以和在野外实际观察昆虫对这个命题做出同样多的贡献！

或许，我们对于认识理论的了解还是非常肤浅的。

Part. 3

电子计算机是人类有史以来最伟大的发明之一。自诞生那天以来，它已经深入到了我们生活的每一个方面，甚至彻底改变了整个世界的面貌。别的不说，各位正在阅读的本史话，最初便是在一台笔记本电脑上被输入和保存为电子信号的，虽然拿一台现代的PC仅仅做文字编辑可谓大材小用，或者拿Ian Stewart的话来说，算是开着劳斯莱斯送牛奶了。

回头看计算机的发展，人们往往会慨叹科技的发展一日千里。通常我们把宾夕法尼亚大学1946年的那台ENIAC看成世界上的第一台电子计算机[2]，

■ [2] 当然，随着各人对“计算机”这个概念的定义不同，人们也经常提到德国人Konrad Zuse在1941年建造的Z3，依阿华州立大学在“二战”时建造的ABC（Atanasoff-Berry Computer），或者图灵小组为了破解德国密码而建造的Collosus。

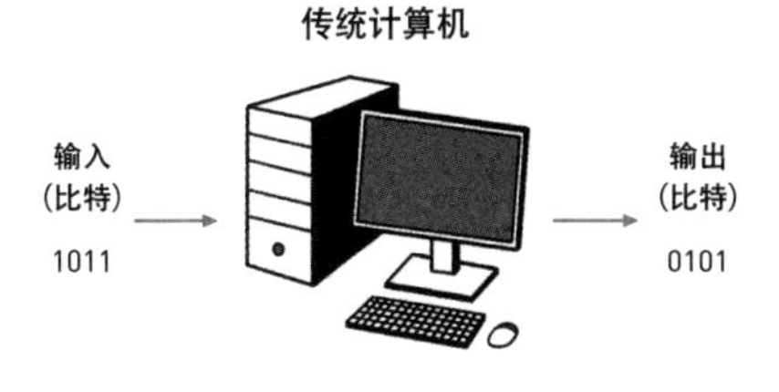

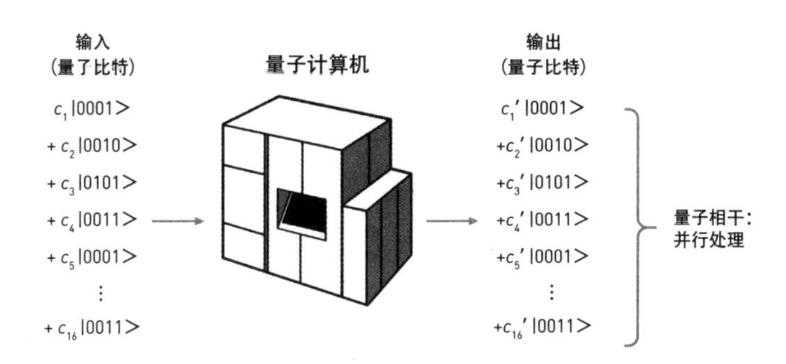

这是个异常笨重的大家伙，体积可以装满整个房间，塞满难看的电子管，输入输出都靠打孔的磁带。如果我们把它拿来和现代轻便精致的家庭电脑相比，就好像美女与野兽的区别。不过，从本质上来说，计算机自诞生以来却没有什么大变化，阿兰·图灵为它种下了灵魂，冯·诺伊曼为它雕刻了骨架，别的只是细枝末节罢了！

在这个意义上来讲，美女与野兽其实是一样的，外表的色相差异只是一种错觉而已。我们如今所使用的电脑，不管看上去有多精巧复杂，本质上也没有脱出当年图灵和诺伊曼所画好的框框。把所有的计算机简化，它们都是这样一种机器：在一端读入信息数据流，按照特定的算法（有限的内态）来处理它，并在另一端输出结果。奔腾4、80286和ENIAC的区别也只不过在于处理的速度和效率而已。假如有足够的时间和输出空间，同作为图灵机，它们所能做到的事情是一样多的。对于传统的计算机来说，它处理的通常是二进制码信息，1个“比特”（bit，binary digit的缩写）是信息的最小单位，它要么是0，要么是1，对应于电路的开或关。假如一台计算机读入了10个bits的信息，那相当于说它读入了一个10位的2进制数（比方说1010101010），这个数的每一位都是一个确定的0或者1。如果你对计算机稍有认识的话，这些常识似乎是理所当然的。

但是，接下来就让我们进入神奇的量子世界。一个bit是信息流中的最小单位，这看起来正如一个量子！我们回忆一下走过的路上所见到的那些奇怪景象，量子论最叫人困惑的是什么呢？是不确定性。我们无法肯定地指出一个电子究竟在哪里，我们不知道它是通过了左缝还是右缝，我们不知道薛定谔的猫是死了还是活着。根据量子论的基本方程，所有的可能性都是线性叠加在一起的！电子同时通过了左和右两条缝，薛定谔的猫同时活着和死了。只有当实际观测它的时候，上帝才随机地掷一下骰子，告诉我们一个确定的结果，或者他老人家不掷骰子，而是把我们投影到两个不同的世界中去。

大家不要忘记，我们的电脑也是由微观的原子组成的，它当然也服从量子定律（事实上所有的机器肯定都是服从量子论的，只不过对于传统的机器来说，它们的工作原理并不主要建立在量子效应上）。假如我们的信息由一个个电子来传输，我们规定，当一个电子是“左旋”的时候，它代表了0；当它是“右旋”的时候，则代表1。现在问题来了，当我们的电子到达时，它是处于量子叠加态的。这岂不是说，它同时代表了0和1？

这就对了，在我们的量子计算机里，一个bit不仅有0或者1的可能性，它更可以表示一个0和1的叠加！一个“比特”可以同时记录0和1，我们把它称作一个“量子比特”（qubit）。假如我们的量子计算机读入了一个10qubits的信息，所得到的就不仅仅是一个10位的二进制数了，事实上，因为每个bit都处在0和1的叠加态，我们的计算机所处理的是2^{10}个10位数的叠加！

换句话说，同样是读入10bits的信息，传统的计算机只能处理1个10位的二进制数，而如果是量子计算机，则可以同时处理2^{10}个这样的数！

利用量子演化来进行某种图灵机式的计算早在20世纪70年代和80年代初便由Bennett、Benioff等人进行了初步的讨论。到了1982年，那位极富传奇色彩的美国物理学家理查德·费曼（Richard Feynman）注意到，当我们试图使用计算机来模拟某些物理过程，例如量子叠加的时候，计算量会随着模拟对象的增加而指数式地增长，使得传统的模拟很快变得不可能。费曼并未因此感到气馁，相反他敏锐地想到，也许我们的计算机可以使用实际的量子过程来模拟物理现象！如果说模拟一个“叠加”需要很大的计算量的话，为什么不用叠加本身去模拟它呢？每一个叠加都是一个不同的计算，当所有这些计算都最终完成之后，我们再对它进行某种幺正运算，把一个最终我们需要的答案投影到输出中去。费曼猜想，这在理论上是可行的，而他的确猜对了！

终于到了1985年，我们那位在埃弗莱特的谆谆教导和多宇宙论的熏陶下成长起来的大卫·德义奇闪亮登场了。他仿照图灵当年走的老路子，成功地证明了一台通用的量子计算机是可能的[3]，这样一来，一切形式的量子计算便也都能够实现。德义奇的这个证明意义重大，他从理论上奠定了量子计算机的实现基础，一扇全新的门被打开了。

不过，说了那么多，一台量子计算机到底有什么好处呢？

德义奇证明，量子计算机无法实现超越算法的任务，也就是说，它无法比普通的图灵机做得更多。但他同时证明，它将具有比传统的计算机大得多的效率，用术语来讲，执行同一任务时它所要求的复杂性（complexity）要低得多。一言以蔽之，量子计算机虽然没法做得更多，但同样的任务却能做得更快更好！理由是显而易见的，量子计算机执行的是一种并行计算。正如我们前面举的例子，当一个10qubits的信息被处理时，量子计算机实际上操作了2^{10}个态！

[3] “通用机”（universal machine）的概念是相当费脑筋的事情，虽然其中的数学并不复杂。有兴趣的读者可以参阅一些介绍图灵工作的文章（比如彭罗斯的《皇帝新脑》）。

大数分解加密的安全性

在如今这个信息时代，网上交易和电子商务的浪潮正席卷全球，从政府至平民百姓，都越来越依赖电脑和网络系统。与此同时，电子安全的问题也显得越来越严峻，谁都不想黑客们大摇大摆地破解你的密码，侵入你的系统篡改你的资料，然后把你银行里的存款提得精光，这就需要我们对隐私资料执行严格的加密保护。目前流行的加密算法不少，很多都是依赖于这样一个靠山，也即所谓的“大数不可分解性”。大家中学里都苦练过因式分解，也做过质因数分解的练习，比如把15这个数字分解成它的质因数的乘积，我们就会得到15=5×3这样一个唯一的答案。

问题是，分解15看起来很简单，但如果要分解一个很大很大的数，我们所遭遇到的困难就变得几乎不可克服了。比如，把10949769651859分解成它的质因数的乘积，我们该怎么做呢？糟糕的是，在解决这种问题上，我们还没有发现一种有效的算法。一种笨办法就是用所有已知的质数去一个一个地试，最后我们会发现10949769651859＝4220851×2594209[4]，但这是异常低效的。更遗憾的是，随着数字的加大，这种方法所费的时间呈现指数式的增长！每当目标增加一位数，我们就要多费3倍多的时间来分解

▶ [4] 数字取自Deutsch 1997。

它，很快我们就会发现，就算计算时间超过宇宙的年龄，我们也无法完成这个任务。当然我们可以改进我们的算法，但目前所知最好的算法，它所需的复杂性也只不过比指数性的增长稍好，仍未达到多项式的要求[5]。

所以，如果我们用一个大数来保护我们的秘密，只有当这个大数被成功分解时才会泄密，我们应当是可以感觉非常安全的。因为从上面的分析可以看出，想使用“暴力”方法，也就是穷举法来破解这样的密码几乎是不可能的。虽然我们的处理器速度每隔18个月就翻倍，但也远远追不上安全性的增长。只要给我们的大数增加一两位数，就可以保好几年的平安。目前最流行的一些加密术，比如公钥的RSA算法正是建筑在这个基础之上。

但量子计算机的实现使得所有这些算法在瞬间人人自危。量子计算机的并行机制使得它可以同时处理多个计算，这使得大数不再成为障碍！1994年，贝尔实验室的彼得·肖（Peter Shor）创造了一种利用量子计算机的算法，可以有效地分解大数（其复杂性符合多项式条件）。比如我们要分解一个250位的数字，如果用传统计算机的话，就算我们利用最有效的算法，把全世界所有的计算机都联网到一起联合工作，也要花上几百万年的漫长时间。但如果用量子计算机的话，只需几分钟！一台量子计算机在分解250位数的时候，同时处理了10^{500}个不同的计算！

更糟的事情接踵而来。在肖发明了他的算法之后，1996年贝尔实验室的另一位科学家洛弗·格鲁弗（Lov Grover）很快发现了另一种算法，可以有效地搜索未排序的数据库。如果我们想从一个有n个记录但未排序的数据库中找出一个特定的记录的话，大概只好靠随机地碰运气，平均试n/2次才会得到结果，但如果用格鲁弗的算法，复杂性则下降到根号n次。这使得另一种著名的非公钥系统加密算法DES显得岌岌可危。现在几乎所有人都开始关注量子计算，因为一旦量子计算机真的被制造出来，那现行的各种加密

[5]所谓多项式的复杂性，指的是当处理数字的位数n增大时，算法所费时间按照多项式的形式，也就是n^k的速度增长。多项式增长对于一种破解算法来说是可以接受的。

体系立刻就会面临崩溃。而最可怕的是，由于量子运算内在的并行机制，哪怕我们不断增加密钥的位数，也只不过给破解者增加很小的代价罢了，这些加密术实际上都破产了[6]！

而话又说回来，破解密码，其实仅仅是量子计算机可能的各种用途之一。利用量子的并行计算优势，我们完全可以用它来做更多酷炫的事。比如更准确地预报天气，更高效地开发药物，进行更强大的深度学习和人工智能开发，等等。因此，近十几年来，量子计算机已经成为科技界最为热门的话题之一，被认为是最有前途的开发领域，其发展速度之快也远远超乎人们的想象。

2011年，一家名叫D-Wave的加拿大公司发布了一个震惊世界的消息。他们宣称，自己已经造出了世界上第一台商用量子计算机，即D-Wave 1。不久后，著名的洛克希德·马丁公司向其购买了一台该机型，据说成交价高达1千万美元。2013年，该公司又推出了第二款型号D-Wave 2，并于2015年8月推出最新款D-Wave 2X，其芯片可以运行2048个qubits。NASA与Google都为此进行了购置并展开测试，据Google宣称，在一些特定的问题上，D-Wave 2X要比传统计算机芯片的运行速度快上1亿倍。

不过，D-Wave系列还不能算是通用的量子计算机，也不能运行所有的量子算法（比如Shor算法）。为此，世界各地的科学家们还在努力研究更一般的、具有更强大能力的原型机。当然，这其中显然会遇到极大的技术障碍，因为量子比特非常容易退相干，所以，未来的量子计算机究竟能到达什么样的程度，目前还不得而知。但毫无疑问，至少从理论上来说，我们完全可以从最小的量子中获得计算整个宇宙的能力。如果这一天真的到来，也许我们真的就可以跨过奇点，迈入一个完全无法想象的科技新时代。

当然，对于许多现实的人来说，他们可能更加担心网络银行的安全问

■ [6]唯一的办法就是把密钥长度设置得比最大的量子计算机能处理的量子比特位数还要长，这至少在可预见的将来还是容易做到的。

题，不过各位也无须太过恐慌，因为就算强大的量子计算机真的问世了，电子安全的前景也并非一片黯淡。俗话说得好，上帝在这里关上了门，但又在别处开了一扇窗。量子论不但给我们提供了威力无比的计算破解能力，也让我们看到了另一种可能性：一种永无可能破解的加密方法。这是如今另一个炙手可热的话题：量子加密术（quantum cryptography）。限于篇幅，我们不打算在这里对这种技术进行过多的探讨，不过这种加密术之所以能够实现，是因为神奇的量子可以突破爱因斯坦的上帝所安排下的束缚——那个宿命般神秘的不等式。而这，则是我们马上要去讨论的内容。

但是，在本节的最后，我们还是回到多宇宙解释上来。如何解释量子计算机那神奇的计算能力呢？德义奇声称，唯一的可能是它利用了多个宇宙把计算放在多个平行宇宙中同时进行，最后汇总那个结果。拿肖的算法来说，我们已经提到，当它分解一个250位数的时候，同时进行着10^{500}个计算。在他的著作中，德义奇愤愤不平地请求那些不相信MWI的人解释这个事实：如果不是把计算同时放到10^{500}个宇宙中进行的话，它哪儿来的资源可以进行如此惊人的运算？他特别指出，整个宇宙也只不过包含大约10^{80}个粒子而已。但是，虽然把计算放在多个平行宇宙中进行是一种可能的说法，MWI也并不是唯一的解释。基本上，量子计算机所依赖的只是量子论的基本方程，而不是某个解释。它的模型是从数学上建筑起来的，和你如何去解释它无关。你可以把它想象成10^{500}个宇宙中的每一台计算机在进行着计算，但也完全可以按照哥本哈根解释，想象成未观测（输出结果）前，在这个宇宙中存在着10^{500}台叠加的计算机在同时干活！至于这是如何实现的，我们是没有权利去讨论的，正如我们不知道电子如何同时穿过了双缝，猫如何同时又死又活一样。这听起来似乎不可思议，但在许多人看来，比起瞬间突然分裂出了10^{500}个宇宙，其古怪程度半斤八两。正如柯文尼在《时间之箭》中说的那样，即使这样一种计算机造出来，也未必能证明多世界一定就比其他解释优越。关键是，我们还没有得到实实在在可以去判断的证据，也许我们还是应该去看看还有没有别的道路，它们都通向哪些更为奇特的方向。

Part. 4

我们终于可以从多世界这条道路上抽身而退，再好好反思一下量子论的意义。前面我们留下的那块“意识怪兽”的牌子还历历在目，而在多宇宙这里我们的境遇也不见得好多少，也许可以用德威特的原话，立一块“精神分裂”的牌子来警醒世人注意。在哥本哈根那里，我们时刻担心的是如何才能使波函数坍缩，而在多宇宙那里，问题变成了“我”在宇宙中究竟算是个什么东西。假如我们每时每刻都不停地被投影到无数的世界，那么究竟哪一个才算是真正的“我”呢？或者，“我”这个概念干脆就应该定义成那个不知在多少维空间中存在的态矢量，而实实在在地可以感觉、可以思考的那个“我”只不过是虚幻的投影而已？如果说“我”只不过是某时某刻的一个存在，随着每一次量子过程而分裂成无数个新的不同的“我”，那么难道我们的精神只不过是一种瞬时的概念，它完全不具有连续性？生活在一个无时无刻不在分裂的宇宙中，无时无刻都有无穷个新的“我”的分身被制造出来，天知道我们为什么还会觉得时间是平滑而且连续的，天知道为什么我们的“自我意识”的连续性没有遭到割裂。

不管是哥本哈根还是MWI，其实都在努力地试图解决量子论中一个最令人困惑的方面：叠加性。薛定谔方程是难以撼动的，而这却逼使我们承认量子态必须处在叠加中。毫无疑问，量子论在现实中是异常成功的，它能够完美地解释和说明观测到的现象。可是要承认叠加，不管是哥本哈根式的叠加还是多宇宙式的叠加，这和我们对于现实世界的常识始终有着巨大的冲突。我们还是不由自主地怀念那流金的古典时代，那时候“现实世界”仍然保留着高贵的客观性血统，它简单明确，符合常识，一个电子始终有着确定的位置和动量，不以我们的意志或者观测行为而转移，也不会莫名其妙地分裂，而只是一丝不苟地在一个优美的宇宙规则的统治下按照严格的因果律而运行。哦，这样的场景温馨而暖人心扉，简直就是物理学家们梦中的桃花源，难道我们真的无法再现这样的理想，回到那个令人怀念的时代了吗?

且慢，这里就有一条道路，打着一个大广告牌：回到经典。它甚至把爱因斯坦拉出来作为它的代言人：这条道路通向爱因斯坦的梦想。天哪，爱因斯坦的梦想，不就是那个古典客观，简洁明确，一切都由严格的因果性来主宰的世界吗？那里面既没有掷骰子的上帝，也没有多如牛毛的宇宙拷贝，这是多么教人心动的情景。我们还犹豫什么呢，赶快去看看吧!

时空倒转，我们先要回到1927年，回到布鲁塞尔的第五届索尔维会议，再回味一下那场决定了量子论兴起的大辩论。我们在史话的第八章已经描写了这次名垂青史的会议的一些情景，我们还记得法国的那位贵族德布罗意在会上讲述了他的“导波”理论，但遭到了泡利的质疑。1927年，玻尔的互补原理才刚刚出台，粒子和波动正打得不亦乐乎，德布罗意的“导波”正是试图解决这一矛盾的一个尝试。我们都还记得，德布罗意发现每当一个粒子前进时，都伴随着一个波，这深刻地揭示了波粒二象性的难题。但德布罗意并不相信玻尔的互补原理，亦即电子同时又是粒子又是波的解释。德布罗意想象，电子始终是一个实实在在的粒子，但它的确受到时时伴随着它的那个波的影响，这个波就像盲人的导航犬，为它探测周围道路的情况，指引它如何运动，这也就是我们为什么把它称作“导波”

的原因。德布罗意的理论里没有波恩统计解释的地位，它完全是确定和实在论的。量子效应表面上的随机性其实是由一些我们不可知的变量所造成的，换句话说，量子论是一个不完全的理论，它没有考虑到一些不可见的变量，所以才显得不可预测。假如把那些额外的变量考虑进去，整个系统是确定和可预测的，符合严格因果关系的。

打个比方，好比我们在赌场扔骰子赌钱，虽然我们睁大眼睛看明白四周一切，确定没人作弊，但的确可能还有一个暗中的武林高手，凭借一些独门手法比如说吹气来影响骰子的结果。虽然我们水平不行，发现不了这个武林高手的存在，觉得骰子完全是随机的，但事实上不是！它完全是人为的，如果把这个隐藏的高手也考虑进去，它是有严格因果关系的！尽管单单从我们看到的来讲，也没有什么互相矛盾，但一幅“完整”的图像应该包含那个隐藏着的人，这个人是一个“隐变量”！这样的理论便称为“隐变量理论”（Hidden Variable Theory）。

不过，德布罗意理论生不逢时，正遇上伟大的互补原理出台的那一刻，加上它本身的不成熟，于是遭到了众多的批评，而最终判处它死刑的是1932年的冯·诺伊曼。我们也许还记得，冯·诺伊曼在那一年为量子论打下了严密的数学基础，他证明了量子体系的一些奇特性质比如“无限复归”。然而在这些之外，他还顺便证明了一件事，那就是：任何隐变量理论都不可能对测量行为给出确定的预测。换句话说，隐变量理论试图把随机性从量子论中赶走的努力是不可能实现的，任何隐变量理论——不管它是什么样的——注定都要失败。

冯·诺伊曼那华丽的天才倾倒每一个人，没有人对这位20世纪最伟大的数学家之一产生怀疑。隐变量理论那无助的努力似乎已经逃脱不了悲惨的下场，而爱因斯坦对严格的因果性的信念似乎也注定要化为泡影。德布罗意接受这一现实，他在内心深处不像玻尔那样顽强而充满斗志，而是以一种贵族式的风度放弃了他的观点，皈依到哥本哈根门下。整个三四十年

掷骰子虽然平均来说A=B+C，但这不意味着每回合都必须如此。

代，哥本哈根解释一统江湖，量子的不确定性精神深植在物理学的血液之中，众多的电子和光子化身为波函数神秘地在宇宙中弥漫，众星捧月般地烘托出那位伟大的智者——尼尔斯·玻尔的魔力来。冯·诺伊曼的判词似乎已经注定了隐变量理论的命运，它绝望地在天牢里等待秋后处决，做梦也没有想到还会有一次咸鱼翻身的机会。

1969年诺贝尔物理奖得主盖尔曼后来调侃地说："玻尔给整整一代的物理学家洗了脑，使他们相信，事情已经最终解决了。"

约翰·贝尔则气愤地说："德布罗意在1927年就提出了他的理论。当时，以我现在看来是丢脸的一种方式被物理学界一笑置之，因为他的论据没有被驳倒，只是被简单地践踏了。"

谁能想到，就连像冯·诺伊曼这样的天才，也有阴沟里翻船的时候。他的证明不成立！冯·诺伊曼关于隐变量理论无法对观测给出唯一确定解的证明建立在5个前提假设上，在这5个假设中，前4个都是没有什么问题的，关键就在第5个那里。我们都知道，在量子力学里，对一个确定的系统进行观测，我们是无法得到一个确定的结果的，它按照随机性输出，每次的结果可能都不一样。但是我们可以按照公式计算出它的期望（平均）值。假如对于一个确定的态矢量Ψ我们进行观测X，那么我们可以把它坍缩后的期望值写成〈X，Ψ〉。正如我们一再强调的那样，量子论是线性的，它可以叠加。如果我们进行了两次观测X，Y，它们的期望值也是线性的，即应该有关系：

〈X+Y，Ψ〉＝〈X，Ψ〉＋〈Y，Ψ〉

但是在隐变量理论中，我们认为系统光由态矢量Ψ来描述是不完全的，它还具有不可见的隐藏函数，或者隐藏的态矢量H。把H考虑进去后，每次观测的结果就不再随机，而是唯一确定的。现在，冯·诺伊曼假设：对于确定的系统来说，即使包含了隐变量H之后，它们也是可以叠加的。即有：

〈X+Y，Ψ，H〉＝〈X，Ψ，H〉＋〈Y，Ψ，H〉

这一步大大地有问题。对于前一个式子来说，我们讨论的是平均情况。也就是说，假如真的有隐变量H的话，那么我们单单考虑Ψ时，它其实包含了所有H的可能分布，得到的是关于H的平均值。但把具体的H考虑进去后，我们所说的就不是平均情况了！相反，考虑了H后，按照隐变量理论的精神，就无所谓期望值，而是每次都得到唯一的确定的结果。关键是，平均值可以相加，并不代表一个个单独的情况都能够相加！

我们这样打比方：假设我们扔骰子，骰子可以掷出1－6点，那么我们每扔一个骰子，平均得到的点数是3.5。这是一个平均数，能够按线性叠加，也就是说，假如我们同时扔两粒骰子，得到的平均点数可以看成两次扔一粒骰子所得到的平均数的和，也就是3.5+3.5=7点。再通俗一点，假设A、B、C三个人同时扔骰子，A一次扔两粒，B和C都一次扔一粒，那么从长远的平均情况来看，A得到的平均点数等于B和C之和。

但冯·诺伊曼的假设就变味了。他其实是假定，任何一次我们同时扔两粒骰子，它必定等于两个人各扔一粒骰子的点数之和！也就是说只要三个人同时扔骰子，不管是哪一次，A得到的点数必定等于B加C。这可大大未必，当A掷出12点的时候，B和C很可能各只掷出1点。虽然从平均情况来看，A的确等于B加C，但这并非意味着每回合都必须如此！

冯·诺伊曼的证明建立在这样一个不牢靠的基础上，自然最终轰然崩溃。首先挑战他的人是大卫·玻姆（David Bohm），当代最著名的量子力学专家之一。玻姆出生于宾夕法尼亚，他曾在爱因斯坦和奥本海默的手下学习和工作（事实上，他是奥本海默在伯克利所收的最后一个博士生）。爱因斯坦的理想也深深打动着玻姆，使他决意去追寻一个回到严格的因果律，恢复宇宙原有秩序的理论。1952年，玻姆复活了德布罗意的导波，成功地创立了一个完整的隐变量体系。全世界的物理学家都吃惊得说不出话来：冯·诺伊曼不是已经把这种可能性彻底排除掉了吗？现在居然有人举出了一个反例！

奇怪的是，发现冯·诺伊曼的错误并不需要太高的数学技巧和洞察能力，但它硬是在30年的时间里没有引起注意。David Mermin揶揄道，真不知道它自发表以来是否有过任何专家或者学者真正研究过它。贝尔在访谈里则毫不客气地说：“你可以这样引用我的话：冯·诺伊曼的证明不仅是错误的，更是愚蠢的！”

看来我们在前进的路上仍然需要保持十二分的小心。

饭后闲话：第五公设

冯·诺伊曼栽在了他的第五个假设上，这似乎是冥冥中的天道循环，2000年前，伟大的欧几里得也曾经在他的第五个公设上小小地被绊过一下。

无论怎样形容《几何原本》的伟大也不会显得过分夸张。它所奠定的公理化思想和演绎体系，直接孕育了现代科学，给它提供了最强大的力量。《几何原本》把几何学的所有命题推理都建筑在一开头给出的5个公理和5个公设上，用这些最基本的砖石建筑起了一幢高不可攀的大厦。

对于欧氏所给出的那5个公理和前4个公设（适用于几何学的它称为公设），人们都可以接受。但对于第五个公设，却觉得有些不太满意。这

非欧几何

黎曼几何：
三角形内角和 > 180度

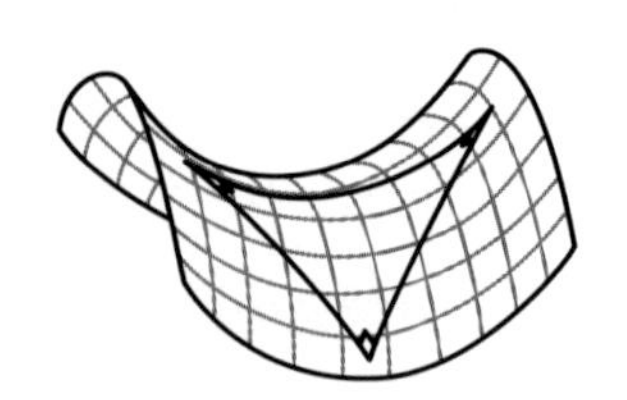
罗巴切夫斯基几何：
三角形内角和<180度

个假设原来的形式比较冗长，人们常把它改成一个等价的表述方式："过已知直线外的一个特定的点，能够且只能够画一条直线与已知直线平行。"长期以来，人们对这个公设的正确性是不怀疑的，但觉得它似乎太复杂了，也许不应该把它当作一个公理，而能够从别的公理中把它推导出来。但2000年过去了，竟然没有一个数学家做到这一点（许多时候有人声称他证明了，但他们的证明都是错的）！

欧几里得本人显然也对这个公设感到不安：相比其他4个公设，第五公设简直复杂到家了[7]。在《几何原本》中，他小心翼翼地尽量避免使用这一公设，直到没有办法的时候才不得不用它，比如在要证明"任意三角形的内角和为180度"的时候。

长期的失败使得人们不由得想，难道第五公设是不可证明的？如果我们用反证法，假设它不成立，那么假如我们导出矛盾，自然就可以反过来证明第五公设本身的正确性。但如果假设第五公设不成立，结果却导致不出矛盾呢？

俄国数学家罗巴切夫斯基（N. Lobatchevsky）正是这样做的。他假设第

■ [7]其他4个公设是：1. 可以在任意两点间画一直线。2. 可以延长一线段做一直线。3. 圆心和半径决定一个圆。4. 所有的直角都相等。

五公设不成立，也就是说，过直线外一点，可以画一条以上的直线与已知直线平行，并以此为基础进行推演。结果他得到了一系列稀奇古怪的结果，可是它们却是一个自成体系的系统，它们没有矛盾，在逻辑上是自洽的！一种不同于欧几里得的几何——非欧几何诞生了！

从不同于第五公设的其他假设出发，我们可以得到和欧几里得原来的版本稍有不同的一些定理。比如“三角形内角和等于180度”是从第五公设推出来的，假如过一点可以画一条以上的平行线，那么三角形的内角和便小于180度了。反之，要是过一点无法画已知直线的平行线，结果就是三角形的内角和大于180度。对于后者来说容易想象的就是球面，任何看上去平行的直线最终必定交会。比方说在地球的赤道上所有的经线似乎都互相平行，但它们最终都在两极点相交。如果你在地球表面画一个三角形，它的内角和会超出180度，当然，你得画得足够大才测量得到。传说高斯曾经把三座山峰当作三角形的三个顶点来测量它们的内角和，但似乎没有发现什么。不过他要是在星系间做这样的测量，其结果就会很明显了，星系的质量造成了空间的可观弯曲。

罗巴切夫斯基假设过一点可以画一条以上的直线与已知直线平行，另一位数学家黎曼则假设无法画这样的平行线，创立了黎曼非欧几何。他把情况推广到n维，彻底奠定了非欧几何的基础。更重要的是，他的体系被运用到物理中去，并最终孕育了20世纪最杰出的科学巨构——广义相对论。

Part. 5

玻姆的隐变量理论是德布罗意导波的一个增强版，只不过他把所谓的

“导波”换成了“量子势”（quantum potential）的概念。在他的描述中，电子或者光子始终是一个实实在在的粒子，不论我们是否观察它，它都具有确定的位置和动量。但是，一个电子除了具有通常的一些性质，比如电磁势之外，还具有所谓的“量子势”。这其实就是一种类似波动的东西，它按照薛定谔方程发展，在电子的周围扩散开去。不过，量子势所产生的效应和它的强度无关，而只和它的形状有关，这使它可以一直延伸到宇宙的尽头，而不发生衰减。

在玻姆理论里，我们必须把电子想象成这样一种东西：它本质上是一个经典的粒子，但以它为中心发散出一种势场，这种势场弥漫在整个宇宙中，使它每时每刻都对周围的环境了如指掌。当一个电子向一个双缝进发时，它的量子势会在它到达之前便感应到双缝的存在，从而指导它按照标准的干涉模式行动。如果我们试图关闭一条狭缝，无处不在的量子势便会感应到这一变化，从而引导电子改变它的行为模式。特别是，如果你试图去测量一个电子的具体位置的话，你的测量仪器将首先与它的量子势发生作用，这将使电子本身发生微妙的变化。这种变化是不可预测的，因为主宰它们的是一些“隐变量”，你无法直接探测到它们。

玻姆用的数学手法十分高超，他的体系的确基本做到了传统的量子力学所能做到的一切！但是，让我们感到不舒服的是，这样一个隐变量理论始终似乎显得有些多余。量子力学从世纪初一路走来，诸位物理大师为它打造了金光闪闪的基本数学形式。它是如此漂亮而简洁，在实际中又是如此管用，以至我们觉得除非绝对必要，似乎没有理由给它强迫加上笨重而丑陋的附加假设。玻姆的隐函数理论复杂烦琐又难以服众，他假设一个电子具有确定的轨迹，却又规定因为隐变量的扰动关系，我们绝对观察不到这样的轨迹！这无疑违反了奥卡姆剃刀原则：存在却绝对观测不到，这和不存在又有何分别呢？难道我们为了这个世界的实在性，就非要放弃物理原理的优美、明晰和简洁吗？这连爱因斯坦本人都会反对，他对科学美有着比任何人都要深的向往和眷恋。事实上，爱因斯坦，甚至德布罗意生前都没有对玻姆的理论表示过积极的认同。

更不可原谅的是，玻姆在不惜一切代价地恢复世界的实在性和决定性之后，却放弃了另一个同等重要的东西：定域性（Locality）。定域性指的是，在某段时间里所有的因果关系都必须维持在一个特定的区域内，而不能超越时空来瞬间地作用和传播。简单来说，就是指不能有超距作用的因果关系，任何信息都必须以光速这个上限而发送，这也就是相对论的精神！但是在玻姆那里，他的量子势可以瞬间把它的触角伸到宇宙的尽头，一旦在某地发生什么，其信息立刻便传达到每一个电子耳边。如果玻姆的理论成立的话，超光速的通信在宇宙中简直就是无处不在，爱因斯坦不会容忍这一切的！

尽管如此，玻姆的确打破了因为冯·诺伊曼的错误而造成的坚冰，至少给隐变量从荆棘中艰难地开辟出了一条道路。不管怎么样，隐变量理论在原则上毕竟是可能的，那么，我们是不是至少还抱有一线希望，可以发展出一个完美的隐变量理论，使得我们在将来的某一天得以同时拥有一个确定、实在，而又拥有定域性的温暖世界呢？这样一个世界，不就是爱因斯坦的终极梦想吗？

1928年7月28日，距离量子论最精彩的华章——不确定性原理的谱写已经过去一年有余。在这一天，约翰·斯图尔特·贝尔（John Stewart Bell）出生在北爱尔兰的首府贝尔法斯特。小贝尔在孩提时代就表现出了过人的聪明才智，他在11岁时向母亲立志，要成为一名科学家。16岁时贝尔因为尚不够年龄入读大学，先到贝尔法斯特女王大学的实验室当了一年的实习生，然而他的才华已经深深感染了那里的教授和员工。一年后他顺理成章地进入女王大学攻读物理，虽然主修的是实验物理，但他同时也对理论物理表现出非凡的兴趣。特别是方兴未艾的量子论，它展现出的深刻的哲学内涵令贝尔相当沉迷。

贝尔在大学的时候，量子论大厦主体部分的建设已经尘埃落定，基本的理论框架已经由海森堡和薛定谔所打造完毕，而玻尔已经为它做出了哲学上最意味深长的诠释。20世纪物理史上最激动人心的那些年代已经逝去，没能参与其间当然是一件遗憾的事，但也许正是因为这样，人们得以稍稍冷静下来，不至于为了那伟大的事业而过于热血沸腾，身不由己地便拜倒在尼尔斯·玻尔那几乎不可抗拒的个人魔力之下。贝尔不无吃惊地发现，自己并不同意老师和教科书上对于量子论的“正统解释”。海森堡的不确定性原理——它听上去是如此具有主观的味道，实在不讨人喜欢。贝尔想要的是一个确定的、客观的物理理论，他把自己描述为一个爱因斯坦的忠实追随者。

毕业以后，贝尔先是进入英国原子能研究所（AERE）工作，后来转去了欧洲粒子物理中心（CERN）。他的主要工作集中在加速器和粒子物理领域方面，但他仍然保持着对量子物理的浓厚兴趣，在业余时间里密切关注着它的发展。1952年玻姆理论问世，这使贝尔感到相当兴奋。他为隐变量理论的想法所着迷，认为它恢复了实在论和决定论，无疑迈出了通向那个终极梦想的第一步。这个终极梦想，也就是我们一直提到的，使世界重新回到客观独立，优雅确定，严格遵守因果关系的轨道上来。贝尔觉得，隐变量理论正是爱因斯坦所要求的东西，可以完成对量子力学的完备化。然而这或许是贝尔的一厢情愿，因为极为讽刺的是，甚至爱因斯坦本人都不认同玻姆！

不管怎么样，贝尔准备仔细地考察一下，对于德布罗意和玻姆的想法是否能够有实际的反驳，也就是说，是否真如他们所宣称的那样，对所有的量子现象我们都可以抛弃不确定性，而改用某种实在论来描述。1963年，贝尔在日内瓦遇到了约克教授，两人对此进行了深入的讨论，贝尔逐渐形成了他的想法。假如我们的宇宙真的如爱因斯坦所梦想的那样，它应当具有怎样的性质呢？要探讨这一点，我们必须重拾起爱因斯坦昔日与玻

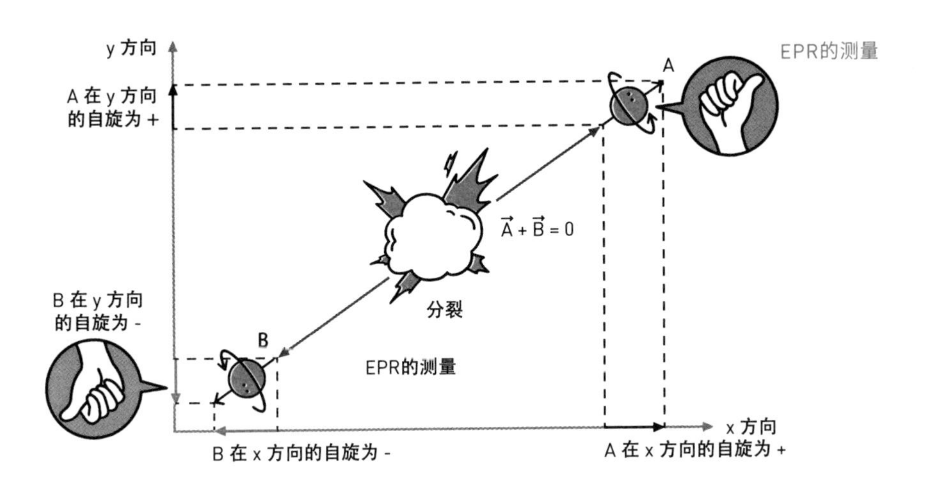

尔论战时所提到的一个思想实验——EPR佯谬。

要是你已经忘记了EPR是个什么东西，可以先复习一下我们史话的第八章第四节。我们所描述的实际上是经玻姆简化过的EPR版本，不过它们在本质上是一样的。现在让我们重做EPR实验：一个母粒子分裂成向相反方向飞开去的两个小粒子A和B，它们理论上具有相反的自旋，但在没有观察之前，照量子派的讲法，它们的自旋是处在不确定的叠加态中的，而爱因斯坦则坚持从分离的那一刻起，A和B的状态就都是确定了的。

我们用一个矢量来表示自旋方向，现在甲乙两人站在遥远的天际两端等候着A和B的分别到来（比方说，甲在人马座的方向，乙在双子座的方向）。在某个按照宇宙标准时间所约好了的关键时刻，两人同时对A和B的自旋在同一个方向上做出测量。那么，正如我们已经讨论过的，因为要保持总体上的守恒，这两个自旋必定相反，不论在哪个方向上都是如此。假如甲在某方向上测量到A的自旋为正（＋），那么同时乙在这个方向上得到的B自旋的测量结果必定为负（－），因为它们的总和是0！

换句话说，A和B——不论它们相隔多么遥远——看起来似乎总是如同约好了那样，当A是＋的时候B必定是－，它们的合作率是100%！在统计学上，拿稍微正式一点的术语来说，（A＋，B－）的相关性（correlation）

是100%，也就是1。我们需要熟悉一下“相关性”这个概念，它是表示合作程度的一个变量，假如A和B每次都合作，比如A是＋时B总是－，那么相关性就达到最大值1。反过来，假如B每次都不和A合作，每当A是＋，B偏偏也非要是＋，那么（A＋，B－）的相关率就达到最小值－1。当然这时候从另一个角度看，（A＋，B＋）的相关就是1了。要是B不和A合作也不是有意对抗，它的取值和A毫无关系，显得完全随机，那么B就和A并不相关，相关性是0。

在EPR里，不管两个粒子的状态在观测前究竟确不确定，最后的结果是肯定的：在同一个方向上要么是（A＋，B－），要么是（A－，B＋），相关性是1。但是，这是在同一方向上，假设在不同方向上呢？假设甲沿着x轴方向测量A的自旋，乙沿着y轴方向测量B的自旋，其结果的相关率会如何呢？冥冥中有一丝第六感告诉我们，决定命运的时刻就要到来了。

实际上我们生活在一个3维空间，可以在3个方向上进行观测，我们把这3个方向假设为x，y，z。它们并不一定需要互相垂直，任意地取便是。每个粒子的自旋在一个特定的方向无非是正负两种可能，那么在3个方向上无非总共是2^3＝8种可能，如下所示：

$$\begin{pmatrix} x & y & z \\ + & + & + \\ + & + & - \\ + & - & + \\ + & - & - \\ - & + & + \\ - & + & - \\ - & - & + \\ - & - & - \end{pmatrix}$$

对于A来说有8种可能，那么对于A和B总体来说呢？显然也是8种可能，因为我们一旦观测了A，B也就确定了。如果A是（＋，＋，－），那么因为要守恒保持整体为0，B一定是（－，－，＋）。现在让我们假设量子论是错误的，A和B的观测结果在分离时便一早注定，我们无法预测，只不过是不清楚其中的隐变量究竟是多少的缘故。不过没关系，我们假设这个隐变量是H，它可以取值1－8，分别对应一种观测的可能性。再让我们假设，对应每一种可能性，其出现的概率分别是N1，N2一直到N8。现在我们就有了一个可能的观测结果的总表：

Ax	Ay	Az	Bx	By	Bz	出现概率
+	+	+	−	−	−	$N1$
+	+	−	−	−	+	$N2$
+	−	+	−	+	−	$N3$
+	−	−	−	+	+	$N4$
−	+	+	+	−	−	$N5$
−	+	−	+	−	+	$N6$
−	−	+	+	+	−	$N7$
−	−	−	+	+	+	$N8$

上面的每一行都表示一种可能出现的结果。比如第一行就表示甲观察到粒子A在x，y，z三个方向上的自旋都为＋，而乙观察到B在3个方向上的自旋相应地均为－，这种结果出现的可能性是N1。因为观测结果8者必居其一，所以N1＋N2＋…＋N8＝1，这个各位都可以理解吧？

现在让我们来做一做相关性的练习（请各位读者拿出一些勇气，因为其中绝大部分只是小学数学的水平。不过假如你实在头晕，直接跳到本章末尾也问题不大）。我们暂时只察看x方向，在这个方向上，（Ax＋，Bx－）的相关性是多少呢？根据相关性的定义，我们需要这样做：如果在x轴方向上，我们发现A粒子自旋为＋，而B同时为－；或者A不为＋，而B同时也不为－，如果这样，它便符合我们的要求，标志着对（Ax＋，Bx－）的合作态度。或者换句话说，只要两个粒子在x轴上的自旋方向保持相反，我们就必须加上相应的概率。相反，如果在x轴方向上两个粒子的自旋相同，同时为＋或者同时为－，这就是对（Ax＋，Bx－）组合的一种破坏和抵触，那么它的相关性就是负数，我们就必须减去相应的概率。

从上表可以看出，前4种可能都是Ax为＋而Bx同时为－，后4种可能都是Ax不为＋而Bx也不为－，两个粒子的自旋方向始终相反，所以8行都符合我们的条件，相关性全是正数，我们得出的结果是N1＋N2＋…＋N8＝1！换句话说，（Ax＋，Bx－）的相关性为100%。这当然毫不奇怪，因为我们的表本来就是以两个粒子在同一方向上保持守恒为前提而编出来的。反过来，如果我们要计算（Ax＋，Bx＋）的相关，那么8行就全不符合条件，全是负号，我们的结果是Pxx＝－N1－N2－…－N8＝－1。

以上没有什么问题，但接下来我们要迈出关键的一步，取两个不同的方向轴观察！A在x方向上自旋为＋，同时B在y方向上自旋也为＋，这两个观测结果的相关性是多少呢？现在是两个不同的方向，不过计算原则是一样的：要是一个记录符合Ax为＋以及By为＋，或者Ax不为＋以及By也不为＋时，我们就加上相应的概率，反之就减去。

让我们仔细地考察上表，最后得到的结果应该是这样的，用Pxy来表示：

$$Pxy=-N1-N2+N3+N4+N5+N6-N7-N8$$

嗯，蛮容易的嘛，我们再来算算Pxz，也就是Ax为＋同时Bz为＋的相关：

$$Pxz=-N1+N2-N3+N4+N5-N6+N7-N8$$

再来，这次是Pzy，也就是Az为＋且By也为＋：

$$Pzy=-N1+N2+N3-N4-N5+N6+N7-N8$$

好了，差不多了，现在我们把玩一下我们的计算结果，把Pxz减去Pzy再取绝对值：

$$|Pxz-Pzy|=|-2N3+2N4+2N5-2N6|=2\,|-N3+N4+N5-N6|$$

这里需要各位努力一下，稍微回忆一下初中的知识。关于绝对值，我们有关系式｜x－y｜≤｜x｜＋｜y｜，所以套用到上面的式子里，我们有：

|Pxz－Pzy|＝2 |N4＋N5－N3－N6| ≤ 2（|N4＋N5|＋|N3＋N6|）

因为所有的概率都不为负数，所以2（|N3＋N4|＋|N5＋N6|）＝2（N3＋N4＋N5＋N6）。最后，我们还记得N1＋N2＋…＋N8＝1，所以我们可以从上式中凑一个1出来：

2（N3＋N4＋N5＋N6）＝1＋(－N1－N2＋N3＋N4＋N5＋N6－N7－N8)

看看我们前面的计算，后面括号里的一大串不正是Pxy吗？所以我们得到最终的结果是：

$$|Pxz - Pzy| \leq 1 + Pxy$$

恭喜你，你已经证明了这个宇宙中最为神秘和深刻的定理之一。现在放在你眼前的，就是名垂千古的“贝尔不等式”（Bell's inequality）。它被人称为“科学中最深刻的发现”，它即将对我们这个宇宙的终极命运做出最后的判决[8]。

▶ [8] 我们的证明当然是简化了的，隐变量不一定是离散的，而可以定义为区间λ上的一个连续函数。即使如此，只要稍懂一点积分知识也不难推出贝尔不等式来，各位有兴趣的可以动手一试。

Judgement of the Inequality

不 等 式 的 判 决

Judgement of the Inequality

History of Quantum Physics

Part. 1

$$|Pxz - Pzy| \le 1 + Pxy$$

嗯，这个不等式看上去普普通通，似乎不见得有什么神奇的魔力，更不用说对我们宇宙的本质做出终极的裁决。它真的有这样的威力吗?

我们还是先来看看，贝尔不等式究竟意味着什么。我们在上一章已经描述过了，Pxy代表了A粒子在x方向上是自旋为+，而同时B粒子在y方向上自旋亦为+这两个事件的相关性。相关性是一种合作程度的体现（不管是双方出奇地一致还是出奇地不一致都意味着合作程度很高），而合作则需要双方都了解对方的情况，这样才能够有效地协调。在隐变量理论中，我们对两个粒子的描述是符合常识的：无论观察与否，两个粒子始终存在于客观现实之内，它们的状态从分裂的一刹那起就都是确定无疑的。假如我们禁止宇宙中有超越光速的信号传播，那么理论上，当我们同时观察两个粒子的时候，它们之间无法交换任何信息，它们所能达到的最大协作程度仅仅限于经典世界所给出的极限。这个极限，也就是我们用经典方法推导出来的贝尔不等式。

如果世界的本质是经典的，具体地说，如果我们的世界同时满足：1.定域的，也就是没有超光速信号的传播。2.实在的，也就是说，存在着一个独立于我们观察的外部世界。那么我们任意取3个方向观测A和B的自旋，它们所表现出来的协作程度必定要受限于贝尔不等式之内。换句话说，假如上帝是爱因斯坦所想象的那个不掷骰子的慈祥的“老头子”，那么贝尔不等式就是他给这个宇宙所定下的神圣的束缚。不管我们的观测方向是怎么取的，在EPR实验中的两个粒子绝不可能冒犯他老人家的尊严，而胆敢突破这一禁区。事实上，这不是敢不敢的问题，而是两个经典粒子在逻辑上根本不具有这样的能力，它们之间既然无法交换信号，就绝不能表现得亲密无间。

但是，量子论的预言就不同了！贝尔证明，在量子论中，只要我们把x和y之间的夹角θ取得足够小，则贝尔不等式是可以被突破的！具体的证明需要用到略微复杂一点的物理和数学知识，我在这里略过不谈了。但请诸位相信我，在一个量子主宰的世界里，A和B两粒子在相隔非常遥远的情况下，在不同方向上仍然可以表现出很高的协作程度，以致贝尔不等式不成立。这在经典图景中是绝不可能发生的。

我们这样来想象EPR实验：有两个罪犯抢劫了银行之后从犯罪现场飞也似的逃命，但他们慌不择路，两个人沿着相反的方向逃跑，结果于同一时刻在马路的两头被守候的警察抓获。现在我们来录取他们的口供，假设警察甲问罪犯A："你是这次抢劫的主谋吗？"A的回答无非是"是"或者"不是"。在马路的另一头，如果警察乙问罪犯B同样的问题："你是这次抢劫的主谋吗？"那么B的回答必定与A相反，因为主谋只能有一个，不是A先出的主意就是B先出的主意。两个警察问的问题在"同一方向"上，知道了A的答案，就等于知道了B的答案，他们的答案，100%地不同，协作率100%。在这点上，无论是经典世界还是量子世界都是一样的。

但是，回到经典世界里，假如两个警察问的是不同角度的问题，比如说问A："你需要自己聘请律师吗？"问B："你现在要喝水吗？"这是两个彼此无关的问题（在不同的方向上），A可能回答"要"或者"不要"，但这应该对B怎样回答问题毫无关系，因为B和A在理论上已经失去了联系，B不可能按照A的行动来斟酌自己的答案。

不过，这只是经典世界里的罪犯，要是我们有两个"量子罪犯"，那可就不同了。我们会从口供记录中惊奇地发现，每当A决定聘请律师的时候，B就会有更大的可能性想要喝水，反之亦然！看起来，似乎是A和B之间有一

量子罪犯的默契

种神秘的心灵感应，使得他们即使面临不同的质询时，其回答仍然有一种奇特的默契联系！量子世界的Bonnie和Clyde[1]，即使它们相隔万里，仍然合作无间。按照哥本哈根的解释，这是因为在具体地回答问题（观测）前，两个人（粒子）合为一体，处在一种“纠缠”（entanglement）的状态，他们是一个整体，具有一种“不可分离性”（inseparability）！

这样说当然是简单化的，具体的条件还是我们的贝尔不等式。总而言之，如果世界是经典的，那么在EPR中贝尔不等式就必须得到满足，反之则可以突破。我们手中的这个神秘的不等式成了判定宇宙最基本性质的试金石，它仿佛就是那把开启奥秘之门的钥匙，可以带领我们领悟到自然的终极奥义。

而最让人激动的是，和胡思乱想的一些实验（比如说疯狂的量子自杀）不同，EPR不管是在技术或是伦理上都不是不可实现的！我们可以确实地去做一些实验，来看看我们生活于其中的世界究竟是如爱因斯坦所祈祷的那样，是定域实在的，还是它的神奇终究超越我们的想象，让我们这些凡人不得不怀着更为敬畏的心情去继续探索其中的秘密。

▶ [1] 美国经典影片《雌雄大盗》里的两位主人公。

1964年，贝尔把他的不等式发表在一份名为《物理》（*Physics*）的杂志的创刊号上，题为“论EPR佯谬”（On the Einstein-Podolsky-Rosen Paradox）。这篇论文是20世纪物理史上的名篇，它的论证和推导如此简单明晰却又深得精髓，教人拍案叫绝。1973年诺贝尔物理奖得主约瑟夫森（Brian D. Josephson）把贝尔不等式称为“物理学中最重要的新进展”，斯塔普（Henry Stapp，就是我们前面提到的，鼓吹精神使波函数坍缩的那个）则把它称作“科学中最深刻的发现”（ the most profound discovery in science）。

不过，《物理》杂志却没有因为发表了这篇光辉灿烂的论文而得到什么好运气，这份期刊只发行了一年就倒闭了。如今想要寻找贝尔的原始论文，最好还是翻阅他的著作《量子力学中的可道与不可道》（*Speakable and Unspeakable in Quantum Mechanics*, Cambridge 1987）。

在这之前，贝尔发现了冯·诺伊曼的错误，并给《现代物理评论》（*Reviews of Modern Physics*）杂志写了文章。虽然出于种种原因（包括编辑的疏忽大意），此文直到1966年才被发表出来，但无论如何已经改变了这样一个尴尬的局面，即一边有冯·诺伊曼关于隐函数理论不可能的“证明”，另一边却的确存在着玻姆的量子势！冯·诺伊曼的魔咒如今被摧毁了。

现在，贝尔显得踌躇满志，通往爱因斯坦梦想的一切障碍都已经给他扫清了。冯·诺伊曼已经不再挡道，玻姆已经迈出了第一步，而他，已经打造出了足够致量子论以死命的武器，也就是那个威力无边的不等式。贝尔对世界的实在性深信不已：大自然不可能是依赖于我们的观察而存在的，这还用说吗？现在，似乎只要安排一个EPR式的实验，用无可辩驳的证据告诉世人：无论在任何情况下，贝尔不等式也是成立的。粒子之间心灵感应式的合作是纯粹的胡说八道、可笑的妄想，量子论已经把我们的思维搞得混乱不堪，是时候回到正常状况来了。量子不确定性……嗯，是一幅漂亮的作品、一种不错的尝试，值得在物理史上获得它应有的地位，毕竟它管用。但是，它不可能是真实，而只是一种近似！更为可靠、更为接近真理的一定是一种传统的隐变量理论，它就像相对论那样让人觉得安全，没有骰子乱飞，没有奇妙的多宇宙，没有超光速的信号。是的，只有这样才能恢复物理学的光荣，那个值得我们骄傲和炫耀的物理学，那个真正的、庄严的宇宙的立法者，而不是靠运气和随机性来主宰一切的投机贩子。

真的，也许只差那么小小的一步，我们就可以回到旧日的光辉中去了。那个从海森堡以来失落已久的极乐世界，那个宇宙万物都严格而丝丝入扣地有序运转的伟大图景，叫怀旧的人们痴痴想念的古典时代。真的，大概就差一步了，也许很快我们就可以在管风琴的伴奏中吟唱弥尔顿那神圣而不朽的句子：

昔有乐土，岁月其徂。
有子不忠，天赫斯怒。
彷徨放逐，维罪之故。
一人皈依，众人得赎。
今我来思，咏彼之复。
此心坚忍，无入邪途。
孽愆尽洗，重归正路。
瞻彼伊甸，崛起荒芜[2]。

只是贝尔似乎忘了一件事：威力强大的武器往往都是双刃剑。

[2]《复乐园》卷一，1—7。这里用的是笔者自己的翻译。

饭后闲话：玻姆和麦卡锡时代

玻姆是美国科学家，但他的最大贡献却是在英国做出的，这还要归功于20世纪40年代末50年代初在美国兴起的麦卡锡主义（McCarthyism）。

麦卡锡主义是冷战的产物，其实质就是疯狂地反共与排外。在参议员麦卡锡（Joseph McCarthy）的煽风点火下，这股“红色恐惧”之风到达了最高潮。几乎每个人都被怀疑是苏联间谍，或者是阴谋推翻政府的敌对分子。玻姆在“二战”期间曾一度参与曼哈顿计划，但他没干什么实质性的工作，很快就退出了。战后他到普林斯顿教书，和爱因斯坦一起工作，这时他遭到臭名昭著的“非美活动调查委员会”（Un-American Activities Committee）的传唤，要求他对一些当年同在伯克利的同事的政治立场进行做证，被玻姆愤然拒绝，并引用宪法第五修正案为自己辩护。

本来这件事也就过去了，但麦卡锡时代刚刚开始，恐慌迅即蔓延整个美国。两年后，玻姆因为拒绝回答委员会的提问而遭到审判，虽然他被宣判无罪，但是普林斯顿却不肯为他续签合同，哪怕爱因斯坦请求他作为助手留下也无济于事。玻姆终于离开美国，他先后去了巴西和以色列，最后在伦敦大学的Birkbeck学院安顿下来。在那里他发展出了他的隐函数理论。

麦卡锡时代是一个疯狂和耻辱的时代，2000多万人接受了所谓的“忠诚审查”。上至乔治·马歇尔将军，中至查理·卓别林，下至无数平民百姓都受到巨大的冲击。人们神经质地寻找所谓共产主义者，就像中世纪的欧洲疯狂地抓女巫一样。在学界，近百名教授因为“观点”问题离开了岗位，有华裔背景的如钱学森等遭到审查，著名的量子化学大师鲍林被怀疑是美共特务。越来越多的人被传唤去为同事的政治立场做证，这里面芸芸众生像，有如同玻姆一般断然拒绝的，也有些人的举动出乎意料。最著名的可能要算奥本海默一案了，奥本海默（J.Robert Oppenheimer）是曼哈顿计划的领导人，连他都被怀疑对国家“不忠诚”似乎匪夷所思。所有的物理学家都站在他这一边，然而爱德华·泰勒（Edward Teller）让整个物理界几乎不敢相信自己的耳朵。这位匈牙利出生的物理学家（他还是杨振宁的导师）说，虽然他不怎么觉得奥本海默会做出不利于国家的事情来，但是“如果问题是要凭他在1945年以来的行为来做出明智的判决，那么我可以说最好也不要肯定他的忠诚”“如果让公共事务掌握在别人手上，我个人会感觉更安全些的”。奥本海默的忠诚虽然最后没有被责难，但他的安全许可证被没收了，绝密材料不再送到他手上。虽然也有少数人（如惠勒）对泰勒表示同情，但整个科学界几乎不曾原谅过这个“叛徒”。

泰勒还是氢弹的大力鼓吹者和实际设计者之一（他被称为“氢弹之父”），他试图阻止《禁止地上核试验条约》的签署，他还向里根兜售了“星球大战”计划。他于2003年9月去世，享年95岁。卡尔·萨根在《魔鬼出没的世界》一书里，曾把他拉出来作为科学家应当为自己的观点负责的典型例子。

泰勒当然有自己的理由，他认为氢弹的制造实际上使得人类社会“更安全”。作为我们来说，也许只能衷心地希望科学本身不要受到政治的过多干涉，虽然这也许只是一个乌托邦式的梦想，但我们仍然如此祝愿。

Part. 2

玻尔还是爱因斯坦？那就是个问题。

物理学家们终于行动起来，准备以实践为检验真理的唯一标准，确确实实地探求一下，究竟世界符合两位科学巨人中哪一位的描述。玻尔和爱因斯坦的争论本来也只像是哲学上的一种空谈，泡利有一次对波恩说，和爱因斯坦争论量子论的本质，就像以前人们争论一个针尖上能坐多少个天使一般虚无缥缈。但现在已经不同，现在我们的手里有了贝尔不等式。两个粒子究竟是乖乖地臣服于经典上帝的这条神圣禁令，还是它们将以一种量子革命式的躁动蔑视任何桎梏，突破这条看起来庄严而不可侵犯的规则？如今我们终于可以把它付诸实践，一切都等待着命运之神最终的判决。

1969年，Clauser等人改进了玻姆的EPR模型，使其更容易实施。随即，人们在伯克利、哈佛和得克萨斯大学进行了一系列初步的实验，也许出乎贝尔的意料，除了一个实验外，所有的实验都模糊地指向量子论的预言结果。但是，最初的实验都是不严密的，和EPR的原型相去甚远：人们使原子辐射出的光子对通过偏振器，但技术的限制使得在所有的情况下，我们只能获得单一的＋的结果，而不是＋和－，所以要获得EPR的原始推论仍然要靠间接推理，并且当时使用的光源往往只能产生弱信号。

随着技术的进步，特别是激光技术的进步，更为精确严密的实验有了可能。进入20世纪80年代，法国奥赛理论与应用光学研究所（Institut d'Optique Théorique et Appliquée, Orsay Cédex）里的一群科学家准备第一次在精确的意义上对EPR做出检验，领导这个小组的是阿莱恩·阿斯派克特（Alain Aspect）。

法国人用钙原子作为光子对的来源，他们把钙原子激发到一个很高的量子态，当它落回到未激发态时，就释放出能量，也就是一对对光子。实际使用的是一束钙原子，但是可以用激光来聚焦，使它们精确地激发，这样就产生了一个强信号源。阿斯派克特等人使两个光子飞出相隔约12米远，这样即使信号以光速在它们之间传播，也要花上40纳秒（ns）的时间。光子经过一道闸门进入一对偏振器，但这个闸门也可以改变方向，引导它们去向两个不同偏振方向的偏振器。如果两个偏振器的方向是相同的，那么要么两个光子都通过，要么都不通过，如果方向不同，那么理论上说（按照爱因斯坦的世界观），其相关性必须符合贝尔不等式。为了确保两个光子之间完全没有信

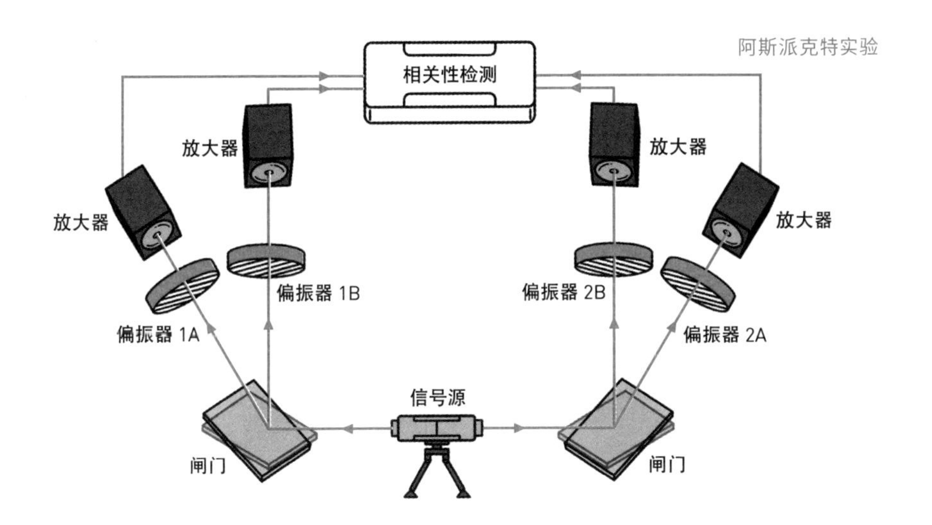

息的交流，科学家们急速地转换闸门的位置，平均10ns就改变一次方向，这比双方之间光速来往的时间都要短许多，光子不可能知道对方是否通过了那里的偏振器。作为对比，我们也考察两边都不放偏振器，以及只有一边放置偏振器的情况，以消除实验中的系统误差。

那么，现在要做的事情，就是记录两个光子实际的协作程度。如果它符合贝尔不等式，则爱因斯坦的信念就得到了救赎，世界恢复到独立可靠、客观实在的地位上来。反之，则我们仍然必须认真地对待玻尔那看上去似乎神秘莫测的量子观念。

时间是1982年，暮夏和初秋之交。七月流火，九月授衣，在时尚之都巴黎，人们似乎已经在忙着揣摩今年的秋冬季将会流行什么样式的时装。在酒吧里，体育迷们还在为国家队魂断西班牙世界杯而扼腕不已。那一年，在普拉蒂尼率领下的，被认为是历史上最强的那届国家队显示出了惊人的实力，却终于在半决赛中点球败给了西德人。高贵的绅士们在沙龙里畅谈天下大势，议论着老冤家英国人是如何在马岛把阿根廷摆布得服服帖帖的。在卢浮宫和奥赛博物馆，一如既往地挤满了来自世界各地的艺术爱好者。塞纳河缓缓流过市中心，倒映着埃菲尔铁塔和巴黎圣母院的影子，

也倒映出路边风琴手们的清澈眼神。

只是，有多少人知道，在不远处的奥赛光学研究所，一对对奇妙的光子正从钙原子中被激发出来，冲向那些命运攸关的偏振器；我们的世界，正在接受一场终极的考验，向我们揭开它那隐藏在神秘面纱后面的真实面目呢？

如果爱因斯坦和玻尔神灵不昧，或许他们也在天国中注视着这次实验的结果吧？要是真的有上帝的话，他老人家又在干什么呢？也许，连他也不得不把这一切交给命运来安排，用一个黄金的天平和两个代表命运的砝码来决定这个世界本性的归属，就如同当年阿喀琉斯和赫克托耳在特洛伊城下那场传奇的决斗。

一对，两对，三对……数据逐渐积累起来了。1万2千秒，也就是3个多小时后，结果出来了。科学家们都长出了一口气。

爱因斯坦输了！实验结果和量子论的预言完全符合，而相对爱因斯坦的预测却偏离了5个标准方差——这已经足够决定一切。贝尔不等式这把双刃剑的确威力强大，但它斩断的却不是量子论的光辉，而是反过来击碎了爱因斯坦所执着信守的那个梦想！

阿斯派克特等人的报告于当年12月发表在《物理评论快报》（*Physics*

Review Letters）上，科学界最初的反应出奇地沉默。大家都知道这个结果的重要意义，然而似乎都不知道该说什么才好。

爱因斯坦输了？这意味着什么？难道这个世界真的比我们所能想象的更为神秘和奇妙，以至我们那可怜的常识终于要在它的面前破碎得七零八落？这个世界不依赖于你也不依赖于我，它就是“在那里存在着”，这不是明摆着的事情吗？为什么站在这样一个基本假设上所推导出来的结论和实验结果之间有着无法弥补的鸿沟？是上帝疯了，还是你我疯了？

全世界的人们都试图重复阿斯派克特的实验，而且新的手段也开始不断地被引入，实验模型越来越靠近爱因斯坦当年那个最原始的EPR设想。马里兰和罗切斯特的科学家们使用了紫外光，以研究观测所得到的连续的，而非离散的输出相关性。在英国的Malvern，人们用光纤引导两个纠缠的光子，使它们分离4公里以上，而在日内瓦，这一距离达到了数十公里。即使在这样的距离上，贝尔不等式仍然遭到无情的突破。

另外，按照贝尔原来的设想，我们应该不让光子对“事先知道”观测方向是哪些，也就是说，为了确保它们能够对不可预测的事件进行某种似乎不可思议的超距的合作，我们应该在它们飞行的路上做出随机观测方向的安排。在阿斯派克特实验里，我们看到他们以10ns的速度来转换闸门，然而他们使两光子分离的距离为12米还是显得太短，不太保险。1998年，奥地利因斯布鲁克（Innsbruck）大学的科学家们让光子飞出相距400米，这样他们就有了1.3微秒的时间来完成对偏振器的随机安排。这次时间上绰绰有余，其结果是如此地不容置疑，爱因斯坦这次输得更惨——30个标准方差！

1990年，Greenberger、Horne和Zeilinger等人向人们展示了，就算不用贝尔不等式，我们也有更好的方法来昭显量子力学和一个“经典理论”（定域的隐变量理论）之间的尖锐冲突，这就是著名的GHZ测试（以三人名字的首字母命名），它牵涉到三个或更多光子的纠缠。2000年，潘建伟、Bouwmeester、Daniell等人在*Nature*杂志上报道，他们的实验结果再次否决了定域实在，也就是爱因斯坦信念的可能性——8个标准方差！

在全世界各地的实验室里，粒子们都顽强地保持着一种微妙而神奇的联系。仿佛存心要炫耀自己的能力似的，它们一再地嘲笑经典世界定下的所谓不可突破的束缚，一次又一次把那个被宣称是不可侵犯的教条踩在脚下。然而，对于那些心存侥幸的顽固派来说，即便实验结果已经如此一边倒，他们仍然抱有最后一丝的怀疑态度。因为所有这些实验仍然都还有着小小的、内在的可能漏洞。一方面，两个纠缠光子之间的距离仍然太近，不能排除有某种信号在它们之间传递。另一方面，我们测量光子的仪器效率还不是很高，因此就有一种微小的可能性，所得到的结果是因为测量偏差而导致的。

不过，2015年10月，荷兰Delft技术大学的一个小组进行了有史以来第一次对贝尔不等式的无漏洞验证实验。他们把两个金刚石色心放置在相距1.3公里的两个实验室中，并以高达96%的测量效率检验了两者之间的纠缠。结果，在最严格的条件下，量子论仍然取得了最后的胜利，以2.1个标准方差击败了爱因斯坦。对于学界来说，这个实验结果也许并不出人意料，但其意义却是极为重大的。因为我们终于可以消除最后一丝怀疑，从此之后，贝尔不等式可以被正式地称为贝尔定律了。

黯淡了刀光剑影，远去了鼓角争鸣，终于，玻尔和爱因斯坦长达数十年的论战硝烟散尽，量子论以胜利者的姿态笑到了最后。可惜，爱因斯坦早已作古，而贝尔也在1990年因为中风而离开了人间。如果他们活到今天，不知道会对此发表什么样的看法呢？我们似乎听到在遥远的天国，那段经典的对白仍在不停地重复着：

爱因斯坦：玻尔，亲爱的上帝不掷骰子！

玻尔：爱因斯坦，别去指挥上帝应该怎么做！

现在，就让我们狂妄一回，以一种尼采式的姿态来宣布：

爱因斯坦的上帝已经死了。

Part. 3

阿斯派克特在1982年的实验（准确地说，一系列实验）是20世纪物理史上影响最为深远的实验之一，它的意义甚至可以和1886年的迈克尔逊—莫雷实验相提并论。但是，相比迈克尔逊的那个让所有人都瞠目结舌的实验来说，阿斯派克特所得到的结果却在“意料之中”。大多数人一早便预计到，量子论的胜利是不在话下的。量子论自1925年创立以来，到那时为止，已经经历了近60年的风风雨雨，它在每一个领域都显示出了强大的力量，没有任何实验结果能够对它提出哪怕一点点的质疑。最伟大的物理学家（如爱因斯坦和薛定谔）向它猛烈开火，试图从根本上颠覆掉它，可是它的灿烂光辉却显得更加耀眼夺目。从实用的角度来说，量子论是有史以来最成功的理论，它不但远超相对论和麦克斯韦电磁理论，甚至超越了牛顿的经典力学！量子论是从风雨飘摇的乱世中成长起来的，是久经革命考验的战士，它的气质在风刀霜剑的严酷相逼之下被磨砺得更加坚韧而不可战胜。的确，没有多少人会想象这样一个理论会被一个不起眼的实验轻易地打倒在地，从此翻不了身。阿斯派克特实验的成功，只不过是量子论所经受的又一个考验（虽然是最严格的考验），给它那身已经品尝过无数胜利的戎装上又添上一枚荣耀的勋章罢了。现在我们知道，它即使在如此苛刻的条件下，也仍然是成功的。是的，不出所料！这一消息并没有给人们的情感上带来巨大的冲击，引起一种轰动效应。

但是，它的确把物理学家们逼到了一种尴尬的地步。本来，人们在世界究竟是否“实在”这种问题上通常乐于奉行一种鸵鸟政策，能闭口不谈的就尽量不去讨论。量子论只要管用就可以了嘛，干吗非要刨根问底地去追究它背后的哲学意义到底是什么样的呢？虽然有爱因斯坦之类的人在为它担忧，但大部分科学家还是觉得无所谓的。不过现在，阿斯派克特终于逼着人们要摊牌了。一味地缩头缩脑是没用的，人们必须面对这样一个事实：实验否决了经典图景的可能性！

爱因斯坦的梦想如同泡沫般破碎在无情的数据面前，我们再也回不去那个温暖舒适的安乐窝中，而必须面对风雨交加的严酷现实。我们必须再一次审视我们的常识，追问一下它到底有多可靠，在多大程度上会给我们带来误导。对于贝尔来说，他所发现的不等式却最终背叛了当初的理想，不仅没有把世界拉回经典图像中来，而且反过来把它推向了绝路。在阿斯派克特实验之后，我们必须说服自己相信这样一件事情：

定域的隐变量理论是不存在的！

换句话说，我们的世界不可能如同爱因斯坦所梦想的那样，既是定域的（没有超光速信号的传播），又是实在的（存在一个客观确定的世界，可以为隐变量所描述）。定域实在性（local realism）从我们的宇宙中被实验排除了出去，现在我们必须做出艰难的选择：要么放弃定域性；要么放弃实在性。

如果我们放弃实在性，那就回到量子论的老路上来，承认在我们观测之前，两个粒子不存在于“客观实在”之内。它们不具有通常意义上的物理属性（如自旋），只有当观测了以后，这种属性才变得有意义。在EPR实验中，不到最后关头，我们的两个处于纠缠态的粒子都必须被看成一个不可分割的整体，那时在现实中只有“一个粒子”（当然是叠加着的），而没有“两个粒子”。所谓两个粒子，只有当观测后才成为实实在在的东西。当然，在做出了这样一个令人痛心的让步后，我们还是可以按照自己的口味不同来选择，究竟是更进一步，彻底打垮决定论，也就是保留哥本哈根解释；还是在一个高层次的角度上，保留决定论，也即采纳多宇宙解释！需要说明的是，MWI究竟算不算一个定域的（local）理论，各人之间的说法还是不尽相同的。除去Stapp这样的反对者不谈，甚至在它的支持者（比如Deutsch，Tegmark或者Zeh）中，其口径也不是统一的。不过这也许只是一个定义和用词的问题，因为量子纠缠本身或许就可以定义为某种非定域的物理过程[3]，但大家都同意，MWI肯定不是一个定域实在的理论，而且超光速的信号传递在其内部也是不存在的。关键在于，根据MWI，每次我们进行观测都在“现实”中产生了不止一个结果（事实上，是所有可能的结果）！这和爱因斯坦所默认的那个传统的“现实”是很不一样的。

这样一来，那个在心理上让人觉得牢固可靠的世界就崩塌了（或者，“坍缩”了）。不管上帝掷不掷骰子，他给我们建造的都不是一幢在一个绝对的外部世界严格独立的大厦。它的每一面墙壁、每一块地板、每一道楼梯……都和在其内部进行的种种活动密切相关，无论这种活动是不是包含了有“意识”的观测者。这幢大楼非但不是铁板一块，相反，它的每一层楼都以某种特定的奇妙方式纠缠在一起，以至分居在顶楼和底楼的住客仍然保持着一种心有灵犀的感应。

但是，如果你忍受不了这一切，我们也可以走另一条路，那就是说，不惜任何代价，先保住世界的实在性再说。当然，这样一来就必须放弃定域性。我们仍然有可能建立一个隐变量理论，如果容忍某种超光速的信号在其体系中来回，则它还是可以很好地说明我们观测到的一切。比如在EPR中，天际两头的两个电子仍然可以通过一种超光速的瞬时通信来确保它们之间进行成功的合作。事实上，玻姆的体系就很好地在阿斯派克特实验之后仍然存活着，因为他的“量子势”的确暗含着这样的超距作用。

[3] 见Zeh，*Found of Physics Letters* 13，2000，p.22。

可是如果这样的话，我们也许并不会觉得日子好过多少！超光速的信号？老大，那意味着什么？想一想爱因斯坦对此会怎么说吧，超光速意味着获得了回到过去的能力！这样一来，我们甚至将陷入比不确定更加棘手和让人迷惑的困境。比如，想象那些科幻小说中著名的场景：你回到过去杀死了尚处在襁褓中的你，那会产生什么样的逻辑后果呢？虽然玻姆也许可以用高超的数学手段向我们展示，尽管存在着这种所谓超光速的非定域关联，他的隐函数理论仍然可以禁止我们在实际中做到这样的信号传递。因为大致上来说，我们无法做到精确地“控制”量子现象，所以在现实的实验中，我们将在统计的意义上得到和相对论的预言相一致的观测极限。也就是说，虽然在一个深层次的意义上存在着超光速的信号，但我们却无法刻意与有效地去利用它们来制造逻辑怪圈。不过无论如何，对于这种敏感问题，我们应当非常小心才是。放弃定域性，并不比放弃实在性来得让我们舒服！

阿斯派克特实验结果出来之后，BBC的广播制作人朱里安·布朗（Julian Brown）和纽卡斯尔大学的物理学教授保罗·戴维斯（Paul Davies，他也是当代最有名的科普作家之一）决定调查一下科学界对这个重要的实验究竟会做出什么样的反应。他们邀请8位在量子论领域最有名望的专家作了访谈，征求对方对量子力学和阿斯派克特实验的看法。这些访谈记录最后被汇集起来，编成一本书，于1986年由剑桥出版社出版，书名叫作《原子中的幽灵》（*The Ghost in the Atom*）。

阅读这些访谈记录真是给人一种异常奇妙的体验和感受。你会看到最杰出的专家们是如何各持己见，在同一个问题上抱有极为不同，甚至截然对立的看法。阿斯派克特本人肯定地说，他的实验从根本上排除了定域实在的可能。他不太欣赏超光速的说法，而是对现有的量子力学表示了同情。贝尔虽然承认实验结果并没有出乎意料，但他仍然绝不接受掷骰子的上帝。他依然坚定地相信，量子论是一种权益之计，他想象量子论终究会有一天被更为复杂的实验证明是错误的。贝尔愿意以抛弃定域性为代价来换取客观实在，他甚至设想以复活“以太”的概念来达到这一点。惠勒的观点则有点暧昧，他承认自己一度支持埃弗莱特的多宇宙解释，但接着又说因为它所带来的形而上学的累赘，他已经改变了观点。惠勒讨论了玻尔的图像，意识参与的可能性以及他自己的延迟实验和参与性宇宙，他仍然对精神在其中的作用表现得饶有兴趣。

鲁道夫·佩尔斯（Rudolf Peierls）的态度简明爽快：“我首先反对使用‘哥本哈根解释’这个词。”他说，“因为这听上去像是说量子力学有好几种可能的解释一样。其实只存在一种解释：只有一种你能够理解量子力学的方法（也就是哥本哈根的观点！）。[4]”这位曾经在海森堡和泡利手下学习过的物理学家仍然流连于革命时代那波澜壮阔的观念，把波函数的坍缩认为是一种唯一合理的物理解释。大卫·德义奇也毫不含糊地向人们推销多宇宙的观点。他针对奥卡姆剃刀对“无法沟通的宇宙的存在”提出的诘问时说，MWI是最为简单的解释，相对于种种比如“意识”这样稀奇古怪的概念来说，多宇宙的假设实际上是最廉价的！他甚至描述了一种“超脑”实验，认为可以让一个人实际地感受到多宇宙的存在！接下来是玻姆，他坦然地准备接受放弃物理中的定域性，而继续维持实在性。“对于爱因斯坦来说，确实有许多事情按照他所预料的方式发生。”玻姆说，“但是，他不可能在每一件事情上都是正确的！”在玻姆看来，狭义相对论也许可以看成是一种普遍情况的一种近似，正如牛顿力学是相对论在低速情况下的一种近似那样。作为玻姆的合作者之一，巴西尔·海利（Basil Hiley）也强调了隐变量理论的作用。而约翰·泰勒（John Taylor）则描述了另一种完全不同的解释，也就是所谓的“系综”解释（the ensemble interpretation）。系综解释持有的是一种非常特别的统计式的观点，也就

■ [4] 这句话或许不是他的原创，至少罗森菲尔德就曾经表达过类似的意思。

是说，物理量只对平均状况才有意义，对单个电子来说，是没有意义的，它无法定义！我们无法回答单个系统，比如一个电子通过了哪条缝这样的问题，而只能给出一个平均统计！我们在史话的后面再来详细地介绍系综解释。

在这样一种大杂烩式的争论中，阿斯派克特实验似乎给我们的未来蒙上了一层更加扑朔迷离的影子。爱因斯坦有一次说：“虽然上帝神秘莫测，但他却没有恶意。”（Raffiniert ist der Herrgott, aber boshaft ist er nicht.）但这样一位慈祥的上帝似乎已经离我们远去了，留给我们一个难以理解的奇怪世界，以及无穷无尽的争吵。我们在隐函数这条道路上的探索也快接近尽头了，关于玻姆的理论，也许仍然有许多人对它表示足够的同情，比如格里宾（John Gribbin）在他的名作《寻找薛定谔的猫》（*In Search of Schrödinger's Cat*）中还把自己描述成一个多宇宙的支持者，而在10年后的《薛定谔的小猫以及对现实的寻求》（*Schrödinger's Kittens and the Search for Reality*）一书中，他对MWI的热情已经减退，而对玻姆理论表示出了谨慎的乐观。我们不清楚，也许玻姆理论是对的，但我们并没有足够可靠的证据来说服自己相信这一点。除了玻姆的隐函数理论之外，还有另一种隐函数理论，它由Edward Nelson所发明。大致来说，它认为粒子按照某种特定的规则在空间中实际地弥漫开去（有点像薛定谔的观点），类似波一般地确定地发展。我们不打算过多地深入探讨这些观点，我们所不满的是，它们所打出的宣传口号“回归经典”似乎是一种虚假广告，因为它们和爱因斯坦最初的理想仍然相去甚远！为了保有实在性而放弃定域性，也许是一件饮鸩止渴的事情。我们不敢说光速绝对不可超越，只是要推翻相对论，现在似乎还不是时候，毕竟相对论也是一个经得起考验的伟大理论。

我们沿着隐变量的路走来，但是它当初许诺给我们的那个美好蓝图，那个爱因斯坦式的理想却在实验的打击下终于破产。也许我们至少还保有实在性，但这不足以吸引我们中的许多人，让他们付出更多的努力和代价而继续前进。阿斯派克特实验严酷地将我们的憧憬粉碎，当然它并没有证明量子论是绝对正确的（它只是支持了量子论的预言，正如我们讨论过的那样，没什么理论可以被“证明”是对的），但它无疑证明了爱因斯坦的世界观是错的！事实上，无论量子论是错是对，我们都已经不可能追回传说中的那个定域实在的理想国，而这，也使我们丧失了沿着该方向继续前进的很大一部分动力。就让那些孜孜不倦的探索者继续前进，而我们还是退回到原来的地方，再继续苦苦追寻，看看有没有柳暗花明的一天。

饭后闲话：超光速

EPR背后是不是真的隐藏着超光速我们仍然不能确定，至少它表面上看起来似乎是一种类似的效应。不过，我们并不能利用它实际地传送信息，所以这和爱因斯坦的狭义相对论并非矛盾。

假如有人想利用这种量子纠缠效应，试图以超光速从地球传送某个消息去到半人马座α星[5]，他是注定要失败的。设想某个未来时代，某个野心家驾驶一艘宇宙飞船来到两地连线的中点上，然后使一个粒子分裂，两个子粒子分别飞向两个目标。他事先约定，假如半人马星上观测到粒子是“左旋”，则表示地球上政变成功，反之，如是“右旋”则表示失败。这样的通信建立在量子论的原理之上：地球上观测到的粒子的状态会“瞬间”影响到遥远的半人马星上另一个粒子的状态。但事到临头他却犯难了：假设他成功了，他如何确保他在地球上一定观测到一个“右旋”粒子，以保证半人马那边收到“左旋”的信息呢？他没法做到这点，因为观测结果是不确定的，他没法控制！他最多说，当他做出一个随机的观测，发现地球上

[5] 即南门二。它的一颗伴星是离我们地球最近的恒星，就是“比邻星”。很多读者来信询问，这个例子是不是在说刘慈欣的著名科幻小说《三体》，但本书最初写成时，《三体》尚未出版，因此，只能算是巧合。从量子论的角度来看，《三体》中智子利用量子纠缠来传递超光速信号的设想应该是不能实现的，不过，我们也不必以这样严苛的眼光来对待虚构类的科幻小说。

的粒子是“右旋”的时候，那时他可以有把握地、100%地预言遥远的半人马那里一定收到“左”的信号。而如果他想利用贝尔不等式，他就必须知道，另一边具体采取了什么观测手段，在哪一个方向上进行了观测，而这个信息仍然需要通过常规的方法来获取，因此不可能超过光速。所以，总的来说，量子纠缠并不违反相对论的原理，因为你无法利用这种“超光速”传递信息，并产生逻辑上的自我矛盾（比如回到过去杀死你自己之类的）。

如今，建立在纠缠原理上的量子通信已经成为可能，而且已经有很多具体通信协议的提出。在我们的整篇史话中，很少出现中国人的名字。不过令人欣慰的是，今天中国在量子通信领域已经毫无疑问地达到了世界顶尖水平，尤以中科大的潘建伟、郭光灿等小组最为有名。2016年，中国发射了世界首颗量子通信卫星“墨子号”，成为轰动一时的大新闻。当然，它的用途并不是很多人以为的那样，可以超光速地进行通话。量子通信，不管是利用纠缠态还是利用不可克隆原理，它最大的好处是：如果遭到中途窃听，那么由于量子的独特性质，通话对象可以轻易地发现这一点。所以，从这个意义上来说，量子通信是一种安全性极高的通信方式，不可能中途泄密。在未来的宇宙战争中，我们大可放心地用它来指挥数光年之外的舰队，当然，这可能是科幻小说家感兴趣的题材了。

回到超光速的话题上来。2000年，王力军，Kuzmich等人在*Nature*上报道了另一种“超光速”，它牵涉到在特定介质中使得光脉冲的群速度超过真空中的光速[6]。不过，这也并不违反相对论，也就是说，它并不违反严格的因果律，我们的结果无法“回到过去”影响原因，同时它也无法携带实际的信息。

其实我们的史话一早已经讨论过，德布罗意“相波”的速度c^2/v就比光速要快，但只要不携带能量和信息，它就不违背相对论。相对论并非有

[6] *Nature* V406。

些人所臆想的那样已被推翻，相反它始终是我们所能依赖的最可靠的基石之一。

Part. 4

哥本哈根，MWI，隐变量。我们已经是第三次在精疲力竭之下无功而返了。隐变量所给出的承诺固然美好，可是最终的兑现却是大打折扣的，这未免让人丧气。虽然还有玻姆在那里热切地召唤，但为了得到一个决定性的理论，我们付出的代价是不是太大了点？这仍然是很值得琢磨的事情，同时也使得我们不敢轻易地投下赌注，义无反顾地沿着这样的方向走下去。

如果量子论注定了不能是决定论的，那么我们除了推导出类似“坍缩”之类的概念以外，还可以做些什么假设呢？

有一种功利而实用主义的看法，是把量子论看作一种纯统计的理论：它无法对单个系统做出任何预测，它所推导出的一切结果，都是一个统计上的概念！也就是说，在量子论看来，我们的世界中不存在什么“单个”（individual）的事件，每一个预测，都只能是平均式的，针对“整个集合”，或者叫作“系综”（ensemble）的，这也就是“系综解释”（the ensemble interpretation）一词的来源。

大多数系综论者都喜欢把这个概念的源头上推到爱因斯坦，比如John Taylor，或者加拿大McGill大学的B. C. Sanctuary。爱因斯坦曾经说过：“任何试图把量子论的描述看作是对‘单个系统’的完备描述的做法都会使它成为极不自然的理论解释。但只要接受这样的理解方式，也即（量子论的）描述只能针对系统的‘全集’，而非单个个体，上述的困难就马上不存在了。”这个论述成为系综解释的思想源泉[7]。

嗯，怎么又是爱因斯坦？我们还记忆犹新的是，隐变量不是也把他拉出来作为感召和口号吗？或许爱因斯坦的声望太隆，任何解释都希望从他那里取得权威性，不过无论如何，从这一点来说，系综和隐变量实际上是有着相同的文化背景的。但是它们之间不同的是，隐变量在做出“量子论只不过是统计解释”这样的论断后，仍然怀着满腔热情去寻找隐藏在它背后那个更为终极的理论，试图把我们所看不见的隐变量找出来，最终实现物理世界梦想的最高目标：理解和预测自然。它那锐意进取的精神固然可敬，但正如我们已经看到的那样，在现实中遭到了严重的困难和阻挠，不得不为此放弃许多东西。

相比隐变量那勇敢的冲锋，系综解释选择固本培元，以退为进的战略。在它看来，量子论是一个足够伟大的理论，它已经充分界定了这个世界可理解的范畴。的确，量子论给我们留下了一些盲点，一些我们所不能把握的东西，比如我们没法准确地同时得到一个电子的位置和动量，这让一些持完美主义的人们寝食难安。但系综主义者说：“不要徒劳地去探索那未知的领域了，因为实际上不存在这样的领域！我们的世界本质上就是统计性质的，没有一个物理理论可以描述‘单个’事件，事实上，在我们的宇宙中，只有‘系综’，或者说‘事件的全集’才是有物理意义的。”

这是什么意思呢？我们打个比方。假设每个人都有一种物理属性，称之为“友善度”，代表了你在人群中的受欢迎程度。但是，只要仔细想一想，你就会发现，这种属性只能结合具体的某个“群体”而言。如果把一个人单单拎出来，凭空讨论他“友善度”有多高，这是没有意义的。因为如果你把他放到一群朋友中间，他肯定很受欢迎，如果把他扔到仇敌当中，那他自然

[7] 可见Max Jammer的名著《量子力学的哲学》。

就会受到排挤。所以，一个人的“友善度”有多高，这并不取决于他本身，而取决于你把他放到哪个群体之中，或者说，看你把他归类为哪个集合（系综）的一员。“友善度”是一个属于群体的概念，而不是个人属性。只有先定义了一个群体（系综），我们才能谈论其中某个成员的“友善度”究竟有多高。

而“概率”也一样。在概率的“频率主义派”（frequencists）看来，“单个事件”是没有概率的，讨论它的概率毫无意义。比方说，我们从马路上随便拉来一个小伙子，请问他身高的最大概率，或者说“身高期望”是多少？显然，你会发现，要想讨论这个问题，我们首先得把他归类到某一个“集合”，或者“系综”里面去。如果你把他定义为“地球人”这个集合中的一员，那他的身高期望可能是1米62（也就是所有地球人，包括男女老幼身高的平均值，当然这个数字是随便写的，仅用来举例）；如果你把他定义为“男人”中的一员，那他的身高期望可能就是1米69；如果你把他定义为“中国北方20岁青年”中的一员，那他的身高期望可能就是1米73……

所以同样的道理，对于一个人来说，他的“身高期望”是多少，这取决于你把他归类到哪个集合，而不取决于他本身。这是一个属于“系综”的概念！对这个小伙子本身来说，他并没有什么唯一的、确定的“身高期望”，脱离了系综空谈“身高期望”是没有意义的。

电子同样如此。我们问：单个电子通过“左缝”的概率是多少？如果你没有定义该电子的“系综”，那这个问题就毫无意义。正确的问法是：我们让大量电子通过双缝，并在左边那条缝上装上探测装置。在这种情况下，如果某个电子属于该实验中“所有的电子”集合里的一员，请问它通过左缝的概率是多少？你看，只有先精确地描述了实验（或者观测）方式，精确地定义了整个系综之后，我们才能回答这个问题。在这里，答案显然是50%。

波和粒子的问题同样类似。如果你简单地问：电子是波还是粒子？这个问题是没有意义的。你只能这样问：假设我们把参与到某个光电效应实验中的光子全体定义为一个系综，那如果某个特定光子属于这个系综，请问它呈现出来的属性是粒子还是波？在这个问题中，答案当然是粒子。

为什么不能好好说话，非要这样七弯八绕呢？因为在系综派看来，只有系综才有各种属性，而单个物体是没有属性的。你可以回头想一想在前面的章节里，我们曾经提过的那种说法：如果没有精确地定义某种观测方式，空自讨论电子的属性（如动量、位置等）就是无意义的。在这里，定义一个观测方式，实际上就是要求你先定义这个电子的系综。

奇怪，好像有什么地方不对劲。这套说辞听起来似乎无懈可击，但如果我们仔细琢磨，它似乎有点像是某种“正确的废话”，好比英国神剧《是，大臣》（*Yes Minister*）里面老奸巨猾的公务员那种冗长而又堂而皇之的官僚主义套词。你不能问一个电子究竟是粒子还是波，你只能先假设如果有一个电子属于波的系综，然后再问它究竟是粒子还是波，回答是波。可是……这难道不是坑人吗？

同样，我们都知道如果大量电子自由通过双缝，会组成干涉条纹。可是现在我们关心的不是“大量电子”，而是“单个电子”！我们想知道在这个过程中，单个电子是如何通过双缝的，它具体的轨迹是什么？但系综论者却告诉我们：单个电子没有轨迹，“轨迹”是一个属于系综的统计概念，只有定义了系综之后，我们才能谈论轨迹。比如，在双缝实验里，“轨迹”就是大量电子通过双缝的总和，也即是干涉条纹。除此之外，其他一律无可奉告。

从某种程度上来说，系综主义者采取的是一种“眼不见为净”的做法。对于我们最为彷徨困惑的那些问题，比如单个电子的轨迹、单个薛定谔猫的死活，等等。它简单地把这些问题统统划为“没有意义”。讨论这些话题，就像讨论“时间被创造前一秒”“比光速快两倍的速度”，或者“绝对零度低五度”一样，虽然不存在语法上的障碍，但在物理上却是说不通的。John Taylor在采访中表示：“单个系统”中究竟发生了什么，这在量子力学里是不被允许讨论的。我们这个世界的所有属性，都是统计性质的，而单个事件呢？单个事件没有属性。

许多人也许会对此感到奇怪，但归根结底，这中间仍然凸显了两种哲学观念的冲突。就像我们前面举的例子，对于某个小伙子来说，他本身并没有什么“身高期望”，因为这是一个统计性质的概念，你只有把他扔到某个“人群”里之后，才能结合系综来谈论所谓的身高期望。但尽管如此，我们大多数人仍然不言而喻地认为，无论如何这个小伙子肯定还拥有一个“实际身高”。这个身高是他自身的固有属性，而不取决于你把他扔进哪个人群，或者怎么去定义他！

但在系综主义者看来，这只是我们的错觉而已。他们坚持认为，这个世界上一切的“物理属性”都是类似于“身高期望”那样的统计概念，而根本就不存在属于个体的“实际身高”！所有的物理量都是由系综决定的，就像那匹可怜的马，它是什么颜色，只取决于我们定义的观测方式（系综），而并没有一个“实际的”颜色存在。人们煞费苦心，不断地搞出什么“坍缩”或者“多宇宙”之类的疯狂概念，完全只是庸人自扰，是在向风车宣战。只要承认单个事件没有物理属性，单个电子没有路径，单只薛定谔猫没有死活，那么一切麻烦自然也就不存在了！

仅从实用角度出发，系综解释当然是完美无缺的。它一方面保留了现有量子论的全部数学形式，另一方面又聪明地通过“划清界限”的方式把自己包裹在刀枪不入的坚壳之中。但是，对于这种关起门来，然后声称所有的问题都已经解决的做法，我们总觉得有点不太满意。

首先，这里牵涉到一个基本的真实性问题。声称单个电子的行为“没有意义”固然方便，但大自然真是这样的吗？还是说，这只是我们借以逃避困难的一种托词而已？如果仅仅因为薛定谔的猫又死又活，违反常识，就认为单只猫“没有死活的属性”，这似乎并不构成有说服力的理由，毕竟在科学史上颠覆常识的事情已经发生过太多次。

其次，如果所有的物理概念都是统计性质的，由系综决定的，这便不可避免地牵涉到主观性问题。因为所谓“系综”，实际上都是我们主观定义的，并没有哪条宇宙法则规定你必须要选择哪个系综。好比那个小伙子，如果我们把他归类为“地球人”，那么“地球人”就是他的系综。同样，我们也可以随着自己的喜好，把他定义成“男人”“教师”或者“山东人”，等等。这完全是主观的！然而，在不同的系综里，他就会具有不同的“属性”，比如身高期望、预期寿命等都会因所属群体的不同而相应发生改变。同样，一个电子的动量或位置取决于我们选择什么样的测量方式，每一种测量方式就对应了一种系综。在不同的测量方式下，电子表现出不同的动量/位置来，但并没有什么原则规定哪种测量方式才是“标准”。

这就带来一个问题。如果说物理学的一切都是统计概念，都取决于系综，这也就是说，宇宙中所有的物理现象其实都是由我们主观决定的，而根本就没有什么“客观”的物理量！这和把“观测者”放到宇宙中心又有什么分别呢？就算我们承认，一个电子确实没有什么固定的“本来状态”，它是波还是粒子，完全取决于我们如何去测量它。但是，许多人终究还是抱着一丝信念：这个宇宙中一定还有一些“客观”的东西，它不依赖于我们的主观选择，也不依赖于系综而存在。

最后，就算我们毕竟too young吧，但至少我们血液中的热情还没有冷却，对这个宇宙仍然怀有深深的好奇。我们仍然觉得，探讨“单个电子在哪里”或者“薛定谔的猫到底是死是活”是一件很有意思也很有意义的事情。或许正是这些问题引发了各种“麻烦”，但对于真相的探索和奥秘的好奇，难道不也是物理学吸引我们的最大理由吗？

因此，虽然系综主义者圈出了一个温暖的安乐窝，邀请我们留在其中安享其乐，我们却仍然要选择继续前进，穿过更加幽深的峡谷和神秘的森林去进行新的探险。现在，前方又出现了两条新辟的道路，虽然坎坷颠簸，行进艰难，但沿途奇峰连天，枯松倒挂，瀑布飞湍，冰崖怪石，那绝美的景色一定不会令你失望。让我们继续出发吧。

Part. 5

也许你已经厌倦了光子究竟通过了哪条狭缝这样的问题，管它通过了哪条，这和我们又有什么关系呢？一个小小的光子是如此不起眼，它的世界和我们的世界相去甚远，根本无法联系在一起。在大多数情况下，我们甚至根本没法看见单个的光子[8]。在这样的情况下，大众对于探究单个光子究竟是“幽灵”还是“实在”无疑持无所谓的态度，甚至觉得这是一种杞人忧天的探索。

真正引起人们担忧的，还是那个当初因为薛定谔而落下的后遗症：从微观到宏观的转换。如果光子又是粒子又是波，那么猫为什么不是又死又活？如果电子同时又在这里又在那里，那么为什么桌子安稳地待在它原来的地方，没有扩散到整间屋子中去？如果量子效应的基本属性是叠加，为什么日常世界中不存在这样的叠加，或者我们为什么从未见过这种情况？

我们已经不厌其烦地听取了足够多的耐心解释：猫的确又死又活，只不过在我们观测的时候“坍缩”了；有两只猫，它们在一个宇宙中活着，在另一个宇宙中死去；猫从未又死又活，它的死活由看不见的隐变量决定；单只猫的死活是无意义的事件，我们只能描述无穷只猫组成的“全集”诸如此类的答案。也许你已经对其中的某一种感到满意，但仍有许多

▶ [8] 有人做过实验，肉眼看见单个光子是有可能的，但概率极低，而且它的波长必须严格地落在视网膜杆状细胞最敏感的那个波段。

人并不知足，一定还有更好、更可靠的答案。

现在让我们跟着一些开拓者小心翼翼地去考察一条新辟的道路，和当年扬帆远航的哥伦布一样，他们也是意大利人。这些开拓者的名字刻在路口的纪念碑上：Ghirardi，Rimini和Weber，下面是落成日期：1986年7月。为了纪念这些先行者，我们顺理成章地把这条道路以他们的首字母命名，称为GRW大道。

GRW的最初思路可以追溯到20世纪70年代的Philip Pearle。在这位物理学家看来，哥本哈根派的人物无疑是伟大和富有洞见的，但他们始终没能给出“坍缩”这一物理过程的机制，而且对于“观测者”的主观依赖也太重了些，最后搞出一个无法收拾的“意识”不说，还有堕落为唯心论的嫌疑。是否能够略微修改薛定谔方程，使它可以对“坍缩”有一个客观的、令人满意的解释呢？

顺着Pearle的思路，上面提到的三位意大利物理学家产生了一个想法。1986年7月15日，他们在《物理评论》杂志上发表了一篇论文，题为“微观和宏观系统的统一动力学”（Unified Dynamics for Microscopic and Macroscopic Systems），从而开创了GRW理论。GRW的主要假定是，任何系统，不管是微观还是宏观的，都不可能在严格意义上孤立，也就是和外界毫不相干。它们总是和环境发生着种种交流，为一些随机（stochastic）的过程所影响。这些随机的物理过程——不管它们实质上到底是什么——会随机地造成某些微观系统，比如一个电子的位置，从一个弥漫的叠加状态变为在空间中比较精确的定域（实际上就是哥本哈根口中的“坍缩”）。尽管对单个粒子来说，这种过程发生的可能性是如此之低——按照他们原本的估计，平均要等上10^{16}秒，也就是近10亿年才会发生一次。所以从整体上看，微观系统基本上处于叠加状态是不假的，但这种定域过程的确偶尔发生，我们把这称为一个“自发的定域过程”（spontaneous localization）。GRW有时候也称为“自发定域理论”。

关键是，虽然对单个粒子来说，要等上如此漫长的时间才能迎来一次自发定域，可是对于一个宏观系统来说可就未必了。拿薛定谔那只可怜的猫来说，一只猫由大约10^{27}个粒子组成，虽然每个粒子平均要等上几亿年才有一次自发定域，但对像猫这样大的系统，每秒必定有成千上万的粒子经历了这种过程。

Ghirardi等人把薛定谔方程换成了所谓的密度矩阵方程，然后做了复杂的计算，看看这样的自发定域过程会对整个系统造成什么样的影响。他们发现，因为整个系统中的粒子实际上都是互相纠缠在一起的，少数几个粒子的自发定域会非常迅速地影响到整个体系，就像推倒了一块骨牌然后造成了大规模的多米诺效应一样。最后的结果是，整个宏观系统会在极短的时间里完成一次整体上的自发定域。如果一个粒子平均要花上10亿年时间，那么对于一个含有10^{23}个粒子的系统来说，它只要0.1微秒就会发生定域，使得自己的位置从弥漫开来变成精确地出现在某个地点。这里面既不需要“观测者”，也不牵涉到“意识”，它只是基于随机过程！

如果真的是这样，那么当决定薛定谔猫的生死的那一刻来临时，它的确经历了死/活的叠加！只不过这种叠加维持了非常短非常短的时间，然后马上“自发地”精确化，变成了日常意义上的、单纯的非死即活。因为时间很短，我们完全没法感觉到这一叠加过程！

嗯，这听上去的确不错，既符合常识，也没有引入什么惊人而疯狂的假设。太好了，现在我们有了一个统一的理论，可以一视同仁地解释微观上的量子叠加和宏观上物体的不可叠加性。

但是，GRW自身仍然面临着许多严重困难，这条大道并不是那样顺畅的。他们的论文发表当年，海德堡大学的E.Joos就向《物理评论》递交了关于这个理论的点评，并于次年发表，对GRW提出了质疑。自那时起，对GRW的疑问声一直很大，虽然有的人非常喜欢它，但是从未在物理学家中变成主流。怀疑的理由有许多是相当技术化的，对于我们史话的读者，我只想在最肤浅的层次上稍微提一些。

GRW的计算是完全基于随机过程的，而并不引入类如“观测使得波函数坍缩”之类的假设。他们在这里所假设的“自发”过程，虽然其概念和“坍缩”类似，实际上是指一个粒子的位置从一个非常不精确的分布变成一个比较精确的分布，而不是完全确定的位置！换句话说，不管坍缩前还是坍缩后，粒子的位置始终是一种不确定的分布，必须为统计曲线（高斯钟形曲线）所描述。所谓坍缩，只不过它是从一个非常矮平的曲线变成一个非常尖锐的曲线罢了。在哥本哈根解释中，只要一观测，系统的位置就从不确定变成完全确定了，而GRW虽然不需要“观测者”，但在它的框架里面没有什么东西是实际上确定的，只有“非常精确”“比较精确”“非常不精确”之类的区别。比如说，当我盯着你看的时候，你并没有一个完全确定的位置，虽然组成你的大部分物质（粒子）都聚集在你所站的那个地方，但真正描述你的还是一个钟形线（虽然是非常尖锐的钟形线）！我只能说，“绝大部分的你”在你所站的那个地方，而组成你的另外那“一小撮”（虽然是极少极少的一小撮）却仍然弥漫在空间中，充斥着整个屋子，甚至一直延伸到宇宙的尽头！

也就是说，在任何时候，“你”都填满了整个宇宙，只不过“大部分”的你聚集在某个地方而已。作为一个宏观物体的好处是，明显的量子叠加可以在很短的时间内完成自发定域，但这只是意味着大多数粒子聚集到了某个地方，总有一小部分的粒子仍然留在无穷的空间中。单纯地从逻辑上讲，这也没什么不妥，谁知道你是不是真有小到无可觉察的一部分弥漫在空间中呢？但这毕竟违反了常识！如果必定要违反常识，那我们干脆承认猫又死又活，似乎也不见得糟糕多少。

同时，GRW还抛弃了能量守恒。自发的坍缩使得这样的守恒实际上不成立，但破坏是那样微小，所需等待的时间是那样漫长，使得人们根本不注意到它。抛弃能量守恒在许多人看来是无法容忍的行为。我们还记得，

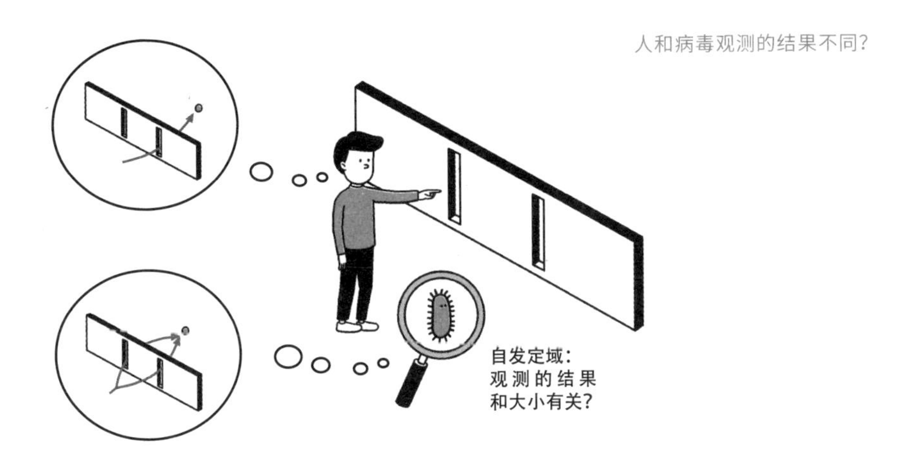

当年玻尔的BKS理论遭到了爱因斯坦和泡利多么严厉的抨击。

还有，如果自发坍缩的时间是和组成系统的粒子数量成反比的，也就是说组成一个系统的粒子越少，其位置精确化所要求的平均时间越长，那么当我们描述一些非常小的探测装置时，这个理论的预测似乎就不太妙了。比如要探测一个光子的位置，我们不必动用庞大而复杂的仪器，而可以用非常简单的感光剂来做到。如果好好安排，我们完全可以只用到数十亿个粒子（主要是银离子）来完成这个任务。按照哥本哈根的解释，这无疑也是一次“观测”，可以立刻使光子的波函数坍缩而得到一个确定的位置，但如果用GRW的方法来计算，这样小的一个系统必须等上平均差不多一年才会产生一次“自发”的定域。也就是说，如果我们进行这样的“观测”的话，就可能在“观测”后仍然保有一个长达一年的叠加态！

Roland Omnès后来提到，Ghirardi在私人通信中承认了这一困难[9]。但他争辩说，就算在光子使银离子感光这一过程中牵涉到的粒子数目不足以使系统足够快地完成自发定域，我们也无法意识到或者观察到这一点！如果作为观测者的我们不去观测这个实验结果，谁知道呢，说不定光子真的需要等

▶ [9] 见Omnès 1994。

上一年来得到精确的位置。可是一旦我们去观察实验结果，这就把我们自己的大脑也牵涉进整个系统中来了。关键是，我们的大脑足够“大”（有没有意识倒不重要），包含了足够多的粒子！足够大的物体与光子的相互作用使它迅速地得到了一个相对精确的定位！

推而广之，因为我们长着一颗大脑袋，所以不管我们看什么，都不会出现位置模糊的量子现象。要是我们拿复杂的仪器去测量，那么当然，测量的时候对象就马上变得精确了。即使仪器非常简单细小，测量以后对象仍有可能保持在模糊状态，它也会在我们观测结果时因为拥有众多粒子的“大脑”的介入而迅速定域。这样看来，我们是注定无法直接感觉到任何量子效应了，不知道一个足够小的病毒能否争取到足够长的时间来感觉到“光子又在这里又在那里”的奇妙景象（如果它能够感觉的话）？

最后，原版的薛定谔方程是线性的，而GRW用密度矩阵方程将它取而代之以后，实际上把整个理论体系变成了非线性的！这使它会做出一些和标准量子论不同的预言，而它们可以用实验来检验（只要我们的技术手段更加精确一些）！可是，标准量子论在实践中是如此成功、如此灿烂辉煌，以至任何想和它在实践上比高低的企图都显得前途不太美妙。我们已经目睹了定域隐变量理论的惨死，不知GRW能否有更好的运气？另一位量子论专家，因斯布鲁克大学的Zeilinger（提出GHZ检验的那个）在2000年为*Nature*杂志撰写的庆祝量子论诞生100周年的文章中大胆地预测，将来的实验会进一步证实标准量子论的预言，把非线性的理论排除出去，就像当年排除掉定域隐变量理论一样。

OK，我们之后再来为GRW的终极命运担心，我们现在只是关心它的生存现状。GRW保留了类似“坍缩”的概念，试图在此基础上解释微观到宏观的转换。从技术上讲它是成功的，避免了“观测者”的出现，但它没有解决坍缩理论的基本难题，也就是：坍缩本身是什么样的机制？再加上我们已经提到的种种困难，使得它并没有吸引到大部分物理学家来支持它。不过，

GRW不太流行的另一个重要原因，恐怕是很快就兴起了另一种解释，可以做到GRW所能做到的一切。虽然同样稀奇古怪，但它却不具备GRW的基本缺点。这就是我们马上要去观光的另一条道路：退相干历史（Decoherent Histories）。这也是在我们的漫长旅途中所重点考察的最后一条道路了。

New Adventures

新 探 险

New Adventures

History *of* Quantum Physics

Part. 1

1953年，年轻但是多才多艺的物理学家穆雷·盖尔曼（Murray Gell-Mann）离开普林斯顿，到芝加哥大学担任讲师。那时的芝加哥，仍然笼罩在恩里科·费米的光辉之下，自从这位科学巨匠在1938年因为对于核物理理论的杰出贡献而拿到诺贝尔奖之后，已经过去了近16年。盖尔曼也许不会想到，再过16年，相同的荣誉就会落在自己身上。

虽然已是功成名就，但费米仍然抱着宽厚随和的态度，愿意和所有的人讨论科学问题。在核物理迅猛发展的那个年代，量子论作为它的基础，已经被奉为神圣而不可侵犯的经典，但费米却总是有着一肚子的怀疑，他不止一次地问盖尔曼：

“既然量子论是正确的，那么叠加性必然是一种普遍现象。可是，为什么火星有着一条确定的轨道，而不是从轨道上向外散开去呢？”

自然，答案在哥本哈根派的锦囊中唾手可得：火星之所以不发散开去，是因为有人在“观察”它，或者说有人在看着它。每看一次，它的波函数就坍缩了。但无论费米还是盖尔曼，都觉得这个答案太无聊和愚蠢，必定有一种更好的解释。

可惜在费米的有生之年，他都没能得到更好的答案。他很快于1954年去世，而盖尔曼则于次年又转投加州理工，在那里开创属于他的伟大事业。加州理工的好学生源源不断，哈特尔（James B. Hartle）就是其中之一。20世纪60年代，他在盖尔曼的手下攻读博士学位，对量子宇宙学进

盖尔曼
Murray Gell-Mann
1929—

行了充分的研究和思考，有一个思想逐渐在他的脑海中成形。那个时候，费曼的路径积分方法已经被创立了20多年，而到了70年代，正如我们在史话的前面所提起过的那样，一种新的理论——退相干理论在Zurek和Zeh等人的努力下也被建立起来了。进入80年代，埃弗莱特的多宇宙解释在物理学界死灰复燃，并迅速引起了众人的兴趣……一切外部条件都逐渐成熟，等1984年格里菲斯（Robert Griffiths）发表了他的论文之后，退相干历史（DH）解释便正式瓜熟蒂落了。

我们还记得埃弗莱特的MWI：宇宙在薛定谔方程的演化中被投影到多个“世界”中去，在每个世界中产生不同的结果。这样一来，在宇宙的发展史上，就逐渐产生越来越多的“世界”。历史只有一个，但世界有很多个！

当哈特尔和盖尔曼读到格里菲斯关于“历史”的论文之后，他们突然间恍然大悟，开始叫嚷：“不对！事实和埃弗莱特的假定正好相反：世界只有一个，但历史有很多个！”

提起“历史”（History）这个词，我们脑海中首先联想到的恐怕就是诸如古埃及、巴比伦、希腊罗马、唐宋元明清之类的概念。历史学是研究过去的学问。但在物理上，过去、现在、未来并不分得很清楚，至少理论中没有什么特征可以让我们明确地区分这些状态。站在物理的角度谈“历史”，我们只把它定义成一个系统所经历的一段时间，以及它在这段时间内所经历的状态变化。比如我们讨论封闭在一个盒子里的一堆粒子的“历史”，则我们可以预计它们将按照热力学第二定律逐渐地扩散开来，并最终达到最大的热辐射平衡状态。当然，也有可能在其中会形成一个黑洞并与剩下的热辐射相平衡，由于量子涨落和霍金蒸发，系统很有可能将在这两个平衡态之间不停地摇摆，但不管怎么样，对应于某一个特定的时刻，我们的系统将有一个特定的态，把它们连起来，就是我们所说的这个系统的“历史”。

在量子力学中，由于普朗克尺度的存在，时间是“不连续”的。当我们讨论“一段时间”的时候，我们所说的实际上是一个包含了所有“时刻”的集合，从t_0，t_1，t_2，一直到t_n而一个系统的“历史”，实际上就是指对应于时刻t_k来说，系统有相应的态A_k。

接下来，我们还是以广大人民群众喜闻乐见的比喻形式来说明问题。想象一支足球队参加某联赛，联赛一共要进行n轮。那么，这支球队的“历史”无非就是：对应于第k轮联赛（时刻k），如果我们进行观测，则得到这场比赛的结果A_k（A_k可以是1∶0，2∶1，3∶3，……）。

好，现在问题来了。我们还记得，在量子力学里如果对一个电子的动量进行“测量”，得到的结果并非唯一不变，它取决于我们的测量方式。由于不确定性原理的存在，我们可以把这个动量测得非常准确，也可以测得非常模糊，而两者都是“正确”的。

同样，如果测量一支球队的“历史”，也可能得到不同的结果。显然，假设我们测量得无限精细，那就会得到每一场比赛的无限信息，比如具体的比分、进球的方式、观众到场人数……为了简便起见，我们假定一场比赛最精细的信息就到具体比分为止，那么，如果精确地测量球队的历史，大约就会得到以下结果：

1∶2，2∶3，1∶1，4∶1，2∶0，0∶0，1∶3，……

大家可以看到，每一场比赛，我们都测得了最精细的信息，即具体比

密度矩阵

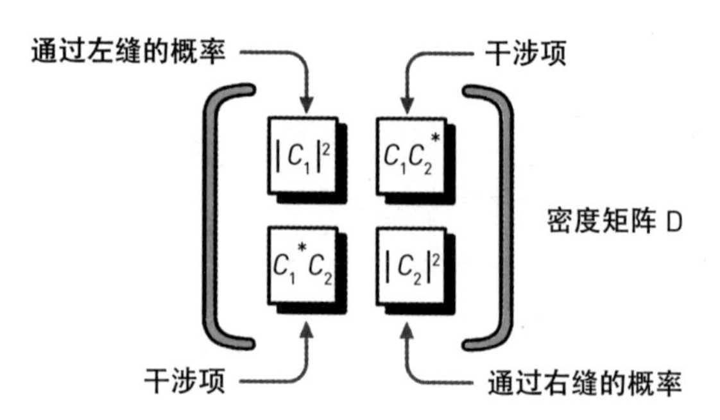

注：C_1、C_2是描述电子状态的两个常数。

12-2 密度矩阵

分。这样的历史，我们称为“精细历史”（fine-grained history）。

不过，很多时候我们也可以换一种“粗略”的方式进行测量。比方说，我们不需要具体知道几比几，只需要大概知道胜负结果就可以了。在这种指导思想下对一支球队的“历史”进行测量，得到的结果大约如下：

负，负，平，胜，胜，平，负，……

可以看到，这个测量结果“省略”了很多信息。现在我们只知道一场比赛的胜负，却不知道具体进了几个球，失了几个球，因此，这可以称为一种“粗略历史”（coarse-grained history）。

说这些有什么用呢？切莫心急，很快就见分晓。

在量子论中，最神奇的一点就是：当一个系统的历史足够“精细”时，它们就会“纠缠”在一起，产生“相干性”。比如我们熟悉的双缝前的电子，它“通过左缝”的历史和“通过右缝”的历史是互相纠缠、自我干涉的，因此我们无法分辨具体路径，只能认为它“同时”通过了双缝。在数学上，我们用“密度矩阵”来表示这两种历史的概率。稍作计算，你就会发现，在这个矩阵中，待在坐标左上角的那个值是“通过左缝”历史的概率，待在右下角的，则是“通过右缝”历史的概率。但除了这两者之外，在左下角和右上角还有两个值，这是什么东西？它们不是任何概率，而是两者之间的交叉干涉。正因为它们的存在，所以两种历史是纠缠的，它们的概率无法简单相加。

用我们的足球比喻来说，想象有两支球队进行一场比赛，而你发现赌球网站上预测，主队2：1获胜的概率是15%。奇妙的是，这却并不表明客队1：2落败的概率也是15%，因为这两个历史是“相干”的，你不能用经典概率去处理。

然而，这时候退相干理论出现了。我们在前面的章节中已经简单地介绍过这个理论，如果你还有印象，应该记得，在MWI里当两个“世界”的维度变大，自由度增加时，它们就会变得更加“正交”，以至互相失去联系，即退相干。

盖尔曼和哈特尔发现，这个理论也可以轻易地用来对各种“历史”进行处理，并且更加直观。和MWI里的“世界”一样，原来两个系统的“历史”也会退相干，而原因同样是自由度的增加。只不过在退相干历史解释中，自由度的增加意味着信息的省略。

我们前面已经说到，测量一个系统的“历史”有很多办法，除了精细历史之外，你也可以有意省略一些信息，从而得到“粗略的”历史。有意思的是，当计算两个“粗略历史”的密度矩阵时，你就会发现，它们之间的干涉神奇消失了。换句话说，密度矩阵左下角和右上角的两个值都变成了0，只剩下对角线上的两个值。而密度矩阵的“对角化”也就意味着两个历史产生了退相干，变成了非此即彼的经典概率。

还是用足球来比喻，同样是两支球队比赛，如果你发现赌博网站上预言，主队“胜”的概率是40%，这时候你就不妨自信地断言，这意味着客队“负”的概率也是40%。和2：1、1：2不同，“胜”和“负”两种历史不会产生相干或者纠缠。

这是为什么呢？关键就在信息上。原来一个粗略历史因为忽略了很多信息，使它实际上变成了一个“历史集合”：其下面包含了大量的精细历

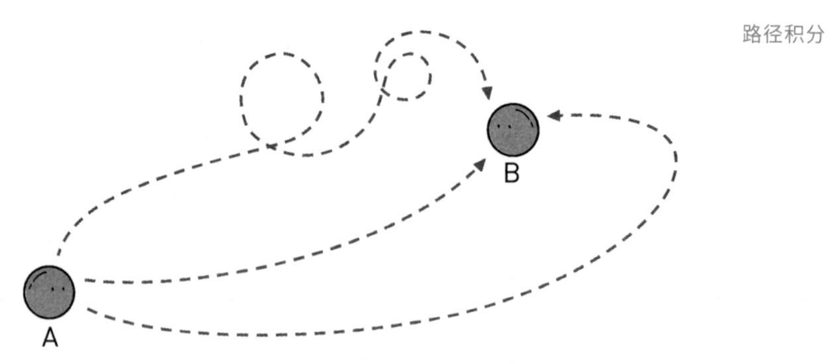

路径积分：粒子从 A 到 B，是所有可能的路径的叠加

史。比方说，“胜”这个历史实际上包含了1∶0，2∶0，2∶1，4∶2，7∶3，……所有可以被归结为“胜”的具体比分，而“负”也是同样的道理。因此，当你计算“主队胜”和“客队负”之间的干涉时，你就不仅仅是在计算“两个历史”之间的干涉，而是在计算两个“历史集合”之间的干涉。也就是说，它包括了“1∶0和0∶3之间的干涉”“4∶1和1∶2之间的干涉”“3∶0和3∶4之间的干涉”……总之，在“胜”和“负”两个集合下的每一对精细历史，它们之间的干涉都要被计算在内，而当所有这些干涉加在一起，你就会发现它们正好神奇地抵消了个干净（至少结果已经小得可以忽略不计）。于是，“胜”和“负”两个历史就彼此“退相干”了。

这实际上是量子力学中常用的一种经典手段，也就是大名鼎鼎的“路径积分”（Path Integral）。路径积分是著名的美国物理学家费曼在1942年发表的一种量子计算方法，它跟海森堡的矩阵以及薛定谔的波函数一样，也是量子力学的一种等价的表达方式。费曼的思路非常独特：他认为粒子从A点运动到B点时，并没有一个确定的“轨迹”，相反在他看来，在这个过程中粒子经历了一切可能的路径！

因此，费曼发明了路径积分方法，也就是在计算一个粒子的运动时，我们需要把它在每一种可能的时空路径上进行遍历求和。而精妙的是，计算表明到最后大部分的路径往往会自相抵消，只剩下那些为量子力学所允许的轨迹。因为这一杰出工作，费曼和别人分享了1965年的诺贝尔物理奖。

而在退相干历史中，我们做的是同样的事。当我们计算两个粗略历史之间的干涉时，我们实际上就“遍历”了下面所有可能的精细历史之间的干涉，而这些干涉往往互相抵消。事实上，历史越“粗略”，这种抵消就越干净。

现在，我们可以理解为什么电子可以通过两个狭缝，而我们却无法观测到这种现象了。因为电子“通过左缝”和“通过右缝”是两种精细历史，其中没有省略什么信息。而“我们观测到电子在左”（以下仍然简称“知左”）却是一种极其粗略的历史。为什么呢？因为“知左”这个历史大类里本来包含了电子、我们和环境的所有细节，但除了观测结果以外，其他所有信息都被我们忽略掉了。比方说，当我们观测到电子在左的时候，我们站在实验室的哪个角落？早上吃了拉面还是寿司？空气中有多少灰尘沾在我们身上？窗户里射进了多少光子与我们发生了相互作用？这其中，每一种具体的组合其实都代表了一种精细历史，比如“吃了拉面的我们观察到电子在左”和“吃了汉堡的我们观察到电子在左”其实是两种不同的历史。“观察到电子在左并同时被1亿个光子打中”与“观察到电子在左并同时被1亿零1个光子打中”也是两种不同的历史。但显然，我们完全没有区分这些细微的不同，而只是简单粗暴地把它们全部归在“知左”这个历史大类里面。

这样，当我们计算“知左”和“知右”两个历史之间的干涉时，实际上就对太多的事情做了遍历求和。我们遍历了“吃了汉堡的你”“吃了寿司的你”“吃了拉面的你”……的不同命运。我们遍历了在这期间打到你身上的每一个光子，我们遍历了你和宇宙尽头的每一个电子所发生的相互作用……甚至在时间的角度上，除了实际观测的一刹那，每一个时刻——不管是过去还是未来——所有粒子的状态也都被加遍了。而在全部计算都完成之后，各种精细历史之间的干涉也就几乎相等，它们将从结果中被抵消掉。于是，

“知左”和“知右”两个粗略历史就退相干了，它们之间不再互相纠缠，而我们只能感觉到其中的某一种！

各位可能会觉得这听起来像一个魔幻故事，但这的确是最近非常流行的一种关于量子论的解释！下面，我们还需要进一步地考察这个思想，从而对量子论的内涵获取更深的领悟。

Part. 2

按照退相干历史（DH）的解释，假如我们能把宇宙的历史测量得足够精细，那么实际上每时每刻都有许许多多的精细历史在“同时发生”（相干）。比如没有观测时，电子显然就同时经历着“通过左缝”和“通过右缝”两种历史。但因为在现实中，我们不可能分辨出每一种精细历史，而只能简单地将这些历史进行归并分类。在这种情况下，我们实际观测到的只能是各种粗略历史。出于退相干的缘故，这些历史之间失去了联系，只有一种能够被我们感觉到。

但是，各种历史的“粗略程度”还有等级的不同。还是拿我们的量子足球联赛来说，一支球队在联赛中的历史，最细可以精确到每一场的比分，那么最粗呢？最粗可以到什么程度呢？为了方便起见，我们不妨简单地把它分成“得到联赛冠军”和“没有得到联赛冠军”两大类。也就是说，如果你是这支球队的投资人，想要了解（测量）它今年的战绩。那么，如果你是最细心的人，你就可以追根究底，得到每一场比赛的具体比分（没有比这更详细的信息了）。而如果你是最粗心的人，那么只需问一句：今年夺冠了吗？至

DH中的历史树

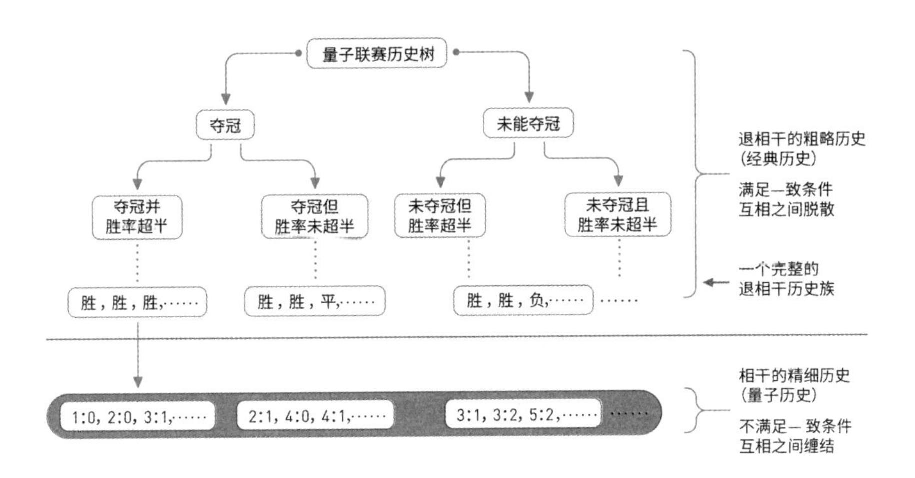

于其他的信息，都可以置之不理。

这显然是两个极端，实际上在最粗和最细之间，还能分出众多的等级。按照“历史颗粒”的粗细，我们可以创建出一棵“历史树”。比如在“夺冠”这个分支下，还可以继续分出“胜率超过50%”和“胜率不超过50%”两个分支，然后以此类推……当然，因为我们假定，一场球最详细的信息就是具体比分，所以分到这个层次之后，就再也无法继续分下去。这最底下的一层就是“树叶”，也可以称为“最精细历史”（maximally fine-grained histories）。

对于两片树叶，也就是最精细历史来讲，它们通常是互相纠缠，或者说相干的。因此，我们无法明确地区分1：0获胜和2：0获胜这两种历史，也无法用传统的概率去计算它们。但正如上一章所说，我们可以通过适当的“粗略化”令它们“退相干”，比方说合并为“胜”“平”“负”三大类。这样一来，这三类历史就不再互相干涉，从而退化为经典概率。当然，并非所有的粗略历史之间都没有干涉，具体要符合某种“一致条件”（consistency

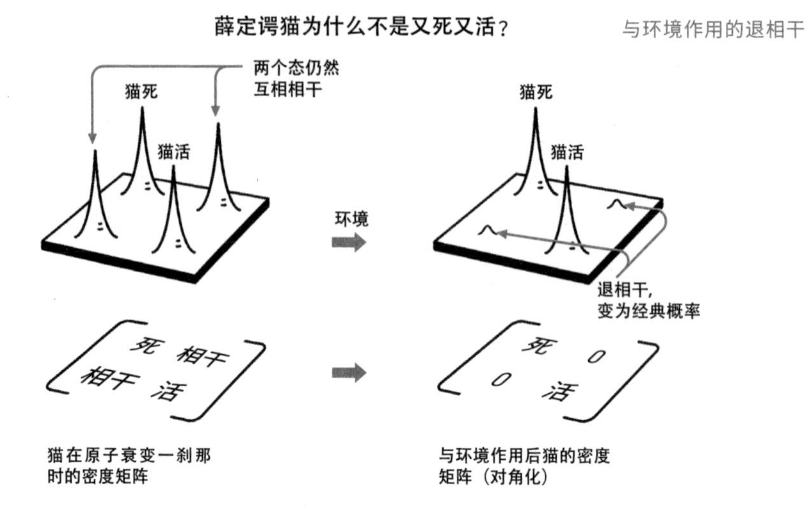

condition），而这些条件可以由数学严格地推导出来。

在DH解释里，当几个粗略历史之间不再干涉或相干时，我们就称其为系统历史的一个“退相干族”（a decoherent family of histories）。当然，DH的创建人之一格里菲斯也爱用“一致历史”（consistent histories）这个词来称呼它。

好，现在让我们回到现实中来，考察一下“薛定谔的猫”究竟是怎么回事。和前面提到的量子足球赛一样，如果我们能把一个系统的信息测量到“最精细”，就可以把它的历史一路分到最底层，也就是最精细历史的级别。而对于我们的宇宙来说，“最精细”的信息单元就是一个量子比特，因此在理论上，如果有某个超人能够辨认每一个量子比特，他就能体验到n种宇宙的精细历史在同时发生，并互相相干。

但对于我们这些凡夫俗子而言，我们就没有那么高的“分辨率”，于是只好简单地把宇宙的历史分成各种“大类”，也就是粗略化。在薛定谔猫的例子中，因为描述一只猫具体要用到10^{27}个粒子，而我们显然没法区分这10^{27}个粒子的每一种细微的不同状态，因此只好省略掉绝大部分信息，简单把它们分成“猫死”和“猫活”两种（就类似于量子联赛中的“夺冠”“没夺冠”）。由于省略了大量的信息，这两个“极粗”的历史也就彻底退相干了。在计算中，两个大类下的所有精细历史都被遍历求和，它们之间的干涉相互抵消，使得“猫死”和“猫活”变成了两种截然不同的状态。而我们只能感觉到其中的一种。

然而，从本质上来说，这种“分离”实际上只是我们因为信息不足而产生的一种幻觉。如果DH解释是正确的，那么宇宙每时每刻其实仍然经历着多重的历史，世界上的每一个粒子，事实上都仍处在所有可能历史的叠加之中！只不过当涉及宏观物体时，由于我们所能够观察和描述的无非是一些粗略化的历史，这才产生了“非此即彼”的假象。假如我们有超人的能力，可以分辨“猫死”或者“猫活”下的每一种精细历史，我们就会发现，这些历史仍然是纠缠而相干的。

嗯，虽然听起来古怪，但在数学上，DH也算是定义得很好的一个理论，而且看上去至少可以自圆其说。另外，就算从哲学的雅致观点出发，其支持者也颇为得意地宣称它是一种假设最少，而最能体现“物理真实”的理论。不过，DH的日子也并不像宣扬的那样好过，对其最猛烈的攻击来自我们在上一章提到过的，GRW理论的创立者之一Gian Carlo Ghirardi。自从DH理论创立以来，这位意大利人和其同事至少在各类物理期刊上发表了5篇攻击退相干历史解释的论文。Ghirardi敏锐地指出，DH解释并不比传统的哥本哈根解释好到哪里去！

比方说，我们已经描述过，在DH解释的框架内，可以定义一系列的“粗略历史”，当这些历史符合所谓的“一致条件”时，它们就形成了一个退相干的历史族（family）。以我们的量子联赛为例，针对某一场具体的比赛，“胜”“平”“负”就是一个合法的历史族，它们之间是互相排斥的，只有一个能够发生。

但Ghirardi指出，这种分类可以有很多种，我们完全可以通过类似手法，定义一些其他的历史族，它们同样合法！比如说，我们并不一定要关注胜负关系，可以按照“进球数”进行分类。现在我们进行另一种粗略化，把比赛结果区分为“没有进球”“进了一个球”“进了两个球”以及“进了两个以上的球”。从数学角度看，这4种历史同样符合“一致条件”，它们构成了另一个完好的退相干历史族！

现在，当我们观测了一场比赛，所得到的结果就不是“客观唯一”的，而取决于所选择的历史族。对于同一场比赛，我们可能观测到“胜”，但换一套体系，就可能观测到“进了两个球”。当然，它们之间并不矛盾，但如果我们仔细地考虑一下，在“现实中”真正发生了什么，这仍然让人困惑。

当我们观测到“胜”的时候，我们省略了它下面包含的全部信息。换句话说，在计算中我们实际上是假设所有属于“胜”的精细历史都同时发生了，比如1∶0，2∶1，2∶0，3∶0，……所有这些历史都发生了，并互相纠缠着，只不过我们没法分辨而已。可对于同样一场比赛，我们换一组历史族，也可能观测到“进了两个球”，这时候我们的假设其实是，所有进了两个球的历史都发生了。比如2∶0，2∶1，2∶2，2∶3，……

那么，现在我们考虑某种特定的精细历史，比如说1∶0这样一个历史。虽然我们没有能力观测到这样精细的一个历史，但这并不妨碍我们去问：1∶0的历史究竟发生了没有？当观测结果是“胜”的时候，它显然发生了；而当观测结果是“进了两个球”的时候，它却显然没有发生！可是，我们描述的却是同一场比赛！

DH的本意是推翻教科书上的哥本哈根解释，把观测者从理论中赶出去，还物理世界一个客观实在的解释。但现在，它似乎是哑巴吃黄连——有苦说不出。“1∶0的历史究竟是否为真”这样一个物理描述，看来确实要取决于历史族的选择，而不是“客观存在”的！实际上，大家可能已经发现了，这里的“历史族”和我们之前说到的“系综”其实是同一个意思，也就是说，在DH解释里，一个物体有着怎样的“属性”，这依然不取决于它本身，而取决于你将它归类到哪种系综里面。总而言之，DH和系综解释可谓换汤不换药，宇宙有什么样的历史，依然是我们主观上定义出来的！

更麻烦的是，就算我们接受宇宙不是“完全客观”的，也不能解决所有问题。因为反过来，它偏偏也不是“完全主观”的。上面说到，在DH理论中，我们可以随心所欲地构造出种类繁多的“退相干历史族”，但问题是，这些历史族绝大多数都在现实中从未出现过！还是拿我们的量子联赛来比喻。我们前面定义了两种退相干历史族：“胜，平，负”和“进0球，进1球，进2球，进2球以上”。这两种定义在数学上都成立，更关键的是，它们在现实中也都会出现，也就是说，你确实会观测到“胜”或者“进1球”这样的结果。

然而，从数学上而言，其实还有无穷种定义退相干族的办法，其中包括各种千奇百怪的方式，但DH却并没有告诉我们，为何在现实中只有少数几种会被观测到。

比方说，我们可以定义3种奇特的粗略历史：“又胜又平”“又胜又负”“又平又负”。虽然奇特，但这3种历史在数学上同样构成一个合法并且完好的退相干族：它们的概率可以经典相加，你无论观测到其中的哪一种，就无法再观测到另外的两种。但显然，在实际中我们从未观测到一场比赛“又胜又负”，那么DH就欠我们一个解释，它必须说明为什么在现实中的比赛是分成“胜，平，负”的，而不是“又胜又平”之类，虽然它们在数学上并没有太大的不同！

上面的说法你可能觉得有点不好理解，其实这就相当于在问：为什么每次观测薛定谔的猫，它的状态不是“死”，就是“活”，而不会有第三种可能？在日常生活中，这原本不是一个问题，然而在量子论看来，这却是相当值得奇怪的事情。因为按照量子论的看法，“死”和“活”无非是一组特定的坐标系，当猫的态矢量本征态落到其中一个数轴上的时候，就产生了“死”或者“活”的结果。但是，我们知道，在数学上坐标系并不是唯一的，我们完全可以随心所欲地定义各种不同的坐标系来描述一个具体的矢量。所以问题就来了：为什么在实际的观测中，上帝永远给我们选择同一种坐标系？为什么我们非要拿“死”和“活”这两种基本态作为数轴，而不能变换一下，改成其他状态组成的坐标系呢（比如又死又活之类）？这在量子力学中被称为‘优先基矢’问题。所以DH同样面临着这个困难，它依然无法回答，虽然数学上存在着无穷多种可能性，但现实中为什么我们始终只能观测到少数几种退相干族，而不是“一切皆有可能”？

在这个问题上，DH的辩护者可能仍然会用实证主义来为自己声辩，可不管怎么说，它的处境始终是有些尴尬的。虽然近年来DH的体系颇能吸引一些人的目光，但大部分物理学家对其还是抱着静观其变的中立态度，表现出一种不置可否的无所谓态度来。退相干理论虽然被广泛接受，不过它本身是建立在量子基本方程上的，也就是说，它无法真正解决量子论中的观测难题。虽然在DH中它被运用得炉火纯青，但它和别的解释却也并不矛盾[1]！时至今日，有关量子力学的大辩论仍在进行之中，我们仍然无法确定究竟谁的看法是真正正确的。量子魔术在困扰了我们超过100年之后，仍然拒绝把它最深刻的秘密展示在世人面前。也许，这一秘密将终究成为永久的谜题。

饭后闲话：时间之矢

我们生活在一个4维的世界中，其中3维是空间，1维是时间。时间是一个很奇妙的东西，它似乎和另3维空间有着非常大的不同，最关键的一点是，它似乎是有方向性的！拿空间来说，各个方向并没有什么区别，你可以朝左走，也可以向右走，但在时间上，你却只能从“过去”向“未来”移动，而无法反过来！虽然有太多的科幻故事讲述人们如何回到过去，但

[1] 关于退相干在量子论各种解释中所扮演的角色，可参考Schlosshauer 2004。

在现实中，这从来也没有发生过，而且很可能永远不会发生！这样的猜测基于以下理由：假如时间旅行是可能的，那么虽然我们还做不到，未来的人类总可以吧？但我们从未见过有未来的人类“回到”我们这个时代，所以有很大的可能性，不管在未来哪个时代，人们都无法回到过去，让时钟反转是理论上无法做到的！

时间无法倒流！这听起来天经地义，然而多少年来科学家们却始终为此困惑不已。因为在物理理论中，并没有哪条原则规定，时间只能往一个方向前进。事实上，不管是牛顿还是爱因斯坦的理论，都是时间对称的。好比中学老师告诉你一个体系在 t_0 时刻的状态，你就可以借助物理公式，向着“未来”前进，推出它在 t_n 时刻的状态。但同样，你也可以反过来，倒推出 $-t_n$ 时刻，也就是“过去”的状态。理论没有告诉我们为什么时间只能向 t_n 移动，而不可以反过来向 $-t_n$ 移动！

但是，一旦脱离基本层面，上升到一个比较高的层次，时间之矢却神秘地出现了：假如我们不考虑单个粒子，而考虑许多粒子的组合，我们就发现一个强烈的方向。比如我们本身只能逐渐变老，而无法越来越年轻，杯子会打碎，但绝不会自动粘贴在一起。这些可以概括为一个非常强大的定律，即著名的热力学第二定律。它说，一个孤立体系的混乱程度总是不断增加的，其量度称为“熵”。换句话说，熵总是在变大，时间的箭头指向熵变大的那个方向！

现在我们来考察量子论。在本节我们讨论了 DH 解释。在 DH 中，所有的“历史”都是定义完好的，不管你什么时候去测量，这些历史——从过去到未来——都已经在那里存在。我们可以问，当观测了 t_0 时刻，之后的历史将会如何退相干，但同样合法的是，我们也可以观测 t_n 时刻，看“之前”的那些时刻如何退相干。实际上，当我们用路径积分把时间加遍的时候，我们仍然没有考虑过时间的方向问题，它在两个方向上都是没有区别的！再说，如果考察量子论的基本数学形式，那么薛定谔方程本身也仍然是时间对称的，唯一引起不对称的是哥本哈根所谓的“坍缩”，难道时间的“流逝”，其实等价于波函数不停的“坍缩”？然而DH是不承认这种坍缩的，或许我们应当考虑的是历史树的裁剪？盖尔曼和哈特尔等人也试图从DH中建立起一个自发的时间箭头来，并将它运用到量子宇宙学中去。

先不去管DH，如果仔细考虑“坍缩”，还会出现一个奇怪现象：假如我们一直观察系统，那么它的波函数必然“总是”在坍缩，薛定谔波函数从来就没有机会去发展和演化。这样，它必定一直停留在初始状态，看上去的效果相当于时间停滞了。也就是说，只要我们不停地观察，波函数就不演化，时间就不会动！这个佯谬叫作“量子芝诺效应”（quantum Zeno effect）。我们在前面已经讨论过了芝诺的一个悖论，也就是阿喀琉斯追乌龟，他另有一个悖论是说，一支在空中飞行的箭，其实是不动的。为什么呢？因为在每一个瞬间，我们拍一张静态照片，因为时间极短，这支箭在那一刻必定是“不动”的。所以一支飞行的箭，它等于千千万万个“不动”的叠加。问题是，每一个瞬间它都不动，连起来怎么可能变成“动”呢？所以飞行的箭必定是不动的！在我们的实验里也是一样，每一刻波函数（因为观察）都不发展，那么连在一起它怎么可能发展呢？所以它必定永不发展！

从哲学角度来说我们可以对芝诺进行精彩的分析，比如恩格斯漂亮地反驳说，每一刻的箭都处在不动与动的矛盾中，而真实的运动恰好就是这种矛盾本身！不过我们不在意哲学探讨，只在乎实验证据。已经有相当多的实验证实，当观测频繁到一定程度时，量子体系的确表现出芝诺效应。这是不是说，如果我们一直盯着薛定谔的猫看，则它永远也不会死去呢？

时间的方向是一个饶有趣味的话题，它很可能牵涉深刻的物理定律，比如对称性破缺的问题。在极早期宇宙的研究中，为了彻底弄明白时间之矢如何产生，我们也迫切需要一个好的量子引力理论，在后面我们会更详细地讲到这一点。也许很多人没有意识到，但时间只能向着未来流逝，而不能反过来，这件事情正是我们神奇的宇宙最不可思议的性质之一。

Part. 3

好了各位，到此为止，我们在量子世界的旅途已经接近尾声。我们已经浏览了绝大多数重要的风景点，探索了大部分先人走过的道路。但是，正如我们已经强烈地感受到的那样，对每一条道路来说，虽然一路上都是峰回路转，奇境迭出，但越到后来却都变得那样地崎岖不平，难以前进。虽说“入之愈深，其进愈难，而其见愈奇”，但精神和体力上的巨大疲惫到底打击了我们的信心，阻止了我们在任何一个方向上顽强地冲向终点。

当一次又一次地从不同的道路上徒劳而返之后，我们突然发现，自己已经处在一个巨大的迷宫中央。在我们身边，曲折的道路如同蛛网一般地辐射开来，每一条都通向一个幽深不可捉摸的未来。我已经带领大家去探讨了哥本哈根、多宇宙、隐变量、系综、GRW、退相干历史6条道路，但要告诉各位的是，仍然还有非常多的偏僻的小道，我并没有提及。比如有人认为当进行了一次“观测”之后，宇宙没有分裂，只有我们大脑的状态（或者说“精神”）分裂了！这称为“多精神解释”（many-minds intepretation），它名副其实地算得上一种精神分裂症！还有人认为，在量子层面上我们必须放弃通常的逻辑（布尔逻辑），而改用一种“量子逻辑”来陈述！另一些人不那么激烈，他们觉得不必放弃通常的逻辑，但是通常的“概率”概念则必须修改，我们必须引入“复”的概率，也就是说概率并不是通常的0到1，而是必须描述为复数！华盛顿大学的物理学家克拉默（John G. Cramer）建立了一种非定域的“交易模型”（transactional model），而他在牛津的同行彭罗斯则认为波函数的缩减和引力有关。彭罗斯宣称只要空间的曲率大于一个引力子的尺度，量子线性叠加规则就将失效，这里面还牵涉量子引力的

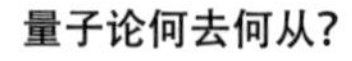

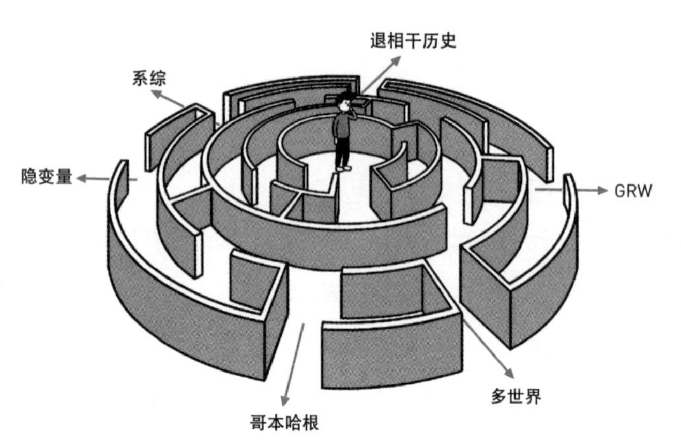

复杂情况诸如物质在跌入黑洞时如何损失了信息，诸如此类。即便是我们已经描述过的那些解释，我们的史话所做的也只是挂一漏万，只能给各位提供一点最基本的概念。事实上，到今天为止，每一种解释都已经衍生出无数个变种，它们打着各自的旗号，都在不遗余力地向世人推销自己，这已经把我们搞得头昏脑涨，不知所措了。现在，我们就像是被困在克里特岛迷宫中的那位忒修斯（Theseus），还在茫然而不停地摸索，苦苦等待着阿里阿德涅（Ariadne）——我们那位可爱的女郎——把那个指引方向、命运攸关的线团扔到我们手中。

1997年，在马里兰大学巴尔的摩郡分校（UMBC）召开了一次关于量子力学的研讨会。有人在与会者中间做了一次问卷调查，统计究竟他们相信哪一种关于量子论的解释。结果是这样的：哥本哈根解释13票、多宇宙8票、玻姆的隐变量4票、退相干历史4票、自发定域理论（如GRW）1票，还有18票都是说还没有想好，或者是相信上述之外的某种解释。到了1999年，在剑桥牛顿研究所举行的一次量子计算会议上，又做了一次类似的调查，这次哥本哈根4票，修订过的动力学理论（它们对薛定谔方程进行修正，比如GRW）4票，玻姆2票，而多世界（MWI）和多历史（DH）加起来（它们都属于那种认为“没有坍缩存在”的理论）得到了令人惊奇的30票。但更加令人惊奇的是，竟然有50票之多承认自己尚无法做出抉择。在宇宙学家和量子引力专家中，MWI受欢迎的程度要高一些，据统计有58%的人认为多世界是正确的理论，而只有18%明确地认为它不正确。但其实许多人对各种“解释”究竟说了什么是搞不太清楚的，比如人们往往弄不明白多世界和多历史到底差别在哪里，或许它们本来就没有明确的分界线。就算是相信哥本哈根的人，他们互相之间也会发生严重的分歧，甚至关于它到底是不是一个决定论的解释也会造成争吵。量子论仍然处在一个战火纷争的时代。玻尔、海森堡、爱因斯坦、薛定谔……他们的背影虽然已经离我们远去，但他们当年曾战斗过的这片战场上仍然硝烟弥漫，他们不同的信念仍然支撑着新一代的物理学家，激励着人们为了那个神圣的目标而继续奋战。

想想也真是讽刺，量子力学作为20世纪物理史上最重要的成就之一，到今天为止，它的基本数学形式已经被创立了超过90年。它在每一个领域内都取得了巨大的成功，以至和相对论一起成为支撑物理学的两大支柱。90年！任何一个事物如果经历了这样一段漫长时间的考验后仍然屹立不倒，这已经足够把它变成不朽的经典。岁月将把它磨砺成一个完美的成熟的体系，留给人们的只剩下深深的崇敬和无限的唏嘘，慨叹自己为何不能生于乱世，提三尺剑立不世功名，参与到这个伟大工作中去。但量子论是如此与众不同，即使在它被创立了90年之后，它竟然还没有被最终完成！人们仍在为了它而争吵不休，为如何“解释”它而闹得焦头烂额，这在物理史上可是前所未有的事情！想想牛顿力学，想想相对论，从来没有人为了如何“解释”它们而操心过，对比之下，这更加凸显了量子论那独一无二的神秘气质。

人们的确有理由感到奇怪，为什么在如此漫长的岁月过去之后，我们不但没有对量子论了解得更清楚，反而越来越感觉到它的奇特和不可思议。最杰出的量子论专家们各执一词，人人都声称只有他的理解才是正确的，而别人都错了。量子理论已经成为物理学中一个最神秘和不可捉摸的谜题，Zeilinger有一次说：“我做实验的唯一目的，就是给别的物理学家看看，量子论究竟有多奇怪。”到目前为止，我们手里已经攥下了超过一打的所谓“解释”，而且数目仍然有望不断增加。很明显，在这些花样繁多的提议中，除了一种以外，绝大多数都是错误的。甚至很可能到目前为止所有的解释都是错误的，但这却并没有妨碍物理学家们把它们创造出来！我们只能说，物理学家的想象力和创造力是非凡的，但这也引起了我们深深的忧虑：到底在多大程度上，物理理论如同人们骄傲地宣称的那样，是对大自然的深刻“发现”，而不属于物理学家们杰出的智力“发明”？

但从另一方面看，我们对量子论本身的确是没有什么好挑剔的。它的成功是如此巨大，以至我们除了咂舌之外，根本就来不及对它的奇特之处有过多的评头论足。从它被创立之初，它就挟着雷霆万钧的力量横扫整个物理学，把每个角落都塑造得焕然一新。或许就像狄更斯说的那样，这是最坏的时代，但也是最好的时代。

量子论的基本形式只是一个大的框架，它描述了单个粒子如何运动。但要描述在高能情况下，多粒子之间的相互作用时，我们就必定要涉及场的概念，这就需要如同当年普朗克把能量成功地量子化一样，把麦克斯韦的电磁场也进行大刀阔斧的量子化——建立量子场论（quantum field theory）。这个过程是一个同样令人激动的宏伟故事，如果铺展开来叙述，势必又是一篇规模庞大的史话，因此我们只是在这里极简单地做一些描述。这一工作由狄拉克开始，经由约尔当、海森堡、泡利和维格纳的发展，很快人们就认识到：原来所有粒子都是弥漫在空间中的某种场，这些场有着不同的能量形态，而当能量最低时，这就是我们通常说的“真空”。因此，真空其实只不过是粒子的一种不同形态（基态）而已，任何粒子都可以从中被创造出来，也可以互相湮灭，狄拉克的方程更预言了所谓的“反物质”的存在。1932年，加州理工的安德森（Carl Anderson）发现了最早的“反电子”。它的意义是如此重要，以至仅仅过了4年，诺贝尔奖评委会就罕见地授予他这一科学界的最高荣誉。

但是，虽然关于辐射场的量子化理论在某些问题上是成功的，但麻烦很快就到来了。1947年，在《物理评论》上刊登了有关兰姆移位和电子磁矩的实验结果，这和现有的理论发生了微小的偏差，于是人们决定利用微扰办法来重新计算准确的值。但是，算来算去，人们惊奇地发现，当他们想尽可能地追求准确，而加入所有的微扰项之后，最后的结果却适得其反，它总是发散为无穷大！

这可真是让人沮丧的结果，理论算出了无穷大，总归是一件荒谬的事情。为了消除这个无穷大，无数的物理学家进行了艰苦卓绝、不屈不挠的斗争。这个阴影是如此难以驱散，如附骨之蛆一般地叫人头痛，以致在一段时间里把物理学变成了一个让人无比厌憎的学科。最后的解决方案是日本物理学家朝永振一郎、美国人施温格（Julian S. Schwinger）和戴森（Freeman Dyson），还有费曼所分别独立完成的，被称为“重正化”（renormalization）方法，具体的技术细节我们就不用理会了。虽然认为重正化牵强而不令人信服的科学家大有人在，但是采用这种手段把无穷大从理论中赶走之后，剩下的结果其准确程度令人吃惊得瞠目结舌：处理电子的量子电动力学（QED）在经过重正化的修正之后，在电子磁距的计算中竟然一直与实验值符合到小数点之后第11位！亘古以来都没有哪个理论能够做到这样令人咂舌的事情。

实际上，量子电动力学常常被称作人类有史以来“最为精确的物理理论”，如果不是实验值经过反复测算，这样高精度的数据实在让人怀疑是不是存心伪造的。但巨大的胜利使得一切怀疑都最终迎刃而解，QED也最终作为量子场论一个最为悠久和成功的分支而为人们熟知。虽然后来彭罗斯声称说，由于对赫尔斯—泰勒脉冲星系统的观测已经积累起了如此确凿的关于引力波存在的证明，这实际上使得广义相对论的精确度已经和实验吻合到10^{-14}，因此超越了QED[2]。但无论如何，量子场论的成功是无人可以否认的。朝永振一郎、施温格和费曼也分享了1965年的诺贝尔物理奖。

抛开量子场论的胜利不谈，量子论在物理界的几乎每一个角落都激起激动人心的浪花，引发一连串美丽的涟漪。它深入固体物理中，使我们对于固体机械和热性质的认识产生了翻天覆地的变化，更打开了通向凝聚态物理这一崭新世界的大门。在它的指引下，我们才真正认识了电流的传导，使得对于半导体的研究成为可能，而最终带领我们走向微电子学的建立。它驾临分子物理领域，成功地解释了化学键和轨道杂化，从而开创了量子化学学科。如今我们关于化学的几乎一切知识，都建立在这个基础之上。而材料科学在插上了量子论的双翼之后，才真正展翅飞翔起来，开始深刻地影响社会的方方面面。在量子论的指引之下，我们认识了超导和超流，掌握了激光技术，造出了晶体管和集成电路，为整个新时代的来临真正做好了准备。量子论让我们得以一探原子内部那最为精细的奥秘，我们不但更加深刻地理解了电子和原子核之间的作用和关系，还进一步拆开原子核，领略到了大自然那更为令人惊叹的神奇。在浩瀚的星空之中，我们必须借助量子论才能把握恒星的命运会何去何从：当它们的燃料耗尽之后，它们会不可避免地向内坍缩，这时支撑起它们最后骨架的就是源自泡利不相容原理的一种简并压力。当电子简并压力足够抵挡坍缩时，恒星就演化为白矮星。要是电子被征服，而要靠中子出来抵抗时，恒星就变为中子星。最后，如果一切防线都被突破，那么它就不可避免地坍缩成一个黑洞。但即使黑洞也不是完全“黑”的，如果充分考虑量子不确定因素的影响，黑洞其实也会产生辐射而逐渐消失，这就是以其鼎鼎大名的发现者史蒂芬·霍金而命名的“霍金蒸发”过程。

当物质落入黑洞的时候，它所包含的信息被完全吞噬了。因为按照定义，没什么能再从黑洞中逃出来，所以这些信息其实是永久地丧失了。这样

[2] 两人因此获得了1993年诺贝尔物理学奖。

一来，我们的决定论再一次遭到毁灭性的打击：现在，即使是预测概率的薛定谔波函数本身，我们都无法确定地预测！因为宇宙波函数需要掌握所有物质的信息，而这些信息却不断地被黑洞所吞没。霍金对此说了一句同样有名的话："上帝不但掷骰子，他还把骰子掷到我们看不见的地方去！"这个看不见的地方就是黑洞奇点。但由于蒸发过程的发现，黑洞是否在蒸发后又把这些信息重新给"吐"出来了呢？这关系到我们的宇宙和骰子之间那深刻的内在联系，人们曾经长期为此争论不休，甚至引发了学界著名的"黑洞战争"。不过，近年来，多半科学家都开始认为，信息确实会在黑洞蒸发后被重新释放，连霍金自己也改变观点，并公开认输。但是，信息掉入黑洞的过程又引发了更多的问题，包括是不是会在黑洞视界处撞上"火墙"？这些都成了宇宙物理学家中间最为热门的争议话题。

最后，很有可能，我们对宇宙终极命运的理解也离不开量子论。大爆炸的最初发生了什么？是否存在奇点？在奇点处物理定律是否失效？因为在宇宙极早期，引力场是如此之强，以至量子效应不能忽略，我们必须采取有效的量子引力方法来处理。在采用了费曼的路径积分手段之后，哈特尔（就是提出DH的那个）和霍金提出了著名的"无边界假设"：宇宙的起点并没有一个明确的边界，时间并不是一条从一点开始的射线，相反它是复数的！时间就像我们地球的表面，并没有一个地方可以称为"起点"。为了更好地理解这些问题，我们迫切地需要全新的量子宇宙学，需要量子论和相对论进一步强强联手，在史话的后面我们还会讲到这件事情。

量子论的出现彻底改变了世界的面貌，它比史上任何一种理论都引发了更多的技术革命。核能、计算机技术、新材料、能源技术、信息技术……这些都在根本上和量子论密切相关。牵强一点说，如果没有足够的关于弱相互作用力和晶体衍射的知识，DNA的双螺旋结构也就不会被发现，分子生物学也就无法建立，也就没有如今这般火热的生物技术革命。再牵强一点说，没有量子力学，也就不会有欧洲粒子物理中心（CERN），而没有CERN，也就没有互联网的www服务，更没有划时代的网络革命，而各位呢，也就很可能看不到我们的史话，呵呵[3]。

如果要评选20世纪最为深刻地影响了人类社会的事件，那么可以毫不夸张地说，这既不是两次世界大战，也不是共产主义运动的兴衰，也不是联合国的成立，或者女权运动、殖民主义的没落、人类探索太空……它应该被授予量子力学及其相关理论的创立和发展。量子论深入我们生活的每一个角落，它的影响无处不在，触手可及。许多人喜欢比较20世纪齐名的两大物理发现——相对论和量子论，争论它们究竟谁更“伟大”，从一个普遍的意义上来说，这样的比较是毫无意义的，所谓“伟大”往往不具有可比性。正如人们无聊地争论李白还是杜甫，莫扎特还是贝多芬，汉朝还是罗马，贝利还是马拉多纳，Beatles还是猫王……然而，如果仅从实用性的角度而言，我们倒可以毫不犹豫地下结论说：是的，量子论比相对论更加“有用”。

也许我们仍然不能从哲学意义上去真正理解量子论，但它的进步意义依旧无可限量。虽然我们有时候还会偶尔怀念经典时代，怀念那些因果关系一丝不苟，宇宙的本质简单易懂的日子，但这也已经更多的是一种怀旧情绪而已。正如电影《乱世佳人》的开头不无深情地说：“曾经有一片属于骑士和棉花园的土地叫作老南方。在这个美丽的世界里，绅士们最后一次风度翩翩地行礼，骑士们最后一次和漂亮的女伴们同行，人们最后一次见到主人和他们的奴隶。而如今这已经是一个只能从书本中去寻找的旧梦，一个随风飘逝的文明。”虽然有这样的伤感，但人们依然还是会歌颂北方扬基们最后的胜利，因为我们从他们那里得到更大的力量、更多的热情，还有对于未来更执着的信心。

▶ [3] 本文本是网上连载的。

Part. 4

但量子论的道路仍未走到尽头，虽然它已经负担了太多的光荣和疑惑，但命运仍然注定了它要继续影响物理学的将来。在经历了无数风雨后，这一次，它面对的是一个前所未有的强大的对手，也是最后的终极挑战——广义相对论。

标准的薛定谔方程是非相对论的，在它之中并没有考虑到光速的上限。但正如同我们在上一节讨论过的那样，这一缺陷最终由狄拉克等人所弥补，最后完成的量子场论实际上是量子力学和狭义相对论的联合产物。当我们仅仅考虑电磁场的时候，我们得到的是量子电动力学，它可以处理电磁力的作用。大家在中学里都知道电磁力：同性相斥，异性相吸。量子电动力学认为，这个力的本质是两个粒子之间不停地交换光子的结果。两个电子互相靠近并最终因为电磁力而弹开，其中发生了什么呢？原来两个电子不停地在交换光子。想象两个溜冰场上的人，他们不停地把一只皮球抛来抛去，从一个人的手中扔到另一个人手中，这样一来他们必定离得越来越远，似乎他们之间有一种斥力一样。在电磁作用力中，这个皮球就是光子！那么异性相吸是怎么回事呢？你可以想象成两个人背靠背站立，并不停地把球扔到对方面对的墙壁上再反弹到对方手里。这样就似乎有一种吸力使两人紧紧靠在一起。

但是，当处理原子核内部的事务时，我们面对的就不再是电磁作用力了！比如说一个氦原子核，它由两个质子和两个中子组成。中子不带电，倒也没有什么，可两个质子却都带着正电！如果说同性相斥，那么它们应该互相弹开，而怎么可能保持在一起呢？这显然不是万有引力互相吸引的结果，

力的本质

在如此小的质子之间，引力微弱得基本可以忽略不计，必定有一种更为强大的核力，比电磁力更强大，才可以把它们拉在一起不致分开。这种力叫作强相互作用力。

聪明的各位也许已经猜到了，既然有“强”相互作用力，必定相对还有一种“弱”相互作用力，事实正是如此。弱作用力就是造成许多不稳定的粒子衰变的原因。这样一来，我们的宇宙中就总共有4种相互作用力：引力、电磁力、强相互作用力和弱相互作用力。它们各自为政，互不管辖，遵守着不同的理论规则。

但是，4种力？这是不是太多了？所有的物理学家都相信，上帝——大自然的创造者——他老人家是爱好简单的，他为什么要吃力不讨好地安排4种不同的力来让我们头痛呢？也许，只不过是我们还没有领悟到宇宙的奥义而已，我们眼中看到的只不过是一种假象。或者在这4种力的背后，原来是同一种东西？

大家已经看到，在量子电动力学中，电磁力被描述为交换光子的结果。日本物理学家汤川秀树预言，强相互作用力和弱相互作用力必定也是类似的机制。只不过在强相互作用力中，被交换的不是光子，而是“介子”（meson），而弱作用力中交换的则是“中间玻色子”。这些预言不久后相继得到了证实，使得人们不免开始怀疑，这3种力其实本质上是一个东西，只不过在不同的环境下显得非常不同而已！特别是弱相互作用力，它的理论形式看上去同电磁作用力极其相似，当李政道与杨振宁提出了弱作用下宇称不守恒之后，这一怀疑便愈加强烈起来。终于到了20世纪60年代，美国人格拉肖（Sheldon Glashow）、温伯格（Steven Weinberg）和巴基斯坦人萨拉姆（Aldus Salam）成功地从理论上证明了弱作用力和电磁力的一致性，他们的成果被称为“电弱统一理论”，3人最终因此而获得1979年的诺贝尔奖。该理论所预言的3种中间玻色子（W+、W－和Z_0）到了80年代被实验所全部发现，板上钉钉地证实了它的正确。

物理学家们现在开始大大地兴奋起来了：既然电磁力和弱作用力已经被证明是同一种东西，可以被一个相同的理论所描述，那么我们又有什么理由不去相信，所有的4种力其实本来都是一样的呢？在物理学家们看来，这是一个天经地义的事情，上帝必定只按照一份蓝图，一个基本方程来创造我们的宇宙，而不会无端端地搞出三四种乱七八糟的不同版本来。如果有物理版的《独立宣言》，那里面一定会有这样的句子：

我们认为这是不言而喻的事实：每一种力都是被相同地创造的。

We hold the truth to be self-evident, that all forces are created equal.

是啊，一定存在那样一个终极理论，它可以描述所有的4种力，进而可以描述宇宙中所有的物理现象。这是上帝最后的秘密，如果我们能把它揭示出来的话，无疑就最终掌握了万物运作的本质。这是怎样壮观的一个景象啊，那时候，整个自然、整个物理就归于一个单一的理论之中。它的光辉普照，洒遍每一寸土地，再没有不可知的阴暗角落，哪个物理学家能够抗拒这伟大的目标呢？现在，戎马已备，戈矛已修，我们浩浩荡荡的大军就要出发了，去追寻那个失落已久的统一之梦。

如前所述，我们的第一个战略目标已经达成：弱作用力和电磁力如今已经被合并了。接下来，我们要进军强相互作用力，这块地域到目前为止被

“量子色动力学”（QCD）统治着。大家已经知道，强相互作用力本质上是交换介子的结果，那些能够感受强力的核子也因此被称为“强子”（比如质子、中子等）。1964年，我们的盖尔曼提出了一个如今家喻户晓的模型：每一个强子都可以进一步被分割为称为“夸克”（quark）的东西，它们通过交换“胶子”（gluon）来维持相互的作用力！稀奇的是，每种夸克既有不同的“味道”，更有不同的“颜色”，这成了“量子色动力学”名称的由来。到目前为止，这个理论被证明是相当有效和准确的，要推翻其位而吞并其土，似乎不是一件太容易的事情。

幸运的是，虽然兵锋指处形势紧张严峻，大战一触即发，但两国的君主却多少有点血缘关系，这给和平统一留下了余地：它们都是在量子场论的统一框架下完成的。早在1954年，杨振宁和米尔斯就建立了规范场论，吸取了对称性破缺的思想之后，这使得理论中的某些没有质量的粒子可以自发地获得质量。正因为如此，中间玻色子和光子才得以被格拉肖等人包含在同一个框架内，从而统一了弱电两种力。而反观量子色动力学，它本身就是模仿量子电动力学所建立的，连名字都模仿自后者！所不同的是光子不带电荷，但胶子却带着“颜色”荷，如果充分地考虑自发对称破缺的规范场，将理论扩充为更大的单群，把胶子也拉进统一中来也并非不可能。或许，我们不必诉诸武力，只要在宪政制度上做一些松动和妥协，就可以建立起一个包容3种力的理论来。

这样的理论被骄傲地称为“大统一理论”（Grand Unified Theory，GUT），自它被第一次提出以来，已经发展出了多个变种。但不管怎样，其目标都是统一弱相互作用力、强相互作用力和电磁力3种力，把它们合并在一起，包含到同一个框架中去。不同的大统一理论预言了一些不同的物理现象，比如质子可能会衰变，又如存在磁单极子，或者奇异弦，等等。但可惜的是，到目前为止这些现象都还没有得到确凿的证实。不过无论如何，大统一理论是非常有前途的理论，很多人相信它的胜利是迟早的事情，我们终将

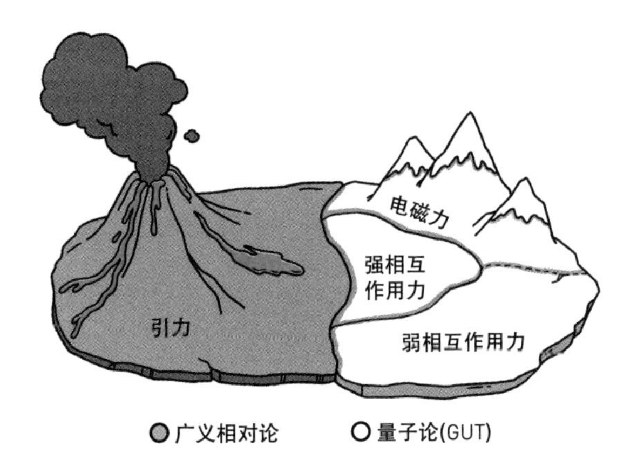

达到3种力统一的目标。

可是，虽然号称“大统一”，这样的称号却依旧是名不副实的。就算大统一理论得到了证实，天下却仍未统一，四海仍未一靖。人们怎么可以遗漏了那块辽阔的沃土——引力呢？GUT即使登基，它的权力仍旧是不完整的，对于引力，它仍旧鞭长莫及。天无二日，民无二君，雄心勃勃的物理学家们早就把眼光放到了引力身上，即使他们事实上连强作用力也仍未最终征服。正可谓尚未得陇，便已望蜀。

引力在宇宙中是一片独一无二的区域，它和其他3种力似乎有着本质的不同。电磁力有时候互相吸引，有时候互相排斥，但引力却总是被吸引的！这使它可以在大尺度上累加起来。当我们考察原子的时候，引力可以忽略不计，但一旦我们的眼光放到恒星、星云、星系这样的尺度上，引力便取代别的力成了主导因素。想要把引力包含进统一的体系中来是格外困难的，如果说电磁力、强作用力和弱作用力还勉强算同文同种，引力则傲然不群，独来独往。更何况，我们并没有资格在它面前咆哮说天兵已至，为何还不服王化云云，因为它的统治者有着同样高贵的血统和深厚的渊源：这里的国王是爱因斯坦伟大的广义相对论，其前身则是煌煌的牛顿力学！

物理学到了这个地步，只剩下了最后一个分歧，但也很可能是最难以调和和统一的分歧。量子场论虽然争取到了狭义相对论的合作，但它还是难以征服引力：广义相对论拒绝与它联手统治整个世界，它更乐于在引力这片保留地上独立地呼风唤雨。从深层次的角度上说，这里凸显了量子论和相对论的内在矛盾，这两个20世纪的伟大物理理论之间必定要经历一场艰难和痛苦的融合，才能孕育出最后那个众望所归的王者，完成“普天之下，莫非王土”的宏愿。

物理学家有一个梦想，一个深深植根于整个自然的梦想。他们梦想有一天，深壑弥合，高山夷平，荆棘变沃土，歧路变通衢。他们梦想造物主的光辉最终被揭示，而众生得以一起朝觐这一终极的奥秘。而要实现这个梦想，就需要把量子论和相对论真正地结合到一起，从而创造一个量子引力理论。它可以解释一切力，进而阐释一切物理现象。这样的理论是上帝造物的终极蓝图，它讲述了这个自然最深刻的秘密。只有这样的理论，才真正有资格称得上“大统一”，不过既然大统一的名字已经被GUT所占用了，人们给这种终极理论取了另外一个名字：万能理论（Theory of Everything,TOE）。

爱因斯坦在他的晚年就曾经试图去实现这个梦想，在普林斯顿的那些日子里，他的主要精力都放在如何去完成统一场论上（虽然他对强力和弱力这两个王国还不太了解）。但是，爱因斯坦的战略思想却是从广义相对论出发去攻打电磁力，这样的进攻被证明是极为艰难而伤亡惨重的：不仅边界上崇山峻岭，有着无法克服的数学困难，而且对方居高临下，地形易守难攻，占尽了便宜。虽然爱因斯坦坚持不懈地一再努力，但整整30年，直到他去世为止，仍然没能获得任何进展。今天看来，这个失败是不可避免的，广义相对论和量子论之间有一条深深的不可逾越的鸿沟，而爱因斯坦的旧式军队是绝无可能跨越这个障碍的。但在另一边，爱因斯坦不喜欢的量子论迅猛地发展起来，正如我们描述的那样，它的力量很快就超出了人们所能想象的极限。这一次，以量子论为主导，统一是否能够被真正完成呢？

历史上产生了不少量子引力理论，但出于篇幅原因，我只想在史话的最后极为简单地描述其中一个。它就是近来声名大噪，时髦无比的——超弦（Superstring Theory）。

饭后闲话：霍金打赌

1999 年，霍金在一次演讲中说，他愿意以一赔一，赌一个万能理论会在 20 年内出现。当然后来，他又一度声称自己放弃了追寻万能理论的努力，不过霍金好打赌是出了名的，咱们顺着这个话题来闲聊几句科学中的打赌。

我们所知的霍金打得最早的一个赌或许是他和两个幼年时的伙伴所打的：他们赌今后他们之间是不是会有人出人头地。霍金出名后，还常常和当初的伙伴开玩笑说，因为他打赌赢了，所以对方欠他一块糖。

霍金 33 岁时，第一次就科学问题打赌，之后便一发不可收拾。今天我们所熟知的有名的几个科学赌局，几乎都与他有关。或者也是霍金太出名，太容易被媒体炒作渲染的缘故吧。

1974 年，黑洞的热潮在物理学界内方兴未艾。人们已经不太怀疑黑洞是一个物理真实，但在天文观测上仍没有找到一个确实的实体。不过已经有几个天体非常可疑，其中一个叫作天鹅座 X-1，如果你小时候阅读过 80 年代的一些科普书籍，你会对这个名字耳熟能详。霍金对这个天体的身份表示怀疑，他和加州理工的物理学家基普·索恩（Kip Thorne）立下字据，以 1 年的《阁楼》（*Penthouse*）杂志赌索恩 4 年的《私家侦探》（*Private Eye*）。大家也许会对霍金这样的大科学家竟然下这样的赌注而感到惊奇[4]，呵呵，不过饮食男女人之大欲，反正他就是这样赌的。今天大家都已经知道，宇宙中的黑洞多如牛毛，天鹅 X-1 的身份更是不用怀疑。1990 年，霍金到南加州大学演讲，当时索恩人在莫斯科，于是霍金大张旗鼓地闯入索恩的

▶ [4] *Penthouse*大家想必都知道，是和*Playboy*齐名的男性杂志，可惜最近倒闭了。

办公室，把当年的赌据翻出来捺上拇指印表示认输。

霍金后来真的给索恩订了一年的《阁楼》，索恩家里的女性成员对此有意见。但那倒也不是对《阁楼》有什么反感，在美国这种开放社会这不算什么。反对的原因来自女权主义，她们坚持索恩应该赌一份男女都适合阅读的杂志。当年索恩在另一场打赌中，还曾赢了钱德拉塞卡的《花花公子》，基于同样的理由换成了《听众》。

霍金输了这个场子很是不甘，一年后便又找上索恩，同时还有索恩的同事，加州理工的另一位物理学家普雷斯基（John Preskill），赌宇宙中不可能存在裸奇点，负者为对方提供能够包裹“裸体”的衣服。这次霍金不到 4 个月就发现自己还是要输：黑洞在经过霍金蒸发后的确可能保留一个裸奇点！但霍金在文字上耍赖，声称由于量子过程而产生的裸奇点并不是赌约上描述的那个由于广义相对论而形成的裸奇点，而且那个证明也是不严格的，所以不算。

所谓逃得了初一逃不过十五，1997 年得克萨斯大学的科学家用超级计算机证明了，当黑洞坍缩时，在非常特别的条件下裸奇点在理论上是可以存在的！霍金终于认输，给他的对手各买了一件 T 恤衫。但他还是不服气的，他另立赌约，赌虽然在非常特别的条件下存在裸奇点，但在一般情况下它是被禁止的！而且霍金在 T 恤上写的字更是不依不饶：大自然讨厌裸露！

说起这个让霍金几次吃亏的索恩，他最近在公众中也算是声名大噪，红极一时：先是在好莱坞科幻大片《星际穿越》中担任制片人及科学顾问，之后他创立的 LIGO 项目又因为证实了引力波的存在而登上了全球各大媒体的头版头条，索恩本人也因此获得了 2017 年的诺贝尔物理学奖。可惜的是，LIGO 发现引力波还是太晚了，因为索恩早在 1978 年就跟意大利物理学家玻耳托蒂（Bruno Bertotti）打赌，夸口引力波将在 10 年内被发现，最后拖到 1992 年，只好开口认输。另外，他还曾经和苏联人泽尔多维奇（Zel'dovich）在黑洞辐射的问题上打赌，结果同样惨败，输了一瓶上好的名牌威士忌。

所以说，其实并不是索恩打赌有多厉害，纯粹是霍金赌运之差前无古人，这才使他连赢两次。可惜索恩自己压根儿就没有意识到这一点，竟然还主动作死，和霍金联手一起，在黑洞蒸发后是否吐出当初吃掉的信息这一问题上去跟普雷斯基打赌。霍金和索恩赌它不会，而普雷斯基赌它会，赌注是“信息”本身——胜利者将得到一套百科全书！然而霍金逢赌必输，索恩跟他搅在一起，自然也难逃厄运：先是2004年年初，俄亥俄州立大学的科学家用弦论分析了一个特殊情况，预言黑洞很可能将吐出信息。然后，到了7月，霍金自己宣布正式修改他长期以来提出的黑洞模型，承认黑洞将在湮灭后把信息重新释放出来，并公开认输，送给普雷斯基一套板球百科全书。这也成为许多报纸的显著标题，闹得轰动一时。

最后，在本史话首次出版的时候，霍金尚有一个赌局能够支撑场面，就是他跟密歇根大学的凯恩（Gordon Kane）打赌100美元，赌希格斯玻色子不会被发现。不过好景不长，到了2012年，欧洲核子研究委员会（CERN）召开发布会，宣布他们终于找到了这个让人苦苦追寻了数十年的“上帝粒子”。这样一来，霍金就输掉了他参与的所有科学赌局，赌运之衰，前无古人，恐怕比著名的“乌鸦嘴”球王贝利都要有过之而无不及了。

其实不光是霍金和索恩，在科学问题上打赌的风气由来已久，根据2002年*Nature*杂志上的一篇文章，在科学的各个领域内，各种赌局可谓五花八门[5]。不过，这也算是科学另一面的趣味和魅力吧？不知将来是否会有人以此为题材，写出又一篇类似《80天环游地球》的精彩小说呢？

▶ [5] Nature 420, p.354.

Part. 5

在统一广义相对论和量子论的漫漫征途中，物理学家一开始采用的是较为温和的办法。他们试图采用老的战术，也就是在征讨强、弱作用力和电磁力时用过的那些行之有效的手段，把它同样用在引力的身上。在相对论里，引力被描述为由于时空弯曲而造成的几何效应，而正如我们所看到的，量子场论把基本的力看成交换粒子的作用，比如电磁力是交换光子，强相互作用力是交换胶子，弱相互作用力是交换中间玻色子。那么，引力莫非也是交换某种粒子的结果？在还没见到这个粒子之前，人们已经为它取好了名字，叫“引力子”（graviton）。根据预测，它应该是一种自旋为2，没有质量的玻色子。

可是，要是把所谓引力子和光子等一视同仁地处理，人们马上就发现他们注定要遭到失败。在量子场论内部，无论我们如何耍弄小聪明，也没法让引力子乖乖地听话：计算结果必定导致无穷的发散项，无穷大！我们还记得，在量子场论创建的早期，物理学家是怎样地被这个无穷大的幽灵所折磨的，而现在情况甚至更糟：就算运用重正化方法，我们也没法把它从理论中赶跑。在这场战争中我们初战告负，现在一切温和的统一之路都被切断，量子论和广义相对论互相怒目而视，做了最后的割席决裂。我们终于认识到，它们是互不相容的，没法让它们正常地结合在一起！物理学的前途顿时又笼罩在一片阴影之中，相对论的支持者固然不忿，拥护量子论的人们也有些踌躇不前：要是横下心强攻的话，结局说不定比当年的爱因斯坦更惨，但要是战略退却，物理学岂不是从此陷入分裂而不可自拔？

新希望出现在1968年，但却是由一个极为偶然的线索开始的，它本来根本和引力毫无关系。那一年，CERN的意大利物理学家维尼基亚诺（Gabriel

Veneziano）随手翻阅一本数学书，在上面找到了一个叫作“欧拉β函数”的东西。维尼基亚诺顺手把它运用到所谓“雷吉轨迹”（Regge trajectory）的问题上面，做了一些计算，结果惊讶地发现，这个欧拉早在1771年就出于纯数学原因而研究过的函数，它竟然能够很好地描述核子中许多强相对作用力的效应！

维尼基亚诺没有预见到后来发生的变故，他也并不知道他打开的是怎样一扇大门，事实上，他很有可能无意中做了一件使我们超越了时代的事情。威滕（Edward Witten）后来常常说，超弦本来是属于21世纪的科学，我们得以在20世纪就发明并研究它，其实是历史上非常幸运的偶然。

维尼基亚诺模型不久后被3个人几乎同时注意到，他们分别是芝加哥大学的南部阳一郎、耶希华大学（Yeshiva Univ）的萨斯金（Leonard Susskind）和玻尔研究所的尼尔森（Holger Nielsen）。三人分别证明了，这个模型在描述粒子的时候等效于描述一根一维的“弦”！这可是非常稀奇的结果，在量子场论中，任何基本粒子向来被看成一个没有长度也没有宽度的小点，怎么会变成了一根弦呢？

虽然这个结果出人意料，但加州理工的施瓦茨（John Schwarz）仍然与当时正在那里访问的法国物理学家谢尔克（Joel Scherk）合作，研究了这个理论的一些性质。他们把这种弦当作束缚夸克的纽带，也就是说，夸克是绑在弦的两端的，这使得它们永远也不能单独从核中被分割出来。这听上去不错，但是他们计算到最后发现了一些古怪的东西。比如说，理论要求一个自旋为2的零质量粒子，但这个粒子却在核子家谱中找不到位置（你可以想象一下，如果某位化学家找到了一种无法安插进周期表里的元素，他将会如何抓狂）。还有，理论还预言了一种比光速还要快的粒子，也即所谓的“快子”（tachyon）。大家可能会首先想到这违反相对论，但严格地说，在相对论中快子可以存在，只要它的速度永远不降到光速以下！真正的麻烦在于，如果这种快子被引入量子场论，那么真空就不再是场的最低能量态了，也就是说，连真空也会变得不稳定，它必将衰变成别的东西！这显然是胡说八道。

更令人无法理解的是，如果弦论想要自圆其说，它就必须要求我们的时空是26维的！平常的时空我们都容易理解：它有3维空间，外加1维时间，那多出来的22维又是干什么的？这种引入多维空间的理论以前也曾经出现过，如果大家还记得在我们的史话中曾经小小地出过一次场的，玻尔在哥本哈根的助手克莱恩，也许会想起他曾经把“第五维”的思想引入薛定谔方程。克莱恩从量子的角度出发，而在他之前，爱因斯坦的忠实追随者，德国数学家卡鲁扎（Theodor Kaluza）从相对论的角度也做出了同样的尝试。后来人们把这种理论统称为卡鲁扎-克莱恩理论（Kaluza-Klein Theory，或KK理论），但这些理论最终都胎死腹中。的确很难想象，如何才能让大众相信，我们其实生活在一个超过4维的空间中呢？

量子色动力学（QCD）的兴起使得弦论失去了最后一点吸引力。正如我们在前面所述，QCD成功地攻占了强相互作用力，并占山为王，得到了大多数物理学家的认同。在这样的内外交困中，最初的弦论很快就众叛亲离，被冷落在角落中。

在弦论最惨淡的日子里，只有施瓦茨和谢尔克两个人坚持不懈地沿着这条道路前进。1971年，施瓦茨和雷蒙（Pierre Ramond）等人合作，把原来需要26维的弦论简化为只需要10维。这里面初步引入了所谓“超对称”的思想，每个玻色子都对应于一个相应的费米子[6]。与超对称的联盟使得弦论获得了前所未有的力量，使它可以同时处理费米子，更重要的是，这使得理论中的一些难题（如快子）消失了，它在引力方面的光明前景也逐渐显现出来。可惜的是，在弦论刚看到一线曙光的时候，谢尔克出师未捷身先死，他患有严重的糖尿病，于1980年不幸去世。施瓦茨不得不转向伦敦玛丽皇后

[6] 玻色子是自旋为整数的粒子，如光子。而费米子的自旋则为半整数，如电子。粗略地说，费米子是构成“物质”的粒子，而玻色子则是承载“作用力”的粒子。

学院的迈克尔·格林（Michael Green），两人最终完成了超对称和弦论的结合。他们惊讶地发现，这个理论一下子犹如脱胎换骨，完成了一次强大的升级。现在，老的“弦论”已经死去了，新生的是威力无比的“超弦”理论，这个“超”的新头衔，是“超对称”册封给它的无上荣耀。

当把他们的模型用于引力的时候，施瓦茨和格林狂喜得能听见自己的心跳声。老的弦论所预言的那个自旋2质量0的粒子虽然在强子中找不到位置，但它却符合相对论！事实上，它就是传说中的“引力子”！在与超对称同盟后，新生的超弦活生生地吞并了另一支很有前途的军队，即所谓的“超引力理论”。现在，谢天谢地，在计算引力的时候，无穷大不再出现了！计算结果有限而且有意义！引力的国防军整天警惕地防卫粒子的进攻，但当我们不再把粒子当作一个点，而是看成一条弦的时候，我们就得以瞒天过海，暗度陈仓，绕过那条苦心布置的无穷大防线，从而第一次深入到引力王国的纵深地带。超弦的本意是处理强作用力，但现在它的注意力完全转向了引力：天哪，要是能征服引力，别的还在话下吗？

关于引力的计算完成于1982年前后，到了1984年，施瓦茨和格林打了一场关键的胜仗，使得超弦惊动整个物理界：他们解决了所谓的“反常”问题。本来在超弦中有无穷多种的对称性可供选择，但施瓦茨和格林经过仔细检查后发现，只有在极其有限的对称形态中，理论才得以消除这些反常而得以自洽。这样就使得我们能够认真地考察那几种特定的超弦理论，而不必同时对付无穷多的可能性。更妙的是，筛选下来的那些群正好可以包容现有的规范场理论，还有粒子的标准模型！伟大的胜利！

“第一次超弦革命”由此爆发了，前不久还对超弦不屑一顾，极其冷落的物理界忽然像着了魔似的，倾注出罕见的热情和关注。成百上千的人争先恐后、前赴后继地投身于这一领域，以至后来格劳斯（David Gross）说：“在我的经历中，还从未见过对一个理论有过如此的狂热。”短短3年内，超弦完成了一次极为漂亮的帝国反击战，将当年遭受的压抑之愤一吐为快。

维度的放大

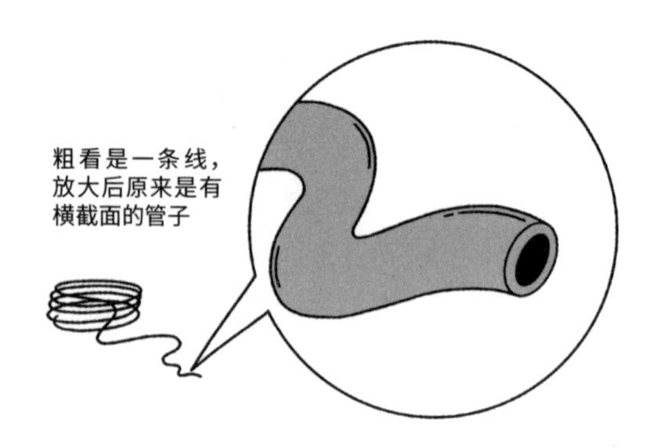

在这期间，像爱德华·威滕，还有以格劳斯为首的“普林斯顿超弦四重奏”小组都做出了极其重要的贡献，不过我们没法详细描述了，有兴趣的读者可以参考一下有关资料。[7]

第一次革命过后，我们得到了这样一个图像：任何粒子其实都不是传统意义上的点，而是开放或者闭合（头尾相接而成环）的弦。当它们以不同的方式振动时，就分别对应自然界中的不同粒子（电子、光子……包括引力子）。我们仍然生活在一个10维的空间里，但是有6个维度是紧紧蜷缩起来的，所以我们平时觉察不到它。想象一根水管，如果你从很远的地方看它，它细得就像一条线，只有1维的结构。但当真把它放大来看，你会发现它是有横截面的！这第2个维度被卷曲了起来，以致粗看之下分辨不出。在超弦的图像里，我们的世界也是如此，有6个维度出于某种原因收缩得非常紧，以致粗看上去宇宙仅仅是4维的（3维空间加1维时间）。但如果把时空放大到所谓“普朗克空间”的尺度上（大约10^{-33}厘米），这时候我们会发现，原本当作时空中一个“点”的东西，其实竟然是一个6维的“小球”！这6个蜷缩的维度不停地扰动，从而造成了全部的量子不确定性！

■ [7] 网上关于超弦的资料繁多，下面这个算是比较详细的索引：
http://arxiv.org/abs/hep-th/0311044.
另外，关于超弦，B.格林的名著《宇宙的琴弦》自然也是很好的入门材料。

这次革命使得超弦声名大振，俨然成为众望所归的万能理论候选人。当然，也有少数物理学家仍然对此抱有怀疑态度，比如格拉肖、费曼。霍金对此也不怎么热情。大家或许还记得我们在前面描述过，在阿斯派克特实验后，BBC的布朗和纽卡斯尔大学的戴维斯对几位量子论的专家做了专门访谈。现在，当超弦热在物理界方兴未艾之际，这两位仁兄也没有闲着，他们再次出马，邀请了9位在弦论和量子场论方面最杰出的专家到BBC做访谈节目。这些记录后来同样被集合在一起，于1988年以《超弦：万能理论？》为名，由剑桥出版社出版。阅读这些记录可以发现，专家们虽然吵得不像量子论那样厉害，但其中的分歧仍是明显的。当年以叛逆和搞怪闻名于世的费曼甚至以一种饱经沧桑的态度说，他年轻时注意到许多老人迂腐地抵制新思想（比如爱因斯坦抵制量子论），但当他自己也成为一个老人时，他竟然也身不由己地做起同样的事情，因为一些新思想确实古怪——弦论就是！

人们自然而然地问，为什么有6个维度是蜷缩起来的？这6个维度有何不同之处？为什么不是5个或者8个维度蜷缩？这种蜷缩的拓扑性质是怎样的？有没有办法证明它？因为弦的尺度是如此之小（普朗克空间），所以人们缺乏必要的技术手段用实验去直接认识它，而且弦论的计算是如此繁难，不用说解方程，就连方程本身我们都无法确定，只有采用近似法！更糟糕的是，当第一次革命过去后，人们虽然大浪淘沙，筛除掉了大量的可能的对称，却仍有5种超弦理论被保留了下来，每一种理论都采用10维时空，也都能自圆其说。这5种理论究竟哪一种才是正确的？人们一鼓作气冲到这里，却发现自己被困住了。弦论的热潮很快消退，许多人又回到自己的本职领域中去，第一次革命尘埃落定。

一直等到20世纪90年代中期，超弦才再次从沉睡中苏醒过来，完成一次绝地反攻。这次唤醒它的是爱德华·威滕。在1995年南加州大学召开的超弦年会上，威滕让所有的人都吃惊不小，他证明了不同耦合常数的弦论在本质上其实是相同的！我们只能用微扰法处理弱耦合的理论，也就是说，耦合常数很小，在这样的情况下，5种弦论看起来相当不同。但是，假如我们逐渐放大耦合常数，会发现它们其实是一个大理论的5个不同的变种！特别是，当耦合常数被放大时，出现了一个新的维度——第11维！这就像一张纸只有2维，但你把许多纸叠在一起，就出现了一个新的维度——高度！

换句话说，存在着一个更为基本的理论，现有的5种超弦理论都是它在不同情况的极限，它们是互相包容的！这就像那个著名的寓言——盲人摸象。有人摸到鼻子，有人摸到耳朵，有人摸到尾巴，虽然这些人的感觉非常不同，但他们摸到的却是同一头象——只不过每个人都摸到了一部分而已！格林（Brian Greene）在1999年的畅销书《宇宙的琴弦》中举了一个相当搞笑的例子，我们把它发挥一下：想象一个热带雨林中的土著喜欢水，却从未见过冰。与此相反，一个爱斯基摩人喜欢冰，但因为他生活的地方太寒冷，从未见过液态的水的样子[8]，两人某天在沙漠中见面，为各自的爱好吵得不可开交。但奇妙的事情发生了：在沙漠炎热的白天，爱斯基摩人的冰融化成了水！而在寒冷的夜晚，水又冻结成了冰！两人终于意识到，原来他们喜欢的其实是同一样东西，只不过在不同的条件下形态不同罢了。

这样一来，5种超弦就都被包容在一个统一的图像中，物理学家们终于可以松一口气。这个统一的理论被称为“M理论”。这个“M”确切代表什么意思，大家众说纷纭。或许发明者的本意是指“母亲”（Mother），说明它是5种超弦的母理论，但也有人认为是“神秘”（Mystery），或者“矩阵”（Matrix），或者“膜”（Membrane）。有些中国人喜欢称其为“摸论”，意指“盲人摸象”！

在M理论中，时空变成了11维，由此可以衍生出所有5种10维的超弦论来。事实上，由于多了一维，我们另有一个超引力的变种，因此一共是6个衍生品！这时候我们再考察时空的基本结构，会发现它并非只能是1维的

[8] 无疑，现实中的爱斯基摩人肯定见过液态水，但我们可以进一步想象某个生活在土星光环上的生物，那就差不多了。

我们的理论结构
（参考自 Tegmark & Wheeler 2000，略有改动）

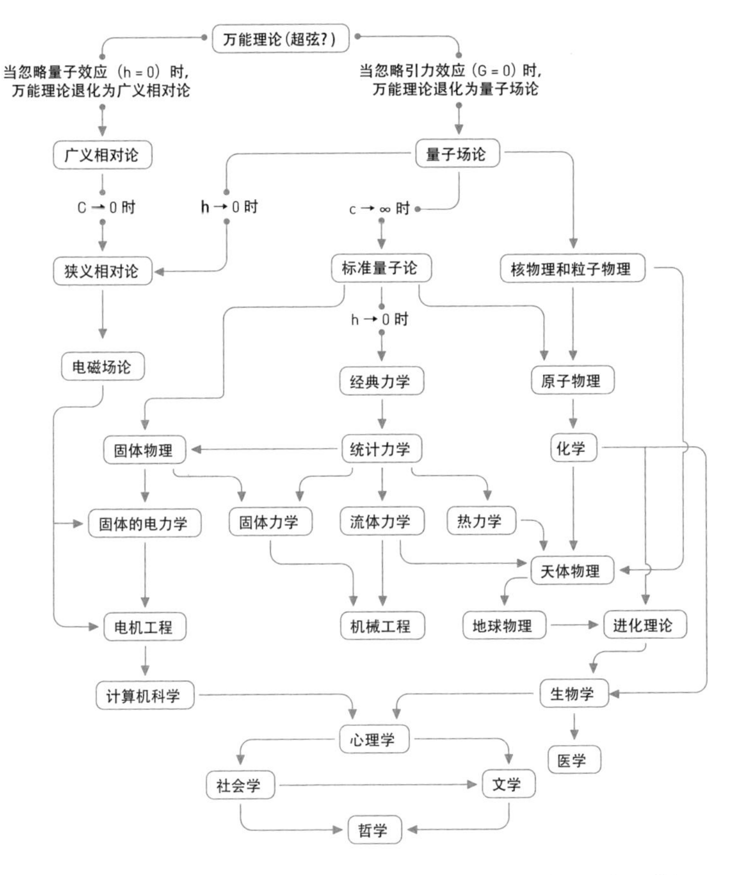

h：普朗克常数。当 h→0 时，理论中的量子效应可以忽略不计；否则，理论中必然存在量子效应。
G：牛顿引力常数。当 G→0 时，理论中的引力效应可以忽略不计；否则，理论中必然存在引力效应。
c：光速。当 c→∞时，理论中的相对论效应可以忽略不计；否则，理论中必然存在相对论效应。

弦，而同样可能是0维的点，2维的膜，或者3维的泡泡，或者4维的……我想不出4维的名头。实际上，这个基本结构可能是任意维数的——从0维一直到9维都有可能！M理论的古怪，比起超弦还要有过之而无不及。

不管是超弦还是M理论，它们都刚刚起步，还有更长的路要走。虽然异常复杂，但是超弦/M理论仍然取得了一定的成功，甚至它得以解释黑洞熵的问题——1996年，施特罗明格（Strominger）和瓦法（Vafa）的论文为此开辟了道路。在那之前不久的一次讲演中，霍金还挖苦说：“弦理论迄今为止的表现相当悲惨：它甚至不能描述太阳结构，更不用说黑洞了。”不过最后，他还是改变了看法而加入弦论的潮流中来。在去世之前，霍金甚至出版了一本书，名叫《大设计》，在其中他干脆直接把M理论称作宇宙的“终极设计蓝图”。从一个嘲笑者瞬间变成超级粉丝，霍金对M理论的态度转变如此之快，倒也令人百思不得其解。

不过，从整个物理学界来说，人们对M理论的热情却并没有持续高涨。M理论实际上是“第二次超弦革命”的一部分，而如今这次革命的硝烟也已经散尽，超弦又进入一个蛰伏期。虽然后来出了很多关于超弦/M理论的科普书和电视节目，比如PBS频道的纪录片，还有著名的《生活大爆炸》（其主角Sheldon就是研究超弦理论的），这在公众中引起了相当的热潮，但从物理上讲，科学家终究还是没有取得更大的突破。或许将来会有第三次、第四次超弦革命，最终完成物理学的统一，但这是否能变成现实，至少在今天，我们还无法预言。

值得注意的是，自弦论以来，我们开始注意到，似乎量子论的结构才是更为基本的。以往人们喜欢先用经典手段确定理论的大框架，然后在细节上做量子论的修正，这可以称为“自大而小”的方法。但在弦论里，必须首先引进量子论，然后才导出大尺度上的时空结构！人们开始认识到，也许“自小而大”才是根本的解释宇宙的方法。如今大多数弦论科学家都认为，在弦论中，量子论扮演了关键的角色，量子结构不用被改正。而广义相对论的路子却很可能是错误的，虽然它的几何结构极为美妙，但只能委屈它退到推论的地位——而不是基本的基础假设！许多人相信，只有更进一步依赖量子的力量，超弦才会有一个比较光明的未来。我们的量子虽然是那样古怪，但神赋予它无与伦比的力量，将整个宇宙的命运都控制在它的掌握之下。

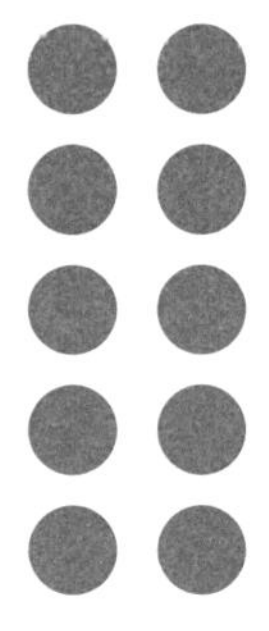

Finale

尾声

Finale

History *of* Quantum Physics

我们的史话终于到了尽头。量子论在奇妙的气氛中诞生，在乱世中艰难地成长起来，与一些伟大的对手展开过激烈的交战。它建筑起经天纬地的巨构，却也曾在其中迷失方向而茫然徘徊。它至今使我们深深困扰，却又担负着我们最虔诚和最宝贵的愿望和梦想。它最终的归宿是什么？超弦？M理论？我们仍不清楚，但我们深信会出现一个量子引力理论，把整个物理学最终统一起来，把宇宙最终极的奥秘骄傲地谱写在人类的历史之中。

在新世纪的开始，物理学终于又一次走到了决定命运的关头。我们似乎又站在一个大时代的前沿，光辉的前景令我们怦然心动，激动又慌乱，几乎不敢去想象那是怎样一幅伟大的景象。最终的统一似乎已经触手可及，甚至已经听到它的脉搏和心跳。历史似乎在冥冥中峰回路转，兜了一个大圈后又回到100多年前，回到经典物理一统天下时那似曾相识的场景中。但这次的意义甚至更伟大：当年的牛顿力学和麦克斯韦电磁论虽然彼此相容，但它们毕竟是两个不同形式的理论！从这个意义上说，庞大的经典帝国最多是一个结合得比较紧密的邦联。但这次不同了，那个传说中的万能理论，它能够用同一个方程去描述宇宙间所有的现象，在所有的领域中，它都实现了直接而有效的统治。这是有史以来第一次，我们有可能完成实质意义上的彻底统一，把所有的大权都集于一身，从而开创一个真正磅礴的帝国时代。

人们似乎已经看到了天空中，金色的光辉再一次闪耀起来，神圣的诗篇再一次被吟诵，回响在宇宙的每一个角落。当这个日子到来的时候，物理学将再一次到达它的巅峰，登上宇宙的极顶。极目眺望，众山皆小，一切都在脚下。虽然很清楚历史上这样的神话最终归于破灭，霍金仍然忍不住在《时间简史》里说："在谨慎乐观的基础上，我仍然相信，我们可能已经接近于探索自然的终极定律的终点。”

但是，统一以后呢？是不是一切都大功告成了？物理学是不是又走到了它的尽头，再没有更多的发现了？我们的后代是不是将再一次陷入无事可做的境地，除了修正几个常数在小数点后若干位的值而已？或者，在未来的某一天，地平线上又会出现小小的乌云，带来又一场迅猛的狂风暴雨，把我们的知识体系再一次砸烂，并引发新的革命？历史是不是这样一种永无止境的轮回？大自然是不是永远也不肯向我们展现它最终的秘密？而我们的探索是不是永远也没有终点？

这一切都没有答案，我们只能义无反顾地沿着这条道路继续前进。或许，历史终究是一场轮回，但在每一次的轮回中，我们毕竟都获得了更为伟大的发现。科学在不停地检讨自己，但这种谦卑的审视和自我否定不但没有削弱它的光荣，反而使它获得了永恒的力量，也不断地增强着我们对于它的信心。人类居住在太阳系中的一颗小小行星上，我们的文明不过万年的历史，现代科学的创立不到400年。但我们的智慧贯穿整个时空，从最小的量子到最大的宇宙尺度，从大爆炸的那一刻到时间的终点，从最近的白矮星到最远的宇宙视界，没有什么可以阻挡我们探寻的步伐。这一切，都来自我们对成功的信念，对于科学的依赖，以及对于神奇的自然那永无休止的好奇。

我衷心地希望各位在这次的量子旅程中获得了一些非凡的体验，也许它带来困惑，但它毕竟指向希望。我必须在这里和各位告别，但量子论的路仍然没有走完，它仍然处在迷宫之中，前途漫漫，还有无数未知的秘密有待发掘，我们仍然还要努力地去上下求索。而这剩下的旅程，必须由各位独立去完成，因为前面尚没有路，它要靠我们亲手去开辟出来。

也许有一天，你的名字也会成为量子历史的一部分，被镌刻在路边的纪念碑上，再一次召唤后来的过路人对于一段伟大时光的深切怀念。谁又知道呢？

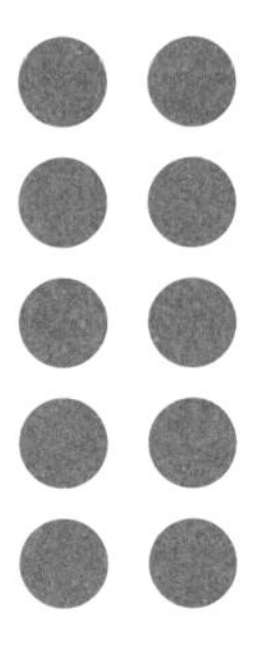

Encore

外一篇　海森堡和德国原子弹计划

Encore

History *of* Quantum Physics

Part. 1

如果说玻尔—爱因斯坦之争是20世纪科学史上最有名的辩论，那么海森堡在“二战”中的角色恐怕就是20世纪科学史上最大的谜题。不知有多少历史学家为此费尽口水，牵涉到数不清的跨国界的争论。甚至直到现在，还有人不断地提出异议。我们不妨在史话正文之外用一点篇幅来回顾一下这个故事的始末。

纳粹德国为什么没能造出原子弹？战后几乎人人都在问这个问题。是政策上的原因？理论上的原因？技术上的原因？资源上的原因？或是道德上的原因？不错，美国造出了原子弹，他们有奥本海默，有费米，有劳伦斯、贝特、西伯格、维格纳、查德威克、佩尔斯、弗里西、塞格雷，后来又有了玻尔，以至像费曼这样的小字辈根本就不起眼，而洛斯阿拉莫斯也被称作“诺贝尔得奖者的集中营”。但德国一点也不差。是的，希特勒的犹太政策赶走了国内几乎一半的精英，纳粹上台的第一年，就有大约2600名学者离开了德国，四分之一的物理学家从德国的大学辞职而去，到战争前夕已经有40%的大学教授失去了职位。是的，整个轴心国流失了多达27名诺贝尔获奖者，其中甚至包括爱因斯坦、薛定谔、费米、波恩、泡利、德拜这样最杰出的人物，这个数字还不算间接损失的如玻尔之类。但德国凭其惊人的实力仍保有对抗全世界的能力。

战争一爆发，德国就展开了原子弹的研究计划。那时是1939年，全世界只有德国一家在进行这样一个原子能的军事应用项目。德国占领着世

战后的海森堡、哈恩和劳厄

界上最大的铀矿（在捷克斯洛伐克），德国有世界上最强大的化学工业，拥有世界上最好的科学家，原子的裂变现象就是两个德国人——奥托·哈恩（Otto Hahn）和弗里兹·斯特拉斯曼（Fritz Strassmann）在前一年发现的，这两人都还在德国，哈恩以后会因此发现获得诺贝尔化学奖。当然不只这两人，德国还有劳厄（1914年获诺贝尔物理奖）、波特（Bothe，1954年获诺贝尔物理奖）、盖革（盖革计数器的发明者，他进行了α散射实验）、魏扎克（Karl von Weizsacker）、巴格（Erich Bagge）、迪布纳（Kurt Diebner）、格拉赫、沃兹（Karl Wirtz）……当然，他们还有定海神针海森堡，这位20世纪最伟大的物理学家之一。所有的这些科学家都参与了希特勒的原子弹计划，成为“铀俱乐部”的成员之一，海森堡是这个计划的总负责人。

然而，德国并没能造出原子弹，它甚至连门都没有入。从1942年起，德国似乎已经放弃整个原子弹计划，而改为研究制造一个能提供能源的原子核反应堆。主要原因是1942年6月，海森堡向军备部部长斯佩尔（Albert Speer）报告说，铀计划出于技术原因在短时间内难以产出任何实际的结果，在战争期间造出原子弹是不大可能的。但他同时也使斯佩尔相信，德国的研究仍处在领先的地位。斯佩尔将这一情况报告给希特勒，当时由于整个战场情况的紧迫，德国的研究计划被迫采取一种急功近利的方略，也就是不能在短时间，确切地说是六周内，见效的计划都被暂时放在一边。希特勒和斯佩尔达成一致意见：对原子弹不必花太大力气，不过既然在这方面仍然“领先”，也不妨继续拨款研究下去。当时海森堡申请附加的预算只有寥寥35万帝国马克，有它无它都影响不大。

这个计划在被高层放任了近两年后，终于到1944年又被希姆莱所注意到。他下令大力拨款，推动原子弹计划的前进，并建了几个新的铀工厂。计划确实有所进展，不过到了那时，全德国的工业早已被盟军的轰炸破坏得体无完肤，难以进一步支撑下去。而且为时也未免太晚，不久德国就投降了。

1942年的报告是怎么一回事？海森堡在其中扮演了一个什么样的角色？这答案扑朔迷离，历史学家们各执一词，要不是新证据的逐一披露，恐怕人们至今仍然在云里雾里。这就是科学史上有名的“海森堡之谜”。

Part. 2

1944年，盟军在诺曼底登陆，形成两面夹攻之势。到1945年4月，纳粹德国大势已去，欧洲战场战斗的结束已经近在眼前。摆在美国人面前的任务现在是尽可能地搜罗德国残存的科学家和设备仪器，不让他们落到别的国家手里（苏联不用说，法国也不行）。和苏联人比赛看谁先攻占柏林是无望的了，他们转向南方，并很快俘获了德国铀计划的科学家们，缴获了大部分资料和设备。不过那时候海森堡已经提前离开逃回厄菲尔德（Urfeld）的家中，这个地方当时还在德国人手里，但为了得到海森堡这个“一号目标”，盟军派出一支小分队，于5月3日，也就是希特勒夫妇自杀后的第四天，到海森堡家中抓住了他。这位科学家倒是表现得颇有风度，他礼貌地介绍自己的妻子和孩子们，并问那些美国大兵，他们觉得德国的风景如何。到了5月7日，德国便投降了。

10位德国最有名的科学家被秘密送往英国，关在剑桥附近的一幢称为“农园堂”（Farm Hall）的房子里。他们并不知道这房子里面装满了窃听器，他们在此的谈话全部被录了音并记录下来，我们在后面会谈到这些关键性的记录。8月6日晚上，广岛原子弹爆炸的消息传来，这让每一个人都惊得目瞪口呆。关于当时的详细情景，我们也会在以后讲到。

战争结束后，这些科学家都被释放了。但现在不管是专家还是公众，都对德国为什么没能造出原子弹大感兴趣。以德国科学家那一贯的骄傲，承认自己技不如人是绝对无法接受的。还在监禁期间，广岛之后的第三天，海森堡等人便起草了一份备忘录，声称：1.原子裂变现象是德国人哈恩和斯特拉斯曼在1938年发现的。2.只有到战争爆发后，德国才成立了相关的研究小组。但是从当时的德国来看，并无可能造出一颗原子弹，因为即使技术上存在着可能性，仍然有资源不足的问题，特别是需要更多的重水。

返回德国后，海森堡又起草了一份更详细的声明。大致是说，德国小组早就意识到铀235可以作为反应堆或者炸弹来使用，但是从天然铀中分离出稀少的同位素铀235却是一件极为困难的事情[1]。

海森堡说，分离出足够的铀235需要大量的资源和人力、物力，这项工作在战争期间是难以完成的。德国科学家也意识到了另一种可能的方法，那就是说，虽然铀238本身不能分裂，但它吸收中子后会衰变成另一种元素——钚。而这种元素和铀235一样，是可以形成链式反应的。不过无论如

[1] 铀有两种同位素：铀235和铀238。只有铀235是容易裂变的，但它在天然铀中只占1%不到。所以工程的关键是要把铀235分离出来以达到足够的浓度。

何，前提是要有一个核反应堆，制造核反应堆需要中子减速剂。一种很好的减速剂是重水，但对德国来说，唯一的重水来源是在挪威的一个工厂，这个工厂被盟军的特遣队多次破坏，不堪使用。

总而言之，海森堡的潜台词是，德国科学家和盟国科学家在理论和技术上的优势是相同的。但是因为德国缺乏相应的环境和资源，所以德国人放弃了这一计划。他声称一直到1942年以前，双方的进展还“基本相同”，只不过由于外部因素的影响，德国认为在战争期间没有条件（而不是没有理论能力）造出原子弹，所以转为反应堆能源的研究。

海森堡声称，德国的科学家一开始就意识到了原子弹所引发的道德问题，这样一种如此大杀伤力的武器使他们也意识到对人类所负有的责任。但是对国家（不是纳粹）的义务又使得他们不得不投入工作中去。不过他们心怀矛盾，消极怠工，并有意无意地夸大了制造的难度，因此在1942年使得高层相信原子弹并没有实际意义。再加上外部环境的恶化使得实际制造成为不可能，这让德国科学家松了一口气，因为他们不必像悲剧中的安提戈涅，亲自来做出这个道德上两难的选择了。

这样一来，德国人的科学优势得以保持，同时又捍卫了一种道德地位，两全其美。

这种说法惹火了古兹密特。大家还记得古兹密特和乌仑贝克是电子自旋的发现者，但两人的性格却非常不同：乌仑贝克是最杰出的教师，而古兹密特则是天生的外交家和政治家。在战时，古兹密特在军方担任重要职务，是曼哈顿计划的一位主要领导人，本来也是海森堡的好朋友。他认为德国人和盟国一样地清楚原子弹的技术原理和关键参数是胡说八道。1942年海森堡报告说难以短期制造出原子弹，那是因为德国人算错了参数，他们真的相信不可能造出它，而不是什么虚与委蛇，更没有什么消极。古兹密特地位特殊，手里掌握着许多资料，包括德国自己的秘密报告，他很快写出一本书叫作*ALSOS*，主要是介绍曼哈顿计划的过程，但同时也汇报德国方面的情况。

海森堡怎肯苟同，两人在*Nature*杂志和报纸上公开辩论，断断续续地打了好多年笔仗，最后私下讲和，不了了之。

双方各有支持者。《纽约时报》的通讯记者Kaempffert为海森堡辩护，说了一句引起轩然大波的话："说谎者得不了诺贝尔奖！"言下之意自然是说古兹密特说谎。这滋味对于后者肯定不好受，古兹密特作为电子自旋的发现者之一，以如此伟大发现而终究未获诺贝尔奖，很多人对此是鸣不平的[2]。ALSOS的出版人舒曼（Schuman）干脆写信给爱因斯坦，问："诺贝尔得奖者当真不说谎？"爱因斯坦只好回信说："只能讲诺贝尔奖不是靠说谎得来的，但也不能排除有些幸运者可能会在压力下在特定的场合说谎。"

爱因斯坦大概想起了勒纳德和斯塔克，两位货真价实、童叟无欺的诺贝尔奖得主，为了狂热的纳粹信仰而疯狂攻击他和相对论（所谓"犹太物理学"），这情景犹然在眼前呢。

Part. 3

玩味一下海森堡的声明是很有意思的：讨厌纳粹和希特勒，但忠实地执行对祖国的义务，作为国家机器的一部分来履行爱国的职责。这听起来的确像一幅典型的德国式场景。服从，这是德国文化的一部分，在英语世界的人们看来，对付一个邪恶的政权，符合道德的方式是不与之合作甚至

▶ [2] 更何况，海森堡和古兹密特间的恩怨还不止这些。作为好朋友，海森堡在战时对古兹密特保护其父母的请求反应冷淡，动作迟缓，结果两位老人死在奥斯威辛的毒气室，这使古兹密特极为伤心和愤怒。

摧毁它，但对海森堡等人来说，符合道德的方式是服从它——正如他以后所说的那样，虽然纳粹占领全欧洲不是什么好事，但对一个德国人来说，也许要好过被别人占领，“一战”后那种惨痛的景象已经不堪回首。

原子弹，对于海森堡来说，本质上是邪恶的，不管它是为希特勒服务，还是为别的什么人服务。战后在西方科学家中有一种对海森堡的普遍憎恶情绪。当海森堡后来访问洛斯阿拉莫斯时，那里的科学家拒绝同其握手，因为他是“为希特勒制造原子弹的人”。这在海森堡看来是天大的委屈，他不敢相信，那些“实际制造了原子弹的人”竟然拒绝与他握手！也许在他心中，盟军的科学家比自己更加应该在道德上加以谴责。但显然在后者看来，只有为希特勒制造原子弹才是邪恶，如果以消灭希特勒和法西斯为目的而研究这种武器，那是非常正义和道德的。

这种道德观的差异普遍存在于双方阵营之中。魏扎克曾经激动地说：“历史将见证，是美国人和英国人造出了一颗炸弹，而同时德国人——在希特勒政权下的德国人——只发展了铀引擎动力的和平研究。”这在一个美国人看来，恐怕要喷饭。

何况在许多人看来，这种声明纯粹是马后炮。要是德国人真的造得出来原子弹，恐怕伦敦已经从地球上消失了，也不会啰里啰唆地讲这一大通风凉话。不错，海森堡肯定在1940年就意识到铀炸弹是可能的，但这不表明他确切地知道到底怎么去制造啊！海森堡在1942年意识到以德国的环境来说分离铀235十分困难，但这并不表明他确切地知道到底要分离“多少”铀235啊！事实上，许多证据表明海森堡非常错误地估计了工程量，为了维持链式反应，必须至少要有一个最小量的铀235才行，这个质量叫作“临界质量”（critical mass），海森堡——不管他是真的算错还是假装不知——在1942年认为至少需要几吨的铀235才能造出原子弹！事实上，只要几十千克就可以了。

诚然，即使只分离这么一点点铀235也是非常困难的。美国动用了

15000人，投资超过20亿美元才完成整个曼哈顿计划。而德国整个只有100多人在搞这事，总资金不过百万马克左右，相比之下简直是笑话。但这都不是关键，关键是，海森堡到底知不知道准确的数字？如果他的确有一个准确数字的概念，那么虽然这对德国来说仍然是困难的，但至少不是那样地遥不可及，难以克服。英国也同样困难，但他们知道准确的临界质量数字，于是仍然上马了原子弹计划。

海森堡争辩说，他对此非常清楚，他引用了许多证据说明在与斯佩尔会面前他的确知道准确的数字。可惜他的证据全都模糊不清，无法确定。德国的报告上的确说一个炸弹可能需要10～100千克，海森堡也描绘过一个“菠萝”大小的炸弹，这被许多人看作证明。然而这些全都是指钚炸弹，而不是铀235炸弹。这些数字不是证明出来的，而是猜测的，德国根本没有反应堆来大量生产钚。德国科学家们在许多时候都流露出这样的印象，铀炸弹至少需要几吨的铀235。

不过当然你也可以从反方面去理解，海森堡故意隐瞒了数字，只有天知地知他一个人知。他一手造成夸大了的假象。

至于反应堆，其实石墨也可以做很好的减速剂，美国人就是用的石墨。可是当时海森堡委派波特去做实验，他的结果错了好几倍，显示石墨不适合用在反应堆中，于是德国人只好在重水这棵树上吊死。这又是一个悬案，海森堡把责任推到波特身上，说他用的石墨不纯，因此导致了整个计划失败。波特是非常有名的实验物理学家，后来也得了诺贝尔奖，这个黑锅如何肯背。他给海森堡写信，暗示说石墨是纯的，而且和理论相符合！如果说实验错了，那还不如说理论错了，理论可是海森堡负责的。在最初的声明中海森堡被迫撤回了对波特的指责，但在以后的岁月中，他、魏扎克、沃兹等人仍然不断地把波特拉进来顶罪。目前看来，德国人当年无论是理论上还是实验上都错了。

对这一公案的争论逐渐激烈起来，最有影响的几本著作有：Robert

Jungk的《比一千个太阳更明亮》（*Brighter Than a Thousand Suns,* 1956），此书赞扬了德国科学家那高尚的道义，在战时不忘人类公德，虽然洞察原子弹的奥秘，却不打开这潘多拉盒子。1967年David Irving出版了《德国原子弹计划》（*The German Atomic Bomb*），此时德国当年的秘密武器报告已经得见天日，给作品带来了丰富的资料。Irving虽然不认为德国科学家有吹嘘的那样高尚的品德，但他仍然相信当年德国人是清楚原子弹技术的。然后是Margaret Gowing那本关于英国核计划的历史，里面考证说德国人当年在一些基本问题上错得离谱，这让海森堡本人非常恼火。他说："（这本书）大错特错，每一句都是错的，完全是胡说八道。"他随后出版了著名的自传《物理和物理之外》（*Physics and Beyond*），自然再次强调了德国人的道德和科学水平。

海森堡本人于1976年去世了。在他死后两年，英国人Jones出版了《绝密战争：英国科学情报部门》（*Most Secret War:British Scientific Intelligentce*）一书，详细地分析了海森堡当年在计算时犯下的令人咂舌的错误。但他的分析却没有被Mark Walker所采信，在资料详细的《德国国家社会主义及核力量的寻求》（*German National Socialism and the Quest for Nubclear Power,* 1989）中，Walker还是认为海森堡在1942年头脑清楚，知道正确的事实。这场争论变得如此火爆，凡是当年和此事有点关系的人都纷纷发表评论意见，众说纷纭，有如聚讼，谁也没法说服对方。

1989年，杨振宁在上海交大演讲的时候还说："……很好的海森堡传记至今还没写出，而已有的传记对这件事是语焉不详的……这是一段非常复杂的历史，我相信将来有人会写出重要的有关海森堡的传记。"

幸运的是，从那时起到今天，事情总算是如其所愿，有了根本性的变化。

Part. 4

1992年，Hofstra大学的戴维·卡西迪（David Cassidy）出版了著名的海森堡传记《不确定性：海森堡传》，这至今仍被认为是海森堡的标准传记。他分析了整件事情并最后站在了古兹密特等人的立场上，认为海森堡并没有什么主观的愿望去“摧毁”一个原子弹计划，他当年确实算错了。

但是很快到了1993年，戏剧性的情况又发生了。Thomas Powers写出了巨著《海森堡的战争》（*Heisenberg’s War*）。Powers本是记者出身，非常了解如何使得作品具有可读性。因此，虽然这本厚书足有607页，但文字奇巧，读来引人入胜，很快成了畅销作品。Powers言之凿凿地说，海森堡当年不仅仅是“消极”地对待原子弹计划，他更是“积极”地破坏了这个计划的成功实施。他绘声绘色地向人们描绘了一幕幕阴谋、间谍、计划，后来有人揶揄说，这本书的前半部分简直就是一部间谍小说。不管怎么说，这本书在公众中的反响是很大的，海森堡作为一个高尚的、富有机智和正义感的科学家形象也深入人心，更直接影响了后来的戏剧《哥本哈根》。从以上的描述可以看到，对这件事的看法在短短几年中产生了多少极端不同的看法，这在科学史上几乎独一无二。

1992年披露了一件非常重要的史料，那就是海森堡他们当初被囚在Farm Hall的窃听录音抄本。这个文件长期以来是保密的，只能在几个消息灵通者的著作中见到一星半点。1992年，这份被称为*Farm Hall Transcript*的文件解密，由加州大学伯克利出版，引起轰动。Powers就借助了这份新资料，写出了他的著作。

农园堂
Farm Hall, Powers
1993

《海森堡的战争》一书被英国记者兼剧作家Michael Frayn读到，后者为其所深深吸引，不由得产生了一个巧妙的戏剧构思。在“海森堡之谜”的核心，有一幕非常神秘，长期为人们争议不休的场景，那就是1941年他对玻尔的访问。当时丹麦已被德国占领，纳粹在全欧洲的攻势势如破竹。海森堡那时意识到了原子弹制造的可能性，他和魏扎克两人急急地假借一个学术会议的名头，跑到哥本哈根去会见当年的老师玻尔。这次会见的目的和谈话内容一直不为人所知，玻尔本人对此讳莫如深，绝口不谈。唯一能够确定的就是当时两人闹得很不愉快，玻尔和海森堡之间原本情若父子，但这次见面后多年的情义一刀了断，只剩下表面上的客气。发生了什么事？

有人说，海森堡去警告玻尔让他注意德国的计划。有人说海森堡去试图把玻尔也拉入他们的计划中来。有人说海森堡想探听盟军在这方面的进展如何。有人说海森堡感到罪孽，要向玻尔这位“教皇”请求宽恕……

Michael Frayn着迷于Powers的说法，海森堡去到哥本哈根向玻尔求证盟军在这方面的进展，并试图达成协议，双方一起“破坏”这个可怕的计划。也就是说，任何一方的科学家都不要积极投入原子弹这个领域中去，这样大家扯平，人类也可以得救。这几乎是一幕可遇而不可求的戏剧场景，种种复杂的环境和内心冲突交织在一起，纠缠成千千情结，组成精彩的高潮段落。一方面海森堡有强烈的爱国热情和服从性，他无法拒绝为德国服务的命令。但海森堡又挣扎于人类的责任感，感受到科学家的道德情怀。而且他又是那样生怕盟军也造出原子弹，给祖国造成永远的伤痕。海森堡面对玻尔，那个伟大的老师玻尔，那个他当作父亲一样看待的玻尔，曾经领导梦幻般哥本哈根派的玻尔，却也是“敌人”玻尔，视德国为仇敌的玻尔，却又教人如何开口，如何遣词……少年的回忆、物理上的思索、敬爱的师长、现实的政治、祖国的感情、人类的道德责任、战争年代……这些融在一起会产生怎样的语言和思绪？还有比这更杰出的戏剧题材吗？

《哥本哈根》的第一幕中为海森堡安排了如此台词：

“玻尔，我必须知道（盟军的计划）！我是那个能够做出最后决定的人！如果盟军也在制造炸弹，我正在为我的祖国做出怎样的选择？……要是一个人认为如果祖国做错了，他就不应该爱它，那是错误的。德意志是生我养我的地方，是我长大成人的地方，它是我童年时的一张张面孔，是我跌倒时把我扶起的那一双大手，是鼓起我的勇气支持我前进的那些声音，是和我内心直接对话的那些灵魂。德国是我孀居的母亲和难缠的兄弟，德国是我的妻子，是我的孩子，我必须知道我正在为它做出怎样的决定！是又一次的失败？又一场噩梦，如同伴随我成长起来的那个一样的噩梦？玻尔，我在慕尼黑的童年结束在无政府和内战中，我们的孩子们是不是要再一次挨饿，就像我们当年那样？他们是不是要像我那样，在寒冷的冬夜里手脚并用地爬过敌人的封锁线，在黑暗的掩护下于雪地中匍匐前进，只是为了给家里找来一些食物？他们是不是会像我17岁那年时，整个晚上守着惊恐的犯人，长夜里不停地和他们说话，因为他们一早就要被处决？”

这样残酷的两难，造成观众情感上的巨大冲击，展示整个复杂的人性。戏剧本质上便是一连串的冲突，如此精彩的题材，已经注定了这是一部伟大的戏剧作品。《哥本哈根》于1998年5月21日于伦敦皇家剧院首演，

《哥本哈根》的剧本封面
Frayn
1998

随后进军法国和百老汇，引起轰动，囊括了包括英国标准晚报奖（Evening Standard）、法国莫里哀戏剧奖和美国托尼奖等一系列殊荣。剧本描写玻尔和夫人玛格丽特，还有海森堡三人在死后重聚在某个时空，不断地回首前尘往事，追寻1941年会面的前因后果。时空维度的错乱，从各个角度对前生的探寻，简洁却富有深意的对话，平淡到极点的布景，把气氛塑造得迷离惝恍，如梦如幻，从戏剧角度说极其出色，得到好评如潮。后来PBS又把它改编成电视剧播出，获得的成功是巨大的。

但从历史上来说，这样的美妙景象却是靠不住的。Michael Frayn 自己承认说，他认为 Powers 有道理，因为他掌握了以前人们没有的资料，也就是 *Farm Hall Transcript*，可惜他过于信任了这位记者的水平。《海森堡的战争》一书甚至早在《哥》剧大红大紫之前，便遭到众多历史学家的批评，一时间在各种学术期刊上几乎成为众矢之的。因为只要对 *Farm Hall Transcript* 稍加深入研究，我们很快会发现事实完全和 Powers 说的不一样。海森堡的主要传记作者 Cassidy 在为 *Nature* 杂志写的书评里说："……该作者在研究中过于肤浅，对材料的处理又过于带有偏见，以致他的精心论证一点也不令人信服。（*Nature* V363）" 而 *Science* 杂志的评论则说："这本书，就像铀的临界质量一样，需要特别小心地对待。（*Science* V259）" 纽约大学的 Paul Forman 在《美国历史评论》杂志上说："(这本书) 更适合作为一本小说，而不是学术著作。"他统计说在英美的评论者中，大约 3/5 的人完全不相信 Powers 的话，1/5 的人认为他不那么具有说服力，只有 1/5 倾向于赞同他的说法。

而在1998年出版的《海森堡与纳粹原子弹计划》一书中，历史学家Paul Rose大约是过于义愤填膺，用了许多在学者中少见的尖刻词语来评价Powers的这本书，诸如"彻头彻尾虚假的（entirely bogus）""幻想（fantasy）""学术上的灾难（scholarly disaster）""臃肿的（elephantine）"，等等。

OK，不管人们怎么说，我们还是回过头来看看海森堡宣称的一切。首先，非常明显可以感受到的就是他对于德国物理学的一种极其的自负，这种态度是如此明显，以致后来一位德国教授评论时都说："我真不敢相信他们竟能有如此傲慢的态度。"海森堡大约是死也不肯承认德国人在理论上"技不如人"的了，他说直到1942年双方的进展还"基本相当"，这本身就很奇怪。盟国方面在1942年已经对原子弹的制造有了非常清楚的概念，他们明确地知道正确的临界质量参数，他们已经做了大量的实验得到了充分的相关数据。到了1942年12月，费米已经在芝加哥大学的网球场房里建成了世界上第一个可控反应堆，而德国直到战争结束也只在这方面得到了有限的进展。一旦万事俱备，曼哈顿计划启动，在盟国方面整个工程就可以顺利地上马进行，而德国方面显然不具备这样的能力。

海森堡的这种骄傲心理是明显的，当然这不是什么坏事，但似乎能够使我们更好地揣摩他的心理。当广岛的消息传来，众人都陷入震惊。没心计的哈恩对海森堡说："你只是一个二流人物，不如卷铺盖回家吧。"而且……前后说了两次。海森堡要是可以容忍"二流"，那也不是海森堡了。

早在1938年，海森堡因为不肯放弃教授所谓"犹太物理学"而被党卫军报纸称为"白犹太人"，他马上通过私人关系找到希姆莱要求澄清，甚至做好了离国的准备。海森堡对索末菲说："你知道离开德国对我来说是痛苦的事情，不到万不得已我不会这样做。但是，我也没有兴趣在这里做一个二等公民。"海森堡对个人荣誉还是很看重的。

但是，一流的海森堡却在计算中犯了一个末流，甚至不入流的错误，直接导致了德国对临界质量的夸大估计。这个低级错误实在令人吃惊，至今无法理解为何如此，或许，一些偶然的事件真的能够改变历史吧。

Part. 5

海森堡把计算临界质量的大小当成一个纯统计问题。为了确保在过多的中子逃逸而使链式反应停止之前有足够的铀235分子得到分裂，它至少应该能保证2^{80}个分子（大约1摩尔）进行了反应，也就是维持80次分裂。这个范围是多大呢？这相当于问，一个人（分子）在随机地前进并折返了80次之后大约会停留在多大的半径里。这是非常有名的"醉鬼走路"问题，如果你读过盖莫夫的老科普书《从一到无穷大》，也许你还会对它有点印象。海森堡就此算出了一个距离：54厘米，这相当于需要13吨铀235，而在当时要分离出如此之多是难以想象的。

但是，"54厘米"这个数字是一个上限，也就是说，在最坏的情况下才需要54厘米半径的铀235。实际上在计算中忽略了许多的具体情况比如中子的吸收，或者在少得多的情况下也能够引起链式反应，还有种种海森堡因为太过"聪明"而忽略的重要限制条件。海森堡把一个相当复杂的问题过分简化，从他的计算中可以看出，他对快中子反应其实缺乏彻底的了解，这一切

投向广岛的第一颗原子弹“小男孩”

都导致他在报告中把几吨的铀235当作一个下限，也就是“最少需要”的质量，而且直到广岛原子弹爆炸后还带着这一观点（他不知道，佩尔斯在1939年已经得出了正确的结果）。

这样一个错误，不要说是海森堡这样的一流物理学家，哪怕是一个普通的物理系大学生也不应该犯。而且竟然没有人对他的结果进行过反驳！这不免让一些人浮想联翩，认为海森堡“特地”炮制了这样一个错误来欺骗上头从而阻止原子弹的制造。可惜从一切的情况来看，海森堡自己对此也是深信不疑的。

1945年8月6日，被囚在Farm Hall的德国科学家们被告知广岛的消息，个个震惊不已。海森堡一开始评论说：“我一点也不相信这颗原子弹的消息，当然我可能错了。我以为他们（盟国）可能有10吨的富铀，但没想到他们有10吨的纯铀235！”海森堡仍然以为，一颗核弹要几吨的铀235。哈恩对这个评论感到震惊，因为他原以为只要很少的铀就可以制造炸弹（这是海森堡以前说过的，但那是指一个“反应堆炸弹”，也就是反应堆陷入不稳定而变成爆炸物，哈恩显然搞错了）。海森堡纠正了这一观点，然后猜测盟国可能找到了一种有效地分离同位素的办法（他仍然以为盟国分离了那么多铀235，而不是自己的估计错了！）。

当年的玻尔和海森堡

上午9点整，众人一起收听了BBC的新闻，然后又展开热烈讨论。海森堡虽然作了一些正确的分析，但又提出了那个“54厘米”的估计。第二天，众人开始起草备忘录。第三天，海森堡和沃兹讨论了钚炸弹的可能性，海森堡觉得钚可能比想象得更容易分裂（他从报纸上得知原子弹并不大），但他自己没有数据，因为德国没有反应堆来生产钚。直到此时，海森堡仍然以为铀弹需要几吨的质量才行。

但是，海森堡不久便从报上得知了炸弹的实际重量：200千克，真正分裂的只有几千克[3]。他显得烦躁不已，对自己的估计错在何处感到非常纳闷。他对哈特克说：“他们是怎么做到的？如果我们曾经干过同样工作的教授们连他们（理论上）是怎么做到的都搞不懂，我感到很丢脸。”德国人讨论了多种可能性，但一直到14号，事情才起了决定性的转变。

到了8月14号，海森堡终于意识到了正确的计算方法（也不是全部的），他在别的科学家面前进行了一次讲授，并且大体上得到了相对正确的结果。他的结论是6.2厘米半径——16千克！而在他授课时，别的科学家对此表现出一无所知，他们的提问往往幼稚可笑。德国人为他们的骄傲自大付

[3] 200千克是当时报纸上的数字，指的显然是铀弹核燃料的重量。整个原子弹则有好几吨重。这个数字也并不准确，实际上投在广岛的“小男孩”含铀燃料约63.5千克，真正分裂的不到1千克。

出了最终的代价。

对此事的进一步分析可以在1996年出版的《希特勒的铀俱乐部》（Jeremy Bernstein）和1998年出版的《海森堡与纳粹原子弹计划》（Paul Rose）两本书中找到非常详尽的资料。大体上说，近几年来已经比较少有认真的历史学家对此事表示异议，至少在英语世界是如此。

关于1941年海森堡和玻尔在哥本哈根的会面，也就是《哥本哈根》一剧中所探寻的那个场景，我们也已经有了突破性的进展。关于这场会面的讨论是如此之多之热烈，以至玻尔的家属提前10年（原定保密50年）公布了他的一些未寄出的信件，其中谈到了1941年的会面（我们知道，玻尔生前几乎从不谈起这些），为的是不让人们再“误解它们的内容”。这些信件于2002年2月6日在玻尔研究所的官方网站（http://www.nbi.dk）上公布，引起一阵热潮，使这个网站的日点击率从50左右猛涨至15000。

在这些首次被披露的信件中，我们可以看到玻尔对海森堡来访的态度。这些信件中主要的一封是在玻尔拿到Robert Jungk的新书《比一千个太阳更明亮》之后准备寄给海森堡的，我们在前面已经说到，这本书赞扬了德国人在原子弹问题上表现出的科学道德（基于对海森堡本人的采访！）。玻尔明确地说，他清楚地记得当年的每一句谈话，他和妻子玛格丽特都留下了强烈的印象：海森堡和魏扎克努力地试图说服玻尔他们，德国的最终胜利不可避免，因此采取不合作态度是不明智的。玻尔说，海森堡谈到原子弹计划时，给他留下的唯一感觉就是在海森堡的领导下，德国正在按部就班地完成一切。他强调说，他保持沉默，不是海森堡后来宣称的因为对原子弹的可行性感到震惊，而是因为德国在致力于制造原子弹这件事本身！玻尔显然对海森堡以及Jungk的书造成的误导感到不满。在别的信件中，他也提到，海森堡等人对别的丹麦科学家解释说，他们对德国的态度是不明智的，因为德国的胜利十分明显。玻尔似乎曾经多次想和海森堡私下谈一次，以澄清关于这段历史的误解，但最终他的信件都没有发出，想必是思量再三，还是觉得恩恩怨怨就这样让它去吧[4]。

容易理解，为什么多年后玻尔夫人再次看到海森堡和魏扎克时，愤怒地对旁人说：“不管别人怎么说，那不是一次友好的访问！”

这些文件也部分支持了海森堡的传记作者Cassidy在2000年的*Physics Today*杂志上的文章（这篇文章是针对《哥本哈根》一剧而写的）。Cassidy认为海森堡当年去哥本哈根是为了说服玻尔德国占领欧洲并不是最坏的事（至少比苏联占领欧洲好），并希望玻尔运用他的影响来说服盟国的科学家不要制造原子弹，只是他刚想进入主题就被玻尔愤怒地阻止了。

当然，仍然有为海森堡辩护的人。主要代表是他的一个学生Klaus Gottstein，当年一起同行的魏扎克也仍然认定，是玻尔犯了一个“可怕的记忆错误”。

不管事实怎样也好，海森堡的真实形象也许也就是一个普通人——毫无准备地被卷入战争岁月里去的普通德国人。他不是英雄，也不是恶棍，他坚持教授所谓的“犹太物理学”，他对于纳粹的不认同态度也是有目共睹的。对于海森堡来说，他或许也只是身不由己地做着一切战争年代无奈的事情。尽管历史学家的意见逐渐在达成一致，但科学界的态度反而更趋于对他的同情。Rice大学的Duck和Texas大学的Sudarshan说：“再伟大的人也只有10%的时候是伟大的……重要的只是他们曾经做出过原创的，很重要，很重要的贡献……所以海森堡在他的后半生是不是一个完人对我们来说不重要，重要的是他创立了量子力学。”

在科学史上，海森堡的形象也许一直还将是那个在赫尔格兰岛日出时分为物理学带来了黎明的大男孩吧？

[4] 这些文件可以在http://www.nbi.dk/NBA/papers/docs/cover.html找到。

Acknowledgements 后记

《上帝掷骰子吗？量子物理史话》本来是笔者利用业余时间发表在网络论坛上的作品，没想到读者反应热烈，才得以集结成书并出版。十多年来，它受到了很多人的欢迎，远远出乎我当初的预料，也让我深深感动。这说明，在这个浮躁喧嚣的网络时代，人们心中对于自然的好奇和向往，却始终不曾更改。

当然，作为面向大众的通俗读物，本书仍以故事性和娱乐性为主。只要大家读完后，觉得这是一个有趣的故事，这就已经是它最大的成功。我一直强调一个概念，如果科学是一种产品，那么科普就好比是它的广告。广告的作用，并不在于让人了解这个产品的技术细节，而只是引发人们对这个产品的购买兴趣。因此，本书尽量以历史叙述为主，同时降低理论的知识门槛。事实上，我仅仅假定读者具有初中的数学水平和一点点高中物理知识，而就算你对数理完全不通，我也希望你可以从本书中得到一点感染和启示。然而不可避免地运用日常化的语言和比喻有时会显得牵强附会，不符合物理上的严格概念。所以，如果各位想要获得对量子论更好、更准确的认识，还是要去参考教科书和专业书籍。因为上帝是数学家，唯一能够描述宇宙的语言是数学！

另外，本书原是利用业余时间断断续续而成的作品，其信息全部来自各种媒体，没有任何第一手的资料。虽然经过多次修订，但因为时间和水平有限，所以难免仍然包含了一些错误。虽然我已经尽量使描述符合历史与事实（一般来说，除了一些明显的虚构情节外，本书中的历史场景都是有据可查的），但仍可能在某些地方查证得不够，对于那些态度认真的读者来说，也需要小心对待。其实，我和各位一样是门外汉，只是想和大家一起分享科学的快乐。如果各位也从中体味到了一点点量子论曾经给我们带来的激动和惊奇，此书的目的便已经达到。

作为网络作品，我有意使文字风格偏向网络化一些，虽然实体书经过修订，类似的风格已经减少了许多，不过我很高兴它仍然带有一些可以辨认的痕迹，可以让人回忆起当初那样热烈的讨论。为了追求可读性，在不改变基本事实的前提下，我有的时候做了一点文字上的夸张（比如历史上的玻尔-爱因斯坦之争很可能没有我所描写得那样戏剧化），我为此表示抱歉，也希望这不会损害读者对我的信心。

时间一晃，离本书首次出版已经过去了十多年，在这十多年里，科学界又发生了许多重大突破。人们做出了首次贝尔不等式的无漏洞检验，发现了希格斯玻色子和引力波的存在，发明了第一台商用量子计算机，等等。此次再版时我做了一些修订，将一些科学的新进展补充进了正文，希望使它能够跟上时代的发展。

最后，关于本书任何的意见和反馈，都可以发信到capo1234@qq.com进行交流，我很乐意听取各位的意见，也算是网络文字保留的一种互动形式。

CAPO

2016年12月于北京

Bibliography 主要参考资料

I. 书

Jagdish Mehra & Helmut Rechenberg: *The Historical Development of Quantum Theory I-VI*, Springer, 1982.
虽然科学史界有些异议，不过客观地讲，仍然算是到目前为止最详尽和权威的量子力学发展史，共六大册，收集了大量的资料。

Keith Hannabuss: *An Introduction to Quantum Theory,* Oxford, 1997.
不错的量子力学教科书。

David Bohm: *Quantum Theory*, Constable ,1951.
玻姆经典的量力教科书。

Banesh Hoffmann: *The Strange Story of the Quantum*, Dover, 1959.
霍夫曼的经典量子科普。虽然年代久远了一些，但它的叙述方法对我们的史话借鉴颇多。前几章的主线是以其为蓝本的。

Ian Duck & E.C.G. Sundarshan:*100 Years of Planck's Quantum*, World Scientific, 2000.
量子百年回顾，收集了量子发展史上的经典论文。

Helge Kragh: *Quamtum Generation*, Princeton, 1999.
20世纪的物理学史。

Michael Talbot: *Beyond the Quantum*, Bantam Books, 1988.
关于量子思想和发展史的评述。

Mara Beller: *Quantum Dialogue: The Making of a Revolution*, University of Chicago, 1999.
有关量子论发展史的论评，提出了一些不同传统的观点。

Abraham Pais: *The Genius of Science: A Portrait Gallery*, Oxford, 2000.
派斯的科学家介绍。

Heinrich Hertz: *Classical Physicist, Modern Philosopher*, Kluwer Academic, 1998.
赫兹研究的论文集。

R.S. Westfall: *The Construction of Modern Science*, Cambridge, 1977.
介绍早期近代科学的发展，可以找到光学和力学的发展史。

F.A.Yates: *Giordano Bruno and the Hermetic Tradition*, Routledge & Kegan Paul, 1977.
Hilary Gatti: *Giordano Bruno and Renaissance science*, Cornell, 1999.
Hilary Gatti: *Giordano Bruno : philosopher of the Renaissance*, Ashgate, 2002.
DeLeón-Jones: *Giordano Bruno and the Kabbalah*, Yale, 1997.
以上是关于布鲁诺的一些研究。

I.B.Cohen: *Birth of New Physics,* Doubleday, 1960.
Physic and Tradition before Galileo.
S.Drake: *In Galileo Studies: Personality, Tradition and Revolution*, 1970.
伽利略的一些资料。

A. Koyré: *Newtonian Studies*, Chapman & Hall, 1965.
R.S. Westfall: *Never at Rest*, Cambridge, 1980.
I.B.Cohen: *The Newtonian Revolution*, Cambridge, 1980.
Gerek Gjertsen: *The Newton Handbook*, Routledge & Kegan Paul, 1986.
Michael White: *Isaac Newton : the Last Sorcerer,* Fourth Estate, 1997.
P.Fara: Newton: *The Making of Genius,*Columbia, 2002.
牛顿的一些传记和研究资料，关于他的论述繁多，这里仅列出主要书目。

Stephen Inwood: *The Man Who Knew Too Much*, MacMilan, 2002.
最新的胡克传记，参考了胡克的有关事迹。

Alexander Wood: *Thomas Young: Natural Philosopher,* Cambridge, 1954.
杨的标准传记。

Spangenberg & Moser: *Niels Bohr: Gentle Genius of Denmark*, Facts on File, 1995.
较新的玻尔传记，简洁精悍。

Ruth Moore: *Niels Bohr: The Man, His Science & The World They Changed*, Knopf,1966.
老的玻尔标准传记。

Abraham Pais: *Niels Bohr's Times: in Physics, Philosophy and Polity*, Oxford, 1991.
派斯的关于玻尔的书，在一些问题上有补充价值。

French & Kennedy: *Niels Bohr: A Centenary Volume*, Harvard, 1985.
关于玻尔的有关回忆，玻尔档案馆的资料，哥本哈根研究所的故事。

《玻尔传》，戈革著，台湾东大图书公司，1992。
戈革先生是公认的玻尔专家，这是他撰写的关于玻尔的介绍。

《尼尔斯·玻尔哲学文选》，戈革译。

玻尔的哲学思想。

David Cassidy: *Uncertainty: The Life and Science of Werner Heisenberg,* Freeman, 1992.
海森堡的标准传记，着重参考矩阵力学和不确定原理的创立过程。

《物理学与哲学》，W. Heisenber著，范岱年译。
这是海森堡的一次讲演录的整理，可参考关于哥本哈根解释。

Walter Moore: *Schrödinger: Life and Thought,* Cambridge, 1989.
薛定谔的标准传记，着重参考波动力学的创立过程。

Helge Kragh: *Dirac: A Scientific Biography*, Cambridge, 1990.
狄拉克的标准传记。

Albrecht Fölsing: *Albert Einstein: A Biography,* Viking, 1997.
爱因斯坦的传记。

John Gribbin: *In Search of Schrödinger's Cat*, Wildwood House, 1984.
Gribbin的名著，一本量子力学极简史。

John Gribbin: *Schrödinger's Kittens and the Search for Reality*, Weidenfeld & Nicolson, 1995.
上一本的续作，介绍了一些新的发展。

Michael Frayn: *Copenhagen*, Methuen, 1998.
《哥本哈根》一剧的剧本。

Jeremy Bernstein: *Hitler's Uranium Club*, AIP, 1996.
Paul Rose: *Heisenberg and the Nazi Atomic Bomb Project,* UC Berkeley, 1998.
以上两本是关于海森堡和德国原子弹计划的详尽历史分析。

Roger Penrose: *The Emperor's New Mind,* Oxford, 1989.
彭罗斯关于计算机人工智能和精神的名著。其中也讨论了量子论，量子引力等问题。

J.S. Bell: *Speakable and Unspeakable in Quantum Mechanics*,Cambridge, 1987.
贝尔的论文集。

P.Davis&J.Brown: *The Ghost in the Atom*, Cambridge, 1986.
BBC在阿斯派克特实验后对于量子专家们的访谈记录。

Henry Krips: *The Metaphysics of Quantum Theory*, Oxford, 1987.
量子论的形而上学讨论，有包括Stapp在内的主要不同见解者的介绍。

Richard Healey: *The Philosophy of Quantum Mechanics*, Cambridge, 1989.
关于量子哲学的讨论。

Roland Omnès: *The Intepretation of Quantum Mechanics*, Princeton, 1994.
Omnès的量子教科书，有各种量子解释的全面介绍和讨论，主要有退相干历史的说明。

David Deutsch: *The Fabric of Reality*, Allen Lane, 1997.
德义奇的通俗著作，可找到量子计算机和多宇宙的详尽介绍。

Murray Gell—Mann: *The Quark and the Jaguar*, Freeman, 1994.
盖尔曼的通俗作品，可以找到退相干历史的通俗解释。

《时间简史》（*A Brief History of Time*），S.Hawking著，许明贤、吴忠超译。
大家都熟悉的名作。可参考关于打赌的某些片段，以及一些量子引力问题。

Kip Thorne: *Black Holes and Time Warps,* W.W.Norton, 1994.
主要讲黑洞问题，但可找到霍金打赌的一些片段。

《时间之箭》（*The Arrow of Time*），P.Coveney&R. Highfield著。
这个是网上的中译本，主要讲时间之矢的问题，有量子论的一般介绍。

P.Davis&J.Brown: *Superstrings, A Theory of Everything?* Cambridge, 1988.
BBC对于超弦专家们的访谈记录。

Brian Greene: *The Elegant Universe*, W.W. Norton, 1999.
畅销的介绍弦论的新科普书。

《20世纪物理学史》，魏凤文&申先甲著，江西教育出版社，1994。
不错的20世纪物理史简介，参考量子场论的发展。

《物理学思想史》，杨仲耆&申先甲著，湖南教育出版社，1993。
一本物理学通史。

《波普尔文集》
网上有相当全的《波普尔文集》，可以参考他对于量子论的看法。

II. 文章

M. Nauenberg, *Am J Phys*, Vol 62, No 4, April 1994, p.331.
M. Nauenberg, *Historia Mathematica* ,1998, p.89.
胡克对ISL定律认识的探讨。

F.M.Muller, *Studies in the History and Philosophy of Modern Physics* ,1997,28(2), pp.219—247.
关于矩阵力学和波动力学等价性的讨论。

D. Cassidy, *Phys. Today*, July 2000, p.28.
有关海森堡1941年在哥本哈根同玻尔的会面。

Max Tegmark, *Fortschr.Phys* 46, p.855.
Tegmark宣传MWI的文章。

Aspect et al, *Phys.Rev. Lett*, 49 (1982), p.91.
阿斯派克特的实验报告。

A. Aspect, *Nature* 398, p.189.
阿斯派克特亲自写的关于贝尔不等式实验的简史。

Anton Zeilinger, *Nature* 408 (2000), p.639.
Tegmark & Wheeler, *Scientific American*, Feb 2001, p.68.
以上两篇是量子论百年的回顾和展望。

Yurke & Stoler, *Phys.Rev. Lett*,68, p.1251.
Jennewein et al, *Phys.Rev. Lett*, 88, 017903 (2002).
Aerts et al, *Found. Phys*,30, p.1387.
Rowe et al, *Nature* 409, p.791.
Z.Zhao et al, *Phys.Rev. Lett,* 90, 207901.
Hasegawa et al, oai, *arXiv.org: quant*—ph/0311121.
L.Vaidman, *arxiv.org:quant*—ph/0102139.
Pittman&Franson, *Physical Review*,90, 240401 (2003).
M.Genovese et al, *Found.Phys*, 32 (2002), p.589.
一些关于贝尔不等式和量子通信实验的报告。

J.W.Pan et al, *Nature* 403 (2000), p.515.
潘建伟等人关于GHZ测试的报告。

Ghirardi, Rimini&Weber, *Phys. Rev*. D,34 (1986), p.470.
Angelo Bassi, GianCarlo Ghirardi, *Phys.Rept*, 379 (2003) 257.
GRW和动力缩减模型。

Wojciech H. Zurek, *Rev. Mod*. Phys. 75, p.715.
Wojciech H. Zurek, *Phys.Today* ,44 (1991), p.36.
Zurek关于退相干理论的全面介绍。

R.B. Griffiths, *Phys. Lett. A* ,265, p.12.
退相干历史的介绍。

Ghirardi, *Phys.Lett. A,* 265 (2000), p.153.
Bassi&Ghirardi, *J.Statist.Phys.* 98 (2000), p.457.
Bassi&Ghirardi, *Phys.Lett. A*,257 (1999), p.247.
Ghirardi等人对于DH解释的质疑。

Jim Giles, *Nature* 420, p.354.
科学家打赌的文章。

Maximilian Schlosshauer, *Rev.Mod.Phys,*76 (2004), p.1267.
退相干以及其在量子论各种解释中的作用。

III. 网页

许多参考过的网页不记得地址了，不过我一般尽量引用比较可靠的资料。以下是一些经常光顾的网页地址，可能有遗漏:

http://www.nbi.dk
玻尔研究所的官方网站

http://en.wikipedia.org/wiki/Main_Page

维基百科
http://arxiv.org/
康奈尔大学的电子论文数据库

各大科学杂志的主页，比如http://www.nature.com，http://www.sciencemeg.org，http://www.aip.org/pt，http://www.sciam.com等

http://www-gap.dcs.st-and.ac.uk/~history/index.html
圣安德鲁大学的科学家传记网页

http://www.nobel.se/
诺贝尔奖电子博物馆

http://www.fortunecity.com/emachines/e11/86/qphil.html
量子哲学与物理实在

http://www.quantumphil.org/
有关量子纠缠和量子哲学的网站

http://home.earthlink.net/~johnfblanton/physics/epr.htm
EPR与物理实在

http://www-physics.lbl.gov/~stapp/stappfiles.html
斯塔普的网页，有各种关于量子论和量子意识的文章

http://www.hep.upenn.edu/~max/everett/
埃弗莱特的网上传记

http://www.hedweb.com/everett/everett.htm
多世界解释FAQ

http://superstringtheory.com/
号称官方的超弦网站

Index 书中的人名翻译与原名对照

卡诺（Nicolas Carnot）
卡文迪许（Henry Cavendish）
凯雷（Arthur Cayley）
阿斯科里的塞科（Cecco d'Ascoli，本名Francesco degli Stabili）
查德威克（James Chadwick）
卓别林（Charlie Chaplin）
克劳瑟（J.F.Clauser）
克劳修斯（Rudolph Clausius）
考克劳夫特（John Cockcroft）
康普顿（Arthur H. Compton）
凯瑟琳·康杜伊特（Catherine Conduitt，即牛顿侄女）
康杜伊特（J. Conduitt）
柯文尼（Peter Coveney）
克拉默（John G. Cramer）
克里克（Francis Crick）
约里奥·居里（Irene Joliot-Curie）
居里夫人（Marie Curie）
皮埃尔·居里（Pierre Curie）
达尔文（Charles Darwin，进化论创立者之孙）
戴维斯（Paul Davies）
达·芬奇（Leonardo da Vinci）
戴维逊（C.J.Davisson）
戴维（Humphry Davy）
笛卡儿（René Descartes）
德义奇（David Deutsch）
德威特（Bryce S. DeWitt）
狄拉克（Paul Dirac）
德雷克（Stillman Drake）
戴森（Freeman Dyson）
埃仑费斯特（Paul Ehrenfest）
爱因斯坦（Albert Einstein）
恩培多克勒（Empedocles）
欧几里得（Euclid）
埃弗莱特（Hugh Everett）
法拉第（Michael Faraday）
费马（Pierre de Fermat）
费米（Enrico Fermi）
费曼（Richard Feynman）
费兹杰惹（George FitzGerald）
弗莱姆斯蒂德（John Flamsteed）
福勒（William Alfred Fowler）
弗兰克（J. Franck）
弗兰西斯二世（Francis Ⅱ）
弗兰森（J.D.Franson）
夫琅和费（Joseph Fraunhofer）
弗莱恩（Michael Frayn）
福尔克斯（Martin Folkes）
傅科（Jean Bernard Léon Foucault）
菲涅尔（Augustin Fresnel）
弗里西（O. Frisch）
伽利略（Galileo Galilei）
盖莫夫（George Gamov）
盖革（Hans Geiger）
盖尔曼（Murray Gell-Mann）
盖拉赫（Walther Gerlach）
革末（L. H. Germer）
吉拉尔迪（Gian Carlo Ghirardi）
吉布斯（Josiah Willard Gibbs）
吉福（Walter Gifford）
格拉肖（Sheldon Glashow）
古德施密特（Robert Goldschmidt）
戈特弗雷德（Kurt Gottfried）
古兹密特（Somul Abraham Goudsmit）
格林（Michael Green）

莱布尼兹（Gottfried Leibniz）
刘易斯（G.N.Lewis）
莱特希尔（James Lighthi ll）
林德曼（Ferdinand von Lindemann）
罗巴切夫斯基（N. Lobatchevsky）
洛伦兹（Hendrik Antoon Lorentz）
洛伦兹（Edward Lorenz）
卢克莱修（Lucretius）
卢梅尔（Otto Richard Lummer）
马赫（Ernst Mach）
马吕斯（Étienne Louis Malus）
托马斯·曼（Thomas Mann）
玛奇（Hilde March，薛定谔情人）
马恰尔（Bruno Marchal）
马可尼（Guglielmo Marconi）
玛利奇（Mileva Maric）
马斯登（Ernest Marsden）
马歇尔（George Marshall）
麦克斯韦（James Maxwell）
麦卡锡（Joseph McCarthy）
墨明（David Mermin）
迈克尔逊（Albert Abraham Michelson）
密立根（R.A.Millikan）
弥尔顿（John Milton）
莫尔（Walter Moore）
莫拉维奇（Hans Moravec）
莫雷（Edward W. Morley）
莫塞莱（Henry Moseley）
莫特（Nevill Francis Mott）
穆尔海德（Muirhead）
能斯特（Walther Nernst）
冯·诺伊曼（John Von Neumann）
纽科门（Thomas Newcomen）
牛顿（Isaac Newton）
尼科尔森（J.W.Nicholson）
尼尔森（Holger Nielsen）
诺戴姆（Lothar Nordheim）
欧姆（Georg Simon Ohm）
奥尔登伯格（Henry Oldenburg）
奥姆内斯（Roland Omnès）
奥本海默（J. Robert Oppenheimer）
耶罗二世（Hiero II）
派斯（Abraham Pais）
帕迪斯（I.G. Pardies）
巴门尼德（Parmenides）
帕邢（Friedrich Paschen）
泡利（Wolfgang Ernst Pauli）
鲍林（Linus Carl Pauling）
珀尔（Philip Pearle）
佩尔斯（Rudolf Peierls）
彭罗斯（Roger Penrose）
彼得森（Aage Peterson）
路易·腓力（Louis Philippe）
菲罗波努斯（John Philoponus）
皮特曼（T.B.Pittman）
普朗克（Max Karl Ernst Ludwig Planck）
柏拉图（Plato）
波多尔斯基（Boris Podolsky）
庞加莱（Henri Poincaré）
泊松（S.D.Poission）
波波夫（Aleksandr Popov）
波普尔（Karl Popper）
鲍威尔（Cecil Frank Powell）
普雷斯基（John Preskill）
普林舍姆（Ernst Pringsheim）
托勒密（Ptolemy）

韦斯特福尔（Richard S. Westfall）
外尔（Hermann Weyl）
惠勒（John Wheeler）
维恩（Wilhelm Wien）
维格纳（Eugene Wigner）
奥卡姆的威廉（William of Occam）
威尔逊（C.T.R.Wilson）
威滕（Edward Witten）
沃勒（Friedrich Wohler]
沃拉斯顿（W.H.Wollaston）
杨（Thomas Young）
塞曼（Pieter Zeeman）
泽（Dieter Zeh）
塞林格（Anton Zeilinger）
泽尔多维奇（Zel'dovich）
芝诺（Zeno）
苏雷克（Wojciech H. Zurek）
齐威格（Stefanie Zweig）

图书在版编目（CIP）数据

上帝掷骰子吗？：量子物理史话：升级版 / 曹天元著.—北京：北京联合出版公司，2019.6（2024.7重印）

ISBN 978-7-5596-3061-2

Ⅰ.①上… Ⅱ.①曹… Ⅲ.①量子论—物理学史 Ⅳ.①O413-09

中国版本图书馆CIP数据核字（2019）第057311号

上帝掷骰子吗？：量子物理史话

作　　者：曹天元
出 品 人：赵红仕
责任编辑：史　媛
特约监制：何　寅
内文插图：Sheldon 科学漫画工作室 绘
装帧设计：xtangs@foxmail.com

北京联合出版公司出版
（北京市西城区德外大街 83 号楼 9 层 100088）
三河市中晟雅豪印务有限公司印刷　新华书店经销
字数 410 千字　700 毫米 ×980 毫米　1/16　31 印张
2019 年 6 月第 1 版　2024 年 7 月第 22 次印刷
ISBN 978-7-5596-3061-2
定价：68.00 元